프랑스
와인 여행

프랑스 와인 여행

2024년 3월 20일 개정3판 1쇄 펴냄

지은이 엄정선 · 배두환
발행인 김산환
책임편집 김산환
디자인 윤지영
펴낸곳 꿈의지도
지도 글터
인쇄 다라니
종이 월드페이퍼

주소 경기도 파주시 경의로 1100 연세빌딩 604호
전화 070-7535-9416
팩스 031-947-1530
홈페이지 blog.naver.com/mountainfire
출판등록 2009년 10월 12일 제82호

ISBN 979-11-6762-089-7-14980
ISBN 978-89-97089-51-2-14980(세트)

프랑스
와인 여행

엄정선 배두환 지음

꿈의지도

프랑스 와인 여행 책을 기획한 지 2년이 지났다. 그동안 프랑스를 오가며 끈덕지게 와인 산지를 찾아다녔다. 처음 여행을 시작할 때 우리는 세계의 모든 와인 산지를 돌아보는 긴 여정을 계획하고 짐을 쌌다. 그 중 프랑스는 당연히 우리를 가장 설레게 만드는 나라였다. 프랑스에서는 3개월 동안 자동차를 타고 프랑스 전역의 와인 산지를 찾아다니며 와인에 대한 갈증을 풀어냈다. 주행거리 1만5,000km가 넘은 렌터카를 반납하며 여행을 마칠 때는 심신이 녹초가 된 상태였지만, 그만큼 뿌듯함도 느꼈다. 1년간의 여행을 마치고 귀국한 후에도 기회가 생길 때마다 짐을 챙겨 다시 프랑스로 향했다. 그러나 아직도 프랑스 와인 여행을 온전히 끝마쳤다는 생각이 들지 않는다. 지금도 호기심을 잡아끄는 매력적인 와인 산지들이 우리를 기다리고, 경험하고 싶은 와인들이 가득하다.

이 책은 프랑스로 와인 여행을 떠나고자 하는 분들을 위한 안내서다. 와인 여행이 처음인 여행자는 물론, 열혈 와인 마니아나 미래를 기약 중인 예비 여행자 모두에게 꼭 필요한 와인 이야기와 정보를 담으려고 노력했고, 독자들이 이 책을 가지고 자신만의 프랑스 와인 여행 루트를 만들기를 바라며 원고를 써내려갔다. 사실 책을 완성하는 2년이란 시간은 마라톤 코스를 완주하는 것과 같은 힘겨운 시간의 연속이었다. 책에 담길 정보의 정확도를 위해 몇 번이고 같은 곳의 웹사이트를 방문하며 변화되는 내용을 점검했고, 그 시간들은 쉽게 타협하려는 우리 자신과의 긴 싸움이기도 했다.

세계의 수많은 와인 생산국을 여행하면서 왜 유독 프랑스만 이렇게 한 권의 책으로 만들어냈는가에 대해 우리 스스로에게 물어본다면, 그건 프랑스가 가진 고유한 와인의 역사와 가치에 반해서라고 답하겠다. 우리가 방문한 프랑스의 모든 와이너리들이 그들의 와인에 가치를 부여하고 역사를 써 내려 가고 있다. 하지만 그 많은 와이너리를 책 한 권에 다 담는다는 것은 불가능한 일이다. 이 책에는 일반 여행자도 쉽게 찾아갈 수 있는, 방문이 편리한 와이너리와 인지도가 있는 와이너리를 우선해서 소개했다. 그러나 이 책에 소개되지 않은 와이너리들 역시 멋지게 그들의 위대한 역사를 써 내려 가고 있다는 것을 꼭 알려 드리고 싶다.

와인에 대한 평가는 저마다 다른 것이기에 그것을 객관화시켜 독자에게 전달한다는 것은 어려운 일이었다. 와이너리마다 보편적인 근거를 바탕으로 독자들에게 추천하는 와인을 선정했지만, 절대적인 기준이 될 수는 없다. 하지만 적어도 이 책에 소개된 와이너리는 소개될 만한 충분한 가치가 있는 곳들이고, 기회가 된다면 모두 마셔보기를 권하고 싶다. 독자들의 이해를 돕기 위해 최대한 쉽게 원고를 쓰려고 했지만 때때로 능력의 한계를 절감했다. 이 책을 읽는 독자들이 겪을 눈의 피로에 대한 사과의 마음과, 그래도 이 책을 덮지 않고 읽어줄 독자들의 노력과 인내심에 미리 감사의 인사를 드린다.

책이 출간되기까지 도움을 주신 분들이 많았다. 와이너리 사진과 정보를 제공해준 와인 업계 관계자들과 현지 와이너리의 마케팅 담당자들에게 깊은 고마움을 전한다. 안정적인 삶을 꾸려나가지 않는 것에 대해 불안감을 표현하지 않고 믿고 지켜보며 홀가분히 여행길에 오를 수 있도록 격려해준 부모님께도 절절한 감사의 인사를 드린다.

엄정선 · 배두환

Special Thanks to

늘 물심양면으로 저희 부부를 응원해 주시는 뮤지엄 오크의 박성수 대표님, 업계의 든든한 기둥 같은 존재, (홍)재경 형님, 언제나 감사한 비티스의 (한)우성이 형과 정현희 님, 와이너리 방문을 위해 도움을 주신 안시와인 최정은 대표님, 우리의 짧은 프랑스어 실력에 큰 도움을 준 인범이 형, 존경하는 유영진 소믈리에님, 소펙사코리아 정석영 소장님, 신세계L&B 김설아 파트장님, 금양인터내셔날 박상훈 님, 에노테카코리아의 길은영님, 타이거인터내셔날 김우신님, 신동와인 박재현 과장님, 나라셀라 강솔님, 하이트진로 성은영 과장님, MH Champagnes and Wines Korea 박은지 과장님, 양질의 사진을 제공해주신 와인스튜디오 Vino BOX 박현영 실장님에게 깊은 감사의 마음을 전합니다.

CONTENTS

006 여는 글

프랑스 와인 여행 준비

014 여행자를 위한 와인 기초상식
018 프랑스 와인의 역사
020 프랑스 와인의 등급 체계
021 프랑스 와인과 떼루아
022 프랑스 와인을 빚는 포도 품종 9
024 프랑스의 와인 산지
026 추천 프랑스 와인 여행지
028 프랑스 와인 가도와 드라이브 여행
030 프랑스 와인 축제
032 와이너리 투어 ABC
036 프랑스 와인과 치즈

샹파뉴 Champagne

040 프리뷰
044 샹파뉴 와인 이야기
058 랭스 추천! 샴페인 하우스
포므리·뵈브 클리코 퐁사르댕·멈·랑송·샹파뉴 가르데·뤼나르·때땡저
064 랭스 와인 여행 플러스
여행지·레스토랑·호텔
068 에페르네 추천! 샴페인 하우스
모엣 에 샹동·고세·메르시에·따흘랑
072 에페르네 와인 여행 플러스
여행지·레스토랑·호텔

보르도 Bordeaux

078 프리뷰
082 보르도 와인 이야기
106 보르도 추천! 와이너리
샤또 그랑 아보흐·샤또 지스쿠르·샤또 도작·샤또 데스미라이·샤또 로장 세글라·샤또 마고·샤또 부스코·샤또 팔메·샤또 스미스 오 라피트·샤또 파프 클레멍·샤또 샤스 스플린·샤또 오브리옹·샤또 다가삭·샤또 딸보·샤또 베슈벨·샤또 브라네르 뒤크뤼·샤또 무똥 로칠드·샤또 랭쉬 바쥬·샤또 레오빌 라스 카스·샤또 기로·샤또 몽로즈·샤또 라피트 로칠드·샤또 라 미시옹 오 브리옹·샤또 코 데스투르넬·샤또 디켐
128 보르도 와인 여행 플러스
여행지·레스토랑·호텔
134 생테밀리옹 추천! 와이너리
샤또 슈발 블랑·샤또 파비·샤또 발랑드로·샤또 가쟁·샤또 르 샤틀레·샤또 페트뤼스·테르트르 로트뵈프·샤또 레방질
142 생테밀리옹 와인 여행 플러스
여행지·레스토랑·호텔

루아르 밸리 Loire Valley

148 프리뷰
151 루아르 밸리 와인 이야기
162 루아르 밸리 추천! 와이너리
도멘 앙리 부르주아·르 클로 뒤 튀-뵈프·도멘 드 라 노블레·도멘 비노 슈브로·도멘 드 라 팔렌느·샤또 데피레·쿨레 드 세랑·부베 라 뒤베
170 뚜르 와인 여행 플러스
여행지·루아르 밸리 고성 투어·레스토랑·호텔

CONTENTS

부르고뉴 Bourgogne

178 프리뷰

182 부르고뉴 와인 이야기

200 디종 추천! 와이너리
윌리암 페브르·도멘 안 그로·도멘 아르망 루소·도멘 아르누 라쇼·루 뒤몽

204 디종 와인 여행 플러스
여행지·레스토랑·호텔

208 본 추천! 와이너리
부샤르 페르 에 피스·조셉 드루앙·파트리아슈 페르 에 피스·부샤르 애네 에 피스·도멘 바로·샤또 드 상트네·샤또 드 포마르·루이 자도·조르쥬 뒤뵈프·필립 파칼레

218 본 와인 여행 플러스
여행지·레스토랑·호텔

론 Rhône

224 프리뷰

228 론 와인 이야기

244 론 북부 추천! 와이너리
이 기갈·엠 샤푸티에·폴 자불레 애네·이브 퀴에롱·장 뤽 콜롬보

248 리옹 와인 여행 플러스
여행지·레스토랑·호텔

252 론 남부 추천! 와이너리
샤또 카브리에르·도멘 뒤 페고·샤또 드 보카스텔·샤또 드 생 콤·도멘 뒤 비외 텔레그라프·쉔 블루

258 아비뇽 와인 여행 플러스
여행지·레스토랑·호텔

알자스 Alsace

264 프리뷰

266 알자스 와인 이야기

278 콜마르 추천! 와이너리
도멘 마르셀 다이스·도멘 바인바흐·도멘 진트 훔브레히트·트림바흐·휘겔 에 피스

283 스트라부스 추천! 와이너리
메종 윌름·도멘 데 마로니에르·로버트 블랑크
284 콜마르 와인 여행 플러스
여행지·레스토랑·호텔

랑그독 루시용 Languedoc Roussillon

290 프리뷰
293 랑그독 루시용 와인 이야기
306 랑그독 추천! 와이너리
제라르 베르트랑·마스 드 도마 가삭·마스 칼 드무라·샤또 당글레·도멘 도피악·도멘 게이다·시에르 다르크
312 몽펠리에 와인 여행 플러스
여행지·레스토랑·호텔
316 바뉠스 추천! 와이너리
바뉠스 레투알·도멘 생 세바스티엉·마스 뒤 솔레이야·도멘 베르타 마이요
320 바뉠스 와인 여행 플러스
여행지·레스토랑·호텔

프로방스 Provence

326 프리뷰
329 프로방스 와인 이야기
338 프로방스 추천! 와이너리
도멘 드 트레발롱·샤또 라 카노르그·샤또 바니에르·도멘 오뜨·샤또 미라발·샤또 프라도·샤또 데스클랑·도멘 탕피에·샤또 드 피바르농·도멘 달메란·드멘 드 라 시타델르·도멘 드 마리·도멘 라 카발르·샤또 뒤 쇠이·샤또 발 조아니
*음악과 축제로 물드는 프로방스의 도시들
354 아를 와인 여행 플러스
여행지·레스토랑·호텔

쥐라 Jura

360 프리뷰
363 쥐라 와인 이야기
370 쥐라 추천! 와이너리
도멘 쿠르베·도멘 자크 퓌프네·도멘 필립 방델
373 아르부아 와인 여행 플러스
여행지·레스토랑·호텔

프랑스 와인 여행 준비

세상에 많은 여행이 있지만, '와인 여행'은 조금 더 특별하다.
번잡한 도심을 벗어나 대자연에 광활하게 펼쳐진 포도밭을 만끽하고,
그 곳에서 태어난 와인을 즐길 수 있기 때문이다.
특히 와인의 본고장이라 일컬어지는 프랑스에서의 와인 여행은
아주 특별하다. 프랑스 곳곳을 수놓은 10곳의 와인 산지는
세계적인 와인을 선보이는 동시에, 훌륭한 역사적 관광지이자
미식의 고장이기 때문이다. 프랑스 와인 여행은
와인, 미식, 관광이 모두 어우러진
진정한 여행이라 할 수 있다.

여행자를 위한 와인 기초 상식

와인이란?

와인은 '양조용' 포도로 만든다. 우리가 흔히 먹는 알이 굵은 식용 포도는 와인을 만들기에는 적합하지 않다. 양조용 포도는 알이 작고, 껍질이 두꺼운 것이 특징이다. 우리나라 포도 생산량의 70%를 책임지는 캠벨 종은 당도가 15브릭스 내외인 반면, 양조용 포도는 24브릭스 정도로 높다. 브릭스는 포도의 당도를 측정하는 용어로, 일반적으로 브릭스의 절반 정도가 와인의 알코올 도수라고 생각하면 된다. 즉, 캠벨은 7~8% 정도의 알코올을 만들 수 있고, 와인용 포도는 12~13% 정도의 알코올 도수를 만들어 낼 수 있다.

와인용 포도는 생각보다 종류가 많다. 학자들에 따르면 약 1만5,000여 종이 있다고 한다. 이 중에서 세계적으로 널리 재배되고 잘 알려진 포도 종류만 헤아려도 150여 종에 이른다. 이 포도 품종 모두가 특징이 다를까? 답은 '물론 다르다'이다. 그래서 와인은 어려우면서도 흥미롭다.

와인 제조 과정

눈을 의심케 하는 마술 공연을 보러 가면 호기심이 생긴다. 와인도 마찬가지다. 훌륭한 와인을 만나게 되면 자연스럽게 이 와인이 어떤 포도로, 그리고 어떻게 양조되었는지가 궁금해진다. 사실 와인은 포도만 있으면 누구나 만들 수 있다. 포도를 으깨서 적당한 용기에 담으면 자연이 알아서 와인을 만들어준다. 이때 가장 중요한 것이 바로 효모다. 효모는 자연 어디서나 존재하는데, 대부분 꽃의 꽃샘이나 과일의 표면과 같이 당분 농도가 높은 곳에 많이 살고 있다. 물론 포도껍질에도 존재한다. 이 효모는 포도의 당분을 먹고 알코올을 만들어내기 때문에 포도가 와인이 되는데 가장 중요한 역할을 하는 셈이다.

포도는 가을에 수확해 신속하게 와이너리로 옮겨서 가볍게 파쇄를 한다. 파쇄 된 포도는 포도즙, 껍질, 과육, 씨, 줄기 등이 혼합되고, 이를 머스트Must라고 부른다. 이 머스트가 효모에 의해서 발효되는 것이다. 발효는 나무통이나 시멘트 발효조에서 할 수도 있고, 스테인리스 스틸 탱크에서 할 수도 있다. 요즘에는 많은 곳들이 청소하기 편하고, 온도 조절이 가능한 스테인리스 스틸 탱크에서 발효를 진행한다.

와인에 따라 숙성을 할 수도 안 할 수도 있는데, 고급 레드 와인은 대개 오크통에서 오랜 숙성을 거친다. 남은 것은 정제 과정이다. 와인이 탁하면 상품 가치가

떨어지기 때문에 계란 흰자, 벤토나이트, 젤라틴, 카제인 등 단백질 성분의 응고제로 이런 부유물들을 제거한 뒤 병입하고, 이로써 한 병의 와인이 탄생한다.

와인의 빈티지

빈티지는 포도를 수확한 해다. '2015'라고 레이블에 적혀 있다면 그 와인은 2015년에 수확한 포도로 만들었다는 이야기다. 그래서 기후가 매해 들쑥날쑥한 곳은 빈티지가 중요해질 수밖에 없다. 아무리 유능한 와인 생산자라 하더라도 천재지변을 막을 수는 없기 때문이다. 레이블에 빈티지를 적기 시작한 것도 유난히 날씨가 나빠 매우 실망스러운 품질의 와인이 만들어졌을 경우 이를 소비자에게 알려주기 위함이었다고 한다. 지금도 여전히 빈티지가 중요하지만 과거와 같지는 않다. 영화에서나 나올 법한 허리케인이 포도밭을 강타하는 최악의 상황이 벌어지지 않는 이상 첨단을 달리는 양조 테크닉으로 맛 좋은 와인을 만들 수 있는 시대가 도래한 것이다. 따라서 와인을 투자 목적으로 구매하려는 것이 아니라면 빈티지에 너무 얽매일 필요는 없다. 특히 시중에서 판매되는 중저가 와인은 빈티지가 큰 의미가 없다. 더욱이 1년 365일 뚜렷한 날씨 변화가 없는 곳이라면 더더욱 그렇다.

와이너리에서 와인 시음하기

와이너리에서는 와인을 그냥 '마시기'보다는 보다 분석적인 '시음'으로 이어지는 경우가 많다. 한 번에 여러 가지 품종을 맛보기도 하고 와인을 서빙하는 스태프가 종종 와인에 대한 시음자의 의견을 물어볼 때가 많기 때문이다. 그러면 와인을 시음한다는 것은 무엇을 의미할까? 그것은 와인에서 느낄 수 있는 향과 맛을 말로 표현하는 것이다.

와이너리의 시음실에서 와인을 서빙 받게 되면, 먼저 글라스를 들고 색을 관찰해 보자. 흰 종이에 잔을 45도 각도로 비스듬히 뉘어놓고 위에서 아래로 내려다보는 것이 좋다. 색의 옅고 진함에서 어느 정도 품종을 유추할 수 있고 숙성 기간까지도 판단할 수 있다. 레드 와인은 오래 숙성된 것일수록 색이 옅어지고, 반대로 화이트 와인은 진해진다. 만약 서빙 받은 레드 와인의 테두리가 주황색을 띠고 있다면 병에서 오래 숙성을 시킨 와인일 가능성이 높다.

다음은 향을 맡아볼 차례다. 와인을 잔에 담긴 상태 그대로 맡아보고, 그 다음 잔을 돌려 와인과 공기를 접촉시킨 후 맡아보자. 분명 차이를 느낄 수 있을 것이다. 잔을 돌리는 것을 스월링Swirling이라고 한

다. 향은 짧고 빠르게 맡는다. 길게 맡아봐야 코만 피로해질 뿐이다. 처음에는 분명 향이 나지만, 어떤 향이 나는지 알 수 없을 수도 있다. 그럴 때는 미리 시음표를 준비해서 비슷한 향을 찾아보는 것도 도움이 된다.

이제는 와인을 마셔보자. 입에서는 와인의 바디감과 질감을 느껴보자. 바디감이나 질감이나 같은 뜻인 것 같지만, 조금 다르다. 바디감은 와인을 라이트, 미디엄, 풀 바디로 나누는 것을 이야기한다. 맑은 주스와 걸쭉한 주스를 생각하면 이해가 쉬울 것이다. 입 안에서 와인이 가볍게 느껴진다면 라이트, 무겁게 느껴진다면 헤비하다고 표현하면 된다. 질감은 입에서 느껴지는 와인의 결을 이야기한다. 어떤 와인은 실크처럼 부드러울 수 있고, 어떤 와인은 거칠게 다가올 수도 있다. 사실 와인을 표현하는 데 있어서는 어떤 제약도 없다. 그저 자신이 느낀 바를 아는 단어로 표현하면 된다. 부르고뉴 와인협회에서 만든 '와인의 색과 향, 맛에 대한 표현'을 참조하면 도움이 된다.

 # 좋은 와인이란?

프랑스를 여행하다 보면 굳이 와이너리를 방문하지 않아도 쉽게 와인을 접해볼 수 있다. 카페나 레스토랑에서 혹은 길에서 만난 노점상 등 어디서나 와인을 볼 수 있다. 많은 와인을 접하다 보면 내 입맛에 맞는 와인을 찾게 되고, 더 나아가서는 내 입맛에 맞는 와인 중에서도 더 훌륭한 와인은 무엇일까를 생각하게 된다. 많은 사람들이 인정하는 훌륭한 와인의 공통점은 있다.

첫째, 와인을 만든 포도 품종의 특성이 와인에 잘 드러나야 한다. 망고가 망고 맛이 안 나면 망고라 부를 수 없는 것처럼, 포도 품종의 개성을 와인에서 느낄 수 있어야 한다. 예를 들어 소비뇽 블랑의 특징은 허브, 미네랄, 강렬한 산도, 부싯돌, 짚과 같은 야생의 향이라고 할 수 있는데, 이런 특징들이 와인에 잘 나타나야 한다.

둘째, 좋은 와인은 입 안에서 균형 잡힌 맛을 주어야 한다. 쓴맛, 신맛, 단맛, 혹은 짠맛, 나아가 감칠맛까지, 이 모든 맛들이 서로 잘 어울려서 와인이 입 안으로 들어왔을 때 불쾌하지 않아야 한다는 의미다. 만약 여러 맛 중에 신맛이 도드라진다면 그 와인은 균형 잡힌 와인이 아니라고 할 수 있다.

마지막으로 좋은 와인은 복합성을 지녀야 한다. 어떤 와인들은 한 모금이 두 모금을 부르는 매력적인 와인들이 있다. 그런 와인들은 한 번에 파악하기가 쉽지 않은 복합적인 와인이다. 자꾸만 향이나 맛을 생각하게 되고, 또한 여운이 길어서 쉽게 기억에서 잊히지 않는다. 테이블에 여러 와인을 두고 마셨을 때 가장 먼저 동이 나는 와인. 그런 와인이 좋은 와인이자 매력적인 와인이라고 할 수 있다.

와인의 색과 향, 맛에 대한 표현

색	투명성	깨끗한, 투명한, 맑은, 탁한, 흐릿한
	광채	빛나는, 투명한, 반짝거리는, 불투명한, 윤이 나지 않는, 납빛의
	강도	적당한, 진한, 두드러진, 중간 정도의, 희미한
	뉘앙스	**화이트 와인 :** 흰 빛을 띤 황금색, 초록을 띤 황금색, 투명한 황금색, 황금색, 창백한 노란색, 맑은 노란색, 밝은 노란색, 초록을 띤 노란색, 황금빛의 초록색, 어두운 노란색, 황갈색, 짚 빛깔 노란색, 오래된 황금색, 흐린 황금색, 분홍빛 **로제 와인 :** 맑은 작약의 빛, 나무딸기 빛, 연어 살색, 오렌지, 살구, 회색 **레드 와인 :** 보랏빛 레드, 진홍색, 석류색, 작약의 색, 밝은 보라색, 담백한 레드, 검붉은 레드, 루비, 벽돌색 레드, 오렌지 빛 레드, 갈색 레드, 마호가니 색, 기와의 색
향	강도	약한, 중간의, 충분한, 적당한, 힘찬 **일반적인 인상 :** 열린, 숨어 있는, 닫힌
	뉘앙스	**꽃 :** 보리수, 카밀레, 마편초, 인동덩굴, 들장미, 장미, 시든 장미, 아카시아, 제비꽃, 산사나무, 제라늄, 작약, 금작화, 오렌지나무 **신선한 과일 :** 카시스, 산딸기, 자두, 체리, 포도, 딸기, 구즈베리, 오디, 붉은 과일시럽, 신선한 무화과, 사향포도, 모과, 복숭아, 배, 레몬, 오렌지, 자몽, 파인애플, 이국 과일, 바나나, 청사과, 라임, 리치, 멜론, 블랙베리, 블랙커런트, 블루베리, 라즈베리, 석류 **견과류와 정과류 :** 호두, 건포도, 도토리, 아몬드, 마른 무화과, 피스타치오, 익힌 자두, 잼, 익힌 과일, 오렌지 껍질, 과일 씨, 비스킷, 헤이즐넛, 효모, 구운 견과류 냄새 **식물 :** 허브, 초목, 고사리, 딱총나무, 카시스 잎, 차, 달인 차, 막 자른 건초, 레몬차, 민트, 담뱃잎, 아스파라거스, 푸른 피망, 그린빈, 올리브, 버섯, 송로버섯, 나무 이끼, 초콜릿, 코코아, 모카, 커피, 에스프레소 **동물 향 :** 사향, 고기, 소시지류, 사냥고기, 멧돼지나 사슴 따위의 고기, 가죽, 털, 여우, 산짐승 **식품류 :** 꿀, 버터, 버터 캔디, 크림, 커스터드, 캐러멜, 감초, 마늘, 카카오, 우유, 버터, 사과주, 맥주, 효모 **탄내 나는 것들:** 탄 것, 훈제, 커피, 볶은 커피, 구운 빵, 모카, 구운 아몬드, 탄 나무 **숙성된 향 :** 송진, 삼나무, 타임, 니스, 바닐라 **나무 향 :** 오크통, 새 오크통, 젖은 나무, 참나무, 초록 나무, 오래 묵은 나무, 젖은 흙, 부식토, 잡목, 잔디, 토스트, 바닐라 **향신료와 아로마 :** 계피, 바닐라, 아니스, 정향, 후추, 월계수, 고수, 시나몬, 민트, 향신료 차 **미네랄 :** 부싯돌, 유황, 요오드, 규석, 미네랄, 부엽토
	일반적인 인상	평범한, 단순한, 독특한, 우아한, 뿌리가 느껴지는, 훌륭한, 섬세한, 민감한, 복잡다단한, 풍부한
맛	다른 용어들	떫은, 시큼한, 쓴, 신, 유연한, 독한, 알코올이 풍부한, 걸쭉한, 열기 넘치는, 둥근, 단단한, 구조가 튼튼한, 강한, 거친, 빈약한, 자극적인, 힘찬
	기포	혀끝이 톡 쏘는, 자글자글한, 조밀한
	균형	균형 잡힌, 조화로운, 완벽한, 녹는, 균형이 깨진, 빈약한, 허약한, 텅 빈
	아로마의 지속	짧은, 중간, 적당한, 긴

(출처: 부르고뉴 와인협회)

프랑스 와인의 역사

와인은 프랑스 역사와 문화 전반에 뿌리 깊게 연관되어 있다. 프랑스에서 와인은 단순히 알코올의 한 종류가 아니라 역사와 문화, 장인정신이 담긴 심오한 술로 여겨진다. 그들에게 와인은 조상 대대로 식탁에서 즐겨왔던 술로, 지금도 와인이 없는 식탁은 프랑스 인에게 무척 낯설다.

프랑스에 처음으로 포도가 재배되고 와인이 만들어진 것은 기원전 600년 전이다. 이때 그리스인들이 지금의 마르세이유에 포도를 처음 심었고, 그 뒤를 이어 로마인들이 프랑스 전역에 포도재배와 와인을 유행시켰다. 사실상 로마인들은 고대 와인 산업의 중심에 서서 포도재배를 널리 장려했고, 와인 품질과 발전에서 혁혁한 공을 세웠다. 15세기 로마제국이 몰락하면서 포도밭은 자연스럽게 가톨릭 교회 소유로 넘어가게 된다. 이 중에서도 베네딕트 수도회나 시토 수도회는 중세시대를 통틀어 포도재배와 와인 양조를 가장 체계적이고 과학적으로 발전시킨 장본인들이다.

승승장구하던 프랑스 와인 역사에서 최악의 사건으로 기억되는 일이 1860년대에 일어났다. 포도나무의 뿌리를 갉아먹는 해충인 필록세라가 미국에서 유입이 된 것이다. 작은 벌레에 불과한 이 필록세라는 프랑스는 물론, 유럽 전역으로 일파만파 퍼져나가 종국에는 세계의 많은 포도밭을 황폐화시켰다. 약간의 과장을 섞어서 이야기한다면 와인의 역사는 필록세라 이전과 이후로 나뉜다. 필록세라 이후, 비단 프랑스만은 아니겠지만, 이전에도 있었던 와인의 위조가 더욱 극성을 부렸다. 프랑스 와인 산업이 허덕이는 동안 와인의 가격은 무한정 치솟았고, 수입 건포도 등 다른 재료로 와인을 제조하는 방법이 등장하기에 이르렀다. 포도농사만이 유일한 수입원이었던 영세 포도 재배업자들은 몸과 마음에 심각한 타격을 입고 대부분 땅을 등진 채 도시로 향했다.

이렇게 19세기가 20세기로 바뀔 무렵, 프랑스의 와인 생산자들은 과잉 생산, 가격 하락, 수출 시장 붕괴, 공공연한 위조 및 변조행위, 4중고에 시달렸다. 중개업자들은 고급 와인과 저급 와인의 블렌딩을 멈추지 않았고, 필록세라가 창궐하던 시절에 기승을 부리던 위조 와인은 진품 와인의 공급량이 넉넉해진 뒤에도 자취를 감추지 않았다.

필록세라가 휩쓸고 지나간 뒤 1차, 2차 세계대전까지 수많은 위기를 겪고 나서야 포도 재배업자와 와인 생산자는 비로소 정부와 손을 잡고 와인 산업 보호와 육성에 나섰다. 1920년대와 1930년대에 시행된 다양한 정책은 프랑스 와인 산업을 부흥시키는 밑거름이 되었다. 현재 프랑스 농산물의 품질을 엄격히 제한하고 있는 INAO(Institut National des Appellation d'Origine)는 과거 생업을 지키기 위해 쓰러져 간 조상들의 피로 일궈낸 결과물이며, 현재는 전 세계 와인 생산국의 모범이 되는, 프랑스 와인 산업에 있어서 절대로 간과되어서는 안 될 기구로 거듭났다.

1. 2 올드 빈티지 와인 **3** 숙성 중인 오크 배럴 **4** 지하 와인 저장고

프랑스 와인의 등급체계 AOC(P)

프랑스 와인이 항상 장밋빛 대로만 걸었던 것은 아니다. 특히 가장 문제가 됐던 것이 유명 와인을 빙자하는 가짜 와인이었다. 와인이 중요한 생업이었던 많은 생산자들의 힘을 빠지게 만들었던 위조 와인 때문에 폭동까지 일어날 정도로 심각했었다. 이에 프랑스 정부는 와인의 위조와 사기 행위를 막기 위해 1935년 이와 관련한 업무를 처리하는 INAO을 설립하고 AOC 시스템을 만들었다. AOC는 '원산지통제명칭'이라는 뜻의 Appellation d'Origine Contrôlée의 약자로 생산 지역, 포도 품종, 헥타르 당 생산량, 포도 재배방법, 알코올 함량, 와인 양조 방법, 테이스팅과 분석, 레이블 등 와인 생산에 있어서 많은 부분에 관여하고 법으로 엄격하게 규정하고 있다. 현재는 AOP(Appellation d'Origine Protégée)로 변경되어서 AOC와 섞여 쓰인다. 소비자들 입장에서는 이름만 바뀐 것이니 신경 쓰지 않아도 된다.

프랑스 와인에 있어서 AOC(P)는 해당 와인의 품질을 증명해주는 일종의 KS마크라고 생각하면 된다. 즉, 프랑스 정부가 AOC(P) 와인이 위조나 사기로 만들어진 것이 아님을 증명하는 것이다. 소비자들은 레이블에서 AOC(P)라는 문장을 확인할 수 있다. Origine에는 해당 와인이 생산된 지역명이 들어간다. 보르도에서 생산된 와인이면 Appellation Bordeaux Contrôlée라고 레이블에 쓰인다.

많은 프랑스 와인들이 이 AOC(P)의 규제 아래 와인을 만들고 있다. 이 이야기는 포도를 재배하고 와인을 만드는 과정에서 정부가 정한 지침을 따라야 한다는 것이다. 이 과정에서 AOC(P)가 와인 생산자들의 창의성을 저해한다는 비판의 목소리도 있다. 그래서 몇몇 와인 생산자들은 충분히 AOC(P) 자격을 받을 수 있음에도 불구하고 허가되지 않는 포도품종을 심고 획기적인 방법으로 포도를 재배하며, 와인 양조를 거쳐서 AOC(P)보다 낮은 등급인 VdP(Vin de Pays)나 최하급의 VdT(Vin de Table) 등급을 받기도 한다. 이럴 때 소비자는 등급보다 와인을 만든 생산자의 명성이나 실력을 더 유심히 볼 수밖에 없다.

프랑스 와인과 떼루아

프랑스 인들과 와인에 대해서 이야기를 나누다보면 '떼루아'는 반드시 튀어나오는 단어 중 하나다. 떼루아가 뭘까? 떼루아란 와인의 특성을 결정짓는, 기후, 토양 등의 환경을 말한다. 한 병의 와인이 만들어지기까지는 수도 없이 많은 것들이 영향을 미친다. 인간도 그 중 하나다. 하지만 인간이 오는 비를 막을 수 없는 것처럼 자연을 거스를 순 없다. 그래서 떼루아가 중요해진다. 포도는 아무리 척박한 땅이라도 잘 자라지만, 특별히 좋은 포도가 열리는 땅은 따로 있다. 그렇다면 그 명당자리는 어떤 특징을 지니고 있을까?

포도나무는 10℃ 정도면 성장을 시작하고 그 이하면 멈춘다. 그리고 17~20℃ 정도면 개화를 하고 20℃ 이상이면 무럭무럭 자란다. 그렇기 때문에 계절에 따라서 적절한 기온이 유지되는 곳이 포도재배를 하기에 좋다. 예를 들어 한창 꽃을 피워야 할 봄에 갑자기 서리가 내린다든지 포도가 익어가는 가을에 갑자기 큰 비가 온다면 그 해 농사는 위기에 처한 것이다.

포도밭의 고도도 중요한 요소다. 예를 들어 프랑스의 샹파뉴나 루아르, 그리고 알자스의 경우 남향이면서 고도가 높은 포도밭이 햇빛을 오래 받을 수 있기에 좋은 곳으로 여긴다. 독일의 모젤 강을 따라 펼쳐진 좋은 포도밭들도 조금이라도 햇빛을 많이 받기 위해 일제히 남향의 언덕에 심어져 있다. 아르헨티나의 명당 포도밭은 안데스 산맥의 기슭, 즉, 해발 1,400~1,500m의 고지대에 위치해 있다. 안데스에서 내려오는 선선한 바람과 맑은 물의 기운을 얻으려는 것이다. 또한 좋은 와인 산지들은 한 여름에도 저녁에는 선선하다. 낮 동안의 뜨거운 태양은 포도의 당분을 만들어내고, 밤의 서늘한 기온은 포도가 익는 과정을 중단시켜 와인에 필수적인 산도를 보존한다.

프랑스 론 남부를 여행하다보면 그야말로 불모지라는 말이 어울릴 정도로 온통 자갈투성이인 포도밭을 볼 수 있다. 하지만 그곳에서 포도나무는 깊게 뿌리를 내리고, 믿을 수 없을 만큼 뛰어난 포도를 영근다. 즉, 어느 정도의 역경은 오히려 포도나무의 생장에 도움이 된다.

프랑스 와인을 빚는 포도 품종 9

프랑스에서는 다채로운 와인용 포도가 재배되지만 이 중에서도 9가지 품종이 큰 비중을 차지한다. 우리가 마트나 와인숍에서 쉽게 찾아볼 수 있는 것도 대부분 이들 품종으로 만들어진 것이다. 레드에는 까베르네 소비뇽, 메를로, 피노 누아, 시라가 있고, 화이트에는 샤르도네, 슈냉 블랑, 리슬링, 소비뇽 블랑, 세미용이 있다. 이 품종들이 프랑스 포도 품종의 어벤저스로 꼽히는 이유는 오랜 세월 동안 널리 재배되면서 각 품종의 고유한 특성을 드러내는 와인을 만들기 때문이다.

| 화이트 품종 |

샤르도네 Chardonnay

세계에서 가장 유명한 화이트 품종. 대체로 많은 생산자들이 화이트 품종임에도 샤르도네를 오크통에서 추가로 숙성을 거친다. 그 이유는 샤르도네가 오크의 풍미가 깃들기에 적당한 특징을 지니고 있기 때문이다. 이렇게 숙성된 샤르도네는 마치 크림 같이 유연하고, 입 안에 꽉 차는 풀 바디한 몸집을 동시에 지닌다. 흔히 바닐라, 버터, 열대 과일, 토스트와 같은 표현을 샤르도네에 붙인다. 프랑스에서는 부르고뉴와 샹파뉴, 프랑스 남부의 랑그독 루시용 지역에서 많이 재배한다.

슈냉 블랑 Chenin Blanc

세계에서 가장 특별한 슈냉 블랑 와인을 루아르 밸리에서 찾아볼 수 있다. 드라이한 와인부터 달콤한 와인까지 다양하게 변신할 수 있는 품종으로, 일부 루아르의 소지역에서 만들어내는 달콤한 와인의 경우 환상적인 풍미를 자랑한다. 대체적으로 부드러운 풍미, 복숭아, 멜론, 살구와 같은 향이 특징이다.

리슬링 Riesling

리슬링은 피노 누아처럼 재배되는 장소에 굉장히 민감하게 반응한다. 아주 따뜻하면 잘 자라지 않거니와, 서늘한 지역에서도 토양과 미세기후에 따라 많은 품질의 차이를 보인다. 일반적으로 추운 곳에서 많이 재배되는데, 이럴 때는 알코올 함량이 낮고 무게감이 가벼운 특징을 보인다. 최고급 리슬링의 경우 섬세하면서도 코를 매혹하는 뛰어난 향을 지녔다. 복숭아, 멜론, 살구, 자갈 위를 흐르는 계곡물을 연상케 하는 미네랄 특징이 느껴진다. 알자스는 세계적으로 유명한 리슬링 와인을 생산하는 곳이다.

소비뇽 블랑 Sauvignon Blanc

비가 온 후의 잔디밭을 걸을 때 생각나는 와인이 바로 소비뇽 블랑이다. 허브, 미네랄, 강렬한 산도, 부싯돌, 짚과 같은 야생의 향이 특징적이다. 간혹 고양이 오줌 냄새라고 말하기도 하는데, 이는 긍정적인 표현이다. 가장 뛰어난 소비뇽 블랑도 프랑스에 있다. 슈냉 블랑과 마찬가지로 루아르 밸리로, 동쪽 끝의 상세르와 푸이 퓌메라는 작은 곳에서 나오는 소비뇽 블랑을 최고로 친다. 품종의 특성을 그대로 보존하기 위해 오크통 숙성은 거의 하지 않는다.

세미용 Semillon

프랑스에서 세미용은 단일 품종으로 쓰이기보다는 소비뇽 블랑과 블렌딩 된다. 소비뇽 블랑의 풋풋하고 날카로운 특성을 세미용의 미네랄하면서 풍만한 질감으로 잡아주는 것이다. 잘만 블렌딩하면 입 안을 풍성하게 채워주는 조화로운 와인을 경험할 수 있다. 숙성 초기에는 순수하고 부드러운 풍미를 지니다가 오랜 병 숙성의 끝엔 꿀과 같이 진하고 유연한 와인으로 변모한다. 프랑스의 국보급 와인 산지인 보르도에서 세미용을 재배한다.

| 레드 품종 |

까베르네 소비뇽 Cabernet Sauvignon

와인 생산국 대부분이 까베르네 소비뇽을 재배한다. 그 이유는 뭘까? 바로 이 품종이 다른 어떤 품종보다 와인으로 표현해 낼 수 있는 특징이 많기 때문이다. 물론 기후와 토양을 가리지 않고 잘 자라기 때문인 것도 있다. 대체로 블랙베리, 블랙커런트, 카시스, 민트, 유칼립투스, 삼나무, 자두, 가죽의 풍미로 표현되는데, 여기서 블랙베리, 블랙커런트, 카시스, 유칼립투스 같은 이국적인 표현들은 배제해도 좋다. 그저 잘 만들어진 정직한 까베르네 소비뇽 와인을 마셔보고, 그 풍미를 기억해 두면 된다. 프랑스에서는 보르도와 랑그독 루시용에서 주로 재배한다.

메를로 Merlot

까베르네 소비뇽과 특징이 흡사해 구별하기가 쉽지 않은 품종. 메를로 와인은 흔히 블랙베리, 카시스, 체리, 자두, 초콜릿, 모카, 가죽 향으로 설명된다. 프랑스의 주요 메를로 산지는 까베르네 소비뇽과 마찬가지로 보르도와 랑그독 루시용이다. 그러면 까베르네 소비뇽과 무엇이 다를까? 일반적으로 메를로는 까베르네 소비뇽보다 부드럽다고 여긴다. 하지만 꼭 그렇지도 않다. 어떤 지역에서는 굉장히 터프한 스타일의 메를로 와인도 생산한다.

피노 누아 Pinot Noir

섬세한 개성을 지닌 레드 품종. 그 어떤 품종보다 감각적인 단어로 묘사되는 피노 누아는 주로 체리, 자두, 흙, 버섯 등의 향이 올라온다. 피노 누아는 까베르네 소비뇽과 메를로 보다 빛깔이 연하고, 또한 바디감이 가벼워서 확실하게 구분이 되는 편이다. 리슬링처럼 장소에 굉장히 민감해 피노 누아를 제대로 재배할 수 있는 지역은 그렇게 많지 않다. 부르고뉴는 세계에서 가장 비싼 피노 누아를 생산하는 지역이자 최고 퀄리티의 피노 누아 와인으로 인정받는 곳이다.

시라 Syrah

시라 외에도 쉬라즈라는 이름도 가지고 있다. 시라는 지역마다 다양한 스타일을 보이지만, 가장 훌륭한 것으로 간주되는 시라는 가죽, 흙, 블랙베리, 스모크, 특히 후추와 향신료의 향이 풀풀 풍기는 것들이다. 프랑스의 론 밸리는 세계가 인정하는 시라 와인을 생산하는 곳이다. 프랑스에 간다면 반드시 마셔봐야 할 와인이다.

프랑스의 와인 산지

프랑스에서 와인은 우리의 반도체나 자동차처럼 굉장히 중요한 산업 중 하나다. 이 때문에 와인 생산은 국가에서 법으로 엄격히 통제, 관리하고 있고, 포도 재배 범위가 정확하게 구분되어 있다.

보르도

세계에서 가장 유명한 와인 산지이자 최고급 와인을 만들어내는 곳이다. 보르도의 역사는 곧 와인의 역사이기도 하다. 보르도 지롱드 강을 따라 세계 최고의 와이너리가 자리한다. 까베르네 소비뇽과 메를로를 중심으로 섬세하면서 힘 있는 특급 와인을 만들어낸다. 포도밭에 둘러싸여 있는 웅장한 보르도의 샤또들은 그 자체로도 압도적인 아름다움을 뿜어낸다. 076p

키워드 : 보르도·지롱드 강·도르도뉴 강·가론 강·메독·생테밀리옹·소테른·그라브·샤또·5대 샤또·그랑 크뤼 클라쎄·유네스코 문화유산

샹파뉴

파리에서 동쪽으로 150km 거리에 위치한 샴페인의 본고장이다. 파리에서 기차를 타고 찾아갈 수 있는 가장 가까운 와인 산지이기도 하다. 중심도시 에페르네와 랭스에서 세계적인 명성의 샴페인 하우스를 도보로 방문할 수 있다. 샤르도네와 피노 누아, 피노 뫼니에 품종을 중심으로 아름다운 기포를 가진 최고급 샴페인을 맛보며 미식의 세계를 경험할 수 있다. 038p

키워드 : 샴페인·샴페인 하우스·스파클링 와인·에페르네·랭스·샤르도네·피노 누아·피노 뫼니에·2차 병 발효·넌 빈티지·블랑 드 블랑·블랑 드 누아

론

강렬한 레드 와인과 풍성한 볼륨감의 화이트 와인을 만들어내는 곳. 론 와인 산지는 북부와 남부로 나뉘는데, 서로 다른 매력을 뽐낸다. 론 북부는 시라, 남부는 그르나슈 품종으로 대변된다. 중심도시 리옹은 파리 다음으로 미슐랭 레스토랑이 많은 미식의 도시이다. 론 남부 중심도시 아비뇽은 교황청을 비롯한 세계적인 문화유산이 가득하다. 222p

키워드 : 북론·남론·꼬뜨 로티·콩드리외·코르나스·에르미타쥬·샤또네프뒤파프·지공다스·아비뇽 교황청·아비뇽 유수·리옹·미슐랭·그르나슈·시라·까리냥·생쏘·비오니에

부르고뉴

부르고뉴는 곧 세계 최고의 피노 누아 와인을 의미한다. 꼬뜨 드 뉘에서 꼬뜨 드 본으로 연결되는 그림 같은 포도밭에서는 서늘한 기후와 독특한 떼루아의 영향을 받은 섬세한 피노 누아 와인이 만들어진다. 이 밖에 세계 최고의 샤르도네 와인을 만드는 샤블리, 가메 품종으로 보졸레도 빼놓을 수 없다. 세계적인 와인 자선 경매 행사 오스피스 드 본도 부르고뉴에서 열린다. 176p

키워드 : 부르고뉴·본·꼬뜨 드 본·꼬뜨 드 뉘·마콩·샤블리·굴·끌로·도멘·오스피스 드 본·디종·와인 경매·황금의 언덕·피노 누아·보졸레

알자스

독일과 인접한 알자스는 프랑스와 독일 양국의 문화가 혼재된 이국적인 모습을 볼 수 있다. 보쥬 산맥의 가파른 경사면을 따라 자리한 포도밭과 마을은 마치 동화 속을 여행하는 듯한 착각이 들 만큼 아름답다. 이 때문에 와인이 목적이 아닌 일반 여행자도 많이 찾는다. 게뷔르츠트라미너, 리슬링 등의 화이트 품종으로 빚은 주옥 같은 와인을 만날 수 있는 곳이다. 262p

키워드 : 스트라스부르·콜마르·리슬링·게뷔르츠트라미너·피노 블랑·뮈스카·방당쥬 타르디브·크레망 달자스·에델즈비커·보쥬 산맥

랑그독 루시용

프랑스에서 가장 오래된 와인 산지이자 가장 많은 양의 와인을 생산하는 곳이다. 많은 와인 생산자들이 프랑스 와인 등급 제도에 연연하지 않고 자신만의 개성을 담은 창의적인 와인을 만들어낸다. 무르베드르, 시라, 그르나슈, 카리냥 품종을 중심으로 진한 레드 와인부터 매력적인 화이트 와인, 스파클링, 천연 감미 와인까지 실로 다양한 스타일의 와인을 경험할 수 있다. 288p

키워드 : 랑그독·루시용·바뉠스·무르베드르·시라·그르나슈·카리냥·뱅 두 나뚜렐·해안 도시

쥐라

쥐라 와인 여행을 하는 것은 세계 어디에서도 찾아볼 수 없는 개성 강한 와인을 경험한다는 의미이다. 샤르도네, 피노 누아 외에도 지역의 고유 품종인 사바냉, 풀사르, 투르소 품종을 가지고 와인을 만든다. 오크통에서 6년 3개월 숙성시키는 뱅 존은 희소가치와 독특한 풍미, 명성이 어우러진, 반드시 마셔보아야 할 와인이다. 358p

키워드 : 뱅 존·옐로우 와인·뱅 드 파이유·막뱅 드 쥐라·꼬꼬뱅존·콩테치즈·샤또 샬롱

루아르

프랑스의 정원이라 불린다. 레드는 까베르네 프랑, 화이트는 슈냉 블랑, 소비뇽 블랑을 중심으로 밝고 섬세한 와인을 만든다. 루아르 밸리의 전체 와인 산지는 낭트에서 시작되어 오를레앙 근처까지 무려 800km에 이른다. 이 광범위한 루아르 와인 산지 곳곳에 역사적인 고성과 요새가 자리한다. 덕분에 와인과 함께 고성을 돌아보는 여행루트를 만들어 갈 수 있다. 146p

키워드 : 고성·프랑스의 정원·슈냉 블랑·까베르네 프랑·소비뇽 블랑·상세르·소뮈르·뚜르·앙부아즈·앙주·낭트

프로방스

산과 바다로 둘러싸인 아름다운 자연환경을 간직한 낭만적인 와인 산지이다. 프로방스의 매력에 매료된 세계의 많은 예술가들이 이 지역에 머물며 많은 작품을 남겼다. 프로방스를 대표하는 와인은 단연 로제 와인이다. 시라, 그르나슈, 생쏘를 중심으로 지역의 토착품종을 이용한 사랑스러운 와인을 만든다. 남프랑스 미식과의 특별한 마리아주를 경험할 수 있다. 324p

키워드 : 아를·고흐·로제 와인·방돌·휴양도시·남프랑스·칸·니스·마르세이유·엑상 프로방스

추천 프랑스 와인 여행지

샹파뉴

샴페인의 고향이자 와인 여행에 최적화된 곳이다. 랭스와 에페르네 두 도시를 중심으로 샴페인 하우스가 몰려 있다. 샴페인 하우스는 도보로 다닐 수 있어 도보 여행자도 편리하게 돌아볼 수 있다. 대부분의 샴페인 하우스는 1시간 내외의 투어 프로그램을 운영한다. 거리상으로도 파리와 가장 가깝다. 떼제베로 편도 1시간 거리다.

보르도

프랑스에서 가장 유명한 와인 산지다. 보르도 5대 샤또를 비롯한 유명한 와이너리는 와인 애호가라면 한번쯤 방문하기를 소원하는 곳들이다. 많은 와이너리가 방문객을 위한 투어 프로그램을 운영하며, 이름난 샤또에서 숙박하는 특별한 체험도 할 수 있다.

루아르

프랑스의 정원이라 불리는 만큼 와인과 더불어 고성 투어로 이름났다. 중심 도시인 뚜르에서 출발하는 와인 투어 상품이 다양하고 관광센터에서 와인 투어를 신청할 수 있다. 자동차로 여행하면 훨씬 더 풍부하고 낭만적인 여행을 할 수 있다.

부르고뉴

보르도와 함께 프랑스 와인의 양대산맥으로 불린다. 디종과 본을 중심으로 작은 규모의 와이너리가 촘촘히 자리한다. 가장 프랑스다운 곳이지만 아직 투어 프로그램은 미흡한 편. 영어로 대화할 수 있는 곳도 많지 않다. 그러나 본 마을에는 도보로 다닐 수 있는 와이너리 셀러 도어가 여러 곳 있다. 와인 루트를 따라 자전거 여행도 가능하다.

론

리옹과 아비뇽을 중심으로 유명 포도밭과 와이너리가 자리했다. 론 와인 여행의 가장 좋은 방법은 자동차를 이용하는 것이다. 기차역이 있는 탱 에르미타쥬에는 도보로 방문이 가능한 와이너리 셀러도어가 여럿 있다. 와인과 함께 아비뇽 교황청 등 유구한 문화유산을 만나는 것도 매력적이다.

| 주요 와인 산지 기차 소요 시간 |

보르도

파리(몽파르나스) → 보르도 3시간 20분(TGV)
보르도 → 생테밀리옹 35분(TER)

부르고뉴

파리(리옹) → 디종 1시간 30분(TGV)
파리(베르시) → 디종 3시간(TER)
파리(베르시) → 본 3시간 30분(TER)
디종 → 본 20분(TER)
본 → 마콩 55분(TER)

샹파뉴

파리(파리 동역) → 에페르네 1시간 15분(TER)
파리(파리 동역) → 랭스 46분(TGV)
랭스 → 에페르네 30분(TER)

랑그독 루시용

파리(몽파르나스) → 몽펠리에 3시간 30분(TGV)
몽펠리에 → 바뉠스 쉬 메르 2시간 30분(TER)

알자스

파리(파리 동역) → 스트라스부르 1시간 50분(TGV)
파리(파리 동역) → 콜마르 2시간 20분(TER)
스트라스부르 → 콜마르 35분(TER)

루아르

파리(몽파르나스) → 뚜르 1시간 15분(TGV)
뚜르 → 쉬농소 30분(TER)
뚜르 → 앙부아즈 20분(TER)
뚜르 → 소뮈르 40분(TER)
뚜르 → 낭트 1시간 50분(TER)

론

파리(리옹) → 리옹 2시간(TGV)
리옹 → 탱 에르미타쥬 55분(TER)
땅 레흐미따쥬 → 아비뇽 1시간 30분(TER)
리옹 → 아비뇽 1시간 10분(TGV)

프로방스

파리(리옹) → 님스 3시간(TGV)
님스 → 아를 25분(TER)
아비뇽 → 아를 18분(TER)

쥐라

파리(리옹) → 부르캉 브레스 2시간(TGV)
부르캉 브레스 → 아르부아 1시간 12분(TER)
디종 → 브장송 1시간(TER)
브장송 → 아르부아 40분(TER)

* (파리 다음 괄호는 출발역, TGV는 특급열차 떼제베, TER은 지역열차)

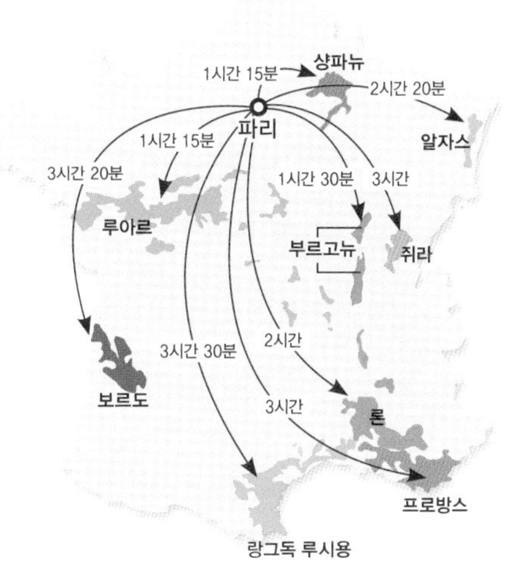

프랑스 와인 가도 드라이브 여행

프랑스는 국가 전역에서 와인을 만들어내는 거대한 와인 산지이다. 각 와인 산지마다 와인 가도Route du Vin가 있어 여행자들은 포도밭 사이를 자동차로 여행하며 와인 여행의 진정한 매력을 찾아갈 수 있다. 그 중 특별히 아름다운 와인 가도 5곳을 소개한다.

보르도 와인 가도

보르도 와인 가도는 지롱드 강 좌안을 따라 보르도 그랑 크뤼 1등급 샤또를 비롯한 주옥같은 와이너리들이 몰려 있다. 보르도 와인 가도는 메독에서 그라브를 따라 150km에 달한다. 이 가운데 보르도 시에서 북쪽으로 80km에 걸쳐진 메독 와인 가도가 핵심이다. 특히, 마고에서 생테스테프에 이르는 35km 구간에 그랑 크뤼 샤또들이 집중적으로 몰려 있다.

여행루트: 보르도 시-마고-물리-리스트락 메독-생 쥘리앙-포이약-생테스테프-보르도 시
추천일정: 2박 3일
추천 와이너리: 샤또 지스쿠르(107p), 샤또 도작(108p), 샤또 샤스 스플린(114p), 샤또 다가삭(116p), 샤또 랭쉬 바쥬(120p)

루아르 와인 가도

오를레앙부터 낭트까지 이어지는 루아르 밸리 와인 산지는 프랑스 와인 산지 중 가장 광범위하다. 그 중 루아르 강을 따라 소뮈르에서 뚜렌느의 부브레까지 80km에 걸쳐진 와인 가도를 추천한다. 이 와인 가도에는 와이너리뿐만 아니라 세계문화유산에 빛나는 아름다운 고성이 구석구석 자리한다. 루아르 강을 따라 자리한 고성들은 '프랑스의 정원'이라 불릴 만큼 아름다운 풍경을 자랑해 프랑스에서 가장 낭만적인 와인 가도로 꼽힌다.

여행루트: 소뮈르-부르게이-쉬농-뚜렌느 아제 드 리도-뚜르-부브레
추천일정: 1박 2일
추천 와이너리: 도멘 앙리 부르주아(162p), 도멘 비노 슈브로(165p), 도멘 드 라 팔렌느(166p), 부베 라뒤베(169p)

부르고뉴 와인 가도

부르고뉴는 북쪽의 샤블리부터 꼬뜨 드 뉘, 꼬뜨 드 본, 꼬뜨 샬로네즈, 마꼬네까지 5개의 와인 산지가 있다. 그 중 가장 아름다운 와인 가도는 꼬뜨 드 뉘다. D974 도로를 따라 20km쯤 되는 이 와인 가도에는 부르고뉴 그랑 크뤼 마을과 국보급 포도밭들이 이어진다. 주요 도시인 디종과 본은 부르고뉴 와인의 수도이자 유네스코 세계문화유산과 미식을 경험할 수 있는 곳이다.

여행루트: 디종-마르사네-픽생-쥬브레 샹베르탱-모레이 생 드니-샹볼 뮈지니-부조-플라제 에셰조-본 로마네-뉘 생 조르쥬-페르낭 베르줄레스-라두아 세르니-알록스 코르통-사비니 레 본-쇼레 레 본-본
추천일정: 1박 2일
추천 와이너리: 도멘 안 그로(201p), 파트리아슈 페르 에 피스(210p), 부샤르 페르 에 피스(208p), 샤또 드 포마르(214p)

론 와인 가도

급경사로 이루어진 북 론의 포도밭과 광활한 평야에 넓게 자리한 남 론의 '차이'를 온몸으로 체험하는 론 밸리 드라이브는 짜릿함을 안겨준다. 론 밸리는 주요 도시인 리옹과 아비뇽을 중심으로 북에서 남으로 길게 이어져 있다. 비엔느부터 발랑스 북쪽으로 연결된 70Km에 달하는 북 론의 와인 가도를 추천한다. 이 와인 가도는 론 강을 따라 일직선으로 길게 이어져 있어 자동차 여행에 이상적이다. 이 밖에 아비뇽을 중심으로 동서남북에 넓게 퍼져 있는 남 론 와인 산지 역시 매력적인 여행지이다.

여행루트: 비엔느-꼬뜨 로티-샤또 그리예-콩드리외-생 조셉-에르미타쥬-크로즈 에르미타쥬- 코르나스-발랑스
추천일정: 1박 2일
추천 와이너리: 엠 샤푸티에(245p), 폴 자불레 애네(246p), 이브 퀴에롱(247p), 도멘 뒤 페고(253p), 샤또 드 생 콤(255p)

1 보르도 와인 가도 **2** 부르고뉴 와인 가도 **3** 루아르 와인 가도
4 알자스 와인 가도 **5** 론 와인 가도

알자스 와인 가도

동화 같은 마을들을 따라 드넓게 펼쳐진 포도밭을 누비는 꿈 같은 드라이브가 현실이 되는 곳. 알자스의 와인 가도는 북쪽 마를렌하임 마을부터 콜마르를 지나 남쪽 탄까지 보주 산맥을 따라 170km에 걸쳐 있다. 스트라스부르와 콜마르 두 도시를 기점으로 와인 가도 여행을 하기에 이상적이다. 북부는 비상부르, 또는 세바슈에서 시작해 라인 강을 따라 와인 여행을 할 수 있다. 남부는 가장 남쪽의 탄과 오르쉬비어에서 시작해 북부로 가는 와인루트로 중간에 세흐네 마을의 고대 요새와 귀브빌러의 도미니크 수도원 등 유적을 볼 수 있다.

여행루트: 말렌하임-스트라스부르-몰스하임-오베르네-바르-담박크 라 빌-킨츠하임-베르그하임-리보빌-리퀴위르-케제르베르-콜마르-에귀스하임-루팍크-귀브빌러-탄
추천일정: 1박 2일
추천 와이너리: 도멘 마르셀 다이스(278p), 도멘 진트 훔브레히트(280p), 트림바흐(281p), 휘겔 에 피스(282p)

프랑스 와인 축제

보르도 와인 축제 Bordeaux Wine Festival

2년마다 6월에 보르도에서 열리는 프랑스 최대 규모의 와인 축제다. 축제 기간에 주류 박람회 비넥스포VINEXPO가 함께 진행되며, 전 세계 40여 개국, 2,400여 업체가 참가한다. 보르도 와인을 탐험하고 전 세계 와인을 한자리에서 만나볼 수 있다.

홈페이지 bordeaux-wine-festival.com

뱅 존 와인 축제 La Percée du Vin Jaune

쥐라에서 매년 2월 두 번째 주말에 열리는 와인 축제로 6년 3개월 동안 오크통에서 숙성시킨 뱅 존 와인을 선보이는 행사이다. 쥐라 곳곳의 마을을 돌며 술통 깨기 행사가 진행되며, 방문이 쉽지 않은 60여 곳의 쥐라 와인 생산자들이 방문객들에게 문을 활짝 열어놓는다. 올드 빈티지 뱅 존 와인 경매도 빼놓을 수 없다.

홈페이지 www.percee-du-vin-jaune.com

게뷔르츠트라미너 축제 Gewurztraminer Festival

알자스 베르그하임Bergheim 마을에서 7월 30일부터 2일간 열리는 축제다. 알자스를 대표하는 포도 품종 중 하나인 게뷔르츠트라미너로 빚은 와인들을 소개한다.

홈페이지 www.alsace-wine-route.com/en/229001198-Gewurztraminer-festival-wine-festival.html

론 밀레뱅 페스티발 Rhone Millevin Festival

교황의 도시 아비뇽에서 열리는 포도 수확 축제이다. 1995년부터 매년 9월 첫 번째 토요일에 열리고 있다. 아비뇽의 대표적인 유적지 로쉐 데 돔Rocher des Doms에서 다양한 행사가 펼쳐진다.

홈페이지 www.rhone-wines.com

알자스 포도 수확 축제 Grape Harvest Festival

알자스 바르Barr 마을에서 열리는 포도 수확 축제로 9월에서 10월 사이에 진행된다. 이때 몰샤임Molsheim 마을에서도 포도 여왕을 선발하는 행사가 열려 즐거운 축제 분위기를 만들어낸다.

홈페이지 www.vinsalsace.com

마라톤 뒤 메독 Marathon du Medoc

보르도 메독에서 포도 수확기인 9월에 열리는 마라톤 행사이다. 메독의 유서 깊은 와인 마을을 수놓은 포도밭길이 마라톤의 현장이 된다. 사전 등록을 하면 누구나 참가할 수 있다. 마라톤을 하면서 양조장에서 준비한 와인을 시음하는 특별한 경험을 할 수 있다.

홈페이지 www.marathondumedoc.com

레 그랑 주르 드 부르고뉴 Les Grands Jours de Bourgogne

부르고뉴 와인 협회에서 2년에 한 번 매년 3월에 개최하는 와인 행사이다. 부르고뉴 북단 샤블리 마을부터 남단 마콩까지, 부르고뉴 전역에서 진행되는 이 행사는 와인 전문인을 위한 행사이지만 축제 기간 마을 곳곳에서 다채로운 행사가 진행되어 누구라도 축제 분위기를 만끽할 수 있다. **홈페이지** www.grands-jours-bourgogne.fr

알자스 와인재배자 축제 Alsace Winegrowers Festival

알자스 에기샤임Eguisheim 마을에서 열리는 포도 생산자 축제이다. 8월 마지막 주에 2일간 열리며, 축제 기간 동안 전통 의상을 입은 지역 주민들이 공연을 펼치고, 와인 시음 행사를 진행한다.

홈페이지 www.tourisme-alsace.com/

페트 뒤 비우 Fete du Biou

9월 첫 번째 일요일에 쥐라 아르부아Arbois 마을에서 열리는 와인 축제다. 행사 기간에는 정장차림의 와인 생산자들이 큰 포도송이를 짊어지고 거리를 행보한다. 거리에서는 무료 와인 시음 이벤트도 함께 진행된다.

홈페이지 www.jura-tourism.com

뮈스카 축제 Festival du Muscat

랑그독 프롱띠냥Frontignan에서 7월 세 번째 일요일에 진행되는 와인 행사이다. 와인과 미식을 경험하는 축제로 랑그독 루시용의 대표 품종인 뮈스카 품종의 와인을 시음하고 음악 공연을 즐길 수 있다.

홈페이지 www.frontignan-tourisme.com

알자스 와인 페어 Alsace Wine Fair

매년 5월에 열리는 알자스의 와인 시음 축제다. 알자스 남단 게브뷜러Guebwiller 와인 산지의 30여 곳 와인 생산자들이 참여해 그들의 와인을 소개하고 지역 와인을 무료로 시음하는 행사를 진행한다.

홈페이지 www.alsace-wine-route.com

레 싸르망뗄 Les Sarmentelles

매년 11월 세 번째 목요일 보졸레 누보의 시작을 알리는 축제로 부르고뉴 보쥬Beaujeu에서 열린다. 목요일 자정 보쥬 광장에서 포도 재배자들이 와인 통을 깨면서 축제가 시작된다. 그 해 수확한 포도로 담근 신선한 보졸레 와인을 처음으로 시음할 수 있어 많은 여행객들이 찾는다.

홈페이지 www.sarmentelles.com

바뉠스 쉬 메르 포도 수확 축제
Grape Harvest Festival in Banyuls-sur-Mer

루시용의 바뉠스 쉬 메르 마을에서 매년 10월 둘째 주 주말에 열리는 포도 수확 축제다. 해안 마을의 아름다운 경관과 더불어 지역 해산물과 와인을 맛볼 수 있다. 포도밭 트레킹 및 포도 수확 체험 행사가 진행된다.

홈페이지 www.destinationsuddefrance.com

오스피스 드 본 와인 경매 Hospice de Beaune Wine Auction

매년 11월 세 번째 일요일 부르고뉴 본에서 열리는 와인 자선경매. 부르고뉴 와인 양조자들이 그 해 와인을 경매에 내놓고, 이를 통해 얻는 경매 수입은 오스피스 드 본 병원에 기증한다.

홈페이지 www.beaune-tourism.com

소뮈르 샹피니 그랜드 테이블
Grande Table du Saumur Champigny

루아르의 와인 산지 상세르와 블루아에서 8월에 열리는 와인 축제이다. 이 축제의 핵심은 루아르 강변 앞 야외에 2km에 달하는 테이블을 연결해 그곳에서 와인과 음식을 즐기는 것이다.

홈페이지 www.saumur-champigny.com

와이너리 투어 ABC

프랑스에서 와이너리 투어를 하려면 약간의 사전준비가 필요하다. 우선 와이너리에 투어 프로그램이 없다면 사전에 방문 요청을 해야 한다. 영어가 가능하지 않은 곳도 있어 의사소통에 대한 대비도 해야 한다. 무엇보다 방문하려는 와이너리에서 만드는 와인에 대한 기초적인 이해는 필수다. 또한 와이너리 투어 시 요구되는 매너를 익히고 가는 것이 좋다.

의사소통을 잘 해야 한다

프랑스의 규모 있는 와이너리들은 대부분 영어로 소통이 가능한 직원이 있다. 하지만, 작은 와이너리의 경우 영어를 전혀 못 하는 곳도 상당하다. 사실 와인을 시음하는 데에는 의사소통이 큰 문제가 되지 않는다. 그러나 그 와이너리의 역사와 그들의 와인을 심도 있게 이해하기 위해서는 언어가 문제가 될 수 있다. 따라서 사전에 영어 투어 가능여부를 미리 확인하는 것이 좋다.

방문 요청은 사전에 하자

프랑스의 와이너리는 자체적으로 투어 프로그램을 운영하는 곳도 있지만 사전 예약자에 한해서 개방하는 곳도 많다. 특히, 부티크 와인처럼 고품질 와인을 소량 생산하는 곳들은 대부분 사전 예약제로 방문을 받는다. 방문하려는 와이너리 목록을 준비했다면 사전에 방문요청을 해야 한다. 방문약속은 홈페이지에 나와 있는 담당자와 이메일로 가능하다. 다만, 한 번에 방문 허락이 나는 경우는 드물다. 방문하는 목적과 시기 등에 대해서 충분히 상의가 필요하므로 시간 여유를 가지고 진행하는 것이 좋다.

시음비를 받지 않는 곳이 의외로 많다

프랑스 와이너리 방문은 사전에 방문 약속을 해야 한다는 점이 여행자에게는 부담스럽다. 하지만 일단 방문 요청이 받아들여지면 시음은 대부분 무료로 진행된다. 자체 투어 프로그램을 진행하는 보르도의 특급 샤또 같은 대형 와이너리를 제외하고 상당수 와이너리는 시음을 무료로 진행한다. 무료 시음은 주머니가 가벼운 여행자에게 상당히 매력적이다. 무료 시음에 대한 감사의 표시를 하고 싶다면 시음 후 와인 한 병 정도를 구매하는 것이 예의다. 와이너리 방문 가능 여부와 시음에 대한 정보는 와이너리 홈페이지 및 지역 관광안내센터의 안내 책자를 통해 확인할 수 있다.

투어에 맞춰 복장을 갖춰 입자

와이너리를 방문할 때, 복장은 큰 구애를 받지 않는다. 하지만, 보르도 특급 샤또처럼 특별한 와이너리를 방문할 경우 되도록 단정한 옷차림으로 방문하는 것이 좋다. 화려한 원피스나 구두는 오히려 와인 투어에 방해가 된다. 포도밭 견학, 양조장 둘러보기 등 이동이 많은 와인 투어 프로그램에 참가할 때는 편안한 신발이 필수다. 상파뉴의 샴페인 하우스는 대부분 지하 셀러 투어를 진행하는데, 춥다고 느낄 만큼 온도가 낮다. 가볍게 걸칠 수 있는 외투를 준비해가는 것이 좋다.

시음 후 와인에 대한 칭찬을 아끼지 말자

투어의 끝은 대부분 와인 시음이다. 와인을 시음할 때는 와인의 맛을 느끼는 것만큼 중요한 것이 표현하는 것이다. 와인에 대한 시음 소감과 또 와인이 훌륭했을 경우 와인에 대한 칭찬을 아끼지 말아야 한다.

와이너리 내 레스토랑과 숙박시설 활용

프랑스의 규모 있는 와이너리 가운데는 내부에 레스토랑을 운영하는 곳이 있다. 이런 경우 포도밭의 전경을 감상하며 식사를 하는 멋진 시간을 보낼 수 있다. 방문 전 레스토랑 운영 여부를 미리 체크해 볼 것을 권한다. 보르도 일부 샤또의 경우 샤또에서 숙박하며 와인과 음식을 페어링해 볼 수 있는 곳들이 있다. 한 번쯤 와인 여행의 호사를 누리고 싶다면 이용해 볼 만하다.

주말과 평일 점심시간은 피해서 방문하자

프랑스 대다수의 와이너리는 주말과 평일 점심에는 문을 닫는 경우가 많다. 물론 투어 프로그램이 잘 갖춰진 와이너리는 주말에도 방문객을 맞이하는 곳이 있다. 하지만 개장하는 곳보다 문을 닫는 곳이 많기 때문에 사전에 오픈 일정을 확인하는 게 좋다.

와이너리 투어 진행 방식

1 홈페이지에서 신청하기

와이너리 홈페이지를 통해 사전 예약을 할 수 있다. 예약에 필요한 정보는 투어신청자의 이름, 국가, 요청 시간, 그밖에 간략한 소개를 기입한다. 와인업계 종사자일 경우 와이너리 방문이 유리한 것이 사실이다. 그러나 프랑스 와이너리들은 국제 분위기에 맞춰 그들의 와인을 보다 더 많은 방문객들에게 선보이려고 노력하고 있다.

2 투어 프로그램 이용하기

프랑스는 관광안내센터를 통해 다양한 와인 투어 정보를 제공한다. 현지 관광 안내센터에서 손쉽게 와이너리 투어를 예약하거나 온라인으로 투어업체를 골라 신청할 수 있다. 이때는 적지 않은 금액의 투어 비용이 발생할 수 있다. 하지만 차량 이동 및 가이드 안내 등 편의성이 있기 때문에 체류기간이 짧은 여행객들에게 적절하다.

3 자유롭게 방문하기

이러한 경우는 보통 규모가 있는 와이너리들이 셀러 도어를 개방하는 형태이다. 홈페이지를 통해 운영시간만 확인하면 누구나 자유롭게 방문이 가능하다. 셀러 도어에서 와인에 대한 간단한 설명을 들으며 와인 시음의 기회를 얻을 수 있다. 와인 시음이 한정적인 경우가 대부분이지만, 제한된 시간에 여러 와이너리를 방문하고자 하는 여행자에게 유용하다.

4 사전 예약자에 한해 개방

투어 프로그램이 없는 와이너리는 담당자의 이메일로 직접 방문요청을 시도해 볼 수 있다. 프랑스 와이너리들은 대부분 당일 방문이 불가하기 때문에 적어도 1~2주 전에 사전 요청을 하는 것이 좋다. 길게는 한 달에서 두 달 전부터 담당자와 연락을 주고받으며 방문약속을 만들기도 한다. 담당자에게 직접 메일을 보내는 경우 방문자의 이름과 직업, 방문 희망일과 시간, 간략한 자기소개 등을 정중하게 기재해서 보낸다.

프랑스 와인 여행 안내 사이트

- 프랑스 농식품진흥공사(소펙사)
  www.sopexa.co.kr

보르도

- 보르도 와인 협회 www.bordeaux.com
- 보르도 투어리즘 오피스
  www.bordeaux-tourism.co.uk
- 생테밀리옹 투어리즘
  www.saint-emilion-tourisme.com
- 메종 뒤 뱅 드 생테밀리옹
  www.maisonduvinsaintemilion.com

샹파뉴

- 샹파뉴-아르덴 지역 투어리즘 www.
  champagne-ardenne-tourism.co.uk
- 랭스 투어리즘 www.reims-tourism.com
- 에페르네 투어리즘
  www.epernay-tourisme.com/en

루아르

- 루아르 밸리 와인
  www.loirevalleywine.com
- 루아르 밸리 와인 투어
  www.loirevalleywinetour.com
- 루아르 와인 투어 loirewinetours.com
- 루아르 자전거 여행 정보
  www.biking-france.com

부르고뉴

- 부르고뉴 와인 정보
  www.bourgogne-wines.com
- 버건디 투어리즘
  www.burgundy-tourism.com
- 버건디 디스카버리 와이너리 투어
  www.burgundydiscovery.com
- 오센티카 투어 www.authentica-tours.com
- 본 관광청 www.beaune-tourism.com

랑그독 루시용

- 랑그독 와인 www.languedoc-wines.com
- 루시용 와인 www.winesofroussillon.com
- 랑그독 루시용 관광
  www.destinationsuddefrance.com
- 랑그독 와이너리 투어 vinenvacances.com
- 랑그독 부동산 및 투어리즘 센터
  www.creme-de-languedoc.com

론

- 인터 론 공식 사이트
  www.rhone-wines.com
- 론 밸리 와이너리 투어
  www.rhonewinetours.com
- 리옹 투어리즘 센터 www.lyon-france.com

알자스

- 알자스 투어리즘 센터
  www.tourisme-alsace.com
- 콜마르 투어리즘 센터
  www.tourisme-colmar.com

프로방스

- 프로방스 와인 루트
  www.routedesvinsdeprovence.com
- 프로방스 와인 투어
  www.provencewinetours.com

쥐라

- 쥐라 관광청 www.jura-tourism.com
- 쥐라 와이너리 투어 www.jura-vins.com

프랑스 와인과 치즈

프랑스의 미식은 와인과 함께 치즈를 빼놓고 말할 수 없다. 와인과 치즈의 궁합은 맛과 향에서 그 이유를 찾을 수 있고, 과학적인 원리가 있다. 치즈는 레드 와인이 가진 수용성 탄닌의 떫은맛을 유제품인 치즈가 부드럽고 고소하게 바꿔주는 역할을 한다. 이것은 홍차에 우유를 넣어 부드러운 질감을 즐기는 것과 같은 맥락이다. 또 치즈가 가진 필수 아미노산 중 하나인 메티오닌 성분은 와인이 가진 알코올이 체내에 느리게 흡수되도록 도와주는 역할을 한다. 와인 한 잔만 마셔도 금방 취해버린다면 와인을 마실 때 한 손에 치즈를 잊지 말도록 하자.

프랑스 치즈의 역사

로마시대부터 발달한 프랑스 치즈는 중세 수도원을 중심으로 새로운 치즈가 개발되었다. 마르왈, 리바로, 에포와스 같은 치즈들은 수도원의 이름을 딴 것들이다. 이 가운데 수도사들이 최초로 개발한 치즈는 10세기경 만들어진 '마르왈'이다. 프랑스의 치즈 발달은 프랑스 문화와도 깊은 관계를 가지고 있다. 프랑스에서는 집에 초대되거나 존경하는 사람들에게 치즈를 선물하는 문화가 있었다. 15세기에는 식탁에 오르는 치즈가 곧 계급을 상징하기도 했다. 가난한 사람들은 숙성기간이 짧은 후레시한 치즈를 먹었고, 귀족들은 6개월 이상 숙성시킨 치즈를 후식으로 먹었다. 그러나 16세기 후반부터 후레쉬한 치즈가 오히려 인기가 높아졌다. 그 중 하나가 세계에서 가장 유명한 프랑스 치즈인 까망베르다.

프랑스 치즈의 등급

프랑스에서는 400여종이 넘는 치즈가 생산되고 있다. 와인과 마찬가지로 치즈 역시 원산지 보호 명칭인 AOC(Appellation d'Origine Contrôlée)의 규제하에 생산한다. 현재는 AOP(Appellation d'Origine Protégée)로 변경되어서 레이블에서 AOC와 AOP 모두 찾아볼 수 있지만, 앞으로는 AOP 표기로 모두 바뀔 예정이다. AOC에는 목축지역, 사료 공급지와 사료의 종류, 가축의 종류, 치즈 제조시기, 제조방법, 치즈의 모양과 크기, 숙성방법에 대한 규칙이 있어 이 제도의 규제 하에 치즈를 생산해야 한다.

프랑스 3대 치즈

• 까망베르 Camembert

18세기 말부터 만들어지기 시작한 흰 곰팡이 치즈로 세계에서 가장 유명한 치즈로 꼽힌다. 이 치즈는 프랑스 노르망디의 작은 마을 까망베르에 살았던 마리 아렐Marie Harell 부인에 의해 세상에 알려졌다. 당시 치즈 제조법은 수도원에서 비밀스럽게 전수되고 있었는데, 프랑스 혁명 당시 브리 지방에서 도피한 성직자를 마리 아렐 부인이 집에 숨겨주자 성직자가 부인에게 감사의 표시로 제조방법을 알려준 것이 까망베르의 기원이라고 한다. 그 후 1855년 나폴레옹 1세가 이 마을을 방문해 치즈 맛을 보고 훌륭한 맛을 칭찬하며 마을 이름을 따 까망베르라고 지었다. 까망베르 치즈의 맛과 향은 페니실리움 칸디둠Penicillium candidum 곰팡이가 결정한다. 이 곰팡이 균을 치즈에 주입해 치즈의 표면부터 솜털 모양의 곰팡이가 자라도록 두어 안쪽은 부드러운 질감의 치즈가 되고, 표면은 버섯향이 올라오는 약간 딱딱한 상태가 된다. 숙성기간은 1~2개월 정도로 짧은 편이다. 까망베르는 부르고뉴, 보졸레, 생테밀리옹 지역의 와인과 좋은 궁합을 보인다.

• 브리 Brie

까망베르와 함께 프랑스를 대표하는 치즈다. 브리 치즈는 파리에서 동쪽으로 50km 떨어진 브리 지방이 원산지이다. 은은한 나무향이 나는 부드러운 흰 곰팡이 치즈로 까망베르보다 앞선 700년대 중반에 만들어지기 시작했다. 처음 치즈가 만들어질 당시에는 짧은 숙성기간의 치즈를 즐겨먹는 서민들의 음식이었지만 이후 왕과 귀족들이 즐겨먹는 고급 치즈로 사랑받게 되었다. 1814년 비엔나 회의에서 '치즈의 왕, 왕들의 치즈'라 불리며 유명세를 얻었다. 부르고뉴 와인을 비롯해 론 지역의 에르미타쥬 마을의 레드 와인과 좋은 궁합을 보인다.

• 콩테 Comté

콩테 치즈는 천 년 전부터 프랑스 동부 알프스의 콩테 지방에서 생산되기 시작했으며, 지금까지 프랑스인들에게 가장 사랑받는 치즈로 꼽힌다. 암소 젖으로 만드는 콩테 치즈는 5~12개월의 숙성기간을 거치는 동안 특유의 은은한 호두 향과 꽃향이 생겨난다. 매년 5%밖에 품질 기준을 통과하지 못할 정도로 품질 관리를 엄격하게 하는 치즈다. 같은 지방의 옐로우 와인인 뱅 존Vin Jaune과 좋은 궁합을 보이며 샴페인과도 잘 어울린다.

샹파뉴
Champagne

최고급 스파클링 와인의 본고장 샹파뉴. 파리에서 북동쪽으로 150km 떨어진 이곳은 스파클링 와인의 대명사인 '샴페인'의 탄생지이다. 세상에 수많은 종류의 스파클링 와인이 있지만 샴페인이라 부를 수 있는 것은 오직 샹파뉴에서 만들어진 것뿐. 그만큼 프랑스인들의 샴페인에 대한 애정과 자부심은 대단하다. 코르크 마개를 열면 매력적인 소리와 함께 피어오르는 아련한 연기, 그리고 끝없이 올라오는 유리알처럼 투명한 기포와 특별한 향기까지 지닌 샴페인은 와인의 신세계란 이런 것이라고 말해준다. 특별한 날, 축하의 자리에서 꼭 함께 하고픈 와인 샴페인! 샴페인이 궁금하다면 샹파뉴로 여행을 떠나 보자. 잊지 못할 와인 여행의 매력에 빠지게 될 것이다.

BOUZY
파리
샹파뉴

PREVIEW

와인

샹파뉴는 설명이 필요 없는 세계 최고의 스파클링 와인 샴페인을 생산하는 지역이다. 많은 사람들이 샴페인을 기포가 나는 스파클링 와인의 대명사라고 생각하는 경우가 많지만 그렇지 않다. 샴페인은 오로지 프랑스 샹파뉴 지역에서 재배한 포도로 만든 스파클링 와인만을 말한다. 그럼에도 불구하고 여전히 기포가 있는 모든 와인을 샴페인이라고 종종 오해하는 이유는 샴페인이 그만큼 절대적인 명성을 지니고 있기 때문. 샹파뉴에는 레드와 화이트 와인도 소량 생산되지만 샴페인의 명성과는 비교할 수 없다. 샹파뉴에서는 오직 샴페인만 생각하면 된다.

와이너리 & 투어

샹파뉴에는 샴페인을 생산하는 몽타뉴 드 랭스, 발레 드 라 마른, 꼬뜨 데 블랑, 꼬뜨 드 세잔느, 오브 같은 와인 산지가 넓게 펼쳐져 있다. 이곳에서 재배하는 포도는 대부분 피노 누아, 샤르도네, 피노 뫼니에 3가지다. 이 포도들은 샴페인 하우스가 가진 고유한 블렌딩 기술을 통해 세계가 열광하는 샴페인을 만들어낸다. 샹파뉴를 대표하는 랭스와 에페르네는 규모는 크지 않지만 마을 곳곳에서 느껴지는 평화로움과 기품 있는 분위기가 매력적이다. 이 두 마을에는 멈, 포므리, 떼땡저, 크뤼그 등 세계적인 샴페인 회사의 본사가 있다. 또 대부분의 샴페인 하우스를 걸어서 갈 수 있다는 점에서, 운전이 부담스러운 여행자들에게 최고의 와인 여행지라 할만하다. 샴페인 하우스는 대부분 방문객을 위한 프로그램을 운영하며, 규모가 큰 샴페인 하우스들은 자체적으로 투어 상품을 가지고 있다. 홈페이지나 이메일 혹은 전화로 사전 예약만 하면 그들의 전통과 역사가 서린 지하 셀러와 샴페인을 저렴한 가격에 경험할 수 있다. 다만, 크뤼그, 살롱, 자크 슬로스처럼 고가의 유명 샴페인 하우스는 일반인에게 오픈하지 않는 경우도 있으니 참고할 것. 샹파뉴와 랭스, 에페르네의 공식 투어 사이트에서 다양한 투어 정보를 얻을 수 있다.

샹파뉴-아르덴 지역 투어리즘 www.champagne-ardenne-tourism.co.uk
랭스 투어리즘 www.reims-tourism.com
에페르네 투어리즘 www.epernay-tourisme.com/en

여행지

샹파뉴 와인 여행의 중심은 랭스와 에페르네다. 랭스는 프랑크 왕국의 국왕 클로비스가 가톨릭으로 개종하면서 세례 받은 것을 시작으로 프랑스 왕 33명의 대관식이 열렸던 곳으로 유명하다. 이들 중에는 잔 다르크의 도움을 받아 대관식을 올린 샤를 7세도 있다. 이처럼 화려한 역사의 현장인 랭스에는 세계문화유산으로 지정된 유서 깊은 건축물이 많다. 또한 1920년대 프랑스에서 유행했던 장식미술 아르데코 양식으로 지어진 건축물도 빼놓을 수 없는 볼거리이다. 에페르네도 샹파뉴 와인 여행에서 빼놓을 수 없는 도시다. 1729년 샹파뉴에서 첫 샴페인 하우스가 이곳에 오픈한 것을 시작으로 '샴페인'은 에페르네의 절대적인 관광 상품이다. 이름난 샴페인 하우스가 밀집한 유서 깊은 거리를 거닐며 샴페인을 시음하는 특별한 경험을 할 수 있다.

요리

샴페인을 케이크와 함께 먹는 것으로만 생각했다면 대단한 오해이다. 샹파뉴에서는 햄과 치즈, 고기, 생선과 샴페인을 즐기는 일이 다반사다. 랭스와 에페르네의 미식가를 유혹하는 레스토랑에서 샴페인과 함께 하는 특별한 만찬을 즐겨보자. 특히, 랭스는 샴페인의 본고장인 만큼 샴페인에 어울리는 고급 레스토랑이 많다. 미슐랭 가이드에서 별 3개를 받은 라시에트 샹프누아즈를 비롯해 10여 곳의 미슐랭 스타 레스토랑이 있다. 물론 미슐랭 스타 레스토랑을 고집할 필요는 없다. 지역 특산 요리에 샴페인 한잔을 곁들일 수 있는 저렴하면서 분위기 있는 레스토랑이 많아 여행자들은 다양한 선택을 할 수 있다. 샹파뉴의 전통적인 요리는 소고기에 허브로 양념을 가미해 한국의 육회와 비슷한 비프 타르타르Beef Tartare, 간, 고기, 생선살을 밀가루 반죽을 입혀 파이로 구워낸 파떼Pâté, 감자를 넣고 걸쭉하게 끓인 스튜 프리카세Fricassée, 돼지 족발 요리, 샹파뉴 지방의 돼지고기, 햄 등과 야채를 넣은 전통 찜 요리인 포떼Potée, 순대의 일종인 앙두이에뜨Andouillette가 유명하다. 이 밖에 랭스를 대표하는 분홍빛 과자 비스퀴 호즈Biscuits Roses, 설탕과 아몬드를 으깨어 만든 마스팽Massepain 등은 이 지역의 유명한 디저트다.

TIP 마리 앙투와네트와 마릴린 먼로, 그리고 샴페인

샴페인!! 이 매력적인 스파클링 와인을 즐겼던 셀러브리티들이 남긴 유명한 일화들이 많다. 프랑스 루이 16세의 왕비였던 마리 앙투아네트는 프랑스 혁명으로 단두대에 오르면서 마지막으로 샴페인 한잔을 갈구했다. 세기의 배우 마릴린 먼로의 샴페인 사랑도 각별했다. 그녀는 샴페인 350병을 부어넣은 욕조에서 목욕했다는 유명한 일화를 남겼다. 그녀는 미모의 비결을 묻는 질문에 "나는 샤넬 No.5를 뿌리고 잠자리에 들고, 샴페인 한잔으로 아침을 시작한다"고 말하기도 했다. 이외에도 수많은 명사들이 샴페인을 사랑했다.

PREVIEW

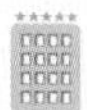

숙박

샹파뉴는 파리에서 여행할 수 있는 가장 가까운 와인 산지이다. 파리에서 기차로 50분, 자동차로 1시간 30분이면 랭스에 도착할 수 있어 당일 여행도 가능하다. 물론 볼거리가 많은 랭스와 에페르네 구석구석을 돌아보려면 며칠의 시간도 부족하다. 기차를 타고 움직인다면 랭스나 에페르네 중심에 숙박하는 게 좋다. 렌터카를 이용한다면 도시 외곽에 머물러도 문제가 되지 않는다. 랭스와 에페르네는 차로 30분 거리이기 때문에 두 도시를 오가며 여행하는 것도 전혀 무리가 없다. 에페르네보다 규모가 큰 랭스는 다양한 등급의 호텔이 있어서 선택의 폭이 좀 더 넓은 편이다. 대부분의 호텔은 규모가 아담한 편이고 평균 70~100유로면 2~3성급의 호텔에 묵을 수 있다. 여행자들이 이동하기 좋은 다운타운이나 기차역 쪽에 숙박 시설이 몰려 있다. 에페르네도 규모는 작지만 저렴한 체인 호텔부터 부티크 호텔까지 입맛에 맞춰서 고를 수 있다.

어떻게 갈까?

파리에서 랭스까지는 약 150km 거리로, 파리 동역에서 출발하는 TGV를 이용하면 50분이 걸린다. 에페르네는 프랑스 국철 TER을 이용하면 1시간 20분. 파리와 가까워 당일여행도 충분히 가능하다. 참고로 샤를드골 공항에서 이어지는 노선의 기차도 있다. 기차를 이용하면 운전에서 자유롭기 때문에 마음껏 와인 시음을 즐길 수 있다. 파리에서 렌터카 이용 시 랭스까지는 1시간 30분 정도 걸린다.

어떻게 다닐까?

랭스와 에페르네를 중심으로 샴페인 하우스가 몰려 있다. 두 도시 중 한 곳만 방문하더라도 샹파뉴의 매력을 온전히 느낄 수 있다. 도시 내에서는 도보로 샴페인 하우스를 방문할 수 있다. 랭스와 에페르네 도시 간 이동은 기차 이용 시 30분 정도가 소요된다. 일정에 여유가 있다면, 샴페인의 아버지라 불리는 동 페리뇽이 거주하던 오빌레르Hautvillers나, 중세 도시의 분위기가 물씬 풍기는 트루아Troyes를 여행하는 것도 추천한다. 오빌레르는 랭스 기준 40분, 트루아는 1시간 20분이 걸린다.

언제 갈까?

샹파뉴 지역은 계절마다 각각의 매력이 있다. 일 년 중 늦은 봄부터 가을까지가 해가 길고 날씨가 좋아 최적의 여행 시기이다. 규모가 큰 샴페인 하우스는 일부 공휴일을 제외하고 일 년 내내 방문객을 환영한다. 샴페인 하우스 방문이 주목적이라면 어느 계절에 방문해도 좋다.

추천 일정

당일치기

09:30 파리 동 역 출발
10:15 랭스 도착
09:30 생 레미 성당
10:30 때땡저 샴페인 하우스
12:00 점심 식사
15:00 포므리 샴페인 하우스
17:00 비스퀴이 포시에 과자점
18:00 랭스 노트르담 대성당
19:15 랭스 출발
20:00 파리 동 역 도착

1박 2일

Day 1

09:30 파리 동 역
10:15 랭스 도착
09:30 생 레미 성당
10:30 때땡저 샴페인 하우스
12:00 점심 식사
15:00 포므리 샴페인 하우스
17:00 비스퀴 포시에 과자점
18:00 랭스 노트르담 대성당
19:00 저녁 식사
22:00 숙소

Day 2

09:50 랭스 출발
10:30 에페르네 도착
11:00 메르시에 샴페인 하우스
13:00 점심 식사
14:30 모엣 샹동 샴페인 하우스
16:30 C-콤므 와인 숍 와인 테이스팅
18:30 에페르네 출발
20:00 파리 동 역 도착

샹파뉴 와인 이야기

Champagne Wine Story

샴페인이란?

샴페인? 샹파뉴? 같은 단어이지만 샴페인은 미국식, 샹파뉴는 프랑스식 발음이다. 대개 지역을 이야기할 때는 프랑스식으로 샹파뉴라고 말하고, 와인을 이야기할 때는 미국식으로 샴페인이라고 한다. 많은 사람들이 샴페인을 스파클링 와인과 동일시하지만, 샴페인은 스파클링 와인의 일부분일 뿐이다.

스파클링 와인을 지칭하는 말은 국가나 만들어지는 방법에 따라 다르게 부른다. 샴페인은 프랑스 샹파뉴 지역에서 만들어진 스파클링 와인만을 이야기한다. 샹파뉴 이외의 지역에서는 샴페인과 완전히 같은 방식으로 만든 와인이라도 샴페인이라는 단어를 쓸 수 없도록 법으로 정해져 있다. 샹파뉴 이외 지역에서 생산되는 스파클링 와인은 크레망Crémant이라 부른다. 다른 나라의 경우 스파클링 와인을 부르는 이름이 있다. 이탈리아는 스푸만테Spumante나 프리잔테Frizzante, 독일은 젝트Sekt, 스페인은 까바Cava라고 부른다.

샴페인의 탄생

샹파뉴에서 샴페인이 탄생하게 된 것은 이곳이 세계에서 가장 추운 와인 산지 중 한 곳이기 때문이다. 17세기, 샹파뉴에는 겨울이 일찍 찾아오기 때문에 와인을 담근 후 발효가 미처 끝나지 않은 채로 병에 밀봉해 저장고에 넣어두었다. 문제는 봄이 오고 날씨가 따뜻해지면 병 속에서 잠들어 있던 효모가 다시 활동을 하면서 병 내에서 재발효가 일어났던 것. 그때 와인을 보관하던 병은 지금과 같이 튼튼하지가 못했다. 병 내에서 폭발적으로 늘어나는 가스를 견딜 수 없어 와인 병이 터지기 일쑤였다.

당시에는 와인에서 기포가 나는 이유를 알 도리가 없었다. 오히려 기포를 어떻게든 없애려고만 했다. 그러던 중 영국 상류층이 우연히 기포가 있는 와인을 마시고, 그 특별한 매력을 즐기기 시작하면서 샴페인의 영광이 시작되었다. 와인에서 끊임없이 솟아오르는 기포는 평범했던 와인을 특별하게 만드는 중요한 요소가 되었던 것! 이 과정에서 우리가 잘 알고 있는 오빌

1 최초의 스파클링 와인 탄생지 샹파뉴 이야기를 담은 스테인드글라스 **2** 전통 방식의 샴페인 코르크 삽입

떼땡져 샴페인 하우스 지하 까브

샴페인의 영원한 아이콘, 동 페리뇽

동 페리뇽은 모엣 샹동에서 생산하는 최고급 샴페인 중 하나이자 샴페인 역사에서 빼놓을 수 없는 인물의 이름이기도 하다. 동 페리뇽(Dom Pierre Pérignon, 1638~1715)은 오빌레르의 베네딕틴 수도원에서 와인의 저장과 보관을 책임지는 셀러 마스터였다. 베네딕틴 수도원의 많은 수도사들은 수준 높은 와인을 만들기 위해 평생을 헌신했는데, 그중 동 페리뇽은 독보적인 인물이었다고 한다. 그는 1670년대 와인 제조에 혁신적인 기술을 개발함으로써 보다 질 좋은 와인을 생산하는데 앞장섰다. 흔히 동 페리뇽이 샴페인을 발명한 것으로 알려졌는데, 사실은 그렇지 않다. 그 또한 와인에 기포가 생기는 것은 분명 문제가 있다고 여겼었다. 그리고 2차 발효 때문에 병이 터지는 것을 방지하기 위해 와인을 코르크로 봉한 병에 담아 숙성시키는 방법을 도입했다. 그리고 여러 종류의 포도 원액을 섞어 숙성시키는 남다른 제조방식을 거쳐 다양한 풍미가 살아 있는 샴페인을 만들어 낸 것이다.

1 드넓은 샹파뉴의 포도밭 풍경 **2** 와인 생산에 도움을 주는 척박한 토양 **3** 샹파뉴 포도밭의 화석

레르 수도원의 수도사 동 페리뇽이 등장한다. 그는 와인의 품질을 높이는 데 광적으로 집착한 인물이었다. 비록 그가 샴페인을 발명한 것은 아닐지언정 와인의 발전에 지대한 공헌을 한 것은 분명한 사실이다.

샹파뉴의 떼루아

요즘에는 굳이 샴페인이 아니더라도 전 세계 어디서나 품질 좋은 스파클링 와인을 마실 수 있다. 최근에는 많은 스파클링 와인들이 샴페인과 완전히 똑같은 과정을 거쳐서 만들어지기도 한다. 그럼에도 불구하고 사람들이 샴페인을 고집하는 이유는 뭘까? 전문가들은 샴페인의 특별함을 만들어 내는 환경으로 샹파뉴 지역의 예측 불가능한 기후조건과 백악질 토양을 꼽는다.

샹파뉴는 프랑스에서 가장 북쪽에 있는 와인 산지다. 겨울이 춥고 습한 대륙성 기후이며, 연 평균 기온이 10도 이내다. 특히, 북대서양의 영향을 받아 기후 변화가 심하다. 봄에 서리가 내리기도 하고, 여름에는 천둥과 번개를 동반한 폭우가 내리기도 한다. 이처럼 변덕스런 날씨는 포도재배에는 적합하지 않지만 오히려 이런 기후조건이 뒤늦은 발효를 통한 '특별한 기포'를 만들어냈고, 여러 해에 걸쳐 생산된 샴페인을 블렌딩해 최고의 와인을 만드는, 샴페인만의 독특한 제조법을 탄생시켰다.

토양도 샴페인 탄생에 한몫을 했다. 샹파뉴 지역의 독특한 토양이 형성된 것은 6,500만 년 전이다. 선사시대 때 북프랑스와 영국은 광활한 대양으로 뒤덮여 있었는데, 지각 변동으로 융기가 이루어져 고여 있던 물이 빠져나가자 화석과 미네랄이 풍부한 백악질 토양이 남게 되었다. 그 후 거대한 지진이 강타하면서 표면의 백악질과 깊은 하층부의 토양이 뒤섞여 구릉진 언덕이 만들어졌고, 다채로운 토양을 지닌 현재의 샹파뉴 지역이 되었다.

부드럽고 구멍이 많은 백악질 토양은 포도나무 뿌리가

깊게 뻗어나가는 데 도움을 준다. 또한 배수가 잘 되면서도 동시에 수분을 충분히 보존하기도 해 포도나무가 마르는 일이 없다. 종합하면 샹파뉴의 백악질 토양은 포도나무에 고대부터 침식되어 온 각종 해양생물의 화석에서 비롯되는 풍부한 미네랄을 제공하고, 포도나무가 물을 찾아 깊게 뿌리 내릴 수 있도록 해 결과적으로 좋은 품질의 포도가 열리도록 돕는다.

샴페인 양조의 꽃 블렌딩

샹파뉴의 불안정한 기후는 오히려 샴페인 생산자들에게 블렌딩의 기술을 터득하도록 만들었다. 보통 샴페인 하우스는 해마다 30~60통의 스틸 와인을 생산하는데, 이 와인은 그 해에 모두 소비하는 것이 아니라 반드시 여분을 남겨둔다. 만약 그 해에 작황이 좋지 않았다면 작황이 좋았던 다른 해에 저장해 놨던 와인(통상 리저브 와인이라 부른다)을 블렌딩 한다. 많은 샴페인이 넌 빈티지, 즉 빈티지가 없는 경우가 많은데 이는 다른 해의 리저브 와인을 블렌딩해서 만들었기 때문이다. 만약 샹파뉴 지역이 나파 밸리처럼 항상 기후가 좋았다면 이런 독특한 방식으로 블렌딩하는 샴페인이 탄생하지 않았을 것이다.

위스키나 코냑을 만들 때 블렌드 마스터의 역량이 굉장히 중요한 것처럼, 샴페인 하우스에서도 통상 가장 많은 돈을 받고, 가장 중요한 일을 하는 사람이 블렌드 마스터다. 수확 후 봄이 오면 샴페인 하우스의 모든 중요 인물들이 모여 다른 해에 생산된 수십 가지의 스틸 와인을 블렌딩해 가장 기본이 되는 넌 빈티지 샴페인을 만든다. 넌 빈티지 샴페인의 품질은 그 샴페인 하우스의 수준을 알려주기 때문에 블렌딩은 바로 샴페인의 꽃이라고 할 수 있다.

다양한 샴페인 병 사이즈

샹파뉴 주요 와인 산지

꼬뜨 데 블랑 Côte des Blancs

꼬뜨 데 블랑을 번역하면 '화이트 품종의 언덕'이라는 뜻. 말 그대로 거의 샤르도네만을 재배한다.

발레 드 라 마른 Vallée de la Marne

'마른의 계곡'이라는 뜻이다. 마른 강을 사이에 두고 주로 피노 뫼니에를 재배한다.

몽따뉴 드 랭스 Montagne de Reims

몽타뉴 드 랭스는 '랭스 산'이라는 뜻. 여기서는 레드 품종인 피노 누아와 피노 뫼니에를 재배한다.

꼬뜨 드 세잔느 Côtes de Sézanne

샤르도네를 주품종으로 재배한다.

오브 Aube

피노 누아가 주력 품종이다.

샹파뉴 포도밭의 등급

샴페인은 품질을 결정짓는 다양한 조건이 있다. 그 중 가장 중요한 것이 포도밭의 등급이다. 샹파뉴에서는 포도밭을 그랑 크뤼, 프르미에 크뤼, 일반 크뤼 3가지로 분류한다. 이 기준은 포도밭에서 생산되는 포도의 질에 따라 결정되며, 그랑 크뤼는 포도 품질이 100점, 프르미에 크뤼는 90~99점, 일반 크뤼는 80~89점이다.

현재 샹파뉴의 주된 와인 산지는 몽타뉴 드 랭스, 꼬뜨 데 블랑, 발레 드 라 마른, 꼬뜨 드 세잔느, 오브 등이다. 이곳에는 319개의 마을이 있다. 포도의 품질과 개성에 대한 명성은 마을마다 제각기 다르며 현지 생산자들은 마을별 등급에 대한 자체적인 평가를 가지고 있다. 이 중 몽타뉴 드 랭스, 꼬뜨 데 블랑은 최정상급으로 평가 받으며, 그랑 크뤼 마을 17개가 이 두 지역에 속해 있다.

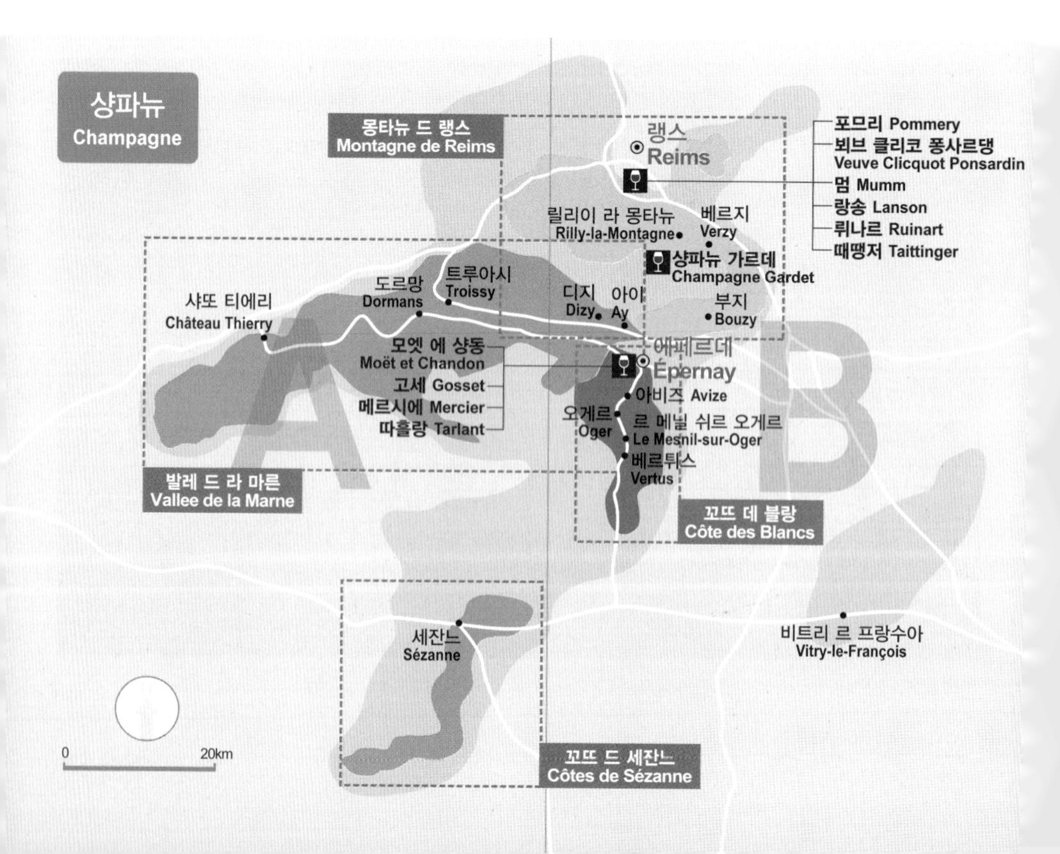

1 만물이 공존하는 친환경 포도밭
2 포도가 익기 전의 생생한 모습

샴페인을 만드는 주요 포도 품종

샤르도네 Chardonnay

샴페인 양조에서 가장 중요한 화이트 품종이다. 샤르도네는 샴페인의 우아함과 섬세함을 부여하기 위해 일부를 제외하고 거의 모든 샴페인에 블렌딩 된다. 만약 레이블에 '블랑 드 블랑Blanc de Blancs'이라 적혀 있다면 이는 샤르도네만 100% 이용해서 만든 와인이다.

피노 누아 Pinot Noir

샴페인 양조에서 가장 중요한 레드 품종이다. 대부분의 샴페인에 블렌딩 되어 샴페인의 골격과 질감을 만들어낸다. 레이블에 '블랑 드 누아Blanc de Noirs'라고 표기되어 있다면 이는 레드 품종을 100% 이용해 만든 와인이다.

피노 뫼니에 Pinot Meunier

샤르도네와 피노 누아보다는 비중은 작지만, 빼놓을 수 없는 상파뉴의 주요 품종이다. 고급 샴페인보다는 넌 빈티지 샴페인의 블렌딩에 주로 쓰인다. 대개 샴페인에 좋은 풍미의 과일 맛, 그리고 흙냄새를 부여한다.

샴페인 제조과정

샴페인은 특별한 맛에 걸맞게 제조법도 일반적인 와인 제조법보다 훨씬 복잡하고 다양한 과정을 거친다. 포도수확에서 병내 발효, 찌꺼기 제거, 블렌딩까지 흥미로운 샴페인 제조 과정은 샴페인에 대한 신비감을 더해준다.

포도 수확과 압착

샴페인은 포도 수확부터 까다롭다. 샹파뉴는 프랑스에서 가장 추운 와인 산지이기 때문에 포도알의 숙성도가 중요하다. 포도 재배자는 수확시기가 되면 매일 포도밭에 나가 포도의 상태를 관찰하고 오랜 노하우를 바탕으로 최적의 상태가 된 포도만을 골라서 수확한다. 특히, 샴페인을 만드는 세 가지 품종 중 두 가지가 레드 품종이기 때문에 수확에 만전을 기해야 한다. 생산자는 레드 품종의 포도를 수확하고 이동하는 과정에서 껍질이 파쇄되어 색이 우러나오는 상황을 극도로 꺼린다. 샴페인은 포도를 압착하는 과정에서 레드 품종의 포도 껍질을 제외한 알맹이만을 이용해 화이트 와인을 만든다. 따라서 껍질이 파쇄 되면서 붉은색 즙이 흘러들면 좋은 등급을 받기 어렵다. 조심스럽게 수확한 포도는 수확한 구획별로 분류해 압착 과정을 거친다. 즉, 어디서 수확한 포도냐에 따라 압착되어 표현되는 베이스 와인의 풍미가 다르기 때문에 구획을 나누어서 포도를 압착해 주스를 따로 관리한다.

발효 및 숙성

압착된 포도즙은 통상 스테인리스 스틸 탱크에서 발효시킨다. 물론 전통을 따라 오크통에서 발효시키는 곳도 있다. 발효가 끝난 베이스 와인의 20%는 반드시 나중에 있을 블렌딩에 쓰기 위해 따로 숙성을 진행한다. 그리고 나머지 80%는 이전 빈티지의 리저브 와인과 섞어서 최종 블렌딩에 쓰이는 베이스 와인으로 탄생한다. 예외적으로 해당 빈티지의 와인이 너무나 훌륭하다면 이전 해의 리저브 와인과의 블렌딩 없이 단독 빈티지로 샴페인을 양조하기도 한다. 그렇기 때문에 빈티지 샴페인은 넌 빈티지 샴페인보다 가격이 높다.

병 내 2차 발효

기초가 되는 베이스 와인이 완성되면 2차 발효를 위해 베이스 와인을 와인 병 안에 넣는다. 이 때 소량의 효모와 효모의 먹이가 되는 당분을 함께 첨가한다. 이 첨가물을 리쾨르 드 티라주Liqueur de Tirage라고 부른다. 효모는 다시 당분을 먹어치우며 발효를 시작하고 소량의 알코올과 이산화탄소가 생긴다. 이때 병은

1 샹파뉴 때땡저의 지하 셀러
2 샴페인 병 안에 남아 있는 효모 찌꺼기 확인

1 전통적인 방법으로 숙성 중인 샴페인 **2** 샴페인 저장고

단단히 밀봉된 상태라 갈 곳 없는 이산화탄소는 그대로 와인에 녹아든다. 이 상태로 최소 1년은 병 안에 둔다. 고급 샴페인의 경우에는 6년, 심지어 10년 이상 숙성시키는 곳도 있다. 오래 보관하면 좋은 이유는 효모들이 죽어서 자가분해를 일으키고 이 부산물들이 와인에 복합성을 더해주기 때문이다. 간혹 오래된 샴페인을 마셔보면 와인에서 흡사 비스킷과 같은 오묘하면서도 고소한 풍미를 느낄 수 있는데, 이것이 효모 등의 부산물이 와인에 녹아든 덕택이다.

르뮈아주 Remuage

샴페인은 병 숙성을 시키는 동안 2차 발효로 생기는 다양한 찌꺼기를 제거하기 쉽게 병목에 모아주는 작업을 거친다. 이 과정을 르뮈아주, 영어로는 리들링 Riddling이라고 부른다. 과거에는 이 작업을 퓌피트르 Pupitres라는 A자 모양의 나무틀에 병을 꼽아 손으로 일일이 돌려주는 과정을 통해서 진행했다. 사람의 손으로 해야 하는 작업이기 때문에 르뮈아주를 전문적으로 하는 사람인 르뮈에르가 생겼다. 능숙한 르뮈에르는 하루에 무려 4만 병을 리들링한다고 한다. 최근에는 간편하게 기계로 르뮈아주를 하기도 하지만, 최고급 샴페인의 경우 여전히 전문 르뮈에르가 직접 손으로 작업한다.

데고르주멍 Dégorgement

찌꺼기가 병목에 모이면 딱딱하게 굳어서 일정한 형태를 이룬다. 문제는 이 찌꺼기를 어떻게 빼낼 것인가이다. 과거에는 능숙한 전문가가 병을 거꾸로 세운 뒤 마개를 제거해서 순식간에 찌꺼기를 빼내고 병을 세우는 어려운 작업을 거쳤다. 그 후 기술의 발전으로 낮은 온도의 소금물에 병목만을 담가 냉각시킨 뒤 빠르게 병을 세워서 마개를 열면 냉각된 찌꺼기만 압력에 밀려서 나오는 방식을 쓰고 있다. 이 작업을 데고르주멍이라고 부른다. 이 작업도 예전에는 모두 수작업으로 진행했는데, 지금은 자동화되어 기계로 작업하는 곳이 많다.

리쾨르 덱스페디시옹 Liqueur d'Expédition

샴페인 병 안의 찌꺼기를 제거하고 나면 그만큼 공간이 남게 된다. 이 공간에 리저브 와인, 혹은 리저브 와인에 설탕을 혼합한 리쾨르 덱스페디시옹을 첨가하고 최종적으로 코르크 마개를 막으면 샴페인이 완성된 것이다. 이 리쾨르 덱스페디시옹의 당도에 따라 최종 샴페인의 당도가 결정이 된다. 흔히 시중에서 찾아볼 수 있는 엑스트라 브륏Extra Brut은 아주 드라이, 브륏Brut은 보통, 섹Sec은 약간 스위트, 드미 섹Demi-sec은 스위트, 두Doux는 아주 스위트하다는 뜻이다.

샹파뉴 포도 재배자와 샴페인 하우스

샴페인 하우스가 모든 포도밭을 직접 소유하는 것은 아니다. 샹파뉴에는 굉장히 많은 포도 재배자들이 있다. 이들 대부분이 직접 샴페인을 만들지 않고, 포도만 재배해서 샴페인 하우스에 납품한다. 이 때문에 포도밭의 등급이 중요하다. 100점 만점을 받은 마을의 포도는 당연히 납품가가 오를 것이고, 그렇지 않은 포도밭의 포도는 낮게 거래될 수밖에 없다. 몇몇 유명 샴페인 하우스는 직접 포도밭을 소유하면서 동시에 대부분의 와인을 하우스가 소유한 포도밭의 포도로 충당하는 경우도 있다. 혹은 포도밭을 소유한 재배자가 규모는 작지만 직접 샴페인을 만들어 시장에 출시하는 경우도 있다. 대개 이런 와인들은 품질이 좋고, 와인 마니아들의 수집 대상이 되기도 한다.

정말로 특별한 포도밭은 부르고뉴처럼 이 포도밭의 포도만을 이용해 샴페인을 만들기도 한다. 좋은 예가 끌로 뒤 메닐Clos du Mesnil이다. 끌로 뒤 메닐은 거대 샴페인 하우스이자 명성 높은 크뤼그Krug가 소유하고 있는데, 이 포도밭은 다른 포도밭과 구분하기 위해서 1698년부터 담장을 둘러놓았다고 한다. 이 포도밭의 포도로 만들어지는 와인은 연간 1만5,000병이며, 따라서 굉장히 비싸다. 샴페인을 만드는 생산자는 표와 같이 나뉘며 반드시 레이블에 이를 표시하도록 법으로 지정되어 있다.

샴페인 생산자 표기 방법

NM	Négociant manipulant	포도를 재배하지 않고 포도를 사서 샴페인을 만드는 경우
CM	Coopérative de manipulation	협동조합의 멤버로부터 포도를 구입하거나 다른 도움을 받아서 샴페인을 만들고 판매하는 생산자
RM	Récoltant manipulant	자신이 직접 재배한 포도로 와인을 만드는 생산자. 만약 필요하다면 5%에 해당하는 포도를 구입해서 쓸 수 있다
SR	Société de récoltants	공식적인 협동조합이 아닌, 여러 재배자들이 모여서 함께 만들어낸 샴페인의 경우
RC	Récoltant Coopérateur	협동조합의 이름과 레이블로 샴페인을 만들고 파는 생산자
MA	Marque auxiliaire or Marque d'Acheteur	포도 재배자와 생산자가 아닌 다른 곳에서 브랜드를 소유하고 있는 경우
ND	Négociant Distributeur	네고시앙이 자신의 이름으로 판매하는 경우

샴페인 하우스 투어

샴페인 하우스 투어는 대부분 하우스의 지하 셀러를 돌아본다. 셀러의 기온이 낮아 여름에도 외투를 챙겨 가는 게 좋다. 편안한 신발도 기본이다. 샹파뉴의 예측 불가능한 기후에 대비해 우산을 소지하는 것도 노련한 여행자의 노하우다. 대부분의 샴페인 하우스는 애완동물을 데리고 입장할 수 없다.

1 뵈브 클리코 퐁사르댕 샴페인 하우스 **2** 떼땡저 샴페인 하우스 지하 까브

샴페인의 스타일

넌빈티지 샴페인 Non-Vintage Champagne

시중에서 가장 흔하게 찾아볼 수 있고, 가격 또한 상대적으로 저렴한 샴페인이다. 생산자들은 넌 빈티지 샴페인이 그 샴페인 하우스의 수준을 알려주는 일종의 척도가 되기 때문에 넌 빈티지 샴페인 양조에 많은 노력을 기울인다. 샴페인 하우스는 재배자들에게 포도를 납품 받으면서 포도밭마다 평점을 매겨 포도대금을 지급하는데, 넌 빈티지 샴페인은 주로 80~90%의 평점을 받은 중급 포도밭의 포도로 만든다. 간혹 상급 포도를 블렌딩하기도 한다. 이 부분은 샴페인 하우스의 철학에 따라 달라진다. 넌 빈티지 샴페인은 포도를 수확한 해당 빈티지의 포도는 물론 과거 여러 빈티지의 리저브 와인 30~60여 가지를 블렌딩해서 만든다. 병 숙성은 통상 15개월 정도지만 이 또한 샴페인 하우스의 재량에 따라 다르다.

빈티지 샴페인 Vintage Champagne

작황이 굉장히 뛰어난 해의 포도만으로 만든 샴페인이다. 이때는 90~100%의 평점을 받은 포도밭에서 수확한 포도만을 사용한다. 빈티지 샴페인이라도 해당 빈티지의 베이스 와인 30~60가지를 블렌딩 한다. 빈티지 와인은 통상 3년 정도 병 숙성을 시킨다.

프레스티지 뀌베 Prestige Cuvée

샴페인 하우스에서 가장 좋은 샴페인을 의미한다. 100%의 평점을 받은 최상급 포도밭의 포도만을 이용한다. 대부분 샤르도네와 피노 누아 포도 품종을 사용하며 피노 뫼니에는 거의 사용하지 않는다. 대략 4~6년 정도 병 숙성을 거친다.

로제 샴페인 Rosé Champagne

로제 샴페인은 찾아보기 힘든 최고급 샴페인 중 하나다. 대부분의 로제 샴페인은 동급의 일반 샴페인보다 1.5배 정도 비싸다. 로제 샴페인은 로제 와인처럼 핑크빛을 띤다. 재밌는 사실은 로제 샴페인을 만드는 방법에 있다. 로제 와인을 만드는 일반적인 방법은 베이스 와인에 피노 누아나 피노 뫼니에 껍질을 짧은 시간 접촉시켜 색소가 약간 배어들도록 하는 것이다. 프랑스에서는 로제 와인을 만들 때 이미 만들어진 레드와 화이트 와인을 섞는 것은 매우 드물다. 하지만 로

1 샹파뉴의 소규모 샴페인 양조자들 **2** 매력적인 샴페인 비교 시음

제 샴페인은 예외로 이 두 가지 방법 모두 흔히 쓰인다. 로제 샴페인을 만들 때는 피노 누아로 만든 베이스 와인을 2차 발효되기 전 병에 첨가한다. 통상 피노 누아 80%, 샤르도네 20%의 비율로 섞거나 그 반대 비율로 블렌딩한다.

블랑 드 블랑 & 블랑 드 누아

Blanc de Blancs & Blanc de Noirs

화이트 품종으로 만든 것은 블랑 드 블랑, 레드 품종으로 만든 것은 블랑 드 누아로 부른다. 블랑 드 블랑은 100% 샤르도네만을 이용해서 만든 샴페인이다. 특히 꼬뜨 데 블랑의 샤르도네로 만든 블랑 드 블랑을 최고로 친다. 블랑 드 누아는 반대로 피노 누아와 피노 뫼니에만을 이용해서 만든 샴페인인데, 주로 피노 누아를 많이 사용한다.

샴페인 서빙

샴페인은 다른 와인과 달리 제대로 갖춰서 마셔야 하는 와인이다. 보통 좋은 와인은 실온에서 마시지만 샴페인은 예외다. 차갑게 식혀야 제맛이 난다. 또한, 코르크 마개를 오픈하는 것도 조심스럽게 해야 하며, 기포가 잘 올라올 수 있게 전용 잔에 마셔야 맛도 좋고 보기도 좋다.

마시기 적정한 온도

샴페인을 오픈하기 전에 가장 중요한 것이 무엇일까? 바로 알맞은 온도다. 우리가 흔히 맥주를 시원하게 마시는 것처럼 샴페인도 차가운 온도에서 서빙해야 한다. 샴페인 병은 병 내의 높은 압력을 견디기 위해 일반 와인 병보다 두꺼운 유리 재질로 만들어져 차갑게 식히려면 시간이 오래 걸린다. 시간 여유가 있다면 냉장고에 2~3시간 정도 넣어 두는 게 좋다. 가장 좋은 방법은 얼음과 물을 채운 통에 20~40분 정도 담가두는 것이다. 샴페인이 담긴 투명한 바스킷과 얼음은 샴페인을 즐기기 위한 식탁에 심미적으로도 잘 어울린다.

샴페인 오픈

오픈할 때 가장 유의해야 하는 와인이 바로 샴페인이다. TV나 영화에서 간혹 샴페인을 격하게 흔든 뒤에 거품을 내서 오픈하는 경우가 있는데, 완전히 잘못된

3 샴페인 시음 **4** 샴페인과 음식 매칭

방식이다. 비싼 샴페인을 그렇게 거품과 와인을 넘치도록 낭비해서 마실 이유가 전혀 없다. 샴페인을 조심스럽게 오픈해야 하는 또 다른 이유 중 하나는 안전 때문이다. 샴페인 병 내 기압은 무려 6기압! 이는 트럭의 타이어와 동일한 수준이다. 샴페인 병에서 튕겨져 나간 코르크는 차 유리창을 파손시킬 정도로 파괴력이 있다.

샴페인을 오픈할 때는 우선 병목을 감싸고 있는 포일을 벗긴 뒤, 엄지손가락으로 코르크 윗부분을 강하게 누르면서 철사를 풀어서 느슨하게 만든다. 흔히 철사를 벗긴 뒤에 코르크를 오픈하는데, 그것보다는 안전하게 철사와 함께 코르크를 단단히 누르면서 병을 반대 방향으로 돌려서 오픈 하는 것이 좋다. 이때 펑 소리가 나지 않고, 쉭-하는 가벼운 소리와 함께 오픈될 수 있도록 조심스럽게 코르크를 빼낸다.

샴페인 전용 글라스

다른 어떤 와인보다 전용 글라스가 필요한 와인이 바로 샴페인이다. 기포가 없는 샴페인을 상상할 수 없는 것처럼, 잔에 따른 뒤에도 지속적인 기포를 유발할 수 있는 글라스가 최선이다. 샴페인을 따르는 전용 글라스를 플루트 잔이라고 하는데, 형상이 마치 피리 같다고 해서 붙여진 이름이다. 과거에는 마리 앙투아네트의 가슴 모양을 따서 만들었다는 쿠페Coupe잔에 샴페인을 따라 마셨는데, 샴페인의 향을 즐기기에 좋지만 기포가 순식간에 사라지기 때문에 시음자들에게는 호불호가 갈린다.

샴페인의 기포는 와인 속에 갇혀 있던 이산화탄소가 잔 내부의 거친 면과 마찰을 일으키면서 생성된다. 이런 거친 면 때문에 샴페인 글라스는 납 성분이 30% 정도 섞인 크리스탈 글라스를 사용한다. 그래야 기포가 활발하게 생성이 된다. 한 가지 더 중요한 사실은 글라스의 청결도가 기포 발생에 중대한 역할을 한다는 점이다. 기름기, 먼지, 세제 같은 성분이 남아 있으면 기포가 잘 생성되지 않는다. 물기가 제거되지 않은 글라스도 마찬가지다.

샴페인을 서빙할 때는 우선 글라스의 반 정도를 채운 후 거품이 가라앉기를 기다렸다가 다시 채우는 것이 정석이다. 샴페인은 일반 스틸 와인과는 달리 기포가 올라오는 모습을 즐기기 위해 잔의 8부까지 샴페인을 채운다.

샴페인 구매 포인트

샴페인은 만드는 과정이 굉장히 까다롭고 오랫동안 병에서 숙성을 거치기 때문에 가격이 비싼 편이다. 지금에 여유가 있다면 모든 샴페인을 테이스팅 해본 후 구매하는 게 좋지만 쉽지 않은 일이다. 한 가지 샴페인만을 골라야 한다면 어느 샴페인 하우스든 가장 기본이 되는 브륏Brut을 테이스팅 해보기를 권한다. 브륏 스타일은 모든 샴페인 하우스의 얼굴이자 간판이라 할 수 있다. 소비자는 그 샴페인 하우스가 가장 기본으로 만들어내는 브륏 샴페인을 마셔보고 해당 샴페인 하우스의 퀄리티를 논하기도 한다.

돔 페리뇽의 르뮈아주 © Mi Hyun Kim

랭스 추천! 샴페인 하우스

Recommended Champagne Houses

포므리 Pommery

우리가 흔히 '포므리'라고 부르는 샹파뉴 하우스의 공식 명칭은 브랑켄-포므리 모노폴Vranken-Pommery Monopole이다. 1976년 폴 프랑수아 브랑켄에 의해 설립된 포므리는 브륏 샴페인을 생산하던 작은 양조장에서 진화해 지금은 샹파뉴는 물론 남프랑스의 카마르그와 프로방스, 포르투갈에도 포도밭을 가지고 있는 세계적인 기업으로 거듭났다. 포므리는 1874년 드라이한 브륏 스타일의 샴페인을 최초로 고안해낸 곳이다. 당분이 첨가되지 않은 드라이한 스타일의 샴페인은 지금이야 너무나도 쉽게 만들 수 있지만, 당시에는 누구도 생각하지 못한 혁신 중의 하나였다고 한다. 포므리의 설립자 폴이 처음으로 생산했던 브륏 샴페인을 드무아젤Demoiselle이라 불렀는데, 같은 이름의 건물이 포므리 샴페인 하우스에서 5분 거리에 있다.

위치 랭스 기차역에서 차로 10분, 도보 40분
주소 5 Place Général Gouraud, 51100 Reims
전화 03-26-61-62-56
오픈 월-일 10:00~13:00, 14:00~18:00
투어 26유로~
홈페이지 www.vrankenpommery.com

★ 추천 와인 ★

포므리에서는 영광스런 역사의 증인이라 할 수 있는 브륏 로얄Brut Royale이나 뀌베 루이스Cuvée Louise 중 하나를 경험해 볼 것을 추천한다. 브륏 로얄보다 뀌베 루이스가 더 고급 샴페인이며 가격도 비싸다. 뀌베 루이스는 샤르도네와 피노 누아 두 품종만의 블렌딩으로 탄생하며, 모두 그랑 크뤼로 평점을 받은 최고급 포도밭의 포도로 양조된다. 브륏 로얄은 40유로 선, 뀌베 루이스는 빈티지에 따라 가격이 상이하지만 평균 200유로 선이다.

퓌피트르

뵈브 클리코 퐁사르댕 Veuve Clicquot Ponsardin

뵈브 클리코 퐁사르댕은 샴페인 역사에서 빼놓을 수 없는 역사적 인물이자 뵈브 클리코 샴페인 하우스를 성공적으로 이끌어온 마담의 이름이다. 샴페인 하우스 설립자 프랑수아 클리코가 사망한 후 미망인 마담 뵈브 클리코는 샴페인의 품질을 높이기 위한 여러 가지 노력을 벌였다. 그녀의 가장 큰 공로는 최초로 퓌피트르를 고안해 낸 것이다. 그녀의 혁신적인 공헌으로 샴페인 하우스는 세계적인 명성을 끌게 됐다. 뵈브 클리코의 우수한 품질의 근원은 철저한 품질 관리에 있다. 엄선된 포도를 첫 번째 압착해서 얻은 신선한 주스만을 사용해 와인을 빚으며, 블렌딩에는 주로 피노 누아를 사용해 구조감을 더한다. 또 모든 와인에 유산 발효를 더해 보다 우아하고 마시기 편한 샴페인을 만든다.

위치 랭스 기차역에서 도보 35분, 자동차로 15분
주소 1 rue Albert Thomas, 51100 Reims
전화 03-26-89-53-90
오픈 월-토 09:30~12:30, 13:30~17:30
투어 35유로~
홈페이지 www.veuve-clicquot.com

★ 추천 와인 ★

뵈브 클리코 퐁사르댕의 우아한 맛과 향을 가장 저렴하고 쉽게 느낄 수 있는 샴페인은 단연 옐로우 레이블 Yellow Label이다. 가장 대중적인 샴페인이지만, 리저브 와인 비중을 30~45% 사이로 높게 책정함에 따라 깊이 있는 맛과 우아함을 겸비했다. 처음 샴페인을 접하는 이들에게도 안성맞춤이다. 자금에 여유가 있다면 '위대한 여성'이라는 칭호의 라 그랑드 담La Grande Dame에도 도전해 보자. 고급 샴페인이 줄 수 있는 우아함의 극치를 느낄 수 있을 것이다. 옐로우 레이블은 50유로 선. 라 그랑드 담은 빈티지에 따라 상이하지만 대략 200유로 선.

멈 Mumm

세계 3대 샴페인 중 하나로 불리는 명품 샴페인 멈. 공식 명칭은 'G.H.Mumm'이다. 현재 샹파뉴 지역에 멈이 소유하고 있는 포도밭은 모두 평점 98%의 높은 수준이다. 멈의 품질 높은 샴페인의 근원은 이 포도밭에서 비롯된다. 포도밭 면적은 무려 218ha에 이른다. 멈의 역사는 200년 가까이 된다. 독일의 귀족 가문인 멈은 18세기 독일에서 와인을 만들었다. 이후 19세기 초중반 샹파뉴로 확장해 본격적으로 샴페인 제조에 발을 들여놓기 시작했다. 지금의 이름은 1852년 설립자의 아들 중 하나인 조르쥬 에르만 멈의 이니셜을 따서 지은 것이다. 이후 그의 성공적인 행보로 멈의 샴페인은 전 세계 각지로 뻗어나갔다. 그 배경에는 1875년 지금의 멈을 만들어 준 최고의 브랜드 샴페인 코르동 루즈Cordon Rouge 출시가 있었다. 지금도 코르동 루즈는 멈을 대표하는 브랜드이자 반드시 맛보아야 할 샴페인 중 하나다.

위치 랭스 기차역에서 도보 20분
주소 34 Rue du Champs de Mars, 51053 Reims
전화 03-26-49-59-70
오픈 월-일 09:30~13:00, 14:00~18:00
투어 28유로~
홈페이지 www.ghmumm.com

★ 추천 와인 ★

멈의 레이블을 장식한 붉은 리본은 멈의 성공을 가져다 준 요인이었다. 1876년 조르주 예르만 멈은 자신이 만드는 샴페인의 특별함을 레이블에서 나타내길 원했는데, 그 이미지를 프랑스 레지옹 도뇌르 훈장의 커다란 리본 장식에서 힌트를 얻었다. 프랑스에서 가장 명예로운 훈장의 붉은 리본을 자신의 샴페인에 입히면서 멈은 전 세계적인 히트를 쳤다. 조르주는 이 샴페인 이름을 코르동 루즈라고 불렀고, 그 이름은 지금까지도 명예롭게 내려오고 있다. 코르동 루즈와 샤르도네만으로 만든 우아한 블랑 드 블랑을 추천한다. 코르동 루즈는 40유로 선, 블랑 드 블랑은 70유로 선.

랑송 Lanson

랑송은 프랑수아 들라모트가 1760년 설립한 샹파뉴 하우스로 가장 오래된 샴페인 하우스 중 하나다. 가문의 후예였던 니콜라 루이 들라모트가 세상을 떠나자 들라모트 가문과 평소 친분이 깊었던 장 밥티스트 랑송에게 샴페인 하우스 관리를 일임했다. 이때부터 랑송이라는 이름 아래 샹파뉴 랑송의 역사가 시작되었다. 랑송은 1900년 영국 빅토리아 여왕이 랑송의 높은 품질을 인정하는 의미에서 '왕실 조달 허가증'을 수여하면서 이름을 떨치기 시작했다. 1937년에는 현재 르 블랙 크리에이션Le Black Création이라 불리는, 랑송의 트레이트 마크인 넌 빈티지 브륏 샴페인을 생산하기 시작했다. 2010년에는 설립 250주년을 기념하여 엑스트라 에이지Extra Age라는 이름의 특별한 샴페인을 출시하기도 했다.

위치 랭스 기차역에서 도보 30분
주소 66 Rue de Courlancy 51100, Reims
전화 03-26-78-50-50
오픈 월-금 10:00~18:00(사전 예약 필수)
투어 32유로~
홈페이지 www.lanson.com

★ 추천 와인 ★

강렬한 블랙 레이블은 랑송 샴페인의 심볼이다. 영국과 스페인 왕실에 납품되던 샴페인이라는 수식어 하나로 그들의 명성을 짐작할 수 있다. 여러 스타일의 샴페인을 선보이고 있지만, 추천하는 것은 역시 가장 기본이 되는 르 블랙 크리에이션이다. 피노 누아가 50% 블렌딩 되어 구조감 있고 강렬한 샴페인의 진가를 확인할 수 있다. 무려 50~60여 가지의 리저브 와인이 블렌딩 되었는데, 셀러에서 3년간 병 숙성시켜 복합미까지 더했다. 르 블랙 크리에이션은 40유로 선.

샹파뉴 가르데 Champagne Gardet

랭스나 에페르네를 방문했다면 한 번쯤은 차를 렌트해서 샹파뉴 가르데가 위치한 고즈넉한 마을을 가볼 가치가 있다. 샹파뉴 가르데는 샤를 가르데가 에페르네에 설립한 메종 가르데가 그 시초다. 이후 1930년대 그의 아들 조르쥬가 지금의 쉬니-레-호제Chigny-les-Roses로 샹파뉴 가르데를 옮기면서 현재 샹파뉴 가르데의 초석을 만들었다. 그는 가르데 샴페인의 품질을 높이기 위해 무던히 애를 쓴 인물이다. 최고 품질의 포도만을 사용하고, 전통을 살리는 동시에 최첨단 양조 시설에 투자하는 것을 망설이지 않았다. 샹파뉴 가르데의 심볼은 백장미다. 티 하나 없는 순수한 백장미의 깔끔함처럼 그들의 와인은 군더더기가 없다.

위치 랭스 시내에서 차로 20분
주소 13 Rue Georges Legros 51500, Chigny-les-Roses
전화 03-26-03-42-03
오픈 월-금 08:00~12:00,14:00~18:00
투어 사전예약에 한해 투어 가능
홈페이지 www.champagne-gardet.com

★ 추천 와인 ★

샹파뉴 가르데는 세 가지 스타일로 샴페인을 생산한다. 몇몇 스타일은 오크에 숙성시켜 출시한다. 전통적인 방식을 따라 생산된 브륏 트라디션Brut Tradition, 오크 숙성한 브륏 리저브Brut Réserve, 셀러에서 5년 정도 길게 숙성시켜 나오는 프레스티지 샤를 밀레짐Prestige Charles Millésime 세 종류를 모두 마셔볼 것을 추천한다. 브륏 트라디션 31유로, 브륏 리저브 35유로, 샤를 밀레짐은 빈티지에 따라 조금씩 다르나 대략 65유로 선.

뤼나르 Ruinart

뤼나르는 오랜 전통을 자랑하는 샴페인 하우스다. 그 역사는 1729년으로 거슬러 올라간다. 당시 베네딕틴 수도회 수도승이었던 동 뤼나르가 샴페인 하우스의 시초다. 중세시대에는 많은 수도원의 수도사들이 포도를 직접 재배하고 와인을 만들었다. 그 중 동 뤼나르는 동 페리뇽과 더불어 와인 제조에 있어서 엄청난 열정을 지녔던 인물이었다. 그가 죽은 뒤 그의 조카가 지금의 뤼나르 샴페인 하우스의 전신인 메종 뤼나르를 설립했다. 뤼나르는 영롱한 보석을 떠올리게 하는 독특한 외관의 와인 병으로 유명하다. 와인 병 제조 기술이 발전하기 전 전통 디자인을 지금까지 이어오고 있는 것이다. 이는 뤼나르가 전통을 중요하게 생각하고 있다는 증거이기도 하다. 특히, 그들이 자랑하는 100% 샤르도네로 만들어진 블랑 드 블랑 샴페인은 오감을 자극시키는 최고의 샴페인 중 하나로 알려져 있다.

위치 랭스 기차역에서 도보 40분
주소 4 Rue des Crayères 51100, Reims
전화 03-26-77-51-51
오픈 화-토 09:00~12:00,14:00~17:00
투어 75유로~, 사전 예약 필수
홈페이지 www.ruinart.com

★ 추천 와인 ★

뤼나르의 추천 샴페인은 단연 블랑 드 블랑이다. 샹파뉴 최고의 샤르도네 재배지인 꼬뜨 데 블랑의 포도만 사용해 만든 샴페인이다. 이외에도 이들이 자랑하는 최고급 샴페인 동 뤼나르도 마셔볼 가치가 있다. 블랑 드 블랑은 70유로 선. 동 뤼나르는 빈티지에 따라 다르지만 대략 100유로 선이다.

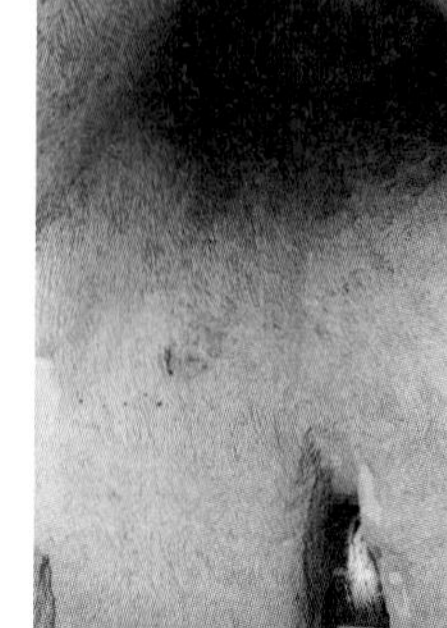

때땡저 Taittinger

때땡저는 1734년 샹파뉴에 설립된 샴페인 하우스를 삐에르 때땡저가 계승한 것으로, 전 세계 150개국에서 연간 550만병이 소비되는 최고급 샴페인 브랜드다. 매년 영국에서 개최되는 와인 업계의 올림픽이라고 할 수 있는 IWC에서 2004년, 2005년 연속 금메달을 수상하며 그 품질을 증명한 바 있다. 때땡저는 샴페인 하우스로는 최초로 국제축구연맹 FIFA의 공식 샴페인으로 선정되기도 했다. 와인 마니아들이 말하는 '때땡저 스타일'은 샤르도네의 블렌딩 비율을 높여서 화사하면서도 조화로운 맛의 샴페인을 가리킨다. 이 완벽에 가까운 조화로움을 확인할 수 있는 샴페인이 바로 브륏 리저브다. 대개 1년 정도인 일반 브륏의 병 숙성 기간에서 2년을 추가해 총 3년을 셀러에서 숙성시키기 때문에 다른 샴페인보다 더욱 부드러운 질감을 느낄 수 있다.

위치 랭스 기차역에서 도보 25분
주소 9 Place Saint-Nicaise 51100, Reims
전화 03-26-85-45-35
오픈 월-일 09:30~17:30(동절기는 월-금만 오픈)
투어 37유로~
홈페이지 www.taittinger.com

★ 추천 와인 ★

브륏 리저브 이외에도 프리미엄 퀄리티를 자랑하는 녹턴Nocturne이나 프렐류드Prelude도 마셔볼 가치가 있는 샴페인들이다. 샤르도네와 피노 누아가 각각 50%씩 블렌딩 된 프렐류드는 강렬하고 긴 여운을 지닌 최고급 샴페인 중 하나다. 브륏 리저브는 45유로 선, 녹턴과 프렐류드는 65유로 선이다.

[랭스 Reims]

'샴페인 상업지구'로 불리는 랭스는 상파뉴의 주도다. 대대로 프랑스 왕들의 대관식이 랭스 대성당에서 거행되었기 때문에 역사적으로도 중요한 의미를 갖는다. 도심 곳곳에는 곡선의 아름다움을 강조한 아르누보 스타일과 직선적이고 모던함을 살린 아르데코 스타일의 건축물을 볼 수 있다. 이 우아하고 스타일리시한 도시에는 멈, 뵈브 클리코, 포므리 등 명문 샴페인 하우스들이 모여 있다.

랭스 노트르담 대성당

랭스 노트르담 대성당 Cathédrale Notre-Dame de Reims

프랑스 왕의 대관식이 열렸던 성당이다. 프랑스 역대 왕 가운데 2명을 제외하고 33명이 이곳에서 대관식을 치렀다. 대성당은 유네스코 세계유산에 등재되었으며 유럽에서 가장 아름다운 고딕양식 건축물로도 꼽힌다. 성당 외관은 곳곳이 조각으로 장식되어 있다. 그 중 서쪽 문 안쪽에 있는 '미소 짓는 천사 상'은 성당 조각 중 유일하게 감정을 드러낸 모습을 하고 있는 것으로 유명하다. 수백 개의 계단을 통해 올라가는 성당 전망대에 서면 랭스 전경이 한눈에 든다. 성당 내부의 장미 스테인드글라스는 20세기 초현실주의의 거장 마르크 샤갈이 1974년에 제작한 것이다.

위치 랭스 기차역에서 도보 11분
주소 Place du Cardinal Luçon, 51100 Reims
홈페이지 www.cathedrale-reims.com

생 레미 역사 박물관 Musée Historique Saint-Remi

생 레미 성당 옆에 위치한 박물관이다. 4개의 섹션으로 구성된 17개의 전시실에는 선사시대부터 16세기 소장품, 1870년대 군사 컬렉션, 17세기 로마 컬렉션, 수도원 역사, 르네상스 시대 생활사 등을 전시한다. 역사와 종교, 건축적으로 가치가 높아 1991년 세계문화유산으로 지정되었다.

위치 랭스 노트르담 대성당에서 도보 20분
주소 53 Rue Simon, 51100 Reims

랭스 노트르담 대성당

랭스 거리

랭스의 분수대

생 레미 성당 Basilique Saint-Remi

로마 고딕 양식의 건축물로 11세기에 지어졌다. 베네딕트 수도원 소속의 이 성당은 랭스의 첫 주교였던 레미에게 바쳐진 성당으로 그의 유골과 유품이 보관되어 있다. 레미 주교는 498년 클로비스 왕 개종 시 왕에게 성유를 발라주었던 주교다. 생 레미 성당은 16세기 실로 짠 회화작품 타피스트리가 인상적이다. 17세기 이후 대대적인 재건축이 있었지만 9~13세기 중세 건축물의 흥미로운 부분은 그대로 보존했다. 13개의 기둥이 세워진 본당의 내부가 신비로운 분위기를 자아낸다.

위치 랭스 기차역에서 도보 35분, 차로 8분
주소 Rue Saint-Julien, 51100 Reims

팔레 뒤 토 Palais du Tau

1207년에 지어진 예배당. 주교들의 거주공간이자 주요 종교 행사장으로 사용되었다. 랭스 노트르담 대성당에서 대관식을 치루기 위해 온 역대 왕들이 머물던 장소이기도 하다. 이후 수많은 전쟁으로 손실되었다가 재건되기를 반복해 현재의 모습으로 복원됐다. 지금은 박물관으로 사용되고 있는데, 15세기 타피스트리, 성유물, 랭스 대성당의 조각 원작들, 중세 필사본의 서적, 샤를 10세의 대관식 관련 금장 용품 등이 전시되어 있다.

위치 랭스 기차역에서 도보 11분
주소 2 Place du Cardinal Luçon, 51100 Reims
홈페이지 www.palais-du-tau.fr

비스퀴 포시에 Biscuits Fossier

랭스에서 꼭 먹어봐야 할 전통 과자 르 비스퀴 호즈Le Biscuit Rose를 파는 상점이다. 1691년 처음 선보인 르 비스퀴 호즈는 밀가루에 달걀의 흰자와 설탕, 연한 핑크색 염료를 넣고 반죽한 뒤 두 번 구워 만든 과자다. 고운 빛을 띠는 분홍빛 과자에 살짝 뿌려져 있는 슈거파우더는 기분 좋은 달콤함을 느끼게 한다. 샴페인에 적셔 먹으면 달콤한 과자에 상큼함이 더해져 디저트를 좋아하지 않는 사람들도 계속해서 맛보게 된다. 비스퀴 포시에는 자타가 공인하는 르 비스퀴 호즈를 파는 상점이다. 제품 포장이 예뻐 기념품으로 구매하는 이들이 많다.

위치 랭스 기차역에서 도보 11분
주소 25 Cours Jean Baptiste Langlet, 51000 Reims
홈페이지 www.fossier.fr

라 쇼콜라테리 들레앙 La Chocolaterie Deléans

장인의 손으로 정성스럽게 만들어진 초콜릿을 맛볼 수 있는 곳이다. 랭스가 샴페인으로 이름난 곳인 만큼 샴페인을 넣은 다양한 초콜릿을 맛볼 수 있다. 선물용으로 인기가 좋다.

위치 랭스 기차역에서 도보 15분
주소 20 Rue Cérès, 51100 Reims

라시에트 샹프누아즈 L'Assiette Champenoise ★★★★

1975년 오픈한 5성급 호텔 라시에트 샹프누아즈에서 운영하는 최고급 레스토랑. 2014년 미슐랭 별 3개를 획득해 이 지역을 대표하는 레스토랑으로 자리매김했다. 랍스터와 가금류 요리가 환상적이다. 우아한 분위기에서 최고급 식사를 하는 기분을 만끽할 수 있다. 채식주의자를 위한 메뉴도 있다.

위치 랭스 기차역에서 도보 35분, 자동차로 10분
주소 40 Avenue Paul Vaillant-Couturier, 51430 Tinqueux
홈페이지 www.assiettechampenoise.com

르 포쉬 Le Foch ★★

랭스 기차역에서 도보 3분 거리에 위치해 랭스에 짧게 머무는 여행자에게 최적의 레스토랑이다. 비교적 저렴한 가격에 미슐랭 스타 요리를 즐길 수 있는 곳이다. 제대로 된 프랑스식 만찬을 즐기고 싶다면 전식, 생선요리, 고기요리, 치즈, 디저트 등 7코스로 구성된 메뉴 데귀스타시옹Menu Degustation을 추천한다. 메뉴는 제철 재료에 맞게 계절에 따라 달라진다.

위치 랭스 기차역에서 도보 3분
주소 37 Boulevard Foch, 51000 Reims
홈페이지 www.lefoch.com

르 밀레네르 Le Millénaire ★★

랭스 중심에 위치한 모던 프렌치 레스토랑이다. 계절에 따라 새로운 메뉴들을 선보인다. 송로 버섯과 포르치니 버섯을 이용한 요리가 대표 메뉴다. 와인 리스트도 훌륭하다. 친절한 서비스와 맛으로 여행자들이 입 모아 추천하는 레스토랑이다.

위치 노트르담 대성당에서 도보 6분
주소 4 Rue Bertin, 51100 Reims
홈페이지 www.lemillenaire.com

르 팍 Le Parc ★★★★

20세기 초에 지어진 우아한 저택을 활용한 레 크라예르 Les Crayeres 호텔에서 운영하는 미슐랭 2스타 레스토랑이다. 화려하고 고풍스러운 분위기의 귀족 저택에서 특별한 식사를 하고 싶은 이들에게 추천한다. 전통적인 음식과 현대적인 모던한 감각의 조화가 인상적이다. 계절마다 제철 식재료로 최적의 메뉴를 구성하여 선보인다.

위치 랭스 기차역에서 3km
주소 64 Boulevard Henry Vasnier, 51100 Reims
홈페이지 www.lescrayeres.com

레디토 랭스 L'Edito Reims ★

현대적인 감각과 컬러로 꾸며진 깔끔한 실내 장식이 인상적인 레스토랑이다. 합리적인 가격대로 다양한 요리를 즐길 수 있다. 신선한 쇠고기를 갈아 요리한 타르타르와 샴페인을 저렴한 가격에 즐길 수 있다. 그 외 파스타, 리조토, 버거, 스테이크 등 다양한 메뉴 주문이 가능하다. 이른 아침부터 자정까지 영업해 시간에 구애받지 않고 식사를 할 수 있다.

위치 랭스 기차역에서 도보 6분
주소 80 Place Drôuet d'Erlon, 51100 Reims
홈페이지 www.restaurant-ledito-reims.fr

브라세리 엑셀시오르 Brasserie Excelsior ★★

고전미가 풍기는 2층 대저택을 리노베이션한 레스토랑. 프랑스 귀족의 집을 방문한 듯 고풍스럽고 우아하다. 랭스 기차역에서 가까워 접근성이 좋다. 저렴한 익스프레스부터, 50유로 정도의 프레스티지까지 메뉴가 다채롭다. 간단하게 샴페인과 샹파뉴 전통 음식을 매칭하기에 좋다.

위치 랭스 기차역에서 도보 5분
주소 96 Place Drôuet d'Erlon, 51100 Reims
홈페이지 www.brasserie-excelsior-reims.fr

라시에트 샹프누아즈 호텔

르 팍

호텔 라시에트 샹프누아즈

Hôtel L'Assiette Champenoise ★★★★

랭스 도심에서 3km 떨어진 땅큐 마을에 위치한 호텔이다. 깔끔하고 모던하게 리노베이션 된 객실이 스타일리시하다. 호텔 내에 미슐랭 별 3개를 받은 유명 레스토랑 라시에트 샹프누아즈가 있어 미식까지 완벽하게 책임진다.

위치 랭스 도심에서 자동차로 10분
주소 40 Avenue Paul Vaillant-Couturier, 51430 Tinqueux
홈페이지 www.assiettechampenoise.com

레 크라예르 Les Crayères ★★★★★

프랑스 대저택에서 머물고 싶은 로망을 충족시켜주기에 부족함이 없는 부티크 호텔이다. 호텔 건물은 20세기 초반에 지어진 유서 깊은 건축물로 객실 내 편의시설이 완벽하다. 객실 수는 모두 20개. 객실 마다 황후, 여왕, 바로크, 공작부인, 후작부인, 백작부인, 공주 등 다양한 스타일로 꾸몄다.

위치 랭스 기차역에서 자동차로 10분
주소 64 Boulevard Henry Vasnier, 51100 Reims
홈페이지 www.lescrayeres.com

브리트 호텔 랭스 크루와 블랑당

Brit Hôtel Reims Croix Blandin ★★

랭스 외곽에 위치한 호텔이다. 도심 외곽이지만 대로변에 위치해 찾아가기 쉽다. 자동차로 샹파뉴를 여행하는 여행객들에게 추천한다. 숙박요금이 저렴하며, 객실도 깨끗하다. 무선 인터넷 사용이 가능하며 뷔페식 조식을 신청할 수 있다.

위치 랭스 시내에서 자동차로 10분
주소 10, Rue René Francart ZAC Croix Blandin, 51100 Reims **홈페이지** www.kayak.com/Reims-Hotels-Best-Hotel-Croix-Blandin.477286.ksp

스위트 노보텔 랭스 썽트르

Suite Novotel Reims Centre ★★★

랭스 도심에 있는 4성급의 현대적인 호텔이다. 도보로 도시 관광을 할 때에 편리하다. 80여개의 객실을 보유하고 있으며, 에어컨, 히터 등의 편의시설이 잘 갖춰져 있다. 위성 TV, 무선 인터넷 이용이 가능하다.

위치 랭스 기차역에서 도보 4분
주소 1 Rue Edouard Mignot, 51100 Reims
홈페이지 www.accorhotels.com/gb/hotel-7237-novotel-suites-reims-centre/index.shtml

B&B 호텔 랭스 썽트르 갸르

B&B Hôtel Reims Centre Gare ★★

랭스 기차역에서 도보 2분 거리에 있는 체인형 B&B 숙소다. 98개의 객실을 보유하고 있으며, 가격이 상당히 저렴하다. 청결한 객실 상태, 간단한 뷔페식 조식을 제공해 배낭여행자들에게 인기가 많다.

위치 랭스 기차역에서 도보 2분
주소 4 Rue André Pingat Reims
홈페이지 www.hotel-bb.com/fr/hotels/reims-centre-gare.htm

베스트 웨스턴 호텔 드 라 패

Best Western Plus Hotel De La Paix ★★★

랭스 도심과 기차역에서 도보 10~15분 거리의 4성급 체인 호텔이다. 객실은 럭셔리 룸 9개, 프리빌리지 룸 107개, 트레디션 룸 48개 등이 있다. 호텔 규모가 큰 만큼 실내 수영장과 피트니스 센터 등의 편의시설도 잘 갖춰져 있다. 무료로 무선 인터넷 사용이 가능하다.

위치 랭스 기차역에서 도보 7분
주소 9 Rue Buirette, 51100 Reims
홈페이지 www.bestwestern-lapaix-reims.com/

레 크라예르 호텔의 객실

레 크라예르 호텔

에페르네 추천! 샴페인 하우스

Recommended Champagne Houses

모엣 에 샹동 Moët et Chandon

두말할 필요도 없는 대표 샴페인 하우스다. 1743년 프랑스의 와인 상인이었던 끌로드 모엣이 에페르네에 메종 모엣을 설립한 것이 시초다. 그의 샴페인 애호가였던 루이 15세와 마담 퐁파두르는 메종 모엣의 샴페인을 궁정 연회에 종종 사용했다. 끌로드의 손자 장 레미 모엣과 친했던 나폴레옹은 1814년 황제 자리에서 물러나기 직전까지 그의 샴페인을 마시기 위해서 여러 차례 이곳을 방문했다고 한다. 특히, 유럽의 귀족들과도 폭 넓은 친분관계를 가지고 있던 장 레미의 엄청난 사업 수완 덕분에 메종 모엣은 세계적인 브랜드의 샴페인 하우스로 거듭나게 된다. 1750년 영국으로 샴페인을 수출하기 시작해 러시아, 미국, 브라질을 거쳐 1843년 아시아에서는 처음으로 중국에 진출했다. 장 레미는 1832년 아들 빅토르 모엣과 사위 피에르 가브리엘 샹동에게 사업을 물려주었고, 그때부터 지금의 이름으로 이어져 오게 되었다. 모엣 에 샹동은 1860년대 들어 하우스의 간판 샴페인 브륏 임페리얼Brut Imperial을 출시해 성공을 거뒀고, 동 페리뇽Dom Pérignon 상표권을 인수해 1936년 시장에 선보였다. 1962년 샴페인 회사로서는 처음으로 프랑스 주식회사에 상장되었으며, 1971년 헤네시 꼬냑과 합병, 1987년 세계적인 패션 그룹 루이뷔통과 합병해 LVMH 그룹에 속하게 된다.

위치 레퓌블릭 광장에서 도보 5분
주소 20 Avenue de Champagne, 51200 Épernay
전화 03-26-51-20-00
오픈 월~일 09:30~17:30(4월1일~11월 1일)
투어 40유로~
홈페이지 www.moet.com

★ 추천 와인 ★

모엣 에 샹동의 추천 와인은 두 가지로 압축된다. 세계에서 가장 많이 판매되는 샴페인 중 하나인 임페리얼 브륏과 슈퍼 프리미엄 샴페인 동 페리뇽이 그 주인공이다. 1869년 탄생한 임페리얼 브륏은 여전히 최고의 자리에서 군림하고 있는 샴페인이다. 동 페리뇽은 모엣 에 상동에서 만들어내는 샴페인의 최고 퀄리티를 경험할 수 있다. 모엣 상동 브륏은 45유로, 동 페리뇽은 빈티지에 따라 상이하지만 200유로 이상.

고세 Gosset

샹파뉴에서 가장 오래된 샴페인 하우스인 고세는 부드러우면서도 우아한 맛으로 사랑받고 있으며 크뤼그, 볼랭저와 함께 세계 3대 프레스티지 샴페인으로 꼽힌다. 고세는 1584년 몽타뉴 드 랭스의 중심 아이Ay의 시의원이자 농부였던 피에르 고세에 의해 설립되었다. 초기에는 자신의 포도밭에서 수확한 피노 누아와 샤르도네로 만든 스틸 와인이 전부였다. 당시에도 그가 만든 와인의 품질이 훌륭해 부르고뉴 와인과 함께 프랑스 왕의 식탁에 오르는 영광을 얻기도 했다. 샴페인을 본격적으로 생산한 것은 18세기부터다. 그 후 20세기 후반까지 거의 3세기 동안 14세대에 걸쳐 오로지 한 가문에 의해서 운영되었다. 1993년 유명 리큐르 회사인 코앵트루에 인수되었다. 고세는 95%가 그랑 크뤼와 프리미에 크뤼로 이루어진 발레 드 라 마른 지역 안의 최상의 포도밭에서 생산한 포도로 샴페인을 양조하고 있다.

위치 레퓌블릭 광장에서 차로 10분
주소 12 Rue Godart Roger, 51200 Épernay
전화 03-26-56-99-56
오픈 사전 예약에 한해 오픈
투어 홈페이지, 이메일(info@champagne-gosset.com)을 통한 사전 예약 필수
홈페이지 www.champagne-gosset.com

★ 추천 와인 ★

여러 스타일의 샴페인이 있지만 가장 추천하고 싶은 것은 그랑 로제 Grand Rosé다. 아름다운 핑크빛 컬러와 반짝이는 다이아몬드 같이 아름다운 기포, 그리고 풍부한 샴페인의 질감이 어우러져 '우아한 귀부인'이라는 애칭을 가지고 있다. 가격은 80유로 선.

메르시에 Mercier

국내에는 잘 알려져 있지 않지만 프랑스 내수 시장에서는 가장 많은 판매량을 자랑하는 샴페인 하우스다. 모엣 에 샹동이 만드는 최고급 샴페인 브랜드 동 페리뇽 상표권은 원래 메르시에가 가지고 있었다. 메르시에는 1858년 외젠느 메르시에가 설립했다. 당시 그는 고급스러운 와인의 대명사인 샴페인에 대한 고정관념을 깨고, 언제 어디서나 편하게 마실 수 있는 샴페인을 선보이기로 결심했다고 한다. 그의 노력 덕분으로 메르시에는 프랑스인들의 전폭적인 사랑과 지지를 받는 대중적이고 편안한 샴페인의 대명사로 자리 잡았다. 메르시에를 꼭 가봐야 하는 다른 이유 중 하나는 하우스 내에 멋들어지게 장식된 대형 오크통이다. 1870년 세계에서 가장 큰 오크통을 만들기로 결심한 유진 메르시에는 20톤에 달하는 대형 오크통을 만들었는데, 이곳에는 약 20만병의 샴페인을 채울 수 있다고 한다.

위치 레퓌블릭 광장에서 도보 20분
주소 68-70 Avenue de Champagne, 51200 Épernay
전화 03-26-51-22-22
오픈 09:30~16:30(오픈은 계절마다 상이)
투어 20유로~
홈페이지 www.champagnemercier.fr

★ 추천 와인 ★

'프랑스의 국민 샴페인'이란 애칭처럼 상대적으로 저렴한 가격에 맛볼 수 있다. 대중적인 샴페인을 지향하는 만큼 기본이 되는 브륏, 브륏 로제, 드미-섹, 브륏 리저브로 간단히 나누어져 있다. 브륏은 기본이 되는 샴페인으로 드라이하며, 로제는 보다 구조감이 뛰어난 편이다. 드미-섹은 약간 달콤한 스타일이다. 브륏 리저브는 셀러에서 몇 년 더 병 숙성을 거쳐 브륏보다 복합미가 있는 편이다. 지갑이 얇은 이들에게 굉장히 추천하는 브랜드다. 브륏은 30유로 선.

따흘랑 Tarlant

따흘랑의 포도 재배 역사는 1687년으로 거슬러 올라간다. 그러나 첫 샴페인을 출시한 것은 20세기 초다. 현 오너의 증조부 루이 아드리앙 따흘랑은 1차 세계대전으로 황폐해진 경작지를 복원해 1928년 첫 샴페인을 출시했다. 그 후 4대에 걸쳐 성공적으로 샴페인을 만들어 오고 있다. 따흘랑이 가장 중요하게 생각하는 것은 바로 '떼루아'. 따흘랑 가문의 12대손 멜라니 따흘랑에 의하면 토양을 잘 파악하여 그에 적합한 포도 품종을 재배하는 것이 따흘랑 샴페인 맛의 비결이라고 한다. 그래서 타흘랑 샴페인은 자연의 '순수함(purity)'과 '강렬함(intensity)'의 집약체라고 할 수 있다.

위치 레퓌블릭 광장에서 차로 20분
주소 21 Rue de la Coopérative, 51480 Œuilly
전화 03-26-58-30-60
오픈 월~토(8월 휴무), 사전 예약 오픈
투어 사전 예약
홈페이지 www.tarlant.com

★ 추천 와인 ★

따흘랑의 샴페인은 강렬하다. 샴페인의 당도를 결정하는 마지막 과정인 도자쥬를 거의 시행하지 않거나, 만약 하더라도 6g 이하의 도자쥬를 시행한다. 때문에 따흘랑 샴페인은 자연 그대로의 맛이 난다. 특히, 제로Zero는 병 숙성 이후 그 어떤 도자쥬도 하지 않은 날 것 그대로의 샴페인으로 반드시 경험해 보기를 추천한다. 입 안을 꽉 채우는 강렬한 풍미와 길게 이어지는 후미가 굉장히 매력적이다. 제로 가격은 53유로 선.

[에페르네 Épernay]

샹파뉴 지역에서 랭스와 함께 대표 도시로 꼽히는 에페르네는 파리에서 동쪽으로 138km 떨어진 마른 강 왼쪽에 위치한다. 작고 아름다운 도시 안에는 50km 길이의 역사적인 샴페인 저장 까브가 있다. LVMH사 소유의 세계에서 가장 유명한 샴페인 하우스 모엣 에 샹동을 비롯해 유명 샴페인 하우스들이 모여 있어 샴페인 와인 여행을 위한 최적의 장소이다.

마제스틱 아베뉴 드 샹파뉴 © Ville d'Epernay

마제스틱 아베뉴 드 샹파뉴 Majestic Avenue de Champagne

샴페인의 수도라고 할 수 있는 에페르네. 이곳에는 이름만 들어도 가슴을 설레게 하는 샴페인 하우스들이 모인 거리가 있다. 바로 아베뉴 드 샹파뉴다. 이 거리가 생겨난 것은 1729년 니콜라스 뤼나르가 최초로 에페르네에 샴페인 하우스를 설립한 후부터다. 그 후 1743년 모엣 에 샹동을 비롯해 메르시에, 페리에 주에 등 유명 샴페인 하우스들이 개장하면서 상업적인 거리로 자리 잡았다. 에페르네의 상징이라 할 수 있는 이 거리에는 18~19세기 지어진 아름다운 건축물이 줄지어 있다.

위치 레퓌블릭 광장에서 도보 1분
주소 Avenue de Champagne, 51200 Épernay

샤또 페리에 Château Perrier

루이 13세 양식의 돌로 지은 역사적인 건물. 페리에 주에의 전 오너였던 찰스 페리에가 살던 집이었다. 2차 세계대전이 한창이던 1940년에는 영국군 본부로, 1942~1944년에는 독일군 본부로 쓰인 흥미로운 역사를 지녔다. 내부 관람은 불가능하다.

위치 레퓌블릭 광장에서 도보 1분 도보 5분
주소 13 Avenue de Champagne, 51200 Épernay

© Ville d'Epernay

에글리즈 노트르담 Église Notre-Dame

1917년 완공된 에페르네의 상징적인 교회. 1차 세계대전 때 포격으로 훼손된 것을 재보수해 1924년에 다시 본래의 모습을 되찾았다. 전체적으로 고전미가 물씬 풍기는 열십자 모양의 교회로 하늘을 찌를 듯한 80m의 높이의 첨탑이 주요 볼거리이다. 내부는 16세기 양식의 아름다운 스테인드글라스로 장식되었다.

위치 레퓌블릭 광장에서 도보 15분
주소 Place Mendes, 51200 Épernay

© Ville d'Epernay

에페르네 추천 와인 숍

C-콤므 C-Comme

작지만 내실 있는 와인 숍이다. 300여 곳 샴페인 하우스의 샴페인을 취급한다. 와인 구매 및 시음이 가능하다. 한국에서 접하기 힘든 샴페인을 한자리에서 맛볼 수 있는 것이 가장 큰 매력이다. 시음에는 간단한 스낵류를 곁들일 수 있다. 샴페인은 취향에 맞게 개별, 코스별 시음을 선택할 수 있다.

위치 에페르네 역에서 도보 5분
주소 8 Rue Gambetta, 51200 Épernay
홈페이지 www.champagnedevignerons.fr/cavistes/c-comme-champagne

520 샹파뉴 에 뱅 도퇴르
520 Champagne et Vins d'Auteurs

샴페인 하우스 115곳과 400여 샹파뉴 포도 재배자가 만든 샴페인을 구비하고 있다. 주기적으로 무료 시음회를 개최한다. 시음 가능한 샴페인은 홈페이지에서 확인할 수 있다.

위치 에페르네 역에서 도보 11분
주소 1 Avenue Paul Chandon, 51200 Épernay
홈페이지 www.le520.fr

라 핀느 불 La Fine Bulle

C-콤므보다 더 대중적이고 메이저급인 샴페인 하우스의 샴페인을 취급한다. 올드 빈티지 샴페인을 구할 수 있다.

위치 에페르네 역에서 도보 4분
주소 17 Rue Gambetta, 51200 Épernay
홈페이지 www.lafinebulle.fr

라 카브 살바토리 La Cave Salvatori

에페르네 시내 중심에 위치한 샴페인 숍이다. 1952년에 개장해 오랜 역사를 간직하고 있다. 올드 빈티지 샴페인을 좋은 가격에 구입할 수 있다.

위치 레퓌블릭 광장에서 도보 1분
주소 11 Rue Flodoard, 51200 Épernay

C-콤므

라 파인 불

라 파인 불

★ ~20유로, ★★ 20~30유로, ★★★ 30~50유로, ★★★★ 50유로~ (점심 코스 기준)

레 자비제

레 자비제

레 자비제 Les Avisés ★★★

최고의 샴페인 하우스로 알려져 있는 자크 슬로스Jacque Selosse에서 운영하는 레스토랑이다. 자크 슬로스는 샴페인 애호가들이 인정하는 최고급 샴페인 중 하나이다. 화학비료나 제초제를 쓰지 않는 친환경 농법으로 샴페인을 만든다. 자크 슬로스 샴페인에 딱 어울리는 감각적이고 뛰어난 요리를 맛볼 수 있다.

위치 레퓌블릭 광장에서 차로 15분
주소 59 Rue de Cramant, 51190 Avize
홈페이지 www.selosse-lesavises.com

레 자비제

호스텔레리 라 브리카트리 Hostellerie La Briqueterie ★★★

포도원과 녹지대에 둘러싸여 평안한 휴식을 느낄 수 있는 호텔 레스토랑이다. 시트러스한 과일 향 아로마가 인상적인 샴페인과 즐기는 해산물 요리가 환상적이다. 셰프가 엄선한 8코스 테이스팅 메뉴는 샴페인과 함께한 특별한 식사를 계획하고 있다면 시도해 볼 만하다.

위치 레퓌블릭 광장에서 차로 15분
주소 4 Route de Sézanne, 51530 Vinay
홈페이지 www.labriqueterie.fr

레 베르소 les Berceaux ★★★

에페르네 베르소 호텔에 위치한 레스토랑. 다양한 샴페인 리스트와 이에 어울리는 마리아주를 경험할 수 있는 창의적인 프랑스 요리를 맛볼 수 있다. 담당 서버의 친절하고 유쾌한 서비스도 만족스럽다. 메뉴 구성은 계절마다 약간씩 변동이 있다. 메인 요리로 송아지 흉선이 훌륭하다.

위치 레퓌블릭 광장에서 도보 5분
주소 13 Rue des Berceaux, 51200 Épernay
홈페이지 www.lesberceaux.com

르 그랑 세르프 Le Grand Cerf ★★★

에페르네와 랭스 사이 몽쉐노Montchenot 마을에 있는 미슐랭 1스타 레스토랑. 전통과 현대적인 창의성, 그리고 맛을 겸비한 요리를 경험할 수 있다. 정원이 보이는 우아한 분위기의 레스토랑은 샴페인을 즐기기에 안성맞춤이다.

위치 레퓌블릭 광장에서 자동차로 15분
주소 50 Route Nationale 51, 51500 Montchenot
홈페이지 www.le-grand-cerf.fr

라 쇼콜라트리 브리에 La Chocolaterie Briet

품질 좋은 카카오를 이용한 고급스러운 초콜릿을 구매할 수 있는 초콜릿 전문점이다. 프랑스 최고의 초콜릿 상점 20곳에 선정되기도 했다. 계절별로 오픈시간이 조금씩 변하니 방문 전 홈페이지를 통해 확인하는 것이 좋다. 기념품과 선물용으로 좋은 제품을 판매한다.

위치 레퓌블릭 광장에서 도보 3분
주소 13 rue de la Porte Lucas, 51200 Épernay
홈페이지 www.lechocolatdemmanuelbriet.com

빌라 외제느 Villa Eugène ★★★

유서 깊은 19세기 대저택을 개조한 5성급 호텔이다. 완벽한 편안함을 보장하는 럭셔리한 서비스를 받을 수 있다. 15개의 객실과 스위트룸이 있다. 객실은 루이 16세, 모던, 클래식, 로맨틱 등 프랑스 감성이 느껴지는 다양한 스타일로 꾸며졌다.

위치 레퓌블릭 광장에서 도보 18분
주소 84 Avenue de Champagne, 51200 Épernay
홈페이지 www.villa-eugene.com

호텔 장 모엣 Hôtel Jean Moët ★★★

18세기 스타일의 건물에 위치한 4성급 호텔. 12개의 객실이 있다. 에페르네 도심에 있어 도보여행으로 샴페인 하우스를 다니기에 안성맞춤이다. 호텔 내 스파 시설이 있으며, 무료 인터넷 사용이 가능하다.

위치 레퓌블릭 광장에서 도보 1분
주소 7 Rue Jean Moët, 51200 Épernay
홈페이지 www.hoteljeanmoet.com

호텔 르 클로 레미 Hôtel le Clos Raymi ★★★

19세기 지어진 프랑스의 전형적인 귀족풍 대저택에 위치한 3성급 호텔이다. 기본적인 편의시설이 잘 구비되어 있다. 총 7개의 객실은 투스칸, 프로방스 등 지역별 테마로 멋스럽게 꾸며져 있다. 에페르네 도심에 있어 편리하게 이용할 수 있다.

위치 레퓌블릭 광장에서 도보 8분
주소 3 Rue Joseph de Venoge, 51200 Épernay
홈페이지 www.closraymi-hotel.com

베스트 웨스턴 호텔 드 샹파뉴 Best Western Hôtel de Champagne ★★

에페르네 도심에 위치한 3성급 호텔. 객실마다 케이블 TV, 커피 메이커, 헤어 드라이어, 미니 바, 에어컨 등 편의시설이 잘 갖춰져 있다. 호텔 내에 위치한 라운지 바는 다양한 종류의 샴페인을 글라스 단위로 판매해 현지인에게도 인기가 많다.

위치 레퓌블릭 광장에서 도보 3분
주소 30 Rue Eugène Mercier, 51200 Épernay
홈페이지 www.bestwestern.fr

호텔 레 베르소 Hôtel Les Berceaux ★★

에페르네 도심에 위치한 접근성이 좋은 호텔이다. 28개의 객실은 깔끔하고 편의시설이 잘 구비되어 있다. 호텔 내에 유명 레스토랑인 레 베르소les Berceaux가 있어 휴식과 함께 멋진 식사를 할 수 있다. 13유로에 뷔페식 아침 조식을 제공한다.

위치 레퓌블릭 광장에서 도보 2분
주소 13 Rue des Berceaux, 51200 Épernay
홈페이지 www.lesberceaux.com

라 빌라 생 피에르 La Villa Saint Pierre ★★

1913년에 지어진 클래식한 분위기의 2성급 호텔이다. 에페르네 도심에 있어 편리하게 도시 관광을 할 수 있다. 프랑스 특유의 감성이 느껴지는 아담한 객실은 마치 프랑스 친구 집에 방문한 것 같은 기분이 들게 한다.

위치 레퓌블릭 광장에서 도보 1분
주소 1 Rue Jeanne d'Arc, 51200 Épernay
홈페이지 www.villasaintpierre.fr

호텔 레 자비제 Hôtel les Avisés ★★★★

자크 슬로스 샴페인 하우스가 운영하는 부티크 호텔이다. 10개의 객실은 현대적인 감각으로 깔끔하게 꾸며졌다. 모던한 객실은 앤티크한 소품을 조화롭게 배치했다. 가격이 높아 고급스러우면서 특별한 호텔을 찾는 이들에게 추천한다.

위치 에페르네 도심에서 자동차로 14분
주소 59 Rue de Cramant, 51190 Avize
홈페이지 www.selosse-lesavises.com

호텔 레 자비제

보르도 Bordeaux

와인 애호가들에게 '보르도'는 그 이름만으로 최고의 와인 생산지를 의미한다. 라뚜르, 무똥 로칠드, 마고 등 보르도 5대 샤또와 포므롤의 페트뤼스, 귀부 와인 디켐 등 와인 마니아라면 일생에 한 번 마셔보기를 소원하는 와인의 명가가 있는 프랑스 최대의 와인 여행지다. '세계 최고'라는 말에는 와인의 품질도 들어가지만, 생산량도 포함된다. 보르도의 와인 생산량은 압도적이다. 면적으로 보면 보르도의 포도밭은 독일의 포도밭 전체를 합친 것보다 많다. 보르도에서는 1만5,000여 명의 포도 재배자가 있고, 연간 7억 병이라는 어마어마한 수량의 와인을 생산해낸다. 끝없이 펼쳐진 보르도의 와인 가도를 따라가며 와인의 향기에 취해보는 것이야말로 프랑스 와인 여행의 백미다.

파리

보르도

PREVIEW

와인

보르도는 거대한 와인 산지다. 와인 애호가라면 줄줄이 외우고 있는 유명 산지부터, 잘 알려지지 않았지만 가격대비 품질 좋은 밸류 와인을 생산하는 소지역들이 빼곡하게 들어서 있다. 보르도의 와인 산지는 지롱드 강을 중심으로 양쪽으로 나뉘는데, 흔히 왼쪽을 좌안, 오른쪽을 우안이라고 한다. 우리가 익히 알고 있는 1등급 그랑 크뤼 5대 샤또를 비롯한 주옥 같은 샤또들은 좌안에 많이 포진되어 있다. 우안은 생테밀리옹과 포므롤이 핵심이다. 이밖에 소테른은 세계 최고의 귀부 와인이 나는 곳이다. 보르도 와인의 스펙트럼은 정말 다양하다. 한 병에 200만원을 호가하는 최고의 와인부터 단돈 몇 천 원이면 구매할 수 있는 저가의 밸류 와인까지 종류가 무궁무진하다. 또한 까베르네 소비뇽을 베이스로 블렌딩한 레드 와인부터, 화이트 와인, 로제 와인, 꿀보다 달콤한 귀부 와인까지 와인 스타일도 제각각이다. 따라서 취향에 따라 예산에 맞춰 와인을 선택하는 즐거움이 있다.

와이너리 & 투어

고즈넉한 샤또의 멋들어진 테이블에서 그들의 훌륭한 와인을 테이스팅하는 것은 와인 애호가라면 누구나 꿈꾸는 일이다. 보르도 시내에 있는 투어리즘 센터를 방문하면 이와 같은 꿈을 현실로 만드는 일이 전혀 어렵지 않다. 세계에서 수많은 관광객들이 몰려오는 만큼 보르도 관광청에서는 샤또나 포도밭을 둘러보며 와인을 시음할 수 있는 다양한 투어를 준비해 놓았다. 투어는 반나절부터 당일치기 등이 있으며, 가격대도 다양하다. 유명한 샤또의 경우 당연히 투어 가격도 비싸다. 이런 투어를 이용하는 것이 부담스럽다면 직접 자동차를 빌려서 원하는 샤또만을 골라서 돌아볼 수 있다. 대부분의 샤또는 세계 각지에서 여행자들이 오기 때문에 영어가 가능한 직원이 있다. 투어는 대부분 1시간 내외이지만, 넉넉히 2시간 정도 머무는 일정으로 계획을 짜는 게 좋다.

보르도 와인 협회 www.bordeaux.com
보르도 투어리즘 오피스 www.bordeaux-tourism.co.uk
생테밀리옹 투어리즘 www.saint-emilion-tourisme.com
메종 뒤 뱅 드 생테밀리옹 www.maisonduvinsaintemilion.com

여행지

보르도가 속한 아키텐 지방은 프랑스에서 손꼽히는 여행지다. 세계 최정상의 와인과 풍부한 먹을거리, 온화한 기후, 200km가 넘는 웅장한 해안선, 아름답고 광활한 포도밭 등 특색 있는 자연경관이 여행자의 오감을 200% 만족시킨다. 와인 여행의 거점은 보르도 시와 생테밀리옹이다. 보르도 시는 보르도 와인의 메카이자 유구한 역사의 도시다. 과거 이 도시에서 모아진 와인이 지롱드 강을 따라 유럽 각지로 퍼져나갔으며 당시의 유적이 강변을 따라 자리했다. 또 도시 면적의 절반이 유네스코 문화유산에 등재된 중세의 유적지도 있다. 생테밀리옹은 도보로 와인 여행을 할 수 있는 최고의 마을이다. 시간을 단숨에 중세시대로 돌려놓는 작은 마을을 거니는 맛이 특별하다. 마을에서 한 발짝만 벗어나도 포도밭이 펼쳐진다. 시간이 넉넉한 여행자라면 대서양과 접한 해안선을 따라 여행하는 것도 추천한다. 한가로운 휴식을 취할 수 있는 해변과 싱싱한 해산물 요리가 기다리고 있다.

요리

아키텐 지방에는 20여개가 넘는 미슐랭 레스토랑이 있어 진정한 미식의 세계로 이끈다. 지역마다 특별한 음식도 많다. 랑드와 페리고 지방은 오리 가슴살 콩피, 오리 수프, 새 모래주머니, 푸아그라 등이 유명하다. 페이 바스크 지방은 햄의 일종인 장봉 드 바욘Jambon de Bayonne, 치즈, 고춧가루의 일종인 피멍 데스플레트Piment d'Espelette 등으로 유명하다. 이외에도 봄에 제격인 어린 양고기, 매년 3~5월에만 맛볼 수 있는 제철 요리인 청어와 칠성장어 요리는 아는 사람들만 아는 진미이다. 보르도의 모든 카페와 레스토랑, 호텔에서 늘 볼 수 있는 전통과자 카늘레Canelé는 와인의 침전물을 거르기 위해 청징제로 사용하는 흰자를 쓰고 남은 노른자를 모아서 만든 빵이다. 대서양에 접한 알카숑은 게, 새조개, 가리비, 대합조개 등 해산물과 푸아그라가 유명하다. 가장 유명한 특산품은 단연 굴이다. 1년 내내 생굴, 굴 꼬치, 굴 그라탕 등 다양한 굴 요리를 맛볼 수 있다. 몇몇 샤또에서는 수준급의 레스토랑을 운영하며 와인과 요리 페어링을 선보인다.

PREVIEW

숙박

아키텐 지방의 문화유적답사는 물론 와인 여행에 있어서도 중심 도시는 단연 보르도다. 수준급의 호텔, 에어비앤비 등 다채로운 숙박시설이 준비되어 있어 자금 수준에 맞추어 선택이 가능하다. 진정한 와인 애호가라면 포도밭에서 가까운 곳에 숙박을 잡는 것도 추천할 만하다. 온통 포도밭으로 둘러싸인 생테밀리옹이나 페삭 레오냥, 리부른을 추천한다. 다만 보르도 시내보다 가격이 비싼 편이다. 교통편도 좋은 편은 아니라 자동차가 있어야 한다. 보르도에는 와인을 곁들인 만찬을 포함한 숙박을 할 수 있는 샤또도 있다. 샤또를 소유했던 귀족들이 생활하던 객실에 머물며 와인을 곁들인 만찬을 즐기는 것은 와인 여행의 백미라 할 수 있다. 보르도 투어리즘 오피스 홈페이지에서 정보를 얻을 수 있다.

어떻게 갈까?

파리를 경유하는 항공편을 이용해 보르도까지 갈 수 있다. 기차를 이용하면 파리 몽파르나스 역에서 보르도 생 장 역Bordeaux-St-Jean까지 TGV로 약 3시간 20분이 소요된다. 보르도 생 장 역에서 보르도 중심가는 트램 C선을 타고 켕콩스에서 내리면 된다. 파리에서 보르도까지 자동차로는 580km에 달한다. 시간적인 여유가 있다면 파리에서 루아르를 거쳐 자동차 여행을 하는 것도 좋은 방법이다. 파리에서 A10 고속도로를 이용해 남서쪽으로 내려오면 보르도다.

어떻게 다닐까?

보르도의 주요 와이너리는 대중교통을 이용하는 것이 불편하다. 가급적 렌터카를 이용하는 게 좋다. 특히, 특급 샤또를 돌아보면서 자유롭게 여행하려면 렌터카가 필수다. 자동차 여행이 부담스럽다면 현지에서 진행하는 투어 패키지를 이용해보자. 생테밀리옹은 도보로 다 돌아볼 수 있는 아담한 마을이다. 다만 페트뤼스와 같은 포므롤의 1급 샤또들은 대중교통으로 갈 수 없다.

TIP 보르도 VS 생테밀리옹

보르도 와인 여행은 크게 보르도와 생테밀리옹으로 나눌 수 있다. 두 도시에는 여행자의 편의를 위한 안내 센터가 있다. 보르도 시내 중심에 있는 보르도 투어리즘 오피스는 와인 여행의 필수 코스다. 이곳은 간편한 지도 및 여행책자, 전담 인력 배치 등을 통해 효율적인 보르도 여행에 대한 방법을 제시한다. 또한 와이너리 투어와 간단한 시내 투어도 진행한다. 와인 애호가들을 위해서는 보르도 세부 와인 산지별 지도는 물론 샤또들의 리스트, 오픈 시간, 투어 프로그램 유무 등 모든 정보가 담긴 브로슈어 또한 무료로 얻을 수 있다. 생테밀리옹은 마을 전체가 유네스코 세계문화유산으로 지정된 아름다운 와인 마을이다. 마찬가지로 마을 중심에 있는 생테밀리옹 투어리즘 센터에서 모든 정보를 얻을 수 있다.

11 언제 갈까?

보르도는 계절마다 다채로운 매력을 자랑한다. 다만 겨울시즌은 여행 비수기이고, 샤또들도 와인 블렌딩이 한창이라 피하는 게 좋다. 4월에 열리는 보르도 엉 프리뫼르Bordeaux En Primeur는 갓 생산한 새 빈티지 와인을 맛보는 행사로 와인 애호가라면 놓쳐서는 안 될 이벤트다. 엉 프리뫼르는 와인이 병입되기 전 오크통 속에 있거나 병 숙성 중인 와인을 미리 구매하는 것을 말한다. 와인이 출시되기 2~5년 전에 구매하는 만큼 가격이 정상가보다 훨씬 저렴하다. 이 때문에 투자목적으로 엉 프리뫼르를 방문하는 사람들로 문전성시를 이룬다. 6월에는 세계 최대 규모의 와인 박람회 비넥스포VINEXPO가 열린다. 포도 수확이 한창인 9월에는 메독의 포도밭 사이로 달리는 마라톤 대회가 열린다. 포도 수확기가 되면 보르도의 포도밭은 황금빛으로 물든다. 사진을 찍고 한가로이 거닐기에는 좋지만, 샤또에서 손님을 받을 여력이 많지는 않다. 방문이 힘든 샤또들도 있으니 사전 문의는 필수다.

추천 일정

1박 2일

Day 1

08:20 파리 몽파르나스 역 출발
12:40 보르도 도착
13:30 렌터카 픽업
14:00 샤또 다가삭
15:00 샤또 도작
17:00 샤또 깔롱 세귀르
18:00 보르도 와인가도 드라이브
19:00 보르도 켕콩스 광장
19:30 보르도 시내관광
20:30 저녁 식사
22:30 숙소

Day 2

09:00 보르도 생 앙드레 대성당
10:00 보르도 로앙 궁
13:00 샤또 파프 클레망
15:00 샤또 스미스 오 라피트
17:00 렌터카 반납
17:20 보르도 출발
21:40 파리 도착

2박 3일

Day 1

첫날은 1박 2일 코스와 동일

Day 2

09:00 보르도 생 앙드레 대성당
10:00 보르도 로앙 궁
13:00 샤또 파프 클레망
15:00 샤또 스미스 오 라피트
17:00 생테밀리옹 마을 도착
17:20 더 킹스 타워
18:00 생테밀리옹 마을 도보여행
20:00 저녁식사
22:00 숙소

Day 3

09:00 보르도 시내 출발
10:00 샤또 파비
12:30 점심 식사
14:00 샤또 레방질
16:30 보르도 시내 도착
17:00 렌터카 반납
17:20 보르도 생 장 기차역 출발
21:40 파리 몽파르나스 기차역 도착

보르도 와인 이야기

Bordeaux Wine Story

보르도 와인의 역사

보르도 와인의 역사는 고대 그리스와 로마시대까지 거슬러 올라간다. 고대의 와인은 그리스와 로마로부터 발전했는데, 특히 로마인들은 열렬한 와인 애호가들이었다. 그들의 엄청난 와인 수요를 충당하기 위해 지금의 이탈리아 반도는 물론 프랑스 전역에까지 포도밭이 확장되었다. 보르도는 1세기 무렵 로마로부터 포도 재배를 전수받았다고 전해진다.

대서양과 맞닿아 있는 보르도는 지롱드 강을 비롯해 크고 작은 강들이 있어 오래 전부터 와인뿐만 아니라 각종 상품의 무역 요충지였다. 보르도가 와인 무역의 중심지로 각광을 받게 된 것은 13세기부터다. 이 시기는 보르도가 영국령에 속했던 시기다. 1152년 프랑스 서부를 차지하고 있던 아키텐 공국의 상속녀 엘레오노르는 프랑스 왕 루이 7세와 이혼하고 노르망디 공작이자 앙주의 백작인 앙리와 재혼했다. 2년 뒤 앙리가 영국의 국왕 헨리 2세로 등극하면서 아키텐은 영국령이 된다. 그 후 아키텐에 속한 보르도는 영국이 프랑스와 벌인 전쟁에서 군수물자를 조달하고, 또 스페인의 침략에 맞서 싸우면서 영국 왕실의 신임을 얻었다. 영국 왕실은 보르도 와인에 대한 세금을 낮춰주고, 보르도 와인을 구매하는 특혜를 주었다. 이때부터 보르도 와인의 독주가 시작됐다. 보르도 와인은 13세기가 끝날 때까지 영국 시장을 거의 독점하다시피 했다. 영국 왕실에서 구입했다는 사실 하나만으로도 보르도 와인은 가치를 인정받은 셈이다. 보르도 인근 지방에 포도밭들이 빼곡하게 들어서게 된 것도 이후의 일이다.

포도밭은 지롱드 강과 그 지류들로 넓게 퍼져나갔고, 곧 유럽의 주요 와인 생산지로 자리를 잡았다. 이때부터 보르도의 해안 지역에서 생산된 밝은 빛깔의 와인을 클라레Claret라고 부르게 되었다. 보르도 와인 성공의 단적인 예는 수출량에서 알 수 있다. 1305년부터 1308년까지 보르도 항에서 내보낸 와인 양은 무려 9만8,000배럴이나 된다. 그 후 보르도가 프랑스에 귀속되면서 영국으로의 수출은 잠시 주춤했지만, 이미 보르도 와인은 다른 지역과는 차별화된 고급 와인으로 인식된 후였다. 근현대에 들어서 보르도 와인은 필록세라와 1,2차 세계대전이란 악재를 만나기도 했지만 이미 세계 와인애호가들의 위시 리스트에 단단히 자리매김하며 지금까지 승승장구하고 있다.

보르도의 떼루아

보르도의 어원은 'Bord de l'Eau'에서 유래되었다. 이는 곧 '물가'라는 뜻이다. 보르도는 대서양과 맞닿아 있고, 지롱드 강을 중심으로 도르도뉴, 가론 같은 지류들이 흘러드는 물이 풍요로운 지역이다. 이런 지

1 오크 숙성 중인 지하 저장고 **2** 메종 뒤 뱅 드 보르도 **3** 샤또 랭쉬 바쥬의 지하 셀러 **4** 바쥬 마을 벽화 **5** 메독 바쥬 마을의 동판

1 대서양에서 불어오는 바람 탓에 누워버린 나무 **2** 떼루아를 볼 수 있는 모형

리적 특성 탓에 프랑스의 다른 와인 산지와 달리 보르도의 와인들은 일찍이 배를 통해 유럽으로 수출될 수 있었다.

강과 바다는 무역에 유리했다는 점 이외에도 포도 재배에도 좋은 영향을 끼쳤다. 보르도에 인접한 바다와 다양한 강들은 보르도의 포도밭에 온화하고 안정적인 환경을 조성한다. 이는 멕시코 만류의 영향으로 설명할 수 있다. 멕시코 만에서 플로리다 해협으로 빠져나온 해류는 북쪽의 북대서양 해류로 이어져 유럽으로 흐른다. 서유럽 즉, 프랑스 서부가 같은 위도의 다른 곳에 비해서 따뜻한 것이 바로 이 해류 때문이다. 게다가 보르도는 남부와 서부의 광활한 소나무 숲으로 둘러싸여 있다. 이 숲은 갑작스럽게 닥치는 매서운 추위와 파괴적인 서리, 여름의 폭풍우로부터 포도를 보호해 주는 역할을 한다.

보르도의 포도밭은 경사가 거의 없는 편이다. 그나마 경사가 있다고 하는 생테밀리옹이나 포므롤의 경우에도 완만한 구릉으로 이루어져 있다. 보르도는 대부분의 토양이 진흙을 많이 포함하고 있다. 이 때문에 토양의 배수가 특히 중요하다. 그래서 최고의 입지를 지녔다고 평가받는 최상급 포도밭은 자갈과 돌로 구성되어 있다. 이런 토양은 주로 지롱드 강 유역에 펼쳐져 있다. 세계적으로 우수한 포도밭들이 그렇듯, 보르도 최고의 포도밭은 강이 내려다보이는 곳에 위치한다. 이름 자체가 '자갈'이란 뜻을 담고 있는 보르도의 뛰어난 와인 생산지 그라브의 포도밭은 대부분 크고 작은 자갈들이 빼곡하다.

'샤또'란?

샤또Château는 프랑스어로 '성'이라는 뜻이다. 이 단어가 와이너리에 붙기 시작한 것은 19세기 보르도가 최초다. 그랑 크뤼 클라세 1등급에 빛나는 샤또 마고와 샤또 오브리옹도 18세기에는 그냥 마고와 오브리옹으로 불렸다. 여기에 샤또라는 이름을 붙인 것은 이들의 포도밭 한가운데 성에 준하는 대저택이 있었기 때문이다. 다른 이유로는 와인의 가치를 샤또라는 이름을 붙여 더욱 차별화하려고 하는 목적도 있었다고 한다.

1855년 보르도 메독 와인에 대한 등급 분류가 이루어질 때까지 샤또가 붙은 와인은 오브리옹, 마고, 라피트, 라뚜르밖에 없었다고 한다. 그러나 20세기에는 등급 분류의 대상이 되는 모든 와인 앞에 샤또라는 단어가 붙었다. 샤또, 즉 성이라고 하기에는 민망할 정도로 작은 건축물만 있어도 샤또를 붙였다. 샤또를 붙이면 귀족 가문과 관계가 있는 것 같은 분위기를 풍길 수 있기 때문이다. 그 후 이 명칭은 보르도를 넘어 프랑스 전역으로 퍼져 나갔고 유럽 전역에서 유행을 하게 된다.

샤또 코 데스투르넬의 올드 빈티지 와인들

보르도 와인 빈티지의 의미

와인 애호가들은 다른 어떤 와인보다 보르도와 부르고뉴 와인의 빈티지에 대해 말이 많다. 어떤 이는 주머니에 꼬깃꼬깃한 빈티지 차트를 지니고 다니면서 와인숍을 전전하기도 한다. 빈티지는 해당 와인을 만드는데 사용된 포도가 수확된 해를 이야기한다. 예를 들어 레이블에 2006이라고 적혀 있다면 2006년에 수확된 포도로 와인을 만들었다는 이야기다. 하지만 대부분의 보르도 와인은 어떤 품종의 포도를 얼마나 썼는지 레이블만 봐서는 알 수 없다. 다만 레드 와인은 보르도에서 재배 가능한 품종인 까베르네 소비뇽, 메를로, 까베르네 프랑, 쁘띠 베르도, 말벡 중 몇 가지를 이용해서 만들었다고 추측을 할 수 있다. 화이트의 경우에는 소비뇽 블랑, 세미용, 뮈스카델이다.

그렇다면 보르도 와인에서 빈티지는 얼마나 중요한 것일까. 굳이 빈티지를 참고하면서까지 와인을 마셔야 할까? 예를 하나 들어보자. 만약 2006년 보르도에 우박을 동반한 심각한 규모의 태풍이 몰아쳐서 많은 곳의 포도밭들이 피해를 입었다고 가정해보자. 그럼 소비자들이 2006년 빈티지 보르도 와인을 구매하려고 할까? 가격이 터무니없이 저렴하지 않는 이상 구매하지 않을 것이다. 이렇게 생각하면 빈티지는 중요하다. 하지만 꼭 그렇게만 생각할 필요는 없다. 포도를 수확하기 힘들 정도로 심각한 재난이 닥치지 않는 이상 현대의 발전된 양조기술로 자연적인 조건은 대부분 극복이 가능하다. 즉, 빈티지는 해당 와인의 작황을 판단하는 잣대로 이용할 수는 있다. 그러나 그 와인의 질을 판단하기에는 섣부른 판단이 될 수도 있다.

테르트르 로트뵈프의 시음실

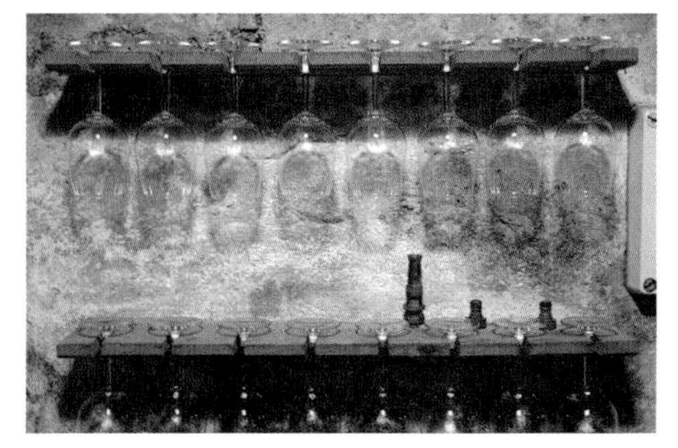

보르도의 와인 등급 체계

보르도 와인을 이해하는 데 있어서 등급 분류는 반드시 짚고 넘어가야할 부분이다. 본래 프랑스인들은 포도밭에 등급 매기기를 좋아했다. 가장 대표적인 것이 1855년 최초의 등급 분류다.

1855년 나폴레옹 3세는 보르도에서 최고의 인기를 얻고 있던 샤또의 주인들에게 곧 열릴 파리박람회에 와인을 출품해야 하니 최상급에서 최하급까지 등급을 매기라고 요구했다. 이에 샤또 소유주들은 서로에게 순위를 매기는 것은 얼토당토않은 일이라 생각했고, 갖가지 핑계를 대면서 시간을 끌었다. 결국 보르도 상공회의소가 이 일에 관여를 했는데, 당시 와인 판매 가격을 기준으로 61개의 샤또를 5개의 등급으로 나누었다. 이것이 그 전설적인 1855 등급분류다.

이 등급 분류는 보르도 전체를 대상으로 한 것이 아니라, 오로지 메독과 소테른, 바르삭 지역에만 국한한 것이었다. 타 지역에서는 당시 최고의 품질을 자랑하며 비싸게 거래되던 그라브 지역의 샤또 오브리옹만 유일하게 포함시켰다. 재밌는 사실은 이처럼 엉성하게 매긴 등급이 단 한 번의 예외를 제외하고 지금까지 그대로 내려오고 있다는 것이다. 그 한 번의 예외는 2등급으로 지정되었던 샤또 무똥 로칠드가 1등급으로 조정된 사례다. 처음 등급 분류가 이루어졌을 당시 1등급은 샤또 마고, 샤또 라뚜르, 샤또 오브리옹, 샤또 라피트 로칠드 4개뿐이었다. 하지만 샤또 무똥 로칠드의 소유주는 이 사실을 도저히 받아들일 수 없었다. 그는 와인의 품질을 높이기 위해 갖가지 혁신을 이뤄냈고 결국 1973년 1등급으로 상향 조정되었다.

그렇다면 과연 1855년에 제정된 이 등급분류가 지금까지 변화 없이 이어져 내려오는 것은 합당할까? 오랜 시간이 흘렀고, 61개의 샤또들도 많은 변화를 겪었다. 몇몇 샤또들은 명성에 걸맞지 못하는 품질의 와인을 생산하던 때도 있었다. 또한 61개의 샤또 안에 속하지 못했지만 그에 걸맞은 품질의 와인을 생산하는 곳들도 분명 있다. 그래서 이 등급 분류는 오랫동안 논란에 휩싸였다. 현재는 그저 소비자들이 등급 분류에 현혹되지 않고, 자신 나름대로의 기준으로 좋은 와인을 선택하는 안목을 기르는 것이 더 현명하다.

테르트르 로트뵈프 와인을 설명 중인 프랑수와 미차빌 오너

• 메독 그랑 크뤼 클라세 Médoc Grands Crus Classés

1등급 Premiers Crus	
샤또 라피트 로칠드 Château Lafite Rothschild	샤또 오 브리옹 Château Haut Brion
샤또 라뚜르 Château Latour	샤또 무똥 로칠드 Château Mouton Rothschild
샤또 마고 Château Margaux	
2등급 Deuxièmes Crus	
샤또 로장 세글라 Château Rauzan Ségla	샤또 라스콩브 Château Lascombes
샤또 로장 가시 Château Rauzan Gassies	샤또 브란 캉트낙 Château Brane-Cantenac
샤또 레오빌 라스 카즈 Château Léoville Las Cases	샤또 피숑 롱그빌 바롱 Château Pichon Longueville Baron
샤또 레오빌 푸와페레 Château Léoville Poyferré	샤또 피숑 롱그빌 콩테스 드 라랑드 Château Pichon Longueville Comtesse de Lalande
샤또 레오빌 바르통 Château Léoville Barton	샤또 뒤크뤼 보카이유 Château Ducru Beaucaillou
샤또 뒤포르 비벙 Château Durfort Vivens	샤또 코스 데스투르넬 Château Cos d'Estournel
샤또 그뤼오 라로즈 Château Gruaud Larose	샤또 몽로즈 Château Montrose
3등급 Troisièmes Crus	
샤또 키르완 Château Kirwan	샤또 팔메 Château Palmer
샤또 디상 Château d'Issan	샤또 라 라귄 Château La Lagune
샤또 라그랑쥬 Château Lagrange	샤또 데스미라이 Château Desmirail
샤또 랑고아 바르통 Château Langoa-Barton	샤또 부아 캉트낙 Château Boyd-Cantenac
샤또 지스쿠르 Château Giscours	샤또 깔롱 세귀르 Château Calon Ségur
샤또 말레스코 생텍쥐페리 Château Malescot St. Exupéry	샤또 페리에르 Château Ferriere
샤또 캉트낙 브라운 Château Cantenac Brown	샤또 마르키 달렘므 Château Marquis d'Alesme
4등급 Quatrièmes Crus	
샤또 생 피에르 Château Saint Pierre	샤또 라 뚜르 카르네 Château La Tour Carnet
샤또 딸보 Château Talbot	샤또 라퐁 로셰 Château Lafon Rochet
샤또 브라네르 뒤크뤼 Château Branaire Ducru	샤또 베슈벨 Château Beychevelle
샤또 뒤아르 밀롱 Château Duhart Milon	샤또 프리외레 리쉰 Château Prieuré Lichine
샤또 푸제 Château Pouget	샤또 마르키 드 테름 Château Marquis de Terme

5등급 Cinquièmes Crus	
샤또 퐁테 카네 Château Pontet Canet	샤또 뒤 테르트르 Château du Tertre
샤또 바타이 Château Batailley	샤또 오 바쥬 리베랄 Château Haut Bages Libéral
샤또 오 바타이 Château Haut Batailley	샤또 페데스클로 Château Pedesclaux
샤또 그랑 푸이 라코스트 Château Grand Puy Lacoste	샤또 벨그라브 Château Belgrave
샤또 그랑 푸이 뒤카스 Château Grand Puy Ducasse	샤또 드 카멍삭 Château de Camensac
샤또 랭쉬 바쥬 Château Lynch Bages	샤또 꼬 라보리 Château Cos Labory
샤또 랭쉬 무사 Château Lynch Moussas	샤또 클레르 밀롱 Château Clerc Milon
샤또 도작 Château Dauzac	샤또 크로아제 바쥬 Château Croizet Bages
샤또 달마이약 Château d'Armailhac	샤또 캉트메를르 Château Cantemerle

• 소테른 그랑 크뤼 클라세 Sauternes Grand Cru Classés

1855년의 등급 분류 이후 다른 지역에서도 차례차례 등급 분류가 생겨났다. 소테른과 바르삭의 경우는 1855년 메독과 함께 등급이 분류되었다. 이들 대부분이 전 세계에서 우러러보는 최고의 스위트 와인 생산자임을 기억해두자. 소테른과 바르삭은 최상급인 프리미에 크뤼 슈페리외와 프르미에 크뤼, 되지엠 크뤼로만 분류했다. 최상급은 메독 그랑 크뤼 클라세 1등급보다 우위에 있는 등급으로, 그 유명한 샤또 디켐 한 곳뿐이다.

프르미에 크뤼 슈페리외 Premier Cru Supérieur	
샤또 디켐 Château d'Yquem	
1등급 Premier Crus	
샤또 라 뚜르 블랑슈 Château La Tour Blanche	샤또 클리멍 Château Climens
샤또 라포리 페라게 Château Lafaurie Peyraguey	샤또 기로 Château Guiraud
샤또 클로 오 페라게 Château Clos Haut Peyraguey	샤또 리외섹 Château Rieussec
샤또 드 렌느 비뇨 Château de Rayne Vigneau	샤또 라보 프로미 Château Rabaud Promis
샤또 쉬뒤로 Château Suduiraut	샤또 시갈라 라보 Château Sigalas Rabaud
샤또 꾸떼 Château Coutet	
2등급 Deuxième Crus	
샤또 드 미라 Château de Myrat	샤또 네이락 Château Nairac
샤또 두와지 다엔느 Château Doisy Daëne	샤또 까이유 Château Caillou
샤또 두와지 뒤브로카 Château Doisy Dubroca	샤또 쉬오 Château Suau
샤또 두와지 베드린느 Château Doisy Védrines	샤또 드 말레 Château de Malle
샤또 라보 프로미 Château Rabaud Promis	샤또 로메 Château Romer
샤또 다르슈 Château d'Arche	샤또 로메 뒤 에요 Château Romer du Hayot

샤또 피요 Château Filhot	샤또 라모트 데스퓌졸 Château Lamothe Despujols
샤또 브루스테 Château Broustet	샤또 라모트 기냐르 Château Lamothe Guignard

• 그라브 그랑 크뤼 클라세 Graves Grand Cru Classés

그라브의 등급 분류는 1953년 지정된 이후, 1959년에 약간의 개정이 이루어진 뒤 지금까지 내려오고 있다. 다른 등급 분류와는 달리 그라브에서는 단지 13개의 레드 와인과 8개의 화이트 와인을 그랑 크뤼 클라세로 부를 뿐이고 등급에 따른 차이는 없다. 리스트는 아래와 같다.

샤또 부스코 Château Bouscaut	샤또 라 뚜르 마르티약 Château La Tour Martillac
샤또 까르보니외 Château Carbonnieux	샤또 라빌르 오 브리옹 Château Laville Haut Brion
도멘 드 슈발리에 Domaine de Chevalier	샤또 말라르틱 라그라비에르 Château Malartic Lagraviere
샤또 쿠앵 Château Couhins	샤또 라 미숑 오 브리옹 Château La Mission Haut Brion
샤또 쿠앵 뤼르통 Château Couhins Lurton	샤또 올리비에 Château Olivier
샤또 드 피유잘 Château de Fieuzal	샤또 파프 클레멍 Château Pape Clement
샤또 오 바이 Château Haut Bailly	샤또 스미스 오 라피트 Château Smith Haut Lafitte
샤또 라 뚜르 오 브리옹 Chateau La Tour Haut Brion	

• 생테밀리옹 그랑 크뤼 클라세 Saint Emilion Grand Cru Classés

생테밀리옹은 1954년 처음으로 등급 분류를 시행했다. 다른 지역과 달리 10년마다 등급이 조정된다. 2012년 여섯 번째 개정이 이루어졌다. 최고 등급은 프르미에 그랑 크뤼 클라세, 나머지는 그랑 크뤼 클라세다. 최고 등급인 프르미에 그랑 크뤼 클라세는 다시 A그룹과 B그룹으로 나뉘는데, 세계의 찬사를 받는 단 2곳의 샤또만이 A그룹에 속하고, 나머지가 B그룹이다. 10년 마다 등급 조정이 있지만 사실상 프르미에 그랑 크뤼 클라세 A와 B그룹은 거의 변동이 없다. 지난 2022년 일곱 번째 개정이 이루어졌으며, 리스트는 아래와 같다.

프르미에 그랑 크뤼 클라세 A Premier Grand Cru Classé A	
샤또 파비 Château Pavie	샤또 피작 Château Figeac
프르미에 그랑 크뤼 클라세 B Premier Grand Cru Classé B	
샤또 보세주르 Château Beauséjour	샤또 보세주르 베코 Château Beau-Séjour Bécot
샤또 벨레르 모낭쥬 Château Bélair-Monange	샤또 카농 Château Canon
샤또 카농 라 가플리에르 Château Canon-la-Gaffelière	샤또 라시스 뒤카스 Château Larcis Ducasse
샤또 파비 마캥 Château Pavie-Macquin	샤또 트로플롱 몽도 Château Troplong Mondot
샤또 트로트 비에유 Château Trotte Vieille	샤또 발랑드로 Château Valandraud
클로 푸르테 Clos Fourtet	라 몽도트 La Mondotte

• 포므롤 Pomerol

포므롤은 세계 최고의 와인 산지 중 하나지만 별다른 등급 분류가 없다. 하지만 포므롤의 특징은 어느 하나 가벼이 넘길 수 있는 샤또가 없다는 것이다. 포므롤의 모든 샤또들이 퀄리티에 걸맞은 명성을 지니고 있다. 부르고뉴 로마네 꽁띠, 보르도 5대 샤또와 동급인 샤또 페트뤼스도 포므롤에 있다. 일단 레이블에 'Pomerol'이라는 단어가 적혀 있는 것만으로도 와인 애호가들에게 신뢰를 줄 정도다. 그 중에서도 특히 좋은 평가를 받는 포므롤의 와이너리들은 다음과 같다.

샤또 페트뤼스 Château Pétrus	샤또 르 팽 Château Le Pin
샤또 레방질 Château l'Evangile	샤또 클리네 Château Clinet
샤또 라 플뢰르 페트뤼스 Château la Fleur Pétrus	샤또 라 콩세이양트 Château La Conseillante
샤또 라플뢰르 Château Lafleur	샤또 클로 레글리즈 Château Clos l'Église
샤또 라 뚜르 아 포므롤 Château La Tour à Pomerol	샤또 가쟁 Château Gazin
샤또 트로타누아 Château Trotanoy	샤또 네넹 Château Nénin
비유 샤또 세르탕 Viuex Château Certan	

• 크뤼 부르주아 Cru Bourgeois

보르도의 소지역 메독에서 등급 분류를 받지 못한 여러 샤또들이 결성한 단체를 크뤼 부르주아라 부른다. 크뤼 부르주아 와인은 가격 대비 밸류 와인이 많이 포진해 있다. 가격도 일반 그랑 크뤼 클라세 와인보다 훨씬 저렴한 편이다. 크뤼 부르주아는 과거에는 엑셉시오넬Exceptionnel, 아티장Artisan, 일반 크뤼 부르주아 세 등급으로 나누었지만, 현재는 모두 통합해서 크뤼 부르주아로 부른다. 대표적인 크뤼 부르주아 와인은 아래와 같다.

샤또 샤스 스플린 Château Chasse Spleen	샤또 모까이유 Château Maucaillou
샤또 당글루데 Château d'Angludet	샤또 메네 Château Meyney
샤또 뒤 브뢰이 Château du Breuil	샤또 포탕삭 Château Potensac
샤또 푸르카스 오스탕 Château Fourcas Hostan	샤또 푸조 Château Poujeaux
샤또 오 마르뷔제 Château Haut Marbuzet	샤또 소시앙도 말레 Château Sociando Mallet
샤또 레 조름 소르베 Château Les Ormes Sorbet	

지금까지 보르도의 와인 등급 분류에 대해서 살펴보았다. 위에 언급한 지역 이외의 프롱삭, 앙트르 드 메르 등 기타 지역은 등급이 없다. 그 명성과 수준에도 불구하고 등급이 없는 지역은 포므롤이 유일하다.

여기서 의문이 생긴다. 과연 이 등급이라는 것이 실제로 맛과 비례할까? 대체로 등급이 올라갈수록 와인 값은 비싸진다. 예를 들어 메독의 그랑 크뤼 클라세 1등급 와인은 기타 등급의 와인보다 몇 배는 비싸게 책정이 된다. 하지만 2등급 이후에는 사실 등급의 의미가 없어진다. 5등급 샤또임에도 불구하고 2등급에 맞먹는 가치를 지닌 곳들도 있다. 2등급임에도 불구하고 5등급 와인과 비슷하거나 낮은 평가를 받는 샤또도 있다. 요점은 샤또의 등급이 와인의 맛과 항상 비례하지 않는다는 것이다.

와인은 지극히 주관적인 평가에 의해서 좌지우지되는 술이다. 다른 무엇보다 와인을 마시는 시음자의 판단이 가장 우선시 되어야 한다. 과거에는 와인 품질을 컨트롤하기가 굉장히 어려웠다. 하지만 지금은 와인을 와인메이커가 만들고 싶은 모양대로 조각하는 수준에 이르렀다. 이쯤 되면 와인을 평가하는 것은 그 품질의 문제라기보다는 기호의 차이라 볼 수 있다. 보르도의 난해한 등급 분류도 마찬가지다. 등급 분류는 절대로 자신의 혀가 내리는 판단을 앞설 수 없다. 다만, 등급에 속해 있는 샤또들이 얼마나 많은 노력을 기울여 와인을 생산하는지 알아둘 필요는 있다. 그들은 등급 분류에 속해 있다는 사실을 자랑스럽게 여긴다. 절대로 그들의 명성과 품질을 하락시키는 일은 하지 않는다. 최고의 인력과 최고의 양조기술, 최첨단 시설로 무장하고 매년 심혈을 기울여 수확한 최고 품질의 포도만을 이용해 와인을 빚는다.

메종 뒤 뱅 드 보르도의 와인 비교 시음

샤또 몽로즈 시음실에 전시된 다양한 크기의 와인 병

세컨드 와인

대개 보르도의 샤또는 그 규모에 비해 와인의 가짓수가 많은 편이 아니다. 제한된 수확량 중에서도 최고의 품질을 보이는 포도만을 골라서 양조한 뒤에 샤또의 이름을 적어서 레드나 화이트 혹은 스위트 와인까지 많아야 세 종류의 와인을 만든다. 그럼 최고 품질의 포도만을 쓴다면 나머지 포도는 버리는 걸까? 그렇지 않다. 여기서 샤또들은 세컨드 와인Second Wine이라는 상품을 내놓았다. 세컨드 와인은 메인 와인에 쓰이지 못한 포도나 수령이 어려서 최고 상태에 이르지 못한 포도나무에서 수확한 포도로 만든 와인이다. 이 와인들은 포도만 다를 뿐 그들의 대표 와인을 만드는 방식과 완전히 동일하게 같은 와인메이커가 만들어낸다. 그래서 세컨드 와인은 샤또의 대표 와인의 특징을 띤다. 다만, 약간 거칠고 세련미가 떨어지는 정도의 차이는 있다. 유명 세컨드 와인 리스트는 표와 같다.

샤또 오브리옹: 르 클라랑스 드 오 브리옹 Le Clarence de Haut Brion
샤또 앙젤뤼스: 카리용 드 앙젤뤼스 Carillon de l'Angélus
샤또 라피트 로칠드: 카뤼아드 드 라피트 로칠드 Carruades de Lafite Rothschild
샤또 랭쉬 바주: 에코 드 랭쉬 바주 Echo de Lynch Bages
샤또 레오빌 라스 카즈: 르 프티 리옹 드 마르키스 드 라스 카즈 Le Petit Lion du Marquis de Las Cases
샤또 코 데르투르넬: 레 파고드 드 코 Les Pagodes de Cos
샤또 뒤크리 보카이유: 라 크루아 드 보카이유 La Croix de Beaucaillou
샤또 카르보니외: 라 투르 레오냥 La Tour Léognan
샤또 슈발 블랑: 르 쁘띠 슈발 Le Petit Cheval
샤또 라뚜르: 르 포르 드 라뚜르 Le Forts de Latour
샤또 라플뢰르: 레 팡세 드 라플뢰르 Les Pensees de Lafleur
샤또 마고: 파비용 루즈 뒤 샤또 마고 Pavillon Rouge du Château Margaux
샤또 피숑 롱그빌 콩테스 드 라랑드: 레제르브 드 라 콩테스 Réserve de la Comtesse

보르도의 포도 품종

보르도 와인의 가장 큰 특징은 '블렌딩'에 있다. 레드 와인은 공식적으로 보르도에서 재배가 허용된 레드 품종 가운데 선택해 블렌딩을 통해 만들어진다. 주요 레드 품종은 까베르네 소비뇽, 까베르네 프랑, 쁘띠 베르도, 메를로, 말벡이다. 화이트 와인은 소비뇽 블랑, 세미용, 위니 블랑, 뮈스카델이다.

화이트 품종

① **뮈스카델** Muscadelle

와인에 가벼운 꽃 향을 주기 위해서 블렌딩에 이용하는 보조 품종이다. 주로 소량으로 블렌딩 된다.

② **소비뇽 블랑** Sauvignon Blanc

보르도 화이트 와인의 기본이 되는 주요 품종이다. 구조감이 좋고 견고하며, 생기 있는 산도와 함께 허브의 신선함이 잘 살아 있다. 세미용과 비교해 자극적인 산도가 뚜렷하다. 'Sauvignon'은 영어로는 'Wild'와 같은 의미이다. 단일 품종으로 쓰이는 경우도 드물게 있지만, 대개 세미용 품종과 블렌딩해서 유연한 질감의 조화로운 와인을 만든다.

③ **세미용** Semillon

소비뇽 블랑과 더불어 보르도의 주요 화이트 품종이다. 소비뇽 블랑과 주로 블렌딩해서 와인에 무게감과 깊이를 부여 한다. 품종 자체는 드라이하고 군더더기 없이 깔끔하다. 보르도의 소지역인 소테른에서 강렬한 산도와 당도를 지닌 스위트 와인의 주체가 되며, 이때는 꿀의 멋진 풍미를 내며 크림 같은 질감으로 대단히 유혹적인 와인을 만든다.

④ **위니 블랑** Ugni Blanc

주로 블렌딩에 쓰이며 저렴한 화이트 와인을 만들 때 역할을 한다.

레드 품종

① **까베르네 프랑** Cabernet Franc

보르도에서는 메인 품종으로 쓰이는 일은 없고 블렌딩으로 주로 이용한다. 까베르네 소비뇽보다 일찍 숙성된다. 와인에 제비꽃, 향신료의 독특한 향을 준다. 까베르네 소비뇽과 블렌딩 되어 묵직한 바디에 신선

수확기의 까베르네 소비뇽

샤르도네

함과 섬세함을 부여하는 역할을 한다.

② **까베르네 소비뇽** Cabernet Sauvignon

보르도에서 가장 중요한 품종. 껍질이 두꺼워 와인에 구조감을 주는 역할을 하며, 강렬하고 풍미가 깊고 힘찬 바디를 부여한다. 특히 까베르네 소비뇽의 두꺼운 껍질에서 비롯되는 탄닌은 와인의 장기 숙성을 가능케 한다. 최상급 보르도 와인을 수십 년씩 장기 보관할 수 있는 이유도 탄닌 때문이다.

③ **말벡** Malbec

소량만 첨가해서 와인에 부드러운 질감과 가죽 향을 부여한다.

④ **메를로** Merlot

까베르네 소비뇽과 더불어 보르도의 주요 레드 품종이자 가장 많이 재배되는 품종이다. 원만하고 유연하며, 까베르네 소비뇽과 블렌딩되어 와인의 구조감에 풍성함을 더한다. 지롱드 강을 기준으로 오른쪽 지역에서 많이 재배된다.

⑤ **쁘띠 베르도** Petit Verdot

말벡처럼 레드 와인에 블렌딩되는 보조 품종이다. 포도가 늦게 익는 만생종으로 와인의 알코올과 골격을 부여하는 강한 캐릭터를 지니고 있다.

보르도의 와인산지

메독 Médoc

메독은 그 단어 하나만으로도 와인 애호가들의 마음을 설레게 하는 곳이다. 메독은 보르도 내에서 가장 규모가 큰 와인 산지이며, 세계적으로 유명한 샤또들이 밀집해 있다. 메독은 보르도 시에서 시작해 북서쪽으로 지롱드 강의 좌측에 바싹 붙어서 길게 늘어져 있는 형태로 되어 있다. 보르도 시내에서 차로 20분 정도면 메독 와인 산지에 다다를 수 있으며, 멋들어진 샤또와 광활한 포도밭 물결이 곳곳을 수놓고 있어 매우 아름답다.

메독은 크게 바 메독과 오 메독 두 지역으로 나눈다. 바Bas는 낮다는 뜻이고, 오Haut는 높다는 의미다. 오 메독이 다른 메독 지역보다 더 고지대에 위치해 있어서 이와 같은 이름이 붙은 것이 아니라 지롱드 강의 하구에 비해 지대가 높다는 뜻이다. 또한 바 메독은 '바'가 자칫 품질이 낮다는 의미로 해석될 수도 있어 그냥 메독이라고 부른다. 즉, 메독이라고 레이블에 쓰여 있다면 전부 바 메독에서 만들어진 와인이라고 생각하면 된다.

규모로는 바 메독이 메독 전체의 3분의 1, 오 메독은 3분의 2의 면적을 차지하고 있다.

보르도 와인 블렌딩의 이유

보르도 와인은 블렌딩을 해서 만드는 경우가 대부분이다. 그렇다면 왜 블렌딩을 하는 것일까? 블렌딩 자체의 목적은 보다 좋은 풍미의 조화로운 와인을 탄생시키는 데 있다. 각 품종이 지닌 단점을 보완하고 장점을 극대화하는 시너지 효과를 내는 것이다. 역사적으로 볼 때 포도 품종별로 익는 속도가 다른 데 따른 위험요인을 줄이기 위해 블렌딩을 했다는 설도 있다. 바다와 접한 보르도는 비와 서리가 잦아 포도 작황에 영향을 주는 일이 많다. 때문에 포도가 동시에 피해를 입는 것을 예방하기 위해 수확시기가 다른 포도 품종을 재배했고, 다양한 품종을 섞어서 와인을 제조하는 방식을 찾아냈다는 것이다. 이유가 어찌되었든 현재 보르도에서 흔히 행해지는 까베르네 소비뇽, 메를로, 쁘띠 베르도 등의 블렌딩은 이른바 '보르도 블렌딩'이라 일컬어지며 전 세계 고급 레드 와인메이킹의 기준으로 활용되고 있다. 화이트 와인은 소비뇽 블랑과 세미용, 소량의 뮈스카텔을 블렌딩한다.

보르도
Bordeaux

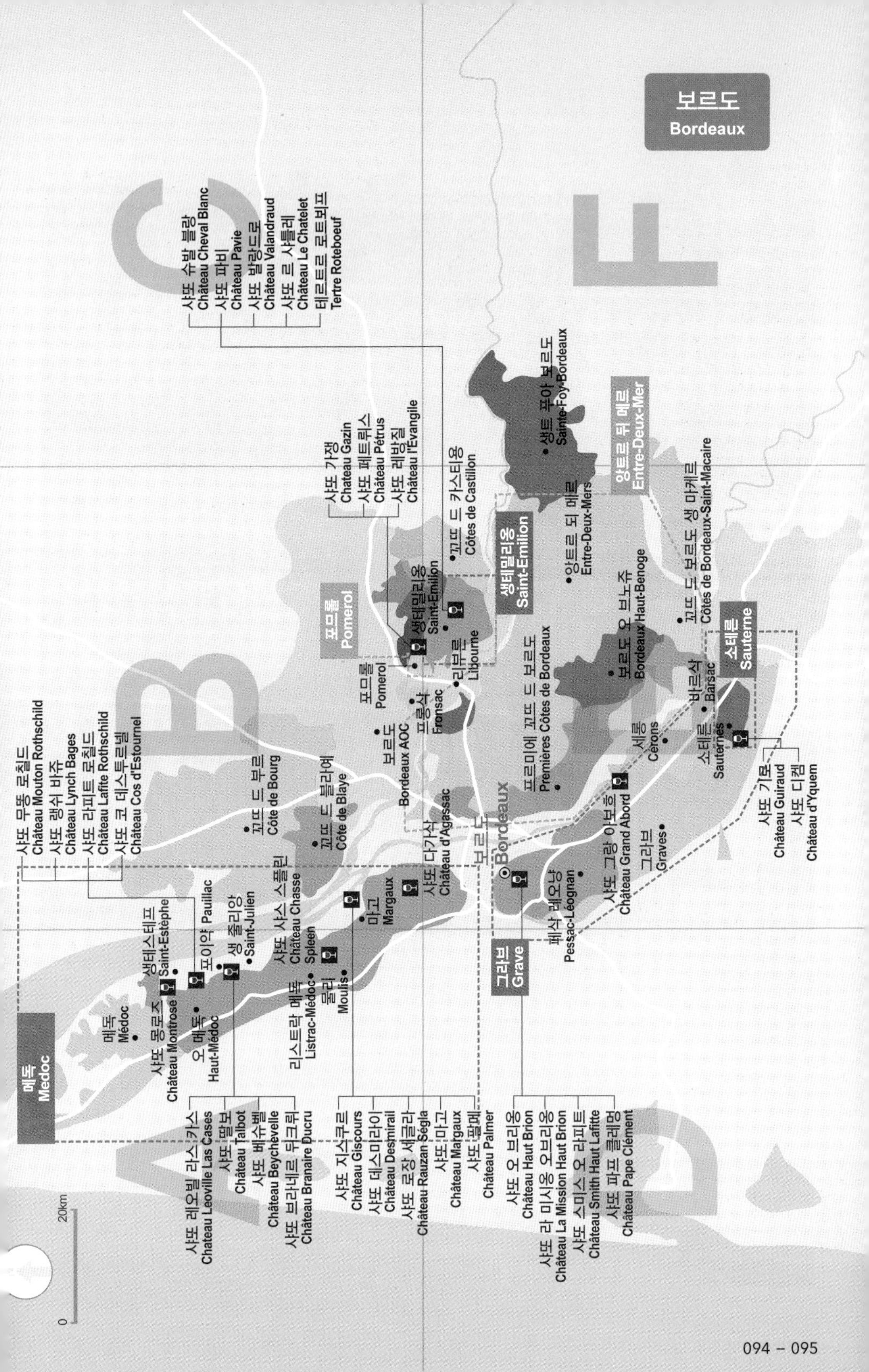

메독
Medoc

샤또 무똥 로칠드
Château Mouton Rothschild
샤또 랭쉬 바쥬
Château Lynch Bages
샤또 라피트 로칠드
Château Lafite Rothschild
샤또 코 데스투르넬
Château Cos d'Estournel

메독
Médoc
샤또 몽로즈
Château Montrose
생테스테프
Saint-Estèphe
포이약 Pauillac
생 줄리앙
Saint-Julien
오 메독
Haut-Médoc
리스트락 메독
Listrac-Médoc
물리
Moulis
샤또 샤스 스플린
Château Chasse Spleen
마고
Margaux
샤또 다가삭
Château d'Agassac
꼬뜨 드 부르
Côte de Bourg
꼬뜨 드 블라예
Côte de Blaye

샤또 레오빌 라스 카스
Chateau Leoville Las Cases
샤또 딸보
Château Talbot
샤또 베슈벨
Château Beychevelle
샤또 브라네르 뒤크뤼
Château Branaire Ducru

샤또 지스쿠르
Château Giscours
샤또 데스미라이
Château Desmirail
샤또 로장 세글라
Château Rauzan Ségla
샤또 마고
Château Margaux
샤또 팔메
Château Palmer

보르도
Bordeaux AOC
프롱삭
Fronsac
포므롤
Pomerol
리부른
Libourne
생테밀리옹
Saint-Emilion
포므롤
Pomerol

샤또 가쟁
Chateau Gazin
샤또 페트뤼스
Château Pétrus
샤또 레방질
Château l'Evangile

꼬뜨 드 카스티용
Côtes de Castillon

샤또 슈발 블랑
Château Cheval Blanc
샤또 파비
Château Pavie
샤또 발랑드로
Château Valandraud
샤또 르 샤뜰레
Château Le Chatelet
떼르트르 로트뵈프
Tertre Roteboeuf

보르도
Bordeaux
프르미에 꼬뜨 드 보르도
Premières Côtes de Bordeaux
페삭 레오냥
Pessac-Léognan
샤또 그랑 아보르
Château Grand Abord
그라브
Graves
그라브
Grave

샤또 오 브리옹
Château Haut Brion
샤또 라 미시옹 오브리옹
Château La Mission Haut Brion
샤또 스미스 오 라피트
Château Smith Haut Lafitte
샤또 파프 클레멍
Château Pape Clément

생테밀리옹
Saint-Emilion
앙트르 되 메르
Entre-Deux-Mers
보르도 오 브노쥬
Bordeaux Haut-Benoge
세롱
Cérons
바르삭
Barsac
소테른
Sauternes
소테른
Sauterne

샤또 기로
Château Guiraud
샤또 디켐
Château d'Yquem

생트 푸아 보르도
Sainte-Foy-Bordeaux
앙트르 되 메르
Entre-Deux-Mers
꼬뜨 드 보르도 생 마케르
Côtes de Bordeaux-Saint-Macaire

0 20km

1 생테밀리옹 와인 산지의 포도밭 **2** 샤또 무똥 로칠드의 포도밭
3 메독의 가로수 길

오 메독에는 와인 애호가들의 입에 자주 오르내리는 유명한 6개의 마을이 있다. 보르도 시에서 가까운 가장 남쪽부터 마고, 물리, 리스트락, 생줄리앙, 포이약, 생테스테프가 그 주인공들. 이 중 가장 중요한 마을이 마고와 생줄리앙, 포이약, 생테스테프다. 이 4개의 마을은 리스트락과 물리에 비해서 지롱드 강에 더 가깝고, 덕분에 강에서 오랜 시간 동안 밀려나와 퇴적된 자갈이 주를 이루는 진흙 토양으로 포도 재배에 이상적인 환경을 지녔다. 바로 이 4개의 마을에 1855년 제정된 그랑 크뤼 클라세 대부분의 샤또들이 밀집해 있다.

메독 와인은 대부분이 레드 와인이다. 가장 많이 재배되는 품종은 자갈 토양에서 잠재력을 발산하는 까베르네 소비뇽이다. 그 다음 메를로가 뒤를 잇는다. 그래서 이곳에서 생산되는 레드 와인에는 까베르네 소비뇽이 60~70% 수준으로 블렌딩에 이용된다. 물론 절대적인 것은 아니고 통상적으로 그러하다.

① 메독 Médoc

레이블에 그냥 'Médoc'이라고 적혀 있다면 그 와인은 바 메독 와인이다. 대체로 대중적이고 편안한 와인들이다. 메독은 전체 메독 지역의 북쪽에 자리 잡고 있다. 면적으로 약 5,700ha로, 전체 메독 와인 산지 중에서도 가장 넓은 지역이다. 와인의 특징은 한 마디로 정의내리기 어렵지만, 전체적으로 균형이 잘 잡혀 있고, 향도 풍부하다. 와인은 대체로 루비색의 영롱한 아름다움을 자랑한다. 실제로 메독 와인이라고 하면 많은 사람들이 호주나, 칠레 같은 묵직하고 남성적인 와인을 생각하지만, 전혀 그렇지 않다. 과거 영국인들이 보르도 와인을 두고 클라레, 즉 맑고 투명한 레드 와인이라고 부르며 좋아했던 것과 같이 지금의 평범한 메독 와인은 섬세하고, 우아하며, 부케가 뛰어난 감각적인 와인이다. 이런 와인들은 음식과 함께 매칭했을 때 진가를 발휘한다.

② 오 메독 Haut-Médoc

오 메독은 브랑크포르 마을에서 시작해 생 쇠랭 드 카두른 마을까지 약 4,700ha에 달하는 지역이다. 1935년 프랑스 정부가 공식적으로 지정한 메독의 고급 와인 산지로 이미 18세기부터 가치를 알아본 보르도 와인 중개상들이 이곳의 명성을 더욱 끌어 올렸다. 오 메독은 포도 재배면적이 넓은 만큼 그 특징을 하나로 정의내리기는 어렵다. 다만, 대부분 모래와 점토가 섞인 자갈이 많은 토양에 석회질까지 겹쳐서 포도를 재배하기에 매우 이상적이다. 오 메독 와인은 메독과 비교해서 보다 단단한 구조감으로 입안에서 훨씬 풍부하고 매력적인 미감을 선사한다고 전문가들은 이야기한다. 거기에 숙성 잠재력까지 갖추었다. 실제로 일반 메독 와인보다 오 메독 와인이 비싸게 거래된다.

③ **마고** Margaux

와인 애호가들에게 '마고'란 단어는 그 자체로 귀족스러움과 우아함을 떠올리게 한다. 세계적으로 유명한 단일 와인 산지 중 하나로 이는 와인을 생산하는 특별한 지역이자 마을 이름이며, 국보급 와이너리 샤또 마고의 줄임말이기도 하다. 샤또 마고는 이미 17세기부터 알려진 곳으로 아름다운 건축물과 뛰어난 와인 제조 기술로 엄청난 명성을 쌓아왔다. 마고는 메독 지방의 마을 단위로서는 가장 큰 면적을 차지하는 와인 산지다. 일례로 그랑 크뤼 클라세 중 21개 샤또가 마고 마을에 위치하고 있다. 마고의 포도재배 면적은 1,500ha이며, 캉트낙, 수성, 라바르드, 아르삭 같은 세부 산지를 모두 아우른다. 마고는 단어 자체가 여성의 이름으로 사용되고 있을 만큼 오 메독 내에서도 가장 여성적인 와인으로 꼽힌다. 보기 드문 풍만한 질감과 그윽한 부케, 섬세함과 복합성이 과일 향과 꽃향, 향신료 향, 스모크 향과 더불어 조화롭게 느껴진다. 마고에 블렌딩되는 까베르네 소비뇽은 오래 지속되는 아로마와 부드럽고 우아하게 지속되는 잠재력을 제공한다고 알려져 있다. 마고는 그 이름 자체로 신뢰가 가는, 매혹 그 자체다.

④ **물리** Moulis

물리는 면적이 600ha 정도로 메독 내에서 가장 작은 소지역이다. 마고에서 생 줄리앙으로 가는 길 중간 쯤, 도로에서 벗어난 한가로운 곳에 자리한다. 물리라는 이름은 예전에 이 지역에 많이 있었던 풍차와 물레방아(라틴어로 Molinis)에서 따온 말이다. 물리의 토양은 '메독 포도 재배지의 집결지이자 진수'라고 불릴 만큼 다양하다. 품종은 주로 까베르네 소비뇽과 메를로를 재배한다. 와인 블렌딩 비율은 두 품종이 자라는 토양에 따라 달라진다. 물리는 그랑 크뤼 클라세에는 들지 못했지만, 그랑 크뤼 클라세와 맞먹을 만한 명성과 품질을 지닌 샤또들이 몰려 있다. 섬세함과 파워풀한 면을 동시에 지니고 있으며, 입에 머금으면 느낄 수 있는 복합성, 그리고 풍부한 부케가 물리 와인의 얼굴이다.

1 지롱드 강을 마주한 레오빌 라스 카즈
2 광활한 포도밭으로 둘러싸인 메독
3 샤또 무똥 로칠드의 아름다운 정원

⑤ **리스트락 메독** Listrac-Médoc

메독의 서쪽 랑드 숲 가까이에 위치해 있다. 메독 지방에서 해발 43m 정도의 높은 구릉에 자리 잡고 있어 '메독의 지붕'으로 불리기도 한다. 리스트락 메독은 남향의 구릉지라 볕이 잘 들고, 바다에서 불어오는 서풍으로 인해 통풍이 잘 된다. 덕분에 포도밭에 병충해가 잘 들지 않는다. 또한 포도가 규칙적으로 천천히 익기에 안성맞춤이다. 리스트락은 자갈과 석회질 토양이 주를 이룬다. 자갈에서 재배된 까베르네 소비뇽과 석회질 토양에서 재배된 메를로를 바탕으로 강하고 골격이 잘 잡혀 있는 볼륨감 있는 와인을 만들어낸다. 까베르네 소비뇽은 일반적으로 와인에 힘과 열정을 가미하고, 메를로는 쥬시한 느낌으로 풍부한 과일향과 과즙을 선사한다. 그래서 리스트락 와인은 섬세함과 남성성이 뒤섞여 있는 매력적인 와인이다.

⑥ **생 줄리앙** Saint-Julien

생 줄리앙은 북쪽에는 포이약, 남쪽에는 퀴삭, 서쪽에는 생 로랑의 중간에 자리 잡고 있다. 동쪽은 모두가 부러워하는 환경을 갖췄는데, 바다에서 메독을 부드럽게 감싸 안고 내륙으로 들어오는 지롱드 강 덕분에 포도 재배에 안성맞춤이다. 오랜 시간 강에서 밀려나와 퇴적된 자갈과 진흙, 석회토의 축복은 물론 지롱드 강 덕분에 치명적인 봄 서리나 여름의 건조한 혹서의 피해가 덜하기 때문이다. 생 줄리앙의 포도밭은 900ha가 넘는다. 이곳의 떼루아는 다른 지역보다 상대적으로 일관성이 있다. 자갈과 진흙이 섞인 토양은 그 두께가 수백 미터에 달해 포도나무는 더욱 더 깊이 뿌리를 내린다. 이런 환경에 환상적으로 적응하는 품종이 바로 까베르네 소비뇽이다. 생 줄리앙에는 그랑 크뤼 클라세 샤또 11곳이 몰려 있다. 11개의 그랑 크뤼 클라세 샤또들이 차지하는 포도밭은 생 줄리앙 전체의 80%에 달한다. 생 줄리앙은 메독에서도 상위급 와인 생산지로 꼽히며, 매우 균형 잡힌 와인의 대명사로 널리 알려져 있다. 생 줄리앙이라는 단어가 레이블에 적혀 있는 것만으로도 와인 애호가들은 와인의 품질에 신뢰를 갖는다. 흔히 생 줄리앙의 와인을 두고 포이약의 강인함과 마고의 우아함을 동시에 지녔다고 평가한다. 그 이유는 생 줄리앙 와인이 풍부한 탄닌과 섬세한 아로마가 조화를 이루기 때문이다. 영할 때도 좋지만, 숙성된 생 줄리앙 와인은 환상적일 정도로 매력적이다. 아주 뛰어난 빈티지의 경우 20~50년까지 숙성시킬 수 있다.

⑦ 포이약 Pauillac

포이약은 메독의 중심에 자리했다. 이곳에는 18개의 그랑 크뤼 클라세 샤또를 포함해 수준급의 와이너리들이 몰려 있다. 포이약은 이름 자체로 와인 애호가들에게 믿음을 주는 보르도 와인의 노른자위다. 그랑 크뤼 클라세 1등급 5개 샤또 중 3곳이 바로 이곳에 몰려 있다. 그래서 포이약을 보르도 와인의 수도라고 일컫기도 한다. 포이약은 오 메독의 작은 마을들과 마찬가지로 자갈 토양으로 이루어져 있고, 메마르고 척박해서 배수가 좋다. 주로 재배되는 까베르네 소비뇽은 깊게 뿌리를 내려서 높은 품질의 포도를 영근다. 특히, 포도의 과즙이 풍부하고 강렬해 구조가 탄탄한 와인을 빚을 수 있으며, 숙성 잠재력이 뛰어나다. 잘 숙성된 포이약 와인은 향신료, 담배, 가죽 향의 부케가 특징이다. 아로마는 붉은 과일과 검은 과일이 층층이 겹쳐 시음자를 황홀하게 한다. 포이약 와인을 어린 빈티지로 즐기는 이는 드물다. 어느 정도 숙성된 것을 마시는 것이 일반적이다.

⑧ 생테스테프 Saint Estèphe

보르도를 가로지르는 지롱드 강을 따라 포이약에서 멀지 않은 곳에 위치해 있다. 면적은 약 1,300ha 정도로 메독의 주요 4개 마을 중에서 포도 재배 면적이 두 번째로 넓다. 생테스테프는 마을을 둘러싼 페즈, 레이삭, 마르뷔제, 생코르비앙, 코스, 블랑케 등의 마을까지 포함한다. 세부 마을까지 쭉 이어지는 아름다운 포도밭은 약 7km에 걸쳐져 있는데, 포도밭 어디서나 유유히 흐르는 지롱드 강의 모습을 볼 수 있다. 생테스테프 와인은 특별하다. 색이 진하고, 강건하며, 탄닌이 풍부해 몇몇 와인의 숙성 잠재력은 그야말로 놀라울 정도다.

그라브 Graves

보르도 시에서 남쪽으로 내려오면 만날 수 있는 그라브는 메독의 명성과 쌍벽을 이루는 보르도의 고급 와인 산지이다. '자갈'이라는 뜻의 '그라브'에서 짐작하듯이 포도밭에 자갈이 많다. 이 자갈은 낮의 열기를 보존하는 동시에 배수를 돕기 때문에 좋은 품질의 포도가 영그는 데 많은 도움을 준다.

메독은 화이트 와인을 생산하기는 하지만 양이 적다. 품질도 레드 와인의 명성에 비하면 떨어진다. 하지만 그라브는 예외다. 레드는 물론 화이트 와인에 있어서도 세계적인 기준을 세운 곳이다. 특히 그라브라는 이름을 세계에 알린 샤또 오브리옹은 보르도를 넘어서 세계가 인정하는 최고급 와인이다. 1855년 메독 와인의 등급 분류가 되었을 때도 유일하게 메독 지역이 아닌 와이너리가 바로 샤또 오브리옹이었다. 샤또 오브리옹 이외에 다른 와인들의 등급 분류는 1953년에 이루어졌고, 다시 1959년에 수정이 되었다. 그라브에는 '페삭 레오냥' 이라는 소지역이 존재한다. 페삭 레오냥은 비교적 최근인 1987년 붙여진 이름인데, 그 전에는 비공식적으로 '오 그라브'로 불리며 그라브에서 최고라고 여겨지던 와인이 생산되어 왔다. 현재도

1 그라브라는 이름을 세계에 알린 샤또 오 브리옹 **2. 3** 샤또 라 미시옹 오브리옹 정문과 포도밭

일반 그라브 와인보다는 고급 와인으로 인식되고 있다. 레이블에 페삭 레오냥이 적혀 있다면 일반 그라브 와인보다 가격이 높다고 생각하면 된다.

그라브는 화이트 와인의 품질이 좋지만 레드 와인의 생산량이 조금 더 많다. 레드는 까베르네 소비뇽이 주도적인 품종이며, 메를로도 블렌딩에 많이 사용한다. 화이트 와인의 경우 전통적인 블렌딩인 세미용과 소비뇽 블랑이 사용된다.

소테른 & 바르삭 Sauternes & Barsac

소테른과 바르삭은 전 세계 와이너리의 벤치마킹 대상이 되는 최정상급 퀄리티를 지닌 스위트 와인의 본고장이다. 바르삭보다 소테른이 더 많이 알려졌는데, 그렇다고 바르삭 와인의 품질이 낮다는 뜻은 아니다. 바르삭은 소테른보다 면적이 네 배 정도 큰 곳으로 두 마을 모두 대단히 훌륭한 와인을 생산한다.

이 두 지역의 스위트 와인은 굉장히 까다로운 방법을 통해서 생산이 된다. 우선 포도품종은 보르도의 일반 화이트 와인을 만들 때 쓰는 소비뇽 블랑과 세미용을 사용한다. 이들 포도를 늦가을까지 수확하지 않은 채 매달아두는데, 이때 포도 알에 귀부균Noble Rot이라 부르는 곰팡이 균이 서식한다. 특히 세미용은 껍질이 얇고 과육에 당분을 많이 함유하고 있어 귀부균이 서식하기 좋은 포도다. 모르는 사람이 봤을 때 귀부균에 잠식된 포도는 수확할 엄두조차 나지 않을 정도로 상해 보이지만, 결코 그렇지 않다. 귀부균이 포도껍질을 손상시키고 수분을 얻어 번식하면 포도알은 점점 마르면서 마치 건포도처럼 쪼그라들게 된다. 그 후 수분이 날아간 포도알은 당분이 더욱 더 농축된 상태가 된다.

이 과정은 9월 말부터 시작된다. 하지만 귀부균이 어떤 포도에 어떻게 영향을 줄지는 오로지 하늘만이 예측할 수 있다. 모든 조건이 잘 맞아 떨어진다면 대략 10월 말 즈음 와인 양조에 적합한 달콤한 천연 과즙

다양한 빈티지의 샤또 기로 와인

1 생테밀리옹 투어리즘 센터
2 여행 정보를 찾는 여행자들
3 생테밀리옹 마을의 골목

이 생성된다. 귀부균이 포도밭에 골고루 번식할 수 있는 환경을 지닌 곳은 지구상에 그렇게 많지 않다. 그중 대표적인 곳이 바로 보르도의 소테른과 바르삭이다.

귀부균의 영향을 받은 포도를 수확하는 방법은 오로지 사람의 손뿐이다. 귀부균이 포도밭 전체에 알맞고 고르게 퍼지는 경우는 거의 없다. 이 때문에 포도 재배자는 매일 포도밭을 돌며 수확시기를 정해야 한다. 수확도 한 번에 이루어지지 않는다. 심한 경우 10회에 걸쳐 꾸준히 알맞은 포도를 수확한다. 수확되는 포도알 자체가 적고, 양조 과정에 시간과 노력이 많이 들어가기 때문에 가격이 높다.

소테른과 바르삭은 1855년 메독의 등급 분류가 이루어질 때 함께 분류 되었다. 5등급으로 나뉘는 메독의 그랑 크뤼 클라세와는 달리 소테른과 바르삭은 프르미에 크뤼 슈페리외 클라세라는 이름의 독보적인 등급을 마련했는데, 여기에 속한 유일한 와이너리가 바로 샤또 디켐이다. 과거부터 현재까지 샤또 디켐은 그 누구도 부정할 수 없는 세계 최고의 스위트 와인으로 세계적인 명성을 지녔다.

생테밀리옹 Saint-Émilion

보르도의 와인 산지는 지롱드 강을 중심으로 크게 좌안과 우안으로 나뉜다. 좌안에 메독이 있다면 우안에는 생테밀리옹이 있다. 생테밀리옹은 산티아고 데 콤포스텔라 순례길 위에 있어 11세기 이후 번창한 수도원, 교회 등 역사적 건축물이 많이 세워졌다. 12세기 잉글랜드의 지배를 받던 시기에는 포도 재배 지구로 특별한 자치권을 부여받은 바 있다. 1199년 영국 존 왕이 승인한 헌장에서 완벽한 권한을 부여받은 단체인 쥐라드는 당시 생테밀리옹 와인의 품질과 명성을 유지하는 역할을 맡았다. 아름답고 역사적인 생테밀

리옹은 1999년 마을 전체가 유네스코 세계문화유산에 등재되는 영광을 안았다.

생테밀리옹은 메독과는 분위기부터 다르다. 거대한 메독의 샤또들과 달리 생테밀리옹 주변의 와이너리들은 대체로 수수한 편이다. 포도밭도 메독보다 면적이 작다. 하지만 덕분에 생테밀리옹을 여행하게 되면 고즈넉한 분위기를 온전히 즐길 수 있다. 우선 생테밀리옹은 마을 자체가 여행객들의 마음을 완전히 사로잡는다. 완만한 언덕에 자리 잡은 생테밀리옹 마을을 거닐다보면 마치 중세시대로 시간여행을 하는 것 같은 착각에 빠진다.

생테밀리옹은 메독이나 그라브와는 달리 약간의 완만한 구릉들이 이어진다. 주요 품종은 메를로와 까베르네 프랑이다. 이 두 품종으로 세계 최고의 와인을 만들어내는 곳이 바로 샤또 슈발 블랑과 샤또 오존이다. 이외에도 최고급 생테밀리옹 와인을 생산하는 많은 샤또들이 남서부 마을을 둘러싸고 있는 석회질 언덕에 놓여 있다.

포므롤 Pomerol

포므롤은 보르도에서 가장 작은 와인 산지인 동시에 가장 유명한 와인 산지다. 잘 알려지지 않았던 포므롤이라는 와인 산지를 세계적인 곳으로 만든 주역은 샤또 페트뤼스라는 전설적인 와이너리다. 대부분의 빈티지가 경이로운 맛을 보여주는데, 어떤 빈티지의 경우 수천만 원을 호가하기도 한다. 한때 생테밀리옹과 포므롤 와인이 지금의 명성에 비해서 인기가 없었던 적이 있는데, 그 이유는 지롱드 강을 끼고 있는 보르도 시와 상당한 거리를 두고 있었기 때문이다. 지금이야 차를 이용해 쉽게 보르도에서 포므롤이나 생테밀리옹을 여행할 수 있지만 과거에는 그렇지 않았다.

포므롤은 생테밀리옹과 지척에 위치해 전체적인 떼루아가 거의 비슷하다. 재배하는 주요 품종도 까베르네 프랑과 메를로로 동일하다. 까베르네 소비뇽도 블렌딩에 간혹 넣기는 하지만, 많은 양은 아니다. 포므롤 와인은 무엇을 마셔도 실패하는 일이 거의 없다. 모르고 가면 그냥 지나칠 만큼 와이너리의 규모가 작지만,

1 생테밀리옹 마을 광장 안의 레스토랑 **2** 유네스코 세계문화유산으로 지정된 생테밀리옹 마을 전경

실제로는 대단한 퀄리티의 와인을 생산하는 샤또가 즐비하다. 일반적으로 와이너리 한 곳이 4ha가 안 되는 작은 규모의 포도밭을 소유하고 있다. 수백 ha의 포도밭을 가진 메독의 샤또들과 비교하면 아주 작은 규모다. 때문에 포므롤의 와인은 비쌀 수밖에 없다. 수요는 많지만 공급이 턱없이 부족하다. 한 예로 페트뤼스는 연간 생산량이 3,000상자밖에 되지 않는다. 와인 애호가들은 와인의 레이블에 포므롤이라는 단어만 붙어도 품질을 인정하게 된다.

기타 와인 산지

포이약, 마고, 생테스테프, 포므롤 등은 보르도 최고의 와인 산지다. 그러나 이곳에서 생산한 고급 와인을 식탁에 매일 올리기는 가격 부담이 크다. 하지만 보르도의 방대한 와인 산지에는 합리적인 가격에 훌륭한 품질을 지닌 와인도 많이 생산된다. 메독의 경우 리스트락과 물리가 그렇고, 오 메독이라는 이름을 달고 출시되는 와인도 잘 찾아보면 좋은 와인이 많다. 그중에서도 엉트르 되 메르Entre deux Mers나 프롱삭Fronsac, 카농 프롱삭Canon Fronsac은 보르도에서 저렴하고 좋은 와인을 생산하는 지역으로 유명하다.

엉트르 되 메르는 지롱드 강에서 가지 쳐 나간 도르도뉴 강과 또 다른 지류인 갸론 강 사이의 울창한 삼림지로 보르도에서 가장 넓게 펼쳐져 있는 와인 산지다. 엉트르 드 메르의 와인은 화이트가 레드보다 우세하며 품질 역시 그렇다. 화이트 와인의 경우 생산자의 스타일에 따라 조금씩 다르지만, 오크를 거의 쓰지 않아 대체로 신선하면서도 고급 와인 느낌이 살짝 비치는 바닐라, 아몬드의 풍미가 인상적이다. 품종은 세미용, 소비뇽 블랑 그리고 뮈스카델을 블렌딩해서 만든다.

프롱삭과 카농 프롱삭은 생테밀리옹 북서쪽 구릉에 위치한 와인 산지로 레드 와인을 주로 생산한다. 프롱삭과 카농 프롱삭 와인 역시 강력하게 추천할 만한 품질을 지녔다.

보르도
추천! 와이너리
Recommended Wineries

샤또 그랑 아보흐 Château Grand Abord

잘 어울리는 중년의 부부가 운영하는 그라브의 가족 경영 와이너리다. 필립과 마리 프랑스 뒤구아 부부가 와이너리를 운영하고 있으며, 이 부부는 자신들의 성을 딴 비뇨블 뒤구아Vinogble Dugoua라는 큰 이름 아래 샤또 라가르드Château Lagarde와 샤또 벨 에어Château Bel Air를 소유하고 있다. 샤또 벨 에어가 조금 더 대중적인 브랜드다. 이들 부부가 가장 중요하게 생각하는 것은 역시 떼루아. 총 26ha에 이르는 포도밭을 소유하고 있으며 이 포도밭 자체로 비뇨블 뒤구아를 의미하는 것이라고 강조한다. 포도밭은 자갈과 석회질, 약간의 진흙이 섞인 토양과 강에서 더 가까워 진흙 토양이 주를 이루는 곳으로 구분된다. 샤또 그랑 아보흐가 비뇨블 뒤구아의 간판 와인이며 포도밭 자체는 1720년부터 6대에 걸쳐 대대로 가문에서 전해져 내려와 유서 깊은 곳이다. 메를로가 80%, 까베르네 소비뇽이 20% 비율로 재배된다.

위치 보르도 시내에서 차로 30분
주소 56, Route des Graves Boite Postale 7, 33640 Portets
전화 05-56-67-50-75
오픈 전화나 이메일(contact@vignobles-dugoua.fr)로 방문 예약
투어 전화나 이메일로 사전 예약
홈페이지 www.vignobles-dugoua.fr

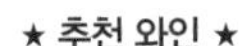

★ 추천 와인 ★

보르도에서 차로 30분 정도 달리면 갸론 강 근처 포르테라는 그라브의 작은 마을이 나오고, 그곳에 그랑 아보흐의 아늑한 공간이 자리하고 있다. 사전에 미리 예약해 18세기 초반에 지어져 역사가 서린 그랑 아보흐의 시음실에서 그라브 화이트와 레드를 시음할 수 있다. 시음은 무료, 가격은 20유로 선.

샤또 지스쿠르 Château Giscours

메독 그랑 크뤼 클라세 3등급에 빛나는 마고 지역의 와이너리. 샤또의 규모가 거대하다. 단순히 와인 시음을 떠나 보르도 샤또의 위용을 경험해보고 싶다면 반드시 방문해야 할 곳이다. 지스쿠르의 역사는 14세기로 거슬러 올라간다. 600년 전에는 와이너리가 아닌 적들의 공격을 방어하는 요새로 쓰였다. 이후 1552년 당시 보르도의 거상이었던 피에르 드 롬므가 매입해 처음으로 포도를 심었다고 한다. 지스쿠르가 지금과 같은 클래식한 디자인으로 바뀐 것은 19세기 당시 소유주였던 페스카토르와 크루즈 가문에 의해서다. 포도밭은 해발 20m 정도의 자갈 구릉에 넓게 펴져 있다. 자갈 토양은 낮 동안의 열기를 밤까지 보존하고 배수에 도움을 주어서 까베르네 소비뇽이 영글기에 알맞은 토양이라고 할 수 있다. 지스쿠르는 개방적인 와이너리라 방문하기가 용이하다. 또한 B&B 게스트하우스까지 운영하고 있어서 여행자의 로망을 충족하기에 굉장히 알맞은 와이너리다.

위치 보르도 시내에서 차로 1시간
주소 10 Route de Giscours, 33460 Labarde
전화 05-57-97-09-09
오픈 월~토 09:30~12:30, 13:30~17:30
투어 10유로~
홈페이지 www.chateau-giscours.com

★ 추천 와인 ★

지스쿠르는 샤또 지스쿠르, 라 시렌La Sirene, 크뤼 부르주아급의 샤또 뒤티Château Duthil, 오 메독의 르 오 메독Le Haut Médoc과 로제를 생산한다. 샤또 지스쿠르를 제외하고는 부담 없는 가격에 와인을 즐길 수 있다. 좋은 평가를 받았던 샤또 지스쿠르의 빈티지는 2010, 2005가 대표적이다. 가격은 빈티지에 따라 다르며 대략 60유로 선.

샤또 도작 Château Dauzac

넓은 부지에 동화같이 아름답게 자리하고 있는 그랑 크뤼 클라세 5등급 와이너리. 샤또 도작은 메독에서 가장 오래된 와이너리 중 하나로, 1545년 생트 크루와 수도원Sainte Croix Abbey의 베네딕틴 수사가 와인을 양조했다는 공식적인 기록이 남아 있다. 샤또 도작에 처음 기반을 마련한 사람은 보르도의 부유한 상인이었던 피에르 드루이야르Pierre Drouillard다. 그후 도작은 1740년 토마스 미셸 랭쉬Thomas Michel Lynch가 샤또를 관리하기 시작하면서 지금의 아름다운 자태를 갖추게 되었다. 1855년에는 메독 그랑 크뤼 클라세 샤또로 선정되었고, 1992년부터 앙드레 뤼통Andre Lurton이 경영권을 위임 받아 샤또를 경영했다. 2005년 앙드레 뤼통의 딸 크리스틴 뤼통이 CEO로 활약하다 2013년 로렁 포르탱이 지휘봉을 이어받아 지금에 이른다.

위치 보르도 시내에서 차로 40분
주소 1, Avenue Georges Johnston, 33460 Labarde
전화 05-57-88-32-10
오픈 월~토 10:00~18:00, 계절마다 상이
투어 9개의 다채로운 투어 프로그램 준비 중. 15유로~
홈페이지 www.chateaudauzac.com

★ 추천 와인 ★

메인 와인 샤또 도작, 이보다 조금 더 접근성이 좋고 프루티한 오로르 드 도작Aurore de Dauzac, 도작의 세컨드 와인 라바르드 도작Labarde Dauzac, 오 메독 지역의 샤토 라바르드Chateau Labarde로 나뉜다. 최근에는 비건(동물성 재료 비사용)와인 디 드 도작D de Dauzac을 소개해 이목을 끌었다. 어느 와인이든 좋은 밸런스를 지니고 있으며, 가격도 적정한 수준이다. 샤또 도작은 60유로 선.

샤또 데스미라이 Château Desmirail

마고 마을 중앙에 위치한 데스미라이는 거대한 규모의 샤또와는 달리 아담한 건물과 좋은 접근성으로 부담 없이 방문이 가능한 곳이다. 데스미라이라는 이름은 17세기 말 보르도 의회의 변호사였던 장 데스미라이와 관련이 있다. 그는 로장 드 리바이와 결혼을 했는데, 그녀가 시집오면서 지참금으로 지금의 데스미라이의 땅을 가져왔던 것. 이후 샤또는 1855년 전까지 데스미라이 가문이 소유하다가 샤또 마고의 토지 관리인이었던 몽시외 시피에르가 매입하면서 주인이 바뀌었다. 그 후 샤또 팔메에 매각이 되었다가 다시 루시엉 르통에게 넘어가면서 지금까지 르통 가문에서 소유하고 있다. 40ha의 자갈 토양의 포도밭에 50%의 까베르네 소비뇽, 40%의 메를로, 10%의 카베르네 프랑과 쁘띠 베르도를 재배하고 있다.

위치 보르도 시내에서 차로 40분
주소 28, Avenue de la Veme Republique, 33460 Cantenac
전화 05-57-88-34-33
오픈 동절기 월~금 09:30~12:30, 14:00~17:30, 하절기 월~일 09:30~12:30, 14:00~18:00
투어 12유로부터 시작되며 다양한 투어 가능, 홈페이지 확인
홈페이지 www.desmirail.com

★ 추천 와인 ★

간판 와인은 샤또 데스미라이다. 이외에도 세컨드 와인인 이니셜Initial과 오 메독이 있다. 다른 메독 그랑 크뤼 클라세 와인보다 저렴한 편이다. 가격은 40유로 선.

샤또 로장 세글라 Château Rauzan Ségla

샤또 로장 세글라의 시작은 1661년으로 거슬러 올라간다. 당시 샤또 마고를 관리했던 피에르 데스므쥐르 드 로장이 귀족의 거처를 매입해 도멘 드 로장Domaine de Rauzan이라고 이름을 붙인 것이 와이너리의 시초다. 피에르 사후 와이너리는 샤또 로장 가시와 도멘 드 로장으로 쪼개졌고, 도멘 드 로장은 25ha의 포도밭으로 남아 후대들에게 성공적으로 관리되었다. 이미 18세기에 도멘 드 로장의 명성은 미국까지 전해져 와인 애호가였던 토마스 제퍼슨 대통령이 로장 세글라의 와인을 즐겨 마셨다는 기록이 남아 있다. 이후 메독 그랑 크뤼 클라세 2등급에 선정되는 등 성공을 거듭한 로장 세글라는 1994년 샤넬이 인수한 뒤 몇 번의 리노베이션을 거쳐 최신의 양조시설을 갖춘 현대적인 와이너리로 거듭나 지금에 이르렀다.

위치 보르도 시내에서 차로 55분
주소 Rue Alexis Millardet, 33460 Margaux
전화 05-57-88-82-10
오픈 전화나 이메일(contact@rauzan-segla.com)을 통한 사전 예약
투어 사전 예약자에 한해 방문
홈페이지 www.chateaurauzansegla.com

★ 추천 와인 ★

대표 와인인 샤또 로장 세글라와 세컨드 와인 격인 세글라 두 와인만을 생산한다. 두 와인 모두 까베르네 소비뇽과 메를로, 쁘띠 베르도로 만들어지는데, 약간의 블렌딩 차이가 있다. 샤또 로장 세글라의 경우 좋은 평가를 받았던 빈티지는 2011, 2012. 가격은 120유로 선.

샤또 마고 Château Margaux

그 어느 와인보다 아름다운 풍미를 지녀 '와인의 여왕'이라는 수식어가 붙는 샤또 마고. 메독 그랑 크뤼 1등급에 지정된 이후 지금까지 변함없는 명성을 자랑하는 샤또 마고는 17세기 말 프랑스에서 엘리트 와인 그룹이 조성될 때에도 1등급으로 인정받던 역사적이고 전설적인 샤또다. 전쟁이나 경제적 위기상황 속에서 약간의 내리막길을 걸을 때도 있었지만, 샤또 마고에 대한 와인 애호가들의 믿음은 늘 굳건했다. 이처럼 흔들림 없는 믿음을 받은 것은 샤또 마고가 다른 샤또들과 달리 처음 그대로의 포도밭 면적을 유지하고 있다는 데 있다. 주어진 땅에서 오로지 좋은 품질의 와인을 만드는 데만 주력했다는 의미다. 결국 천혜의 떼루아에서 탄생되는 높은 품질의 포도와 400년을 이어온 와인 제조 노하우가 샤또 마고의 명성을 만든 것이라고 할 수 있다. 현재 샤또 마고의 3대 직계 후손인 알렉산드라 쁘띠 망젤로풀로스에 의해 성공적으로 운영되고 있다.

위치 보르도 시내에서 차로 50분
주소 Château Margaux, 33460 Margaux
전화 05-57-88-83-83
오픈 월~금, 사전 예약에 한해 오픈
투어 샤또 내에서의 시음은 전문인만 가능
홈페이지 www.chateau-margaux.com

★ 추천 와인 ★

여유가 있다면 반드시 테이스팅 해야 할 와인 중 하나다. 샤또 마고를 마신다는 것은 와인의 역사를 마시는 것과 마찬가지다. 샤또 마고를 구매할 여력이 없다면 세컨드 와인인 파비용 루즈Pavillon Rouge와 파비용 블랑Pavillon Blanc도 좋은 대안이다. 특히 파비용 블랑은 1920년부터 생산된 화이트 와인으로 샤또 마고의 노하우가 집약된 밸류 와인이다. 샤또 마고는 빈티지에 따라 다르지만 약 1,000유로 내외. 세컨드는 200유로 선.

샤또 부스코 Château Bouscaut

샤또 부스코의 역사는 17세기로 거슬러 올라간다. 그라브 지역의 카도약 마을에서 오 트루숑Haut Trouchon이라는 이름으로 불리던 이 와이너리는 1881년부터 샤또 부스코라고 개명되었다. 20세기 들어 여러 명의 소유주가 샤또 부스코를 거쳐 갔는데, 1920년 사바노 가문이 와이너리를 현대화했다. 1953년 샤또의 명성을 인정받아 그라브의 그랑 크뤼로 지정되는 영광을 안았다. 1962년에는 화재로 인해 와이너리 건물이 전소되기도 했었지만 재건되었다. 이후 1979년 보르도 와인 업계의 거부 루시엉 뤼통이 샤또 부스코를 인수한 후, 그의 딸인 소피 르통이 1992년부터 샤또 부스코를 도맡아 운영하고 있다. 1997년 소피 르통의 남편이자 페삭 레오냥의 현 시장인 로렁이 와이너리에 합류해 도움을 주고 있다.

위치 보르도 시내에서 차로 50분
주소 1477 Avenue de Toulouse, 33140 Cadaujac
전화 05-57-83-12-27
오픈 홈페이지에서 방문 신청
투어 투어 요금은 12유로~
홈페이지 www.chateau-bouscaut.com

★ 추천 와인 ★

간판 와인 샤또 부스코 레드와 화이트를 제외하고 3가지 또 다른 와인을 선보이고 있다. 샤또 부스코는 메를로 위주에 거의 비슷한 양의 까베르네 소비뇽이 들어가고, 소량의 말벡이 블렌딩 된다. 가격은 35유로 선. 저렴하면서 그라브 와인의 개성을 느낄 수 있는 밸류 와인이다.

샤또 팔메 Château Palmer

메독 그랑 크뤼 3등급이지만 퀄리티와 명성으로는 1등급에 비견되는 와이너리다. 샤또 팔메의 역사는 1814년 영국 육군 소령을 지냈던 찰스 팔머Charles Palmer가 본래 샤또 팔메의 주인이었던 가스크 가문으로부터 영토를 사들이면서부터 시작되었다. 찰스 팔머는 1816년부터 1831년까지 마고 지역의 주요 마을인 캉트낙, 이상, 마고의 땅과 건물을 적극적으로 사들였다. 1830년대 그의 땅은 무려 163ha에 이르렀다고 한다. 이 중 포도밭이 82ha였다. 팔머는 주로 영국에서 지냈고 가끔 보르도에 와서 자산을 관리했다. 이때 팔머 소유의 포도밭에서 생산된 와인은 팔머 클라레Palmer Claret라 불리면서 영국에서 큰 인기를 끌었다고 한다. 이후 1938년부터 시셀, 말러 베스, 지네스테 미알이 샤또 팔메를 사들인 후 투자와 노력을 기울여 지금의 명성을 이룩했다.

위치 보르도 시내에서 차로 50분
주소 Château Palmer, 33460 Margaux
전화 05-57-88-72-72
오픈 사전 예약에 한해 오픈
투어 사전 예약 필수
홈페이지 www.chateau-palmer.com

★ 추천 와인 ★

샤또 마고에 비견되는 우아함과 풍부함을 느끼고자 한다면 샤또 팔메는 최고의 선택이다. 그랑 크뤼 3등급이지만, 거래되는 가격은 1등급과 2등급 사이다. 샤또 팔메는 다른 메독의 와이너리보다 메를로의 비율이 높은 편이어서 와인에 살집이 풍부한 느낌을 준다. 세컨드 와인은 알테르 에고 팔메Alter Ego Palmer. 샤또 팔메는 약 300유로 내외. 알테르 에고는 80유로 선.

샤또 스미스 오 라피트 Château Smith Haut Lafitte

샤또 스미스 오 라피트에 들어서면 세련된 전원마을을 방문한 듯한 인상을 받게 된다. 스미스 오 라피트의 시작은 1365년 이곳에 처음으로 포도를 재배했던 보스크 가문에서 기원을 찾을 수 있다. 18세기 스코틀랜드인 조지 스미스가 인수하면서 샤또의 건물을 새로 짓고 와인을 직접 영국으로 수출했다. 이후 몇 번의 주인이 바뀐 뒤 현재는 다니엘 카티아르가 오너로 있다. 그는 1990년 샤또를 인수한 후 소유지의 약 30%를 다시 편성하고 포도나무를 이식했으며, 새로운 포도재배 기술을 도입하고 지속가능한 재배 방식을 채택했다. 그는 이를 바이오 프리시젼이라고 이름 지었다. 이는 토양과 포도나무로 대표되는 생명을 존중하는 한편, 가장 혁신적인 포도 재배 방법 및 양조 기술을 조화롭게 결합시킨 것이다. 또한 그는 폐허나 다름없던 지하 셀러를 대대적으로 개조했다. 화이트 와인 셀러를 새로 짓고, 오래된 스테인리스 스틸 통을 더 작은 오크통으로 바꾸었으며, 리셉션 룸을 새롭게 마련하고 기타 시설들을 현대화했다. 1995년에는 스미스 오 라피트 전용 오크통 제작시설을 마련했는데, 이는 보르도에서 샤또 라피트 로칠드와 샤또 마고 외에 이곳이 세 번째다. 이 오크통들은 프랑스 산(트롱세 및 느베르 산림) 최고급 참나무를 선별해 특별히 제작된 것이다. 1999년에는 보르도 지역에서 유일하게 고급 호텔과 스파를 갖춘 와이너리가 됐다.

위치 보르도 시내에서 차로 30분
주소 Château Smith Haut Lafitte, 33650 Bordeaux Martillac
전화 05-57-83-11-22
오픈 사전 방문예약
투어 43유로~, 투어별 비용 상이
홈페이지 www.smith-haut-lafitte.com

★ 추천 와인 ★

스미스 오 라피트 레드와 화이트, 오뜨 드 스미스Hautes de Smith, 르 쁘띠 오 라피트Le Petit Hauts Lafitte를 선보인다. 어떤 것을 선택해도 실망시키지 않는다. 여유가 있다면 샤또의 호텔에 머물면서 와인 시음과 스파, 레스토랑에서 럭셔리한 와인 문화를 만끽해보자. 스미스 오 라피트는 120유로 선.

샤또 파프 클레멍 Château Pape Clément

보르도의 그랑 크뤼 클라세 샤또 중 가장 오랜 역사를 가진 와이너리. 파프 클레멍의 기원은 보르도의 주요 지주이자 파프 클레멍의 부지를 소유하고 있던 베르트랑 드 고트가 1305년 클레멍 5세로 교황에 오르면서 자기가 소유한 포도밭을 보르도 대주교에게 넘기고 떠나면서 시작됐다. 와이너리는 프랑스 대혁명 이후 교회에 속한 사유지는 대중에게 공개되었고, 1858년 장 밥티스트 클레르가 이 샤또를 매입했다. 그는 포도밭을 확장하고 와이너리를 리노베이션해 와인의 품질을 세계적인 수준으로 끌어올렸다. 샤또 파프 클레멍은 1980년대 와인에 엄청난 열정을 지닌 베르나르 마그레즈가 인수하면서 새로운 전기를 마련했다. 그는 하락세를 걷던 샤또를 살리기 위해 뛰어난 와인 메이커를 고용했다. 베르나르 퓌졸Bernard Fujol과 미셸 롤랑Michel Rolland이 그들이다. 로버트 파커는 1989년 빈티지 이후 파프 클레멍에 대해 복합적이고, 우아한 와인이라고 평한 바 있다.

위치 보르도 시내에서 차로 30분
주소 216 Avenue du Docteur Nancel Penard, 33600 Pessac
전화 05-57-26-38-38
오픈 월~토 09:00~19:30, 일 09:00~12:30
투어 20유로~, 투어별 요금 상이
홈페이지 www.chateau-pape-clement.fr

★ 추천 와인 ★

군더더기 없이 깔끔한 스타일의 와인이다. 레드의 경우 메를로 비율이 비교적 높기 때문에 풍성하고 살집이 있는 편이며, 숙성 초기에도 훌륭한 퀄리티를 보여 준다, 최고 빈티지는 몇 십 년 동안 거뜬히 숙성시킬 수 있다. 2001, 2000, 1998, 1990, 1988, 1986이 그레이트 빈티지다. 120유로 선.

샤또 샤스 스플린 Château Chasse Spleen

국내에서 '슬픔이여, 안녕'으로 자주 거론되는 와인이다. 샤스 스플린은 크뤼 부르주아 등급의 와인이지만 그 명성은 메독 그랑 크뤼 클라세 와인과 비교해도 전혀 밀리지 않는다. 샤스 스플린의 정확한 의미는 '슬픔을 떨쳐버린다'이다. 프랑스의 유명 시인이자 작가인 샤를 피에르 보들레르가 이 와인을 마신 후 우울함에서 탈출했다하여 이 샤또에 헌정한 이름이 현재까지 이어져 왔다. 무엇보다 와인 애호가들에게 선풍적인 인기를 끌었던 〈신의 물방울〉 7권에서 명품만을 신봉하던 다카스키를 등급이나 명성을 떠나 와인의 본질을 파악하게 하고 과거의 슬픔으로부터 벗어나게 해준 와인으로 소개되면서 더욱 유명세를 타게 되었다. 세계적인 와인평론가 로버트 파커는 이 와인을 두고 지난 30여 년간 꾸준히 그랑 크뤼 클라세 3등급에 필적할 만한 우수한 품질을 지닌 와인을 생산하는 곳이라 평가했다. 또한 그랑 크뤼 와인의 출시 전 배럴 테이스팅을 통해 선 구매를 할 수 있는 엉 프리뫼르 시장에서 'must have' 와인으로 항상 손꼽힌다. 메독 지역의 그랑 크뤼 클라세 와인의 등급 조정이 이뤄진다면 가장 먼저 승급될 와인으로 꼽힌다. 1976년부터 따이앙 그룹이 인수해 관리하고 있다.

위치 보르도 시내에서 차로 1시간
주소 32 Chemin de la Razé, 33480 Moulis-en-Médoc
전화 05-56-58-02-37
오픈 성수기(5~10월)는 사전 없이 예약없이 방문 및 시음 가능. 나머지는 예약 필수, 투어 가격은 12유로~
투어 성수기 투어 10:00, 11:00, 14:00, 15:00, 16:30
홈페이지 www.chasse-spleen.com

★ 추천 와인 ★

작황에 따라 까베르네 소비뇽과 메를로의 비율을 해마다 달리한다. 보통은 두 품종을 반반씩 블렌딩하고, 까베르네 프랑과 쁘띠 베르도도 소량 블렌딩한다. 샤스 스플린 이외에도 블랑을 비롯해 4종의 보다 저렴한 와인을 생산하고 있으며, 모두 시음해볼 가치가 있다. 샤또에서 준비해 놓은 투어 상품을 적극 추천한다. 샤스 스플린 가격은 50유로 내외.

샤또 오 브리옹 Château Haut Brion

세계에서 가장 유명한 와이너리 중 하나다. 샤또 오 브리옹의 역사는 장 드 퐁탁이라는 인물에서부터 시작된다. 그는 무려 101살까지 장수하면서 결혼을 세 번 했는데, 1525년 결혼한 첫 번째 아내 잔느 드 벨롱이 오 브리옹이라 불리는 자갈 토양의 땅을 결혼 지참금으로 가져왔다. 오 브리옹의 주인이 된 장은 계속해서 땅을 늘려가면서 포도를 심었고, 포도밭 한 가운데 와인 양조를 위한 건물을 지었다. 이것이 와이너리에 샤또라는 말을 쓰게 된 기원이었다고 한다. 이후 가문의 후예인 아르노 드 퐁탁은 17세기부터 와인에 포도 품종과 생산지를 분명히 밝히기 시작했다. 그는 좋은 포도만 골라서 와인을 빚거나, 한 번 사용한 통을 재활용하지 않는 방식으로 와인의 질을 높였다. 당시 보르도 와인의 주요 고객이었던 영국의 와인 애호가들은 오 브리옹을 '호 브라이언Ho Bryan'이라 부르며 품질을 극찬했다. 미국 3대 대통령이자 열렬한 와인 애호가였던 토머스 제퍼슨은 오 브리옹이 얼마나 맛있는지에 대한 글을 쓰고, 와인 여섯 상자를 한꺼번에 구입하기도 했다. 이후 퓌멜과, 라리유를 거쳐 현재 딜롱 가문이 오 브리옹을 소유하고 있다. 미국의 저명한 금융업자였던 클라랑스 딜롱은 프랑스에 미국 대사로 있으면서 1934년 오 브리옹을 인수, 투자와 혁신을 거듭해 현재의 오 브리옹을 만들었다.

위치 보르도 시내에서 차로 30분
주소 135, Avenue Jean Jaurès, 33608 Pessac
전화 05-56-00-29-30
오픈 전화나 홈페이지 사전 예약
투어 사전 예약 필수
홈페이지 www.haut-brion.com

★ 추천 와인 ★

샤또 오 브리옹은 두말할 필요 없이 세계 최고의 와인이다. 지금이 허락한다면 반드시 마셔봐야 할 단 하나의 와인. 가격은 빈티지마다 천차만별, 평균 600유로 내외. 세컨드는 150유로 내외.

샤또 다가삭 Château d'Agassac

상상 속에서나 그리던 아기자기하고 아름다운 샤또를 찾고 있다면 샤또 다가삭이 이상적이다. 그림처럼 펼쳐진 포도밭과 디즈니 동화에서 나올 법한 고즈넉한 성, 그리고 누구나 편하게 방문할 수 있도록 배려한 투어 프로그램을 운영한다. 그저 샤또 안에 머무는 것만으로도 힐링이 되는 기분이 든다. 샤또 다가삭은 도르도뉴와 지롱드 강이 나뉘는 보르도 좌안의 중심가에서 약 20km 북쪽에 위치했다. 메독에서 가장 오래된 샤또 중 하나로 그 역사는 11세기까지 거슬러 올라간다. 현재 기록된 샤또의 설립은 13세기로 추정되는데, 이렇게 오래된 역사에도 불구하고 샤또 다가삭의 오너 및 구성원들은 전통보다는 현대화에 더욱 박차를 가해 왔다. 이곳은 시장의 트렌드에 따라서 병 마개를 코르크가 아닌 스크류 캡을 사용한 와인을 생산하기도 한다. 참고로 다가삭의 샤또 건물은 프랑스 국보로 지정되어 있다.

위치 보르도 시내에서 차로 1시간 30분
주소 15, Rue du Château d'Agassac, 33290 Ludon-Médoc
전화 05-57-88-15-47
오픈 월~금 10:00~18:00
투어 12유로~
홈페이지 www.agassac.com

★ 추천 와인 ★

부담 없이 편하게 즐기는 메독 와인을 찾는 이들에게 굉장히 적합한 샤또다. 대체로 짙은 자주색을 띠며, 다양한 과일 향과 오크향이 복합적으로 올라오고, 풀 바디의 묵직함이 있으면서도 입안에서는 둥근 느낌을 주는 매력적인 와인이다. 가격은 30유로 내외.

샤또 딸보 Château Talbot

히딩크 감독이 사랑했던 와인, 〈신의 물방울〉에서 '승리'를 기원하는 와인, 한국인이 가장 사랑하는 그랑 크뤼 클라세 와인 등 많은 수식어를 달고 있는 샤또이다. 'Talbot'는 영국 장군인 존 탈보John Talbot에서 유래됐다. 그는 1453년 영국과 프랑스가 벌인 100년 전쟁 최대의 격전지로 꼽히는 카스티용 전투에서 사망한 것으로 알려져 있다. 비록 적군이었지만 용감하게 싸웠던 존 탈보를 기려 그의 이름을 딴 와인을 만든 것이다. 1917년 보르도 최대이자 최고의 와인 상인 코르디에 가문의 소유가 된 샤또 딸보는 동일 가문이 보유하고 있는 생 줄리앙 지역의 그랑 크뤼 2등급 샤또 그뤼오 라로즈의 자매 샤또라고 할 수 있다. 110ha의 포도밭에 까베르네 소비뇽과 메를로, 쁘띠 베르도를 각각 66%, 30%, 4%의 비율로 재배하고 있다. 평균 수령이 35년 된 포도나무에서 수확한 포도로 와인을 빚으며 오크통에서 18~24개월 숙성된 후 병입된다.

위치 보르도 시내에서 차로 1시간
주소 chateau Talbot, 33250 Saint-Julien-Beychevelle
전화 05-56-73-21-50
오픈 홈페이지를 통한 사전 예약 투어 20유로~
홈페이지 chateau-talbot.com

★ 추천 와인 ★

국내에서는 가장 유명한 그랑 크뤼 샤또. 샤또 딸보와 세컨드 와인 코네타블 드 딸보Connetable de Talbot, 화이트 와인 까이유 블랑Caillou Blanc을 생산한다. 1998, 2000, 2006년 빈티지를 추천한다. 샤또 딸보의 가격은 65유로 내외.

샤또 베슈벨 Château Beychevelle

메독에서 가장 아름다운 샤또 중 하나로 꼽힌다. 베슈벨은 1757년 성을 세울 때부터 고전적인 건축미의 모범으로 일컬어지는 베르사유 궁전의 건축 양식을 본 따서 지었다고 전해진다. 몇몇 와인 애호가들은 베슈벨 와인의 풍미와 아름다운 샤또를 칭송해 '작은 베르사이유'라고 부르기도 한다. 베슈벨의 레이블에는 깃발을 반쯤 내린 배가 그려져 있는데 이는 베슈벨의 이름과 연관이 있다. 16세기 당시 베슈벨 샤또는 프랑스 해군 제독 에페르농 공작의 성이었다고 한다. 그는 지롱드 강을 지나는 배들이 그의 성 앞을 지나갈 때면 속력을 줄일 것을 명령하면서 '베쓰 부왈Baisse-Voile(깃발을 내려라)'이라고 외쳤는데 그것이 샤또의 이름이 되었다고 한다. 현재 그랑 밀레짐 드 프랑스가 소유 및 관리하고 있다.

위치 보르도 시내에서 차로 1시간
주소 Château Beychevelle-F-, 33250 Saint Julien
전화 05-56-73-38-01
오픈 메일(visite@beychevelle.com)이나 홈페이지 예약
투어 35유로~
홈페이지 www.beychevelle.com

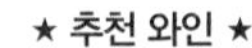

빈티지마다 차이는 있지만 까베르네 소비뇽과 메를로의 블렌딩 비중이 비슷하다. 까베르네 프랑과 쁘띠 베르도를 소량 블렌딩한다. 우아하면서도 강직한 바디로 유명하다. 세컨드 와인은 아미랄 드 베슈벨Amiral de Beychevelle이다. 베슈벨의 가격은 100유로 내외.

샤또 브라네르 뒤크뤼 Château Branaire Ducru

샤또 브라네르 뒤크뤼의 역사는 17세기 중엽부터 시작된다. 유럽의 귀족이었던 베르나르 드 라 바레뜨의 사후, 샤또가 부채 관계로 프랑스 왕실에 귀속되면서 베슈벨에서 분리되어 탄생한 것이 바로 브라네르 뒤크뤼다. 이후 1680년 장 바티스트 브라네르가 주인이 된 후 그의 후세들에게 계속해서 이어져 내려왔다. 1824년 후손인 뒤뤽 가문이 현재의 건물을 지었고, 다시 친척인 구스타프 뒤크뤼에게 상속된다. 현재는 은행원이자 사업가였던 패트릭 마로토가 브라네르 뒤크뤼의 떼루아에 반해 와이너리를 매입한 후 지금까지 소유하고 있다. 샤또 브라네르 뒤크뤼는 생 줄리앙에 50ha의 포도밭을 소유하고 있다. 1855년 그랑 크뤼 등급에서 당당하게 4등급에 오른 최고급 와인 중 하나다. 포도나무의 평균 수령은 35년이며 까베르네 소비뇽 65%, 메를로 28%, 쁘띠 베르도 4%, 까베르네 프랑 3%의 황금 비율로 포도 재배를 하고 있다.

위치 보르도 시내에서 차로 한 시간
주소 Bourdieu, 33250 Saint-Julien-Beychevelle
전화 05-56-59-25-86
오픈 메일(visites@branaire.com)로 사전 예약
투어 12유로~
홈페이지 www.branaire.com

★ 추천 와인 ★

샤또 베슈벨과 더불어 생 줄리앙 마을을 대표하는 그랑 크뤼로 반드시 마셔봐야 할 와인 중 하나다. 세컨드 와인으로 뒤릭 드 브라네르 뒤크뤼Duruc de Branaire Ducru가 있다. 브라네르 뒤크뤼의 가격은 80유로 내외.

샤또 무똥 로칠드 Château Mouton Rothschild

메독 그랑 크뤼 클라세 역사에서 유일하게 등급 조정을 이루어낸 전설적인 샤또다. 샤또 무똥 로칠드는 바롱 나다니엘 남작이 설립했다. 그의 증손자 바롱 필립Baron Philippe은 1855년에 있던 메독 와인에 대한 그랑 크뤼 등급 결정에서 자신의 와인이 1등급에 속하지 못한 것을 도저히 납득하지 못했다. 그는 끊임없이 와인의 품질을 높이기 위해 노력한 결과 1등급으로의 승격을 이루어냈다. 샤또 무똥 로칠드의 등급 조정은 전무후무한 사건으로 기록된다. 1924년 샤또에서 와인을 자체 병입한 최초의 와이너리이기도 하다. 이는 품질우선이라는 샤또 무똥 로칠드의 혁신을 보여주는 일례라고 할 수 있다. 또한 장 카를뤼를 시작으로 유명 화가에게 의뢰한 그림을 레이블에 장식해 와인과 예술을 처음으로 접목한 샤또로도 유명하다. 지금까지 피카소, 달리, 샤갈, 세잔, 베이컨, 델보, 발투스, 칸딘스키, 앤디 워홀 등 유명 화가들이 샤또 무똥 로칠드의 레이블 작업에 참가했다. 2013년 빈티지에는 이우환 화백의 그림이 레이블을 장식했다. 이들은 샤또 무똥 로칠드의 레이블 작업의 대가를 돈으로 받는 것이 아닌, 참가한 빈티지의 샤또 무똥 로칠드 와인과 함께 다른 빈티지의 와인을 받는 것으로 알려져 있다. 이처럼 매년 예술가의 작품으로 완성되는 샤또 무똥 로칠드는 수집가들의 1순위 수집 대상이기도 하다. 샤또 내에 The Museum of Wine Art라는 예술 박물관도 운영하고 있다.

위치 보르도 시내에서 차로 1시간 10분
주소 Lien-Dit Le Pouyalet, 33250 Pauillac
전화 05-56-73-21-29
오픈 홈페이지를 통한 사전 예약에 한해 방문 가능
투어 사전 예약 필수
홈페이지 www.chateau-mouton-rothschild.com

★ 추천 와인 ★

쉽게 마실 수 있는 와인은 아니지만, 입 안에서 느껴지는 묵직함과 탄성을 자아내는 밸런스는 죽기 전에 꼭 한 번은 경험해봐야 할 와인임을 증명한다. 세컨드 와인 르 쁘띠 무똥Le Petit Mouton도 독립적인 레이블을 지니는 밸류 와인이다. 무똥 로칠드의 가격은 700유로 내외.

샤또 랭쉬 바쥬 Château Lynch Bages

저명한 와인 평론가 로버트 파커가 그의 저서 〈Bordeaux〉에서 "5등급이지만 1980년대 중반 이후로 2등급에 필적하는 수준의 와인을 생산하면서 그 위상을 확립했다"라고 극찬한 샤또다. 샤또 랭쉬 바쥬는 아일랜드계 이민자의 후손인 토마스 랭쉬가 보르도에서 긴 역사와 전통을 지닌 바쥬 포도원 소유주의 딸과 결혼해 18세기 이 포도원을 상속받으면서 탄생하게 되었다. 특히 토마스 랭쉬의 아들 미셸 랭쉬는 아버지에 이어 수십 년간의 노력을 거듭해 와이너리를 세계적인 수준으로 끌어올렸다. 그는 현재의 샤또 랭쉬 바쥬의 토대를 대부분 닦아놓은 인물로, 사실상 샤또 랭쉬 바쥬의 진정한 창업자로 볼 수 있다. 이후 와이너리는 몇 대를 거친 후 1932년 와인 사업 외에 호텔, 레스토랑 등 다양한 분야에서 활발하게 활동하고 있던 까즈 가문으로 넘어갔으며, 4세대를 거쳐 지금에 이르게 되었다. 샤또 랭쉬 바쥬의 포도밭은 포이약을 비롯해 근처의 앙트르 두 메르, 그라브 등 5곳에 퍼져 있다. 이들 밭에서 연간 약 100만병 정도를 생산하며, 이 가운데 샤또 랭쉬 바쥬가 약 30만병을 차지한다.

위치 보르도 시내에서 차로 1시간 10분
주소 Craste des Jardins, 33250 Pauillac
전화 05-56-73-19-31
오픈 월-일 09:30~13:00, 14:00~18:30
투어 25유로~
홈페이지 www.jmcazes.com

★ 추천 와인 ★

로버트 파커는 샤또 랭쉬 바쥬를 '가난한 이들을 위한 무똥 로칠드'라고 극찬했다. 이런 평가는 대부분의 빈티지에서 분명히 느낄 수 있으며 가격대비 가치가 대단히 높다. 실제로 랭쉬 바쥬의 와인은 그랑 퓌 라코스트와 함께 보르도 전체에서 가격대비 최고의 밸류 와인에 속한다. 가격은 150유로 선.

샤또 레오빌 라스 카스 Chateau Leoville Las Cases

메독에서 가장 오래된 와이너리 중 하나다. 1638년 보르도 의회 의원이던 장 드 무아티는 그의 포도밭을 자신의 성을 따서 몽 무아티Mont Moytie라고 불렀다. 이 포도밭은 샤또 마고와 더불어서 메독 최초의 샤또 중 하나였다. 그 후 포도밭은 무아티 가문이 100년 이상 소유했으나, 가스크Gascq 가문이 다음 주인이 되면서 처음으로 레오빌이라는 이름을 갖게 된다. 가스크 가문이 소유했던 포도밭은 무려 300ha나 됐다. 당시 보르도에서 가장 큰 규모였다. 그러나 가스크 가문의 대가 끊기면서 이 거대한 포도밭은 조카들에게 넘어간다. 그 후 프랑스 대혁명이 일어나 귀족들의 땅이 몰수될 때 이들은 해외에 도피해 있었고, 이때 포도밭의 일부가 팔리면서 레오빌 바르통Leoville Barton이 떨어져 나왔다. 1840년 조카 중 하나인 피에르 장 드 라스 카스가 지금의 레오빌 라스 카스를, 다른 조카인 잔느가 레오빌 푸아페레Leoville Poyferre를 탄생시킨다. 이렇게 레오빌 포도밭은 라스 카스, 푸아페레, 바르통으로 나뉘게 됐다. 이후 라스 카스는 재정난에 허덕이다 테오빌 스카빈스키에게 와이너리를 매각했고, 다시 그는 보르도의 거상인 앙드레 들롱Andre Delon에게 최종적으로 매각했다. 현재 들롱 가문이 20대에 걸쳐 와이너리를 소유하고 있다. 포도밭 규모는 55ha로 까베르네 소비뇽, 메를로, 까베르네 프랑을 재배하고 있다.

★ 추천 와인 ★

레오빌 라스 카스는 생 줄리앙 지역의 와인 스타일이 어떤 지를 보여주는 정석적인 와인이다. 삼나무 향, 우아하고 기분 좋은 민트 향, 곱고 우아한 타닌이 입 안에서 부드럽게 넘어간다. 여운은 30초 이상. 세컨드 와인으로 르 프티 리옹Le Petit Lyon과 레오빌 라스 카스의 형제 와인이라 할 수 있는 끌로 뒤 마르키Clos du Marquis 또한 가격 대비 정말 훌륭한 향과 맛을 보여준다. 르 프티 리옹과 끌로 뒤 마르키는 50유로 선, 레오빌 라스 카스는 빈티지별로 상이하나 250유로 선.

위치 보르도시에서 차로 1시간
주소 Chateau Leoville Las Cases, 33250 Saint-Julien Beychevelle
전화 05-56-73-25-26
오픈 사전 예약자에 한해 오픈
투어 이메일(contact@leoville-las-cases.com)로 사전 협의
홈페이지 www.domaines-delon.com

샤또 기로 Château Guiraud

이른바 '황금의 와인'을 생산하고 있는 소테른 지역에서 샤또 디켐과 지리적으로 가까워, 비슷한 떼루아를 지닌 것으로 평가받는 와이너리다. 샤또 기로의 뿌리는 15세기로 올라가는데, 소테른에서도 가장 오래된 역사를 지닌 곳으로 유명하다. 16세기 이후 6개의 가문을 거쳐 현재는 4명의 소유주가 공동으로 소유하며 성공적으로 관리되고 있다. 30~40년 수령의 올드 바인에서 귀부균의 영향을 받은 포도만을 세심하게 골라 4~6번에 걸쳐 단계적으로 수확을 하는데, 이때 1ha당 1,200리터로 굉장히 적은 양만을 와인에 쓴다. 세미용 65%, 소비뇽 블랑 35%의 블렌딩을 통해 보다 섬세하고 미네랄리티한 귀부 와인을 만들고 있다. 또한 와인의 양조 과정 중에 어떠한 가당도 하지 않아 자연에서 그대로 빚어진 천연 감미 와인을 선보이고 있다. 샤또 기로는 2011년부터 유기농으로 인증을 받은 친환경 와이너리이다.

위치 보르도 시내에서 차로 50분
주소 Château Guiraud, 33210 Sauternes
전화 05-56-76-61-01
오픈 월~일(시간은 시즌마다 상이. 홈페이지 확인)
투어 23유로~
홈페이지 www.chateauguiraud.com

★ 추천 와인 ★

달콤한 감미가 일품인 귀부 와인은 식후주로 서빙되는 것이 일반적이다. 하지만 샤또 기로의 경우 당도와 산도가 적절하게 균형을 이뤄 어느 코스에 서빙이 되어도 훌륭한 마리아주를 이룬다. 아시안 푸드, 그리고 스파이시한 한식과도 훌륭하게 매칭을 이룬다. 가격은 60유로 선.

샤또 몽로즈 Château Montrose

메독 그랑 크뤼 마을 중 가장 북쪽에 위치한 생테스테프의 그랑 크뤼 클라세 2등급 와이너리다. 지롱드 강이 내려다보이는 언덕에 있어 강과 어울린 포도밭의 멋진 경관을 자랑한다. 몽로즈는 1778년 창립자 에티엔 테오도르 뒤물랭이 생테스테프의 황무지 언덕을 구입하면서 시작됐다. 그가 이 땅을 구입했을 때 이곳은 아름다운 장미와 붉은색 꽃들이 만발했다고 한다. 그 꽃에서 영감을 얻어 샤또 이름을 Mont Rose(장밋빛 언덕)로 지었다고 한다. 1815년부터 와인을 생산했으며, 1861년 에티엔이 세상을 떠날 때는 95ha에 달하는 방대한 포도밭을 남겼다. 이후 몇 번에 걸쳐 주인이 바뀌었다가 현재는 부이게 가문이 인수했다. 몽로즈는 현대적인 양조시설을 갖추고, 바이오다이나믹 농법을 적용하는 등 대대적인 리노베이션을 진행하고 있다.

위치 보르도 시내에서 차로 1시간 30분
주소 Château Montrose, 33180 Saint-Estephe
전화 05-56-59-30-12
오픈 사전 예약에 한해 오픈
투어 홈페이지를 통한 사전 예약 필수
홈페이지 www.chateau-montrose.com

★ 추천 와인 ★

1990년은 샤또 몽로즈에게 특별한 해다. 그랑 크뤼 샤또 중 유일하게 몽로즈의 1990년 빈티지가 로버트 파커에게 100점을 받았기 때문이다. 지금은 구할 수도 없고, 구한다 해도 가격은 상상을 초월한다. 그렇지만 다른 빈티지도 부족하지 않다. 농축미, 우아함, 파워풀함을 고루 갖춘 최상급 밸류 와인의 면모를 느낄 수 있다. 가격은 빈티지별로 상이하며 평균 200유로 선이다.

샤또 라피트 로칠드 Château Lafite Rothschild

샤또 라피트 로칠드는 프랑스의 금융 그룹 로칠드 가문이 소유하고 있는 세계적인 명성의 샤또다. 라피트라는 이름은 프랑스 남부지방 사투리로 작은 언덕을 뜻하는 'la hite'에서 유래됐다. 1855년 등급 분류에서는 라피트 로칠드를 포함해 오직 4개의 샤또만이 1등급을 받았다. 샤또 라피트 로칠드의 역사는 14세기까지 거슬러 올라간다. 17세기에는 세귀르 가문의 소유였다. 1680년경에는 거의 확실하게 이곳에 포도나무가 존재하고 있었고, 자크 세귀르가 포도밭의 대부분을 경작했다고 전해진다. 18세기 초 세귀르 가문의 니콜라 알렉상드르 후작이 와인 제조 기술에 혁신을 불러왔고, 유럽의 상류사회에 그의 와인을 소개하면서 국제적인 명성을 지니게 되었다. 19세기 초에는 프랑스 재상을 지낸 리슐리외의 지속적인 지원으로 샤또 라피트 로칠드는 '왕의 와인'으로 불렸다. 18세기 후반 라피트의 명성은 확실해졌으며 미국 대통령 토머스 제퍼슨은 라피트를 방문하고 평생의 고객이 되기도 했다. 프랑스 혁명 이후 네덜란드 가문에 팔렸다가 1868년 제임스 마이어 로칠드 남작이 440만 프랑에 사들였으며, 이때부터 샤또 라피트 로칠드로 불리게 된다. 현재는 가문의 일원인 에릭 드 로칠드가 1974년부터 경영하고 있다.

위치 보르도 시내에서 차로 1시간 10분
주소 Château Lafite Rothschild, 33250 Pauillac
전화 05-56-59-26-83
오픈 이메일(visites@lafite.com)로 사전 예약에 한해 방문 가능
투어 사전 예약 필수
홈페이지 www.lafite.com

★ 추천 와인 ★

와인에서 품위를 느낄 수 있다면 그건 바로 라피트 로칠드일 것이다. 가격적인 부담만 없다면 손에서 놓고 싶지 않은 와인이다. 평균 가격은 약 900유로. 라피트 로칠드의 가격이 부담스럽다면 라피트 가문에서 생산하는 보다 저렴한 브랜드의 와인들에 도전해보자.

샤또 라 미시옹 오브리옹 Château La Mission Haut-Brion

샤또 라 미시옹 오브리옹의 역사는 16세기로 거슬러 올라간다. 초기 포도밭으로 일구고 와인을 만든 것은 루스탱 가문이다. 이후 샤또 오브리옹을 소유한 퐁탁 가문의 손으로 들어갔다가 프랑스 대혁명 이후 국가로 귀속되기도 했다. 샤또 라 미시옹 오브리옹은 1919년부터 1974년까지 50년간 볼트너 가문이 소유하면서 보르도 최정상 와이너리 반열에 오른다. 1922년에는 샤또 라피트 로쉴드, 마고, 무똥 로칠드 보다 더 비싼 가격에 거래된 기록이 있다. 당시 샤또 라 미시옹 오브리옹 보다 더 비싼 와인은 길 하나를 사이로 마주하고 있는 샤또 오브리옹뿐이었다. 1983년 딜롱 가문이 샤또를 인수해 현재까지 옛 명성을 이어가고 있다. 보르도 안에서도 폐쇄적인 샤또라 일반인의 방문이 쉽지는 않다. 하지만 방문을 허락하면 양조장 견학에서 시음까지 1시간 동안 완벽한 투어를 제공한다. 한국에서는 찾아볼 수 없지만 이곳의 화이트 와인 역시 희소가치가 높다.

위치 보르도 시내에서 차로 20분
주소 67 Rue de Peybouquey, 33400 Talence
전화 05-56-00-29-30
오픈 사전 예약에 한해 오픈
투어 홈페이지를 통한 사전 예약 필수
홈페이지 www.mission-haut-brion.com

★ 추천 와인 ★

추천 와인은 단연 라 미시옹 오브리옹이다. 농축된 과일향과 커피, 초콜릿, 시가 등의 진한 향이 올라오면서 고급스럽고 파워풀한 질감에 압도된다. 가격이 부담스럽다면 세컨드 와인 라 샤펠 드 라 미숑 오브리옹도 좋은 대안이다. 라 미시옹 오브리옹의 가격은 400유로 선.

샤또 코스 데스투르넬 Château Cos d'Estournel

샤또의 건물이 동양적인 건축양식을 하고 있어 '보르도의 타지마할'로 불린다. 1등급에 버금가는 뛰어난 품질을 자랑해 일명 '슈퍼 세컨드'라 일컬어지는 최상급 퀄리티의 와인이기도 하다. 샤또 코스 데스투르넬은 보르도 전체를 통틀어 10대 와인 중 하나로 꼽힌다. 빅토리아 여왕과 카를 마르크스가 즐겨 마셨고, 장 콕도와 스탕달 같은 수많은 예술가들이 열광했었다. 현지 방언으로 '자갈 언덕'이라는 의미의 코스 마을 근처 포도밭을 물려받은 루이 갸스파르 데스투르넬은 자신의 포도가 질이 매우 뛰어나다는 사실을 깨닫고 1811년부터 본격적으로 와인을 양조하기 시작했다. 당시 생테스테프에는 포도밭이 거의 없었는데, 이미 그때부터 자갈투성이였던 코스 데스투르넬의 특별함을 알아봤던 것. 그는 1821년부터 1847년까지 자신의 모든 열정을 코스 데스투르넬에 쏟아 부었다. 포도밭을 확장하고 건물을 보수하며 지금의 동양적인 외관의 와이너리를 신축했다. 와인에 대한 그의 열정이 오늘날 샤또 코스 데스투르넬 성공의 원천이 됐다. 현재는 프랑스 사업가 미셸 레이비에가 성공리에 샤또를 운영하고 있다.

위치 보르도 시내에서 차로 1시간 10분
주소 Château Cos D'estournel, 33180 Saint-Estèphe
전화 05-56-73-15-50
오픈 홈페이지를 통한 사전예약자에 한해 방문
투어 사전 예약 필수
홈페이지 www.estournel.com

★ 추천 와인 ★

코 데스투르넬의 포도밭은 생테스테프의 다른 포도밭보다 자갈이 더 많은 반면 점토는 적다. 이 때문에 다른 와인보다 섬세하고 우아하며 동시에 강력한 맛을 낸다는 것이 중론이다. 기회가 있다면 반드시 마셔봐야 할 와인. 200유로 선.

샤또 디켐 Château d'Yquem

세계에서 가장 귀한 스위트 와인이자 보르도 그랑 크뤼 클라세 1등급 5대 샤또 위에 군림하는 단 하나의 샤또라고 해도 과언이 아니다. 400여 년의 역사를 지니고 있는 샤또 디켐은 오래 전부터 늦게 수확되는 포도로 달콤한 와인을 생산해왔다. 샤또의 건물은 이미 12세기에 건축되었다. 1785년 뤼르 살뤼스 가문이 소유주가 되었을 당시에도 이미 샤또 디켐은 세계적인 와이너리로 평가받고 있었다. 1784년 미국 토마스 제퍼슨 대통령은 샤또 디켐 와인을 250병 주문했으며, 1787년 조지 워싱턴 대통령도 360병을 추가 주문했다고 한다. 현재는 세계적인 명품 그룹 LVMH가 인수해 운영하고 있다. 샤또 디켐은 1964년부터 13번이나 빈티지 기준에 적합하지 않다고 판단해 와인을 생산하지 않을 만큼 철저히 품질 위주로 와인을 생산한다. 수확한 포도를 모두 폐기하는 것은 아무리 돈이 많은 샤또라도 엄청난 손실이 아닐 수 없다는 것을 감안할 때 대단한 결정이라 할 수 있다. 100% 새 오크통에서 3년 이상 숙성시키는데 이때 오크통의 20%에 해당하는 와인이 증발한다고 한다. 그 어느 와인도 대체할 수 없는 단 하나의 명품 와인이 분명하다.

위치 보르도 시내에서 차로 50분
주소 Château d'Yquem, 33210 Sauternes
전화 05-57-98-07-07
오픈 홈페이지를 통한 사전예약
투어 84유로~
홈페이지 www.yquem.fr

★ 추천 와인 ★

샤또 디켐은 기회가 온다면 큰돈을 지불해서라도 마실만한 가치를 지닌 와인이다. 믿기 어려울 정도로 긴 숙성력을 지녔기 때문에 최소한 15~20년 정도 병에서 숙성을 시켜야 제 맛을 보여준다고 한다. 심지어 50~75년의 오랜 시간도 버텨낼 수 있는 와인이 바로 디켐이다. 일반 화이트 와인인 'Y'도 생산한다. 빈티지에 따라 천차만별이지만 대략 500유로 선.

[보르도 Bordeaux]

지롱드 강을 끼고 있는 보르도 시는 로마시대부터 무역항으로 이름이 높았던 곳이다. 보르도에서 생산된 와인이 이곳으로 모여 영국을 비롯한 유럽으로 팔려나갔다. 보르도 시는 이렇게 축적된 부를 바탕으로 도심 전체에 르네상스 풍의 건축물이 가득하다. 구도심은 전체가 세계문화유산으로 등재될 만큼 유서가 깊다. 여기에 1년 내내 다양한 문화, 미식 축제로 관광객들의 발걸음이 끊이지 않는다.

보르도 시내 풍경

캥콩스 광장 Esplanade des Quinconces

유럽에서 가장 넓은 광장이자 보르도 시민과 관광객의 산책코스로 사랑받는 곳이다. 광장은 도심을 가로지르는 갸론 강을 끼고 있어 아름다운 전경을 자랑한다. 드넓은 광장 중심에는 프랑스 혁명에서 중요한 역할을 했던 지롱드 당원들에게 바쳐진 지롱드 기념비Monument aux Girondins가 우뚝 솟아 있다. 기념비 아래는 분수로 장식되었다. 분수의 조각상은 규모도 크고 역동적인 포즈라 눈여겨 볼만하다. 광장에는 샌드위치나 핫도그 등을 즐길 수 있는 스낵바와 벼룩시장과 같은 작지만 매력 넘치는 상점도 많다.

위치 보르도 대성당에서 도보 15분
주소 Place des Quinconces, 33000 Bordeaux
홈페이지 www.bordeaux-tourism.co.uk

포르트 카일요 Porte Cailhau

15세기에 세워진 보르도의 역사적인 건축물이다. 초기에는 보르도 성벽의 일부로 지어졌는데 현재는 2개의 성벽 중 1곳이 남아 있다. 두께 2m, 높이 35m의 카일로 문을 통해 궁전 광장과 연결된다. 화재로 인해 파괴되었다가 1882년 복구돼 현재에 이른다. 고딕양식의 건축미를 잘 반영하고 있고, 대칭되는 원추형 지붕이 아름답다.

© Thomas Sanson-Mairie de Bordeaux

위치 보르도 대성당에서 도보 10분
주소 Rue Porte de Cailhau, 33000 Bordeaux
홈페이지 www.bordeaux-tourisme.com/offre/fiche/porte-cailhau/PCUAQU033FS00044

보르도 대극장 Grand Théâtre de Bordeaux

프랑스 유명 건축가 빅토르 루이가 건축했다. 1780년에 문을 연 대극장은 건물 외관을 받치고 선 12개의 코린트식 기둥이 압도적인 존재감을 자랑한다. 특히, 내부 홀로 연결되는 계단은 18세기 프랑스 건축사에서 가장 아름다운 부분으로 꼽힌다. 내부의 웅장한 객석과 음향시설은 말할 것도 없고 파리 오페라하우스의 모델이 된 계단까지 샅샅이 눈여겨보자. 보르도 대극장은 국립 보르도 오페라단과 발레단 본부다. 이 극장에서 수많은 오페라와 발레를 공연했는데, 특히 발레는 프랑스에서 타의 추종을 불허할 만큼 독보적인 위치를 차지하고 있다.

위치 보르도 대성당에서 도보 10분
주소 Place de la Comedie, 33000 Bordeaux
홈페이지 www.opera-bordeaux.com

위치 보르도 대성당에서 도보 12분
주소 17 Place de la Bourse, 33000 Bordeaux
홈페이지 www.bordeauxpalaisbourse.com

부르스 궁 Palais de la Bourse

부르스 궁은 보르도 시 중심에 위치한 유서 깊은 궁전이다. 건축기간이 20여 년에 이를 만큼 거대한 건축물로 프랑스 근대 건축 미술의 장엄함과 화려함을 그대로 느낄 수 있다. 보르도 도심 관광을 하다보면 보고 싶지 않아도 볼 수밖에 없을 정도로 거대한 규모를 자랑한다. 부르스 궁 앞에는 보르도 최고의 관광지 중 하나인 거울 분수Le Miroir d'eau가 있다. 거울 분수는 바닥에 얇게 깔린 물이 거울이 되어 부르스 궁이 마치 물 위에 떠 있는 듯한 신비로운 경치를 보여준다.

로앙 궁 Palais Rohan

1772년 보르도 대주교 페르디낭 막시밀리엉 메리아덱 드 로앙이 건축가 조셉 에티엔에게 요청해 지은 궁전이다. 1835년부터 현재까지 보르도의 시청사로 쓰이고 있는 로앙 궁은 프랑스 혁명 이후 많은 우여곡절을 겪었다. 1791년 프랑스 혁명 때는 재판소로 쓰였고, 1802년에는 도청으로 사용됐다. 1808년에는 나폴레옹 1세의 황제관으로, 1815년에는 루이 18세의 궁으로 쓰였다. 보르도 역사를 고스란히 안고 있는 로앙 궁은 화려한 건축 양식으로 볼거리가 풍부한 건축물이다.

위치 보르도 대성당에서 도보 1분
주소 Place Pey Berland, 33000 Bordeaux

©Thomas Sanson-Mairie de Bordeaux

위치 부르 궁에서 도보 12분
주소 Place Pey Berland, 33000 Bordeaux
홈페이지 www.cathedrale-bordeaux.fr

생 앙드레 대성당 Cathédrale Saint-André

캥콩스 광장, 보르도 대극장, 로앙 궁과 함께 보르도 도시여행의 필수 방문지이다. 보르도 중심 페이 베를랑 광장에 위치한 대성당은 11세기 말에 건축이 시작되어 14세기에 화려한 모습을 드러냈다. 중세시대 앙주에서 유행하던 고딕 양식의 영향을 받아 웅장하고 화려하다. 1137년 프랑스 왕 루이 7세와 아키텐 공국의 상속녀 엘레오노르가 결혼식을 올린 장소로 유명하다. 1998년 유네스코 세계문화유산에 지정되었다.

★ ~20유로, ★★ 20~30유로, ★★★ 30~50유로, ★★★★ 50유로~ (점심 코스 기준)

카페 라비날 Cafe Lavinal ★★★

샤또 랭쉬 바쥬에서 운영하는 친근한 분위기의 가성비 레스토랑이다. 카즈 가문은 1989년에 호텔을 오픈했으며, 호텔에서 불과 몇 걸음 떨어진 바쥬 Bages 마을 중심부에 카페 라비날을 함께 운영하고 있다. 샤또를 방문하지 않더라도 랭쉬 바쥬의 우아한 와인들과 전통적이고 푸짐한 프랑스 요리를 함께 매칭해 보기를 추천한다. 1930년대 오래된 프랑스 비스트로 인테리어와 합리적인 음식 가격이 매력 포인트다.

위치 보르도 시에서 차로 28분
주소 Place Desquet-Bages-33250 Pauillac
홈페이지 www.jmcazes.com

레스토랑 라 그랑드 비뉴 Restaurant La Grand' Vigne ★★★★

샤또 스미스 오 라피트에서 운영하는 미슐랭 2스타 레스토랑으로 오렌지 온실 정원이 아름답다. 18세기에 지어진 와인 셀러를 그대로 유지하고 있으며 1만 6,000병의 와인을 보관하고 있다. 2000년부터 현재까지 샤또 스미스 오 라피트 전 빈티지 와인과 함께 보르도 지역의 와인 리스트가 훌륭하다. 꼬냑과 아르마냑 지역의 브랜디도 리스팅 되어 있다. 레스토랑과 함께 와인바를 운영한다.

위치 보르도 대성당에서 차로 28분
주소 Smith Haut-Lafitte, 33650 Martillac
홈페이지 www.sources-caudalie.com

르 세인트 제임스 Le Saint-James ★★★★

아름다운 녹지와 포도밭에 둘러싸인 웅장한 호텔 내 레스토랑이다. 건축가 장 루벨이 만든 경사진 언덕 면에 설계된 테라스와 정원은 방문객의 완벽한 휴식공간이 된다. 보르도가 한눈에 내려다보이는 테라스에서 고전적이면서 화려한 창작 요리를 경험할 수 있다. 레스토랑 외에 카페도 운영된다. 카페에서는 부담스럽지 않은 가격에 간단한 식사메뉴도 즐길 수 있다.

위치 보르도 대성당에서 차로 20분
주소 3 Place Camille Hostein, 33270 Bouliac
홈페이지 saintjames-bouliac.com

메종 뒤 뱅

르 파비용 데 불르바흐 Le Pavillon des Boulevards ★★★

보르도 시내에 위치한 미슐랭 1스타 레스토랑이다. 고풍스러운 우드 테이블의 실내 인테리어가 주목을 끈다. 아담한 테라스에서 식사가 가능하다. 프랑스 요리와 분자 요리가 결합된 창의적인 요리를 선보인다. 초콜릿 디저트 역시 이 레스토랑의 인기 메뉴이다.

위치 보르도 대성당에서 차로 10분, 도보 30분
주소 120 Rue Croix Seguey, 33000 Bordeaux
홈페이지 www.lepavillondesboulevards.fr

라 테이블 다가삭

르 파비용 데 불르바흐

메종 뒤 뱅 드 보르도

라 타블 다가삭 La Table d'Agassac ★★

2015년 6월 문을 연 샤또 다가삭에서 운영하는 프렌치 레스토랑이다. 포도밭에 둘러싸인 샤또의 아담한 레스토랑에서 와인과 미식의 조화를 느낄 수 있다. 제철 식재료를 사용한 신선한 음식을 비교적 저렴한 가격에 제공해 메독 와인 여행자에게는 더할 나위 없이 좋은 식사 장소다. 식사와 함께 와인을 페어링하거나 셀러도어를 방문해 와인 투어도 할 수 있다.

위치 보르도 시내에서 차로 35분
주소 15, Rue du Château d'Agassac, 33290 Ludon-Médoc
홈페이지 www.agassac.com

라 메종 뒤 파타 네그라 La Maison du Pata Negra ★

보르도 시내에서 최고의 스페인 하몽과 타파스를 경험할 수 있는 곳으로 매일 오전부터 점심까지 문을 연다. 와인과 간단한 타파스를 즐기거나 질 좋은 하몽과 치즈를 직접 구입해 가져갈 수 있다. 점심 전에 식사를 하려는 여행자에게 추천한다. 여러 종류의 타파스를 시켜 먹는 재미가 있다.

위치 보르도 대성당에서 도보 20분
주소 Place des Capucins, 33800 Bordeaux
홈페이지 www.maisondupatanegra.com

레스토랑 라신느 Restaurant Racines ★★

아름다운 음식 플레이팅과 맛으로 미식가들의 마음을 사로잡는 곳이다. 젊은 남성 요리사 알렉산드르와 다니엘, 세드릭이 운영하며, 그들의 균형감 있고 섬세한 음식을 경험할 수 있다. 오리 꽁피와 신선한 무화과를 이용한 요리가 훌륭하다. 이 외에 생선류의 메인 메뉴가 유명하다.

위치 보르도 대성당에서 도보 10분
주소 59 Rue Georges Bonnac, 33000 Bordeaux
홈페이지 racines-bordeaux.com

메종 뒤 뱅 드 보르도 Maison du Vin de Bordeaux ★

보르도 시내 중심에 위치한 와인 학교이다. 와인 교육과 더불어 보르도 와인을 선택해 편안하게 시음할 수 있는 와인 바를 함께 운영한다. 테이스팅은 글라스 1잔에 2유로부터 시작해 저렴하다. 세부 지역별 와인을 주문해서 각 지역의 특징을 한자리에서 비교 시음하는 특별한 경험도 할 수 있다. 와인과 함께 간단한 안주류도 있다.

위치 보르도 대성당에서 도보 12분
주소 1 Cours du 30 Juillet, 33000
홈페이지 www.bordeaux.com

르 부티크 호텔 Le Boutique Hôtel ★★★

보르도 시내에 위치한 4성급의 부티크 호텔이다. 모든 객실은 우아한 분위기에 감각적인 디자인 가구로 인테리어 되어 있다. 로맨틱한 욕조는 여행의 특별함을 더한다. 아침식사 및 브런치를 즐길 수 있다. 홈페이지에서 객실과 조식을 포함한 패키지를 할인된 가격에 예약할 수 있다.

위치 보르도 대성당에서 도보 9분
주소 3 Rue Lafaurie Monbadon, 33000 Bordeaux
홈페이지 hotelbordeauxcentre.com

라 그랑드 메종 La Grande Maison ★★★★★

보르도 시내 중심에서 북쪽에 위치한 석조건물 호텔이다. 아름다운 정원과 테라스, 고풍스러운 실내외 인테리어가 인상적이다. 마치 성 안에 머물며 귀족이 된 듯한 기분을 느낄 수 있다. 모든 객실은 넓고 아늑하다. 고풍스러운 가구들과 실크 소재의 침구류가 로맨틱한 분위기를 연출한다. 중세의 귀족적인 분위기를 즐기며 특별한 경험을 원한다면 추천한다.

위치 보르도 대성당에서 차로 16분
주소 10 Rue Labottière, 33000 Bordeaux
홈페이지 www.lagrandemaison-bordeaux.com

호텔 부르디갈라 보르도 M 갤러리 컬렉션 Hôtel Burdigala Bordeaux M Gallery Collection ★★★★

보르도 시내에 위치한 5성급 호텔이다. 2011년 리모델링한 83개의 객실은 넓고 환하며 디자인 가구들로 현대적으로 꾸며졌다. 호텔 내 레스토랑과 바를 운영하며 24시간 객실 룸서비스를 이용할 수 있다. 인근에 유명 레스토랑들이 있어 도보로 식사를 하러 나가기가 용이하고 트램도 가깝다. 여유로운 여행을 선호하는 여행자에게 추천한다.

위치 보르도 대성당에서 도보 12분
주소 115 Rue Georges Bonnac, 33000 Bordeaux
홈페이지 www.burdigala.com

베스트 웨스턴 로얄 생 장 Best Western Royal Saint Jean ★★

보르도 기차역 앞에 위치한 3성급 호텔이다. 18세기에 지어진 건물을 2014년 새롭게 리모델링했다. 객실은 아늑하고 단정하다. 무료 와이파이도 된다. 홈페이지를 통해 조기 예약 시 할인받을 수 있다. 패키지 예약 시 간단한 조식과 뷔페식 조식을 신청할 수 있다. 호텔에서 자전거를 대여해 준다.

위치 보르도 대성당에서 차로 10분, 보르도 기차역에서 도보 2분
주소 15 Rue Charles Domercq, 33800 Bordeaux
홈페이지 www.hotel-bordeaux-saint-jean.com

샤또 코르데양 바쥬 호텔

샤또 코르데양 바쥬

아다지오 보르도 감베타

Adagio Bordeaux Gambetta ★★

현대적인 외관의 4성급 호텔이다. 객실은 호텔식과 아파트식이 있다. 호텔식 객실은 군더더기 없는 단정한 인테리어로 넓고 실용성이 좋다. 아파트식 객실은 4인이 이용할 수 있으며, 취사가 가능해 편의성이 좋다. 모든 객실은 무료 와이파이 사용이 가능하다. 호텔에서 보르도 시내 관광지까지 접근이 용이하다.

위치 보르도 대성당에서 도보 9분
주소 40 Rue Edmond Michelet, 33000 Bordeaux
홈페이지 www.adagio-city.com

인두 호텔 Yndo Hôtel ★★★★

보르도 시내에 위치한 5성급 호텔이다. 성을 연상시키는 고풍스러운 외관과 달리 객실은 감각적이고 모던한 디자인으로 꾸며졌다. 북유럽풍의 디자인 가구들과 아름다운 욕조 등 객실이 마치 예술작품과 같다. 투숙객에 한해 아름다운 테라스와 레스토랑에서의 식사 예약을 할 수 있다. 시내와의 접근성을 유지하면서 우아한 분위기에서의 휴식을 원한다면 추천할 만한 호텔이다.

위치 보르도 대성당에서 도보 13분
주소 108 Rue Abbe de l'Épée, 33000 Bordeaux
홈페이지 www.yndohotelbordeaux.fr

호텔 콘티넨탈 보르도

Hôtel Continental Bordeaux ★★★

보르도 시내 중심에 위치한 3성급 호텔이다. 객실은 우드 소재의 모던하고 현대적인 인테리어로 안정감을 준다. 가족 룸은 룸과 연결된 단독 테라스를 이용할 수 있다. 홈페이지를 통해 조식이 포함된 패키지를 조기예약 시 할인해준다.

위치 보르도 대성당에서 도보 7분
주소 10 Rue Montesquieu, 33000 Bordeaux
홈페이지 www.ihg.com/intercontinental/hotels

퀄리티 호텔 보르도 썽트르

Quality Hôtel Bordeaux Centre ★★★

보르도 시내에 위치한 3성급 호텔이다. 19세기에 지어진 호텔 건물은 고풍스러운 외관을 유지한 반면 객실은 깔끔하고 현대적이다. 시내 관광지와 인접해 있으며, 도보 5분 거리의 공용주차장을 할인된 가격에 이용할 수 있다. 홈페이지에서 예약하면 조식 패키지를 할인된 가격에 예약할 수 있다.

위치 보르도 대성당에서 도보 6분
주소 27 Rue Parlement Sainte-Catherine, 33000 Bordeaux
홈페이지 www.choicehotels.com

생테밀리옹 추천! 와이너리

Recommended Wineries

샤또 슈발 블랑 Château Cheval Blanc

샤또 페트뤼스와 더불어 보르도 우안의 슈퍼 프리미엄 와인을 책임지고 있는 와이너리다. 샤또 슈발 블랑은 그 누구도 부정할 수 없는 퀄리티를 지닌 샤또로 보르도를 넘어 세계 최고의 와인 중 하나로 꼽힌다. 슈발 블랑의 찬란한 역사는 1832년으로 거슬러 올라간다. 당시 최고의 생테밀리옹 와인 중 하나이자 무려 200ha에 이르는 방대한 포도밭을 소유했던 피작Figeac의 한 소유주였던 백작 부인이 방대한 포도밭을 팔면서 수많은 생테밀리옹 샤또를 탄생시켰다. 지금 생테밀리옹의 많은 샤또들이 '피작'이라는 이름을 서브 네임으로 달고 있는 것은 여기서 비롯됐다. 이때 뒤카스Ducasse 가문도 피작의 포도밭을 사들인 후 슈발 블랑이라 이름지었다. 그 후 뒤카스 가문의 미유 뒤카스가 장 뤼삭 푸르코와 결혼하면서 그녀가 가져온 방대한 포도밭 지참금이 더해지고 대대적인 리뉴얼을 거쳐 현재의 규모로 성장하게 됐다. 2011년 유명 건축가 크리스티앙 드 포르츠암팍이 대대적인 리뉴얼을 단행해 전통과 최신 기술을 접목한 슈발 블랑으로 탄생시켰다. 슈발 블랑의 성공은 최고의 빈티지 중 하나인 1947년 빈티지가 크리스티 경매에서 30만 4,375달러에 팔리는 전무후무한 기록을 세운 것으로 입증됐다.

위치 생테밀리옹 마을에서 차로 6분
주소 1 Cheval Blanc, 33330 Saint-Émilion
전화 05-57-55-55-55
오픈 홈페이지를 통한 사전예약자에 한해 방문
투어 사전 예약 필수
홈페이지 www.chateau-cheval-blanc.com

★ 추천 와인 ★

샤또 슈발 블랑은 생테밀리옹과 포므롤, 모두의 캐릭터를 완벽하게 표현하는 와인으로 유명하다. 까베르네 프랑과 메를로를 거의 반반씩 블렌딩해서 빚는 와인은 굉장히 화려하면서 벨벳과도 같은 부드러운 결을 지녔다. 2000년 이후 최고의 빈티지는 2014, 2012, 2010, 2009, 2008, 2005, 2001, 2000가 꼽힌다. 가격은 빈티지마다 다르지만, 대략 600유로 선이다.

샤또 파비 Château Pavie

샤또 파비는 생테밀리옹 와인 등급에서도 가장 상위 등급인 크뤼 클라세 A에 속해 있다. 이 등급에는 샤또 파비를 비롯해 샤또 오존, 샤또 슈발 블랑, 샤또 앙젤뤼스까지 단 4곳이 있다. 2012년 이전까지 샤또 오존과 샤또 슈발 블랑 2곳뿐이었지만 그 후 샤또 파비와 샤또 앙젤뤼스가 승격되었다. 샤또 파비의 역사는 4세기까지 거슬러간다. 하지만 와인이 주목받기 시작한 것은 19세기부터다. 1885년 유명한 보르도의 네고시앙이었던 페르디낭 부파흐에가 샤또 파비를 인수한 뒤 50ha에 이를 만큼 포도밭 규모를 키웠다. 당시 연간 1만2,500~1만5,000 케이스의 와인을 생산했는데, 이 규모는 지롱드 강 우안에서 가장 컸다고 한다. 샤또 파비는 1차 세계대전 이후 여러 차례 주인이 바뀌었는데, 1998년 샤또 몽부스케Château Monbousquet를 소유한 제라르 페르스가 인수한 후 지금까지 견고히 명성을 다져오고 있다. 제라르 페르스는 샤또 파비의 포도밭을 확장하는 한편, 대대적으로 샤또를 리노베이션해 와이너리를 완전히 새롭게 탈바꿈시켰다. 현재 샤또 파비의 포도밭은 37ha다. 이 포도밭은 21개 구역으로 나뉘어져 있으며, 포도밭마다 수확과 발효를 독립적으로 진행한다. 샤또 파비에는 350년 된 나무로 만든 대형 오크통을 비롯해 다양한 예술작품이 전시되어 있다. 또 생테밀리옹 마을에 1스타 미슐랭 레스토랑이 있는 5성급 호텔 플레장스Hostellerie de Plaisance도 운영한다.

위치 생테밀리옹 마을에서 차로 8분
주소 Pimpinelle, 33330 Saint-Émilion
전화 05-57-55-43-43
오픈 월-금 09:00~18:00(사전 예약 필수)
투어 60유로~
홈페이지 www.vignoblesperse.com

★ 추천 와인 ★

샤또 파비의 포도밭은 메를로 60%, 까베르네 프랑 25%, 까베르네 소비뇽 15% 비율로 포도나무가 심어져 있다. 대표 와인인 샤또 파비는 뛰어난 복합미, 유연함을 갖춘 농밀한 와인으로 가격은 320유로 선.

샤또 발랑드로 Château Valandraud

샤또 발랑드로는 '프랑스의 가라지 와인'으로 불린다. 이 와이너리는 1989년 현 오너 장 뤽 뛰네뱅과 그의 아내 뮈리엘르 앙드로가 0.6ha의 포도밭에서 와인을 만들면서 시작됐다. 부부는 포도밭을 일구면서 와인의 품질을 향상시키는 데 집중했다. 소규모의 인력으로 포도밭을 가꿔 수확한 포도로 차고처럼 작은 공간에서 아주 적은 수량의 와인을 만들었다. '가라지Garage'와인이란 이름은 이처럼 작은 규모의 양조장에서 와인을 빚은 것에서 비롯됐다. 가지치기와 그린 하베스트를 통해 철저하게 수확량을 관리하면서 만든 첫 빈티지 와인은 단 1,500병. 이들이 집중력 있는 소량의 와인을 만들어내기 위해 얼마나 많은 공을 들였는지 알 수 있다. 당시 와인 가격은 13유로였다. 지금 발랑드로 와인은 수백 유로를 호가한다. 이들이 첫 빈티지를 내놓은 4년 뒤 로버트 파커가 샤또 발랑드로를 페트뤼스에 대적하는 와인으로 평가하면서 와인 애호가들의 주목을 한몸에 받는다. 단숨에 스타 와인으로 등극한 샤또 발랑드로는 1995년 91유로, 2005년 165유로에 팔렸다. 2012년에는 프르미에 그랑 크뤼 클라세 B로 승격되었다. 지금은 샤또 발랑드로 외에 대중적인 레이블의 배드 보이 시리즈를 출시하며 시장을 확대하고 있다. 생테밀리옹 마을 내에 와인숍 Etablissements Thunevin을 운영 중이다.

위치 생테밀리옹 마을에서 차로 10분
주소 Château Valandraud, F-33330 Saint Émilion
전화 05-57-55-09-13
오픈 홈페이지를 통한 사전 예약자에 한해 방문
투어 와이너리 방문 시 사전 예약 필수, 와인 숍 상시 방문가능
홈페이지 valandraud.fr

★ 추천 와인 ★

샤또 발랑드로의 혁신적인 모든 와인이 다 매력적이다. 대표 와인이자 파워풀한 질감이 돋보이는 샤또 발랑드로 가격은 200유로 선. 그 외에 섬세하고 우아한 질감의 세컨드 와인 비르지니 발랑드로 50유로 선, 대중적인 와인 레인지의 베드 보이는 20유로 선이다.

샤또 가쟁 Chateau Gazin

섬세하고 우아한 포므롤 와인의 전형을 보여주는 샤또다. 가쟁의 로고인 십자가 마크는 오래 전 이 지역에서 활동하던 기사단의 문장에서 영감을 받아 탄생했다. 역사적으로 포므롤의 포도밭은 12세기부터 프랑스 혁명 전까지 성 요한 기사단의 지배 하에 꾸준히 발전되어 왔다고 전해진다. 특히 샤또 가쟁의 땅은 18세기에는 하나의 마을을 이루었으며, 산티아고 순례길의 순례자를 위해 기사단이 세운 로스피탈 드 포메이롤이 있었다. 가쟁의 세컨드 와인 로스피탈레 드 가쟁의 이름은 여기서 비롯됐다. 샤또는 오랜 시간 많은 오너들에 의해 유지되어 오다 현재 오너 니콜라 드 바이엉쿠흐Nicolas de Baillencourt의 증조부가 20세기 초 매입했다. 가쟁은 자금난 때문에 1969년 가장 좋은 포도밭을 이웃 페트뤼스에 매각했다. 이후부터 품질에 대한 논란이 일었다. 1979년에는 기계로 포도를 수확하면서 이런 의심이 더욱 짙어졌다. 하지만 현재 오너 니콜라의 부임 이후 새로운 전기를 맞았다. 그는 약 30ha에 이르는 포도밭을 친환경적으로 관리하고, 손 수확으로 되돌아가는 한편 생산량을 줄이면서 집중력 있는 와인을 만들어내고 있다.

위치 생테밀리옹 마을에서 차로 10분
주소 1 Chemin de Chantecaille, 33500 Pomerol
전화 05-57-51-07-05
오픈 사전 예약자에 한해 오픈
투어 이메일(contact@chateaugazin.com)로 사전 협의
홈페이지 www.gazin.com

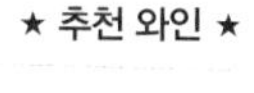

★ 추천 와인 ★

샤또 가쟁 와인은 메를로를 메인으로 소량의 까베르네 프랑과 까베르네 소비뇽을 블랜딩 한다. 까베르네 프랑과 까베르네 소비뇽의 비율은 해마다 늘릴 계획이다. 와인은 40~50% 비율의 새 프렌치 오크통에서 약 18개월을 숙성시킨 뒤 출시한다. 상대적으로 다른 포므롤 와인과 비교해서 저렴한 편이기 때문에 부담 없이 즐길 수 있다. 가격은 70~80유로 선.

샤또 르 샤틀레 Château Le Chatelet

샤또 보세주르 베코, 샤또 카농, 샤또 클로 푸르테와 이웃하고 있는 소규모 와이너리다. 보세주르 베코와는 엎어지면 코 닿을 거리에 있는데, 그 이유는 베코 가문이 1942년부터 샤또 르 샤틀레를 실질적으로 소유하고 있기 때문이다. 샤또 르 샤틀레를 운영하고 있는 베흐자 가문은 베코 가문과 많은 연관을 지니고 있다. 참고로 베흐자 가문은 뤼삭 생테밀리롱 지역에 밸류 와인을 생산하는 샤또 라 뚜르 드 세귀르Château la Tour de Segur를 소유하고 있다. 샤또 르 샤틀레는 생테밀리옹 그랑 크뤼 클라세에 승급이 되었다가 다시 비승급되었다를 반복한 경험이 있으며, 현재는 그랑 크뤼 클라세에 속해 있다. 포도밭은 약 4ha 정도로 79%의 메를로, 21%의 까베르네 프랑을 재배하고 있다. 샤또 르 샤틀레는 예약하지 않아도 편하게 방문해서 무료로 시음할 수 있는 몇 안 되는 샤또다. 사전 예약 시 샤또의 지하에 있는 오래된 석회 까브도 구경할 수 있다.

위치 생테밀리옹 마을에서 도보 15분
주소 Château Le Chatelet, 33330 Saint-Émilion
전화 05-72-91-09-29
오픈 4월부터 11월까지 11:00~19:00
투어 홈페이지에서 신청
홈페이지 www.chateau-le-chatelet.com

★ 추천 와인 ★

샤또 르 샤틀레는 편하게 방문해서 와인을 테이스팅하기에 좋은 곳이다. 와인은 50% 정도가 뉴 프렌치 오크에서 12~20개월 정도 숙성시켜 복합미가 좋다. 가격은 50유로 선.

샤또 페트뤼스 Château Pétrus

페트뤼스는 세계에서 가장 비싼 와인이다. 가격이 제 아무리 싼 것도 한 병에 100만 원을 가볍게 넘긴다. 좋은 빈티지의 경우 수백만 원을 호가한다. 하지만 페트뤼스가 처음부터 비싼 와인이었던 것은 아니다. 19세기 중반만 하더라도 페트뤼스 와인은 그저 가볍게 마실 수 있는 와인으로 여겨졌다. 비교적 최근인 1970년대까지도 유명한 와인이기는 했지만, 메독 그랑 크뤼 클라세의 1등급 와인보다는 낮은 가격에 팔렸었다. 페트뤼스의 역사는 1750년대 중반부터 시작됐다. 19세기 중반부터 서서히 이름이 알려지기 시작해 비유 샤또 세르탕과 트로타누아와 더불어 포므롤에서 가장 명망 있는 샤또로 자리 잡았다. 이후 페트뤼스를 소유했던 루바 가문이 보르도의 저명한 네고시앙인 무엑스와 손을 잡으면서 새로운 전기를 맞는다. 페트뤼스의 홍보는 물론 판매까지 무엑스의 노하우를 입으면서 페트뤼스의 가격은 점점 치솟았다. 무엑스 가문은 근대 와인 제조에 한 획을 그었던 에밀 페노Emile Peynaud 교수를 컨설턴트로 영입해 품질 상승을 꾀했다. 그 후 무엑스의 손길은 점차 확장되어 결국 1964년 루바 가문의 모든 지분이 장 피에르 무엑스Jean Pierre Moueix로 돌아가게 되고, 무엑스 가문은 페트뤼스의 최대 주주가 되었다. 1969년 무엑스 가문은 나머지 지분도 모두 사들이면서 페트뤼스라는 거인을 소유한 최후의 일인이 되었다. 페트뤼스는 미국 JF 케네디 대통령과 스타일리쉬한 영부인 재클린이 즐겨 마시는 와인으로 알려지면서 명성이 치솟았고, 말 한마디로 와인 가격을 좌지우지하는 와인 평론가 로버트 파커의 힘으로 세계에서 가장 비싼 와인 중 하나로 등극하게 되었다.

위치 생테밀리옹 마을에서 차로 8분
주소 1, Rue Pétrus-Arnaud, 33500 Pomerol
전화 없음
오픈 방문 불가능
투어 투어 없음
홈페이지 없음

★ 추천 와인 ★

페트뤼스를 한 잔이라도 마시기 위해서는 많은 인내심과 돈과 노력이 들어간다. 그럼에도 불구하고 여력이 된다면 반드시 경험해봐야 할 와인 중 하나다. 빈티지마다 차이는 있겠지만 메를로만 100% 사용해 만들거나, 아주 소량의 까베르네 프랑만 블렌딩 한다. 1병당 평균 1,500유로 선.

테르트르 로트뵈프 Tertre Roteboeuf

생테밀리옹 특급 와이너리들과 견주는 와이너리이다. 1961년 장인의 포도밭을 이어받은 프랑수와 미챠빌은 샤또 피작에서 2년간 양조기술을 익힌 후 지금의 이름인 테르트르 로트뵈프로 와인을 만들기 시작했다. 초기에는 자금난에 시달리기도 했지만 와인 품질 향상에 집중했다. 포도 수확량을 제한하고, 모든 오크통을 프렌치 뉴 오크로 교체하는 등 과감한 투자와 노력을 아끼지 않았다. 또 포도가 충분히 익을 때까지 기다리는, 생테밀리옹에서 가장 늦게 수확하는 와이너리로 알려졌다. 1989년 빈티지가 큰 성공을 거두면서 와이너리도 성공가도를 달리게 됐다. 생테밀리옹 최고의 와인 메이커로 거듭났지만 그는 지금도 포도밭에 나가고, 지하 셀러에서 시간을 보낸다.

위치 생테밀리옹 마을에서 차로 20분
주소 1lieu-dit tertre, Saint Laurent des combes 33330
전화 없음
오픈 사전 예약자에 한해 오픈
투어 contact@tertre-roteboeuf.com을 통한 사전예약 필수
홈페이지 www.tertre-roteboeuf.com

★ 추천 와인 ★

테레트르 로트뵈프는 세컨드 와인을 만들지 않는다. 오직 최고의 와인만 만든다. 1986년 빈티지는 지금까지도 결이 고운 탄닌이 느껴지고 생동감과 완벽한 밸런스를 지녔다. 빈티지에 따라 가격이 상이하다. 평균 250유로 선.

샤또 레방질 Château l'Évangile

샤또 레방질은 리부른의 유명한 가문이었던 에글리즈가 18세기 중반 포므롤에 포도밭을 경작하고 그 이름을 파지요라고 부른 데서 시작됐다. 당시 13ha에 이르는 포도밭은 19세기에 들어서면서 이삼베르라는 변호사에게 팔렸는데, 그가 이름을 바꿔서 레방질이라고 부르기 시작했다. 1862년 레방질은 뒤카스 가문의 후손 폴 샤프론에게 다시 팔렸는데, 뒤카스 가문은 1890년까지 성공적으로 샤또 레방질을 경영해 왔다. 폴 샤프론은 샤또 레방질의 명성을 끌어올린 기념비적인 인물이다. 그가 샤또를 경영할 당시 유명한 보르도의 와인 평론가였던 콕 페레는 레방질을 포므롤의 프르미에 크뤼급 와인이라고 극찬한 바 있다. 1900년 폴 사프론 사후 뒤카스의 후손들이 레방질을 물려받아 1982년까지 성공적으로 이어왔다. 1990년 도멘 바롱 드 로칠드Domaine Barons de Rothschild가 뒤카스 가문으로부터 레방질을 인수했고 날개를 달은 레방질은 현재 포므롤 최고의 와이너리 중 한 곳으로 추앙받고 있다. 레방질의 최고 빈티지는 1995, 1996, 2000, 2005다.

위치 생테밀리옹 마을에서 차로 8분
주소 Château l'Évangile, 33500 Pomerol
전화 05-57-55-45-56
오픈 화-수 9:00, 10:00, 11:00, 14:00, 15:00, 16:00만 방문 가능 (8월~10월 말 방문 불가)
투어 불어, 스페인어, 영어로 투어 진행. 사전 예약 필수
홈페이지 www.lafite.com

★ 추천 와인 ★

메를로를 주품종으로 까베르네 프랑을 소량 블렌딩 한다. 샤또 레방질은 페트뤼스, 비유 샤또 세르탕과 더불어 포므롤을 대표하는 와이너리다. 우아하고 감각적이며, 벨벳과도 같은 부드러운 탄닌을 지닌 와인으로 세계적인 명성을 자랑한다. 가격은 250유로 선.

[생테밀리옹 Saint-Émilion]

세상에서 가장 아름다운 마을 중 하나로 꼽히는 생테밀리옹은 마을 전체가 유네스코 세계문화유산으로 등재되어 있다. 먼 과거의 유럽으로 타임머신을 타고 돌아간 듯 마을 전체를 둘러싸고 있는 오래된 건물과 매력적인 골목이 가득하다. 비좁고 가파른 길을 따라 중세시대에 세워진 로마네스크와 고딕양식의 다양한 교회 건물과 유적들이 늘어서 있다. 특히, 유명한 생테밀리옹 와인들을 만날 수 있는 와인 숍과 바가 마을 안에 즐비하며, 마을 전체가 환상적인 풍경의 포도밭으로 둘러싸여 있다. 생테밀리옹이라는 이름은 성자 에밀리옹Saint Émilion의 이름을 그대로 가져온 것이다. 8세기에 활동한 것으로 알려진 에밀리옹은 브루타뉴 출신의 떠돌이 수도사였다고 한다. 그는 살아생전 장님을 눈 뜨게 하는 등의 많은 기적을 행하고 마을 근처의 숲과 동굴에서 은둔자로 살다 767년 죽었다고 전해진다. 이 후 그가 성인으로 추대되면서 그의 이름을 따서 지금의 생테밀리옹이 되었다.

생테밀리옹 마을

킹스 타워

킹스 타워 The King's Tower

생테밀리옹의 아름다운 풍경을 가장 높은 곳에서 바라볼 수 있는 타워다. 반대로 생테밀리옹 어디서든지 더 킹스 타워의 높은 자태가 보인다. 이 타워는 13세기에 건축되었으나 누구에 의해 만들어졌는지는 아직도 미스터리라고 한다. 고대 로마시대의 건축 양식이 아직까지 온전히 남아 깊은 인상을 남긴다.

위치 생테밀리옹 관광 센터에서 도보 5분
주소 448 Rue du Couvent, 33330 Saint-Émilion
홈페이지 www.saint-emilion-tourisme.com

생테밀리옹 협동 교회 Église Collégiate

지롱드 지역에서 가장 큰 교회다. 12~15세기에 지어진 것으로 추정되며 로마네스크와 고딕 양식이 혼재되어 있다. 과거의 위용이 온전히 남아 있는 생테밀리옹의 가장 역사적인 건축물 중 하나다. 이 교회는 한 때 여기에 머물렀던 아우구스티노 수도 참사회에 의해 프랑스 대혁명 전까지 관리되었다고 한다.

위치 생테밀리옹 관광 센터에서 도보 5분
주소 Place Raymond Poincarré, 33330 Saint-Émilion
홈페이지 www.saint-emilion-tourisme.com

생테밀리옹 협동 교회

모놀리틱 교회 Monolithic Church

생테밀리옹을 대표하는 유서 깊은 건축물로 가장 높은 지대에 있다. 더 킹스 타워와 더불어 마을 전체를 감상하기 안성맞춤이다. 다만 196개 계단을 올라가야 한다. 이 교회는 12~16세기에 지어진 것으로 알려졌다. 마을 이름의 유래가 되었던 에밀리옹을 경배하는 지하 석굴 묘는 반드시 구경해야 할 만큼 웅장한 규모다. 이곳에서는 매년 크리스마스 예배와 기사단 작위 수여, 콘서트 등 다양한 문화예술 행사가 열린다.

위치 생테밀리옹 관광 센터에서 도보 2분
주소 Place du Marché, 33330 Saint-Émilion
홈페이지 www.saint-emilion-tourisme.com

모놀리틱 교회 종탑

메종 뒤 뱅 드 생테밀리옹 Maison du Vin de Saint-Émilion

생테밀리옹 와인의 면면을 파헤칠 수 있는 와인 숍 겸 교육센터이다. 생테밀리옹 관광객을 대상으로 생테밀리옹 와인에 대한 이해를 돕는 일회성 교육을 펼친다. 강의는 7월 중순부터 9월 중순까지 매일 11시부터 12시 30분까지 열린다. 강의 신청은 메종 뒤 뱅 드 생테밀리옹으로 직접 전화를 하거나, 생테밀리옹 투어리즘 센터에서 할 수 있다. 생테밀리옹 와인을 구매할 수 있는 와인 숍도 있다.

위치 생테밀리옹 관광 센터에서 도보 5분
주소 Place Pierre Meyrat, 33330 Saint-Émilion
홈페이지 www.maisonduvinsaintemilion.com

메종 뒤 뱅 드 생테밀리옹

메종 뒤 뱅 드 생테밀리옹의 와인 숍

메종 뒤 뱅 드 생테밀리옹

★ ~20유로, ★★ 20~30유로, ★★★ 30~50유로, ★★★★ 50유로~ (점심 코스 기준)

레 벨르 페르드리스 드 트로플롱 몽도

오스텔레리 드 플레상스

레 벨르 페르드리스 드 트로플롱 몽도

Les Belles Perdrix de Troplong Mondot ★★★★

생테밀리옹 유명 와이너리 트로플롱 몽도에서 운영하는 미슐랭 1스타 레스토랑이다. '자연의 떼루아를 담은 요리'를 슬로건으로 내걸고 레스토랑이 소유한 과수원과 농장에서 얻은 식재료를 기본으로 요리한다. 탁 트인 테라스에서 포도밭을 바라보며 즐기는 점심은 특별한 경험을 선사할 것이다. 버섯과 가금류, 생선요리가 유명하다.

위치 생테밀리옹 마을 시내에서 차로 4분
주소 Château Troplong-Mondot, 33330 Saint-Émilion
홈페이지 www.troplong-mondot.com

로지 드 라 카덴 Logis de la Cadène ★★

1848년에 문을 연 생테밀리옹에서 가장 오래된 레스토랑 중 하나다. 소뮈르에서 공부한 알렉상드르 보마드 셰프가 선보이는 요리는 화려하고 아름답다. 오랜 시간 프랑스 식재료를 연구한 그는 정통 프렌치 요리로 이곳을 역사와 전통이 있는 레스토랑으로 자리 잡는데 일조했다. 프랑스 전역을 아우르는 광범위한 와인 리스트 역시 이곳의 장점이다.

위치 마흑까디유 광장에서 도보 1분
주소 3 Place du Marché au Bois, 33330 Saint-Émilion
홈페이지 www.logisdelacadene.fr

르 테르트르 Le Tertre ★★★

마흑까디유 광장에 위치한 프렌치 레스토랑이다. 프랑스 남서부에서 가져오는 신선한 식재료를 사용하며 가금류와 생선요리가 훌륭하다. 중세의 석조건물을 그대로 유지한 고풍스러운 실내 인테리어도 인상적이다. 레스토랑 추천 메뉴는 오리를 비롯한 가금류의 간 요리와 내장요리이다.

위치 마흑까디유 광장에 위치
주소 5 Rue du Tertre de la Tente, 33330 Saint-Émilion
홈페이지 www.restaurantletertre.com

뤼트리에 피 L'Huitrier Pie ★★

생테밀리옹 중심에 위치한 부부가 운영하는 프렌치 레스토랑이다. 친절한 주인은 영어를 자유자재로 구사하므로 여행객들이 좀 더 편안하게 식사를 주문할 수 있다. 16세기에 지어진 레스토랑 외관은 소박하면서 고풍스러운 멋을 지니고 있다. 푸아그라를 비롯해 물고기 요리와 송아지 요리가 유명하다. 와인 시음을 포함한 코스메뉴를 선보여 와인과 음식의 궁합을 경험해 볼 수 있다.

위치 마흑까디유 광장에서 도보 5분
주소 11 Rue de la Porte Bouqueyre, 33330 Saint-Émilion
홈페이지 www.lhuitrier-pie.com

라르 에 부숑 Lard Et Bouchon ★★

생테밀리옹 마을에서 저렴한 가격에 훌륭한 메뉴를 선보이는 레스토랑이다. 질 좋은 푸아그라 요리를 비롯해 오리 스테이크, 비프 타르타르가 훌륭하다. 생테밀리옹 와인을 중심으로 훌륭한 리스트를 구비하고 있다. 식사 시 10여종이 넘는 와인을 글라스로 주문해 매칭할 수 있다. 음식 서비스 속도가 빠른 편이라 시간이 많지 않은 여행객에게 추천한다.

위치 마흑까디유 광장에서 도보 2분
주소 22 Rue Guadet, 33330 Saint-Émilion
홈페이지 www.lardetbouchon.fr

라 타블 드 파비

La Table de Pavie ★★★

생테밀리옹의 특급 와이너리인 샤토 파비에서 운영하는 미슐랭 2스타 레스토랑이다. 최상의 분위기와 서비스를 받으며 화려하고 감각적인 프렌치 요리를 맛 볼 수 있다. 특급 소믈리에가 관리하는 와인 리스트 역시 이곳의 매력이다.

위치 생테밀리옹 마흑까디유 광장에서 도보 2분
주소 5 Place du Clocher, 33330 Saint-Émilion
홈페이지 www.hostelleriedeplaisance.com

호스텔레리 드 플레상스

호스텔레리 드 플레상스

호스텔레리 드 플레상스

Hôstellerie de Plaisance ★★★★

생테밀리옹에서 가장 완벽한 선택이라 할 수 있는 특급호텔이다. 마을 중심부에 위치한 메인 호텔은 최고급 객실과 서비스를 제공한다. 또 마을에서 3km 떨어진 와이너리에서 포도밭에 둘러싸인 별관에 머무르며 완벽한 와인 여행을 만끽할 수 있다. 호텔에서 미슐랭 2스타 레스토랑도 운영한다.

위치 마흑까디유 광장에서 도보 2분
주소 5 Place du Clocher, 33330 Saint-Émilion
홈페이지 www.hostelleriedeplaisance.com

오베르쥬 드 라 코망데리

Auberge de la Commanderie ★★

생테밀리옹 중심에 위치한 2성급 호텔이다. 고풍스러운 외관과 대비해 내부 시설은 현대적이고 실용적으로 디자인되어 있다. 생테밀리옹 마을을 여행하기에 완벽한 위치에 있으면서 합리적인 가격의 숙소를 찾는다면 추천할 만하다.

위치 마흑까디유 광장에서 도보 2분
주소 2 Rue de la Porte Brunet, 33330 Saint-Émilion
홈페이지 www.aubergedelacommanderie.com

호텔 팔레 까디날 Palais Cardinal ★★

생테밀리옹 마을 중심에 위치한 3성급 호텔. 성벽 옆 언덕에 있어 아름다운 생테밀리옹 마을 전경을 감상할 수 있다. 고풍스러우면서 아늑한 객실과 훌륭한 레스토랑을 갖추고 있다. 야외 수영장이 있어 투숙객의 휴식을 돕는다. 호텔 내 레스토랑에서는 다니엘 가타 요리사가 선보이는 요리와 훌륭한 지역 와인을 경험할 수 있다.

위치 마흑까디유 광장에서 도보 3분
주소 Place du 11 novembre 1918, 33330 Saint-Émilion
홈페이지 www.palais-cardinal.com

르 파비용 비유모린 Le Pavillon Villemaurine ★★★★

생테밀리옹 유명 와이너리 비유모랭에서 운영하는 부티크 호텔이다. 호텔은 5개의 객실이 전부다. 전 객실을 모두 사용하는 별장형 임대서비스도 신청이 가능하다. 포도밭에 둘러싸인 아름다운 경관과 우아한 실내 인테리어가 매력적인 분위기를 연출한다. 호텔에서 와인 투어와 시음 프로그램을 신청할 수 있다. 그 밖에도 골프 투어와 미식 프로그램을 갖추고 있다.

위치 마흑까디유 광장에서 도보 5분
주소 Le Pavillon Villemaurine, 33330 Saint-Émilion

샤또 그랑드 바라이 Château Grand Barrail ★★★

생테밀리옹에서 북으로 3.8km 거리에 위치한 4성급 호텔이다. 아름다운 성을 개조한 이 호텔은 46개의 우아한 객실과 레스토랑, 스파, 수영장 등의 편의시설을 갖추고 있다. 3ha에 달하는 넓은 정원도 투숙객의 마음을 사로잡기에 충분하다. 홈페이지에서 조식과 저녁식사를 포함한 패키지 예약도 가능하다.

위치 생테밀리옹 마흑까디유 광장에서 도보 2분
주소 Route de Libourne D243, 33330 Saint-Émilion
홈페이지 www.grand-barrail.com

르 를레 드 프랑 맨 Le Relais de Franc Mayne ★★★★

생테밀리옹의 유명 와이너리에 둘러싸여 있는 호텔로 와인 여행의 매력을 유감없이 보여주는 곳이다. 화려한 침구와 넓고 아늑한 침대가 있는 현대적인 룸을 비롯해 아시안, 유럽, 아프리카 분위기로 연출한 독특한 스타일의 디자인 룸이 있다.

위치 생테밀리옹 시내에서 차로 4분
주소 14 La Gomerie, 33330 Saint-Émilion
홈페이지 https://www.chateaufrancmayne.com/

'프랑스의 정원'이라 불리는 루아르 밸리는 아름다운 고성古城들이 루아르 강을 사이에 두고 펼쳐져 그림 같은 풍경을 자랑한다. 낭트에서 시작되는 루아르 밸리 와인 루트는 오를레앙까지 800km에 걸쳐 있고 크게 대서양과 맞닿은 서부와 내륙의 중부, 그리고 파리와 가까운 동부로 나눈다. 동부 루아르는 파리에서 자동차로 2시간 거리라 여행자들의 발길이 끊이지 않는다. 특히, 쉴리 쉬르 루아르Sully-sur-Loire에서 샬론 쉬르 루아르Chalonnes-sur-Loire 사이의 세계문화유산으로 지정된 고성, 수도원, 동굴, 공원 등은 와인 여행이 목적이 아니더라도 루아르 여행자라면 반드시 가봐야 한다. 루아르에서 보내는 시간들은 말 그대로 과거로의 여행이라 할 수 있다.

파리
루아르

PREVIEW

와인

오를레앙부터 낭트까지 이어지는 루아르 밸리에서는 스파클링 와인부터 레드, 화이트, 감미로운 스위트 와인까지, 포도로 만들 수 있는 다채로운 스타일의 와인을 전부 만나볼 수 있다. 루아르에서 가장 유명한 품종으로 화이트에는 슈냉 블랑과 소비뇽 블랑, 레드에는 까베르네 프랑을 꼽을 수 있다. 이들 품종으로는 세계적인 기준을 이루었다고 해도 과언이 아니다. 스틸 와인 이외에도 크레망 드 루아르라 일컬어지는 스파클링 와인과 까베르네 프랑으로 만들어지는 섬세한 로제 와인은 세계적으로 높은 인기를 누리고 있다. 국내에서는 샴페인의 명성에 밀려 빛을 발하지는 못하고 있지만, 루아르 크레망은 샴페인과 견줄 만큼 높은 퀄리티를 지니고 있다.

와이너리 & 투어

루트 뒤 뱅Route du Vin, 즉 '와인 가도'라 이름 붙여진 이 길은 루아르 와인의 진정한 면모를 찾아가려는 이들에게 최적의 드라이브 코스다. 루아르 밸리의 와인가도를 따라가면 상세르부터 대서양 연안에 이르기까지, 길고 넓게 펼쳐진 와인 산지에 자리한 와이너리들이 짜임새 있는 투어 프로그램으로 방문객을 맞아준다. 이 중에는 상업성이 적어 폐쇄적이지만 그래서 더 방문할 가치가 있는 작고 보석 같은 와이너리도 많다. 대부분의 와이너리에서는 특별한 시음비 없이 와인을 테이스팅 할 수 있고, 몇몇 투어 사이트에서 다양한 투어 프로그램을 선택해 즐길 수 있다. 대부분의 투어 사이트에서는 짜임새 있는 프로그램으로 광대한 루아르 밸리 와인을 경험해 볼 수 있고, 맞춤형으로 제공되는 럭셔리한 투어도 가능하다. 다만 투어 성격상 가격이 비싼 편이다. 광범위한 루아르 와인 산지를 여행하기 위한 가장 좋은 방법은 자동차 여행이다. 렌터카를 이용하면 일일이 방문 예약을 해야 하는 불편함이 있지만, 보다 저렴하게 다채로운 와이너리의 와인을 시음할 수 있다.

루아르 밸리 와인 공식 사이트 www.loirevalleywine.com
루아르 밸리 와인 투어 www.loirevalleywinetour.com
루아르 와인 투어 loirewinetours.com
루아르 자전거 여행 정보 www.biking-france.com

여행지

루아르 밸리는 프랑스에서 세계문화유산 유적이 가장 방대하게 펼쳐져 있는 곳이다. 루아르 강을 따라 있는 19개의 고성과 중세의 요새, 정원을 보면 그 규모와 화려함에 놀라움을 금치 못한다. 10세기부터 만들어진 고성들은 처음에는 요새와 거주지로 활용되다가 15세기를 지나면서 오락과 휴양을 즐기는 장소로 이용되었다. 19세기 들어 많은 작가와 화가들이 루아르 밸리를 낭만적인 곳으로 묘사함에 따라 프랑스 최고의 관광지로 각광받게 되었다. 루아르 고성 중 가장 큰 규모를 자랑하는 샹보르 고성과 슈베르니 고성, 물 위에 떠 있는 것과 같은 느낌을 주는 샤또 다제 르 리도, 아름다운 정원과 미로로 유명한 샤또 드 발렁세는 무한한 매력을 풍기는 곳이다. 자전거 애호가들은 800km에 달하는 자전거 루트를 따라 여행하기도 한다.

요리

낭트를 끼고 있는 루아르 서부는 육지와 바다가 만나는 곳으로 다양한 특산요리를 경험할 수 있다. 특히 대서양에서 나는 신선한 굴, 어패류, 민물고기 등이 유명하다. 앙주 지역은 소 엉덩이살 요리와 훈제한 돼지고기, 감자, 콩 등이 널리 알려져 있다. 뚜렌과 베리는 미식으로 유명한 지방이다. 대표적인 요리로는 소시지의 일종인 앙두이에뜨 드 자르고Andouillettes de Jargeau, 오를레앙의 닭 요리, 솔로뉴의 사냥 고기를 비롯해 샤비뇰, 셀르 쉬르 쉐르, 발렁세 지역의 염소 치즈가 유명하다. 디저트로는 애플 타르트인 타르트 타탕과 전통 과자 피티비에르가 있다.

숙박

루아르 밸리 와인 여행의 거점으로는 단연 뚜르를 추천한다. 뚜르는 루아르 와인 산업의 심장이자 파리, 보르도, 낭트를 잇는 철도의 교차점이다. 뚜르는 뚜렌느의 주도로 매혹적인 샤또 드 라 루아르 지방의 중심부에 위치해 있다. 또한 루아르 강 주변에 산재한 고성 순례의 중심지로 해마다 수많은 여행객이 방문한다. 특히 뚜르를 에워싸고 있는 부브레, 몽루이, 부르게이으 등은 루아르 밸리에서 가장 퀄리티 높은 와인을 생산하는 와인 산지이다. 루아르 강과 셰르 강을 따라 펼쳐진 아름다운 풍광은 이곳을 '프랑스의 정원'이라는 애칭을 만들어냈다.

PREVIEW

어떻게 갈까?

루아르 밸리의 와인 산지를 돌아보는 가장 좋은 방법은 자동차를 이용하는 것이다. 만약 자동차 여행이 부담스럽다면 관광안내센터나 여행사를 통해 투어를 신청해도 좋다. 루아르 밸리 와인 여행의 거점 도시인 뚜르에는 국제공항이 있다. 파리 몽파르나스 역이나 오스테를리츠 역에서 뚜르까지는 기차를 이용해 갈 수 있다. 뚜르에서 기차로 25분 거리인 쉬농소 역에서 도보로 쉬농소 성을 다녀오는 것도 대중교통을 이용하는 좋은 여행 방법이다. 파리에서 렌터카를 이용하면 A10 고속도로를 타고 남쪽으로 쭉 내려오면 된다.

언제 갈까?

루아르 밸리의 아름다운 포도밭을 감상하려면 8월과 9월이 좋다. 그러나 이 시기는 와이너리들이 수확기로 분주하니 참고하자. 루아르 밸리는 미식과 와인, 역사가 서린 고성들이 유명하며, 다채로운 박람회와 음악 페스티벌이 연중 내내 열리는 곳이기도 하다. 와이너리 여행과 함께 축제 기간에 맞춰 방문하는 것도 좋은 선택이다. 대표적인 음악축제는 4월, 7월, 9월에 있다. 이 시기에는 유명 성당과 고성이 음악회를 위한 공간으로 변모한다.

추천 일정

당일

08:40 파리 몽파르나스 역 출발
09:45 생 피에흐 데 꼬흐 경유
10:00 뚜르 도착
10:30 뚜르 도시 관광
12:00 점심 식사
14:00 뚜르 출발
14:30 쉬농소 역 도착
15:00 쉬농소 성 투어
17:30 쉬농소 역 출발
18:15 생 피에흐 데 꼬흐 경유
19:15 파리 몽파르나스 역 도착

1박 2일

Day 1

08:40 파리 몽파르나스 역 출발
09:45 생 피에흐 데 꼬흐 경유
10:00 뚜르 도착
10:30 렌터카 픽업
11:30 부베 라뒤베 와이너리
13:30 점심 식사
15:00 소뮈르 도시관광
16:30 도멘 드 라 부테 와이너리
18:30 뚜르 도착
20:00 저녁 식사
22:00 숙소

Day 2

10:00 도멘 비노 슈브로 와이너리
12:00 점심 식사
13:30 렌터카 반납
14:00 뚜르 출발
14:30 쉬농소 역 도착
15:00 쉬농소 성 투어
17:30 쉬농소 역 출발
18:15 생 피에흐 데 꼬흐 경유
19:15 파리 몽파르나스 역 도착

루아르 밸리 와인 이야기

Loire Valley Wine Story

루아르 밸리 와인의 역사

루아르 밸리 와인은 오랜 역사와 독특한 품종으로 사랑받아 왔다. 많은 프랑스 와인 산지가 그렇듯이 루아르 밸리는 고대 로마로부터 전해 받은 포도 재배기술로 1세기경부터 포도를 재배해 와인을 생산했다. 그 후 5세기까지 포도밭은 경쟁적으로 확장되었다. 11세기에는 현재 루아르 동부에 위치한 상세르 와인의 높은 품질이 유럽 전역에 알려져 보르도 와인보다 우수한 와인으로 칭송받기도 했다.

이처럼 루아르 와인이 승승장구할 수 있었던 이유는 이곳이 보르도와 더불어 프랑스 무역의 중심지였기 때문이다. 보르도에 지롱드 강이 있다면 루아르에는 루아르 강이 있다. 루아르 강이 대서양과 만나는 곳에 위치한 낭트는 일찌감치 와인 무역의 중심지였다. 루아르 강을 따라 내륙에서 생산된 와인은 낭트로 모여들었고, 낭트에서 무역선에 실린 루아르 와인은 유럽 전체로 팔려나갔다.

루아르 밸리의 떼루아

루아르 밸리는 굉장히 넓다. 따라서 이 지역의 기후와 토양을 하나로 정의하는 것은 불가능하다. 루아르 밸리를 구성하고 있는 79개의 소지역들은 미세기후가 모두 다른 특징을 지니고 있으며, 토양 또한 다양하다. 특히 루아르 밸리를 길게 동쪽으로 가로지르는 루아르 강과 이 강으로 흘러드는 수많은 지류는 포도밭에 큰

1 1985년산 앙리 부르주아 와인 **2** 저장고의 올드 빈티지 와인들 **3** 부베 라뒤베 와이너리의 레이블 컬렉션

1. 2 루아르 밸리 포도밭의 토양층

영향을 미친다. 강에서 비롯되는 안개와 낮 동안의 뜨거운 햇살도 포도작황에 큰 영향을 주었는데, 이런 기후의 영향으로 귀부 와인이 만들어지기도 한다.

기본적으로 루아르 밸리는 프랑스 북부에 위치해 샹파뉴처럼 서늘한 기후 특징을 보인다. 일반적인 상식으로는 이런 기후가 포도 재배에 불리할 것처럼 보이지만 포도가 익어가는 여름과 가을에는 충분한 햇살이 주어지기 때문에 포도 재배에 이상적이라 할 수 있다. 오히려 서늘한 기후는 와인에 자연적인 산도를 주어 루아르 와인에 우아함과 정교함을 부여하는 역할을 한다. 여기서 생기는 의문은 화이트 와인의 맛과 보관에 큰 역할을 하는 산도가 과연 레드 와인에도 좋은 영향을 미칠까 하는 것이다. 정답은 '그렇다'이다. 레드 와인에도 산도는 중요하다. 날씨가 좋았던 해 포도에 적당한 산도와 당도가 어우러지면, 와인에도 신선함과 묘한 생동감을 부여한다.

루아르 밸리의 포도 품종

낭트에서 오를레앙까지 길게 뻗어 있는 광활한 루아르 밸리이지만, 기억해야 할 주요 포도 품종은 레드와 화이트를 모두 합쳐 7가지 정도로 압축이 된다. 특히 이 중에서 믈롱 드 부르고뉴, 소비뇽 블랑, 까베르네 프랑, 슈냉 블랑 이 네 품종은 루아르 밸리를 대표하는 품종이라 할 수 있다. 세계 어느 곳에서도 이들 품종으로 루아르 와인을 능가하는 와인을 찾아보기가 힘들다. 최근 세계의 와인 소비 경향이 점차 섬세하고 우아한 와인으로 넘어감에 따라 선선한 기후를 지닌 루아르 밸리 와인들이 점차 많은 인기를 끌고 있다.

슈냉 블랑 Chenin Blanc

현지에서는 피노 드 라 루아르Pinot de la Loire라고도 부른다. 루아르 밸리에서 수천 년의 역사를 지닌 유서 깊은 품종이다. 블루아부터 사브니에르, 루아르 중부까지 폭넓게 재배되며, 드라이한 것부터 진한 감미 와인, 스파클링 와인까지 다양한 스타일에 쓰인다. 특히 잘 만들어진 귀부 와인은 보르도 소테른 와인과 비교할 수 있는 환상적인 질감과 풍미를 가지고 있다.

믈롱 드 부르고뉴 Melon de Bourgogne

이 품종을 주로 재배하는 루아르 밸리 뮈스카데 지역의 이름을 그대로 품종으로 써서 '뮈스카데'라는 이름으로 더 잘 알려져 있다. 낭트와 그 주변 지역의 광대한 포도밭에서 넓게 재배되며, 각종 해산물 요리와 환상의 궁합을 이루는 와인을 만들어낸다. 특히 굴요리와 뮈스카데 와인은 세계가 인정한 마리아주다.

소비뇽 블랑 Sauvignon Blanc

보르도가 고향이지만 루아르 동부에서 만들어지는 소비뇽 블랑 와인은 세계에서 가장 감각적인 화이트 와인으로 묘사된다. 특히 푸이 퓌메와 상세르는 소비뇽 블랑 와인의 세계적인 기준을 세웠다고 할 수 있을 정도로 높은 평가를 받는다. 신선한 산도와 구스베리, 자몽 등의 풍미가 일품이다.

까베르네 프랑 Cabernet Franc

루아르 밸리에서 가장 중요하고 넓게 재배되는 레드 품종이다. 특히 앙주와 소뮈르, 뚜렌느 지역을 대표한다. 루아르의 선선한 기후 탓에 일찍 성숙되어 최고급 레드부터, 평범한 레드 와인까지 다양하게 이용

1 친환경으로 재배하는 포도
2 루아르 밸리 와인 산지의 올드 바인

된다. 중부에서는 스파클링 와인을 만드는 데도 소량 사용하기도 한다. 보르도에서는 많은 와인에서 블렌딩하지만, 루아르에서는 단일 품종으로 시크한 매력을 풍기는 와인으로 변신한다.

그롤로 Grolleau

오직 루아르 밸리에서만 찾아볼 수 있는 토착 품종이다. 높은 산도를 지녀 거의 대부분이 블렌딩 용으로 쓰인다. 로제 와인과 함께 스파클링 와인에도 블렌딩된다. 매우 드물지만 루아르 밸리에서 그롤로 단일 품종으로 만든 레드 와인도 있다.

가메 Gamay

앙주와 소뮈르에서 로제 와인을 만들 때 주로 사용되고, 이 지역에서 블렌딩 레드 와인을 만들 때도 소량씩 사용된다. 상당히 다채로운 면모를 보여줄 수 있지만, 품종 자체가 지닌 과실 향과 맛이 뛰어나기에 영할 때 즐길 수 있는 와인으로 만들어진다.

피노 누아 Pinot Noir

본래 부르고뉴의 주요 품종이지만 루아르 동부가 부르고뉴와 인접해 있는 지리적 위치 덕분에 이 지역의 레드 와인을 만드는 데도 쓰인다. 주요 재배지로는 상세르와 메네투 살롱이 있다. 대체로 섬세하고 가벼운 스타일의 레드 와인을 만드는 데 쓰인다.

루아르 밸리의 와인 산지

2019년 기준 루아르 밸리는 79곳의 AOC로 나누어져 있다. 포도재배면적은 170,000에이커에 이른다. 와인을 생업으로 하는 소믈리에가 아니라면 루아르 밸리의 모든 AOC에 대해서 통달할 필요는 없다. 다만 이를 아우르는 큰 그림을 살펴볼 필요가 있다. 루아르 밸리의 와인 산지는 크게 서부, 중부, 동부, 세 구역으로 나눌 수 있다. 가장 서쪽은 페이 낭트다. 여기서 이어지는 루아르 중부에는 앙주와 소뮈르, 뚜렌

1 슈냉 블랑
2 까베르네 프랑

느, 쉬농, 부르게이가 있다. 마지막으로 동부에는 상세르, 푸이 퓌메가 있다. 동부로 갈수록 내륙으로 들어가기 때문에 기후가 점차 대륙성으로 바뀌며 재배되는 품종에서도 차이가 난다.

페이 낭테 Pays Nantais

루아르 밸리 가장 서쪽, 지리적으로 대서양과 인접한 곳이다. 페이 낭테를 여행할 때 거점으로 삼는 도시는 단연 낭트다. 프랑스 굴지의 무역항으로 역사적으로 중요한 문화유산이 남아 있어 관광지로도 훌륭한 도시이다.

페이 낭테에서 생산되는 가장 유명한 와인은 믈롱 드 부르고뉴이며 뮈스카데라고도 불린다. 드라이한 와인으로 순수하고 치우치지 않은 무난한 맛 덕분에 신선한 해산물과 환상적인 궁합을 이룬다. 루아르에서 가장 많이 생산되는 품종으로 본래 네덜란드 상인이 낭트 근처 주민들에게 판매할 브랜디에 블렌딩할 목적으로 심기 시작한 것이 지금처럼 광범위하게 퍼졌다. 현재는 4만ha에 이르는 포도밭에서 이 품종을 재배하고 있다.

앙주 Anjou, 소뮈르 Saumur

앙주와 소뮈르, 그리고 뚜렌느까지 아우르는 중부 루아르 지역은 루아르 밸리 와인의 성지라고 할 수 있다. 수많은 와인들 중에서도 이곳에서 꼭 마셔봐야 할 품종은 두 가지로 압축된다. 화이트에는 슈냉 블랑, 레드에는 까베르네 프랑이다. 슈냉 블랑은 와인 애호가가 아닌 이상 명칭조차 생소해하는 경우가 많다. 특히 한국에서는 찾아보기 힘든 품종의 와인이지만 슈냉 블랑은 이곳에서 팔색조 같은 매력을 뽐낸다. 앙주 시 남서쪽 아래에 있는 작은 소지역 사브니에르Savennières에서는 세계 와인 애호가들이 칭송하는 정상급의 드라이한 슈냉 블랑이 만들어진다. 이들의 최고급 슈냉 블랑 포도밭은 햇볕이 잘 드는 남향

쉬르 리 와인은 어떤 와인?

뮈스카데 와인을 마시다보면 레이블에 뮈스카데 세브르 에 맨Muscadet de Sevre-Et-Maine이라고 적혀 있는 것을 볼 수 있다. 이는 동명의 작은 강이 흐르는 소지역에서 만들어지는 뮈스카데 와인을 일컫는다. 루아르 뮈스카데 중 가장 훌륭한 품질을 지닌다. 레이블에 쉬르 리Sur Lie라고 적힌 뮈스카데 와인이 있는지도 유심히 살펴보자. 'Lie'는 효모 앙금, 즉 효모가 기능을 다한 후에 남은 찌꺼기를 뜻한다. 'Sur'는 '-위에'라는 뜻으로, 두 단어를 합치면 '효모 앙금 위에'라는 뜻이다. 즉, 와인을 몇 개월 동안 효모 찌꺼기와 접촉한 상태로 와인을 숙성했다는 것인데, 와인의 풍미가 일반 뮈스카데 와인보다 훨씬 풍부하고 독특하다. 본래 이 지역 사람들이 중요한 날에 쓰려고 남겨 두었던 와인이 통 안에서 자연스럽게 효모 찌꺼기와 장기간 숙성이 이루어지면서 그 독특한 풍미를 갖게 되었다.

의 비탈면에 자리 잡고 있다. 생산량도 굉장히 적어서 루아르 밸리 이외 지역에서는 마셔보기 힘들다.
혀에 감기듯 부드럽고, 입 안을 꽉 채우는 농밀함을 지닌 소뮈르의 스위트 와인도 슈냉 블랑으로 만들어진다. 소뮈르의 스위트 와인은 보르도 소테른과 마찬가지로 귀부균의 영향을 받아 만들어진 귀부 와인이다. 만약 레이블에 콰르 드 숌Quarts de Chaume, 본느조Bonnezeaux, 꼬또 뒤 레용Coteaux du Layon 같은 명칭이 표기되어 있다면 주저하지 말고 구입해 마셔보기를 권한다. 이 와인들은 한 번 맛보면 잊기 힘들 만큼 매력적인 풍미를 뽐낸다. 단맛이 강하지만 적절한 산미가 이를 받쳐주어, 한 병을 다 비울 때까지 질리지 않고 마실 수 있어 그 자체로 명품이라고 일컬을 만하다. 이 중 콰르 드 숌을 최고로 친다.
루아르 중부는 프랑스 타벨과 더불어 세계적으로 유명한 로제 와인 생산지이기도 하다. 대표적인 곳이 바로 앙주다. 레이블에는 로제 당주Rosé d'Anjou, 로제 까베르네 당주Rosé Cabernet d'Anjou, 로제 드 루아르Rosé de Loire라고 적힌다. 다 같은 로제 와인이나 지역과 품종이 조금씩 다르다. 이 중 고급은 로제 까베르네 당주이지만 본인의 취향에 따라 고르면 된다.
스파클링 와인 하면 프랑스 샹파뉴가 가장 먼저 생각날 것이다. 하지만 루아르 밸리에서도 질 좋고, 샴페인보다는 저렴한 스파클링 와인이 만들어진다. 프랑스에서는 샴페인이 아닌 나머지 품질 좋은 스파클링 와인을 크레망Crémant이라고 부른다. 루아르도 역시 레이블에 크레망 드 루아르Crémant de Loire라고 표기한다. 루아르의 크레망을 인정하는 이유는 샹파뉴와 마찬가지로 루아르가 프랑스 최북단에 위치해 대륙성 기후의 영향을 받아 스파클링 와인 생산에 이상적이기 때문이다. 또한 루아르의 크레망은 샴페인 생산 과정과 완전히 동일하다. 예를 들어 크레망을 만들 때 사용하는 포도는 전량 손으로 수확하며, 2차 병 숙성도 최소 1년 이상 해야 한다. 실제로는 많은 생산자들이 이보다 더 까다롭고 신중하게 크레망 드 루아르를 만들고 있다. 여기서 재밌는 사실은 루아르에서 가장 크고 명망 있는 스파클링 와인 생산자 세 곳 모두 샹파뉴의 일류 샴페인 회사가 소유하고 있거나 연관이 있다는 점이다. 거대 샴페인 하우스가 지닌 힘이 어느 정도인지 가늠할 수 있는 부분이다.
루아르 전역에서 크레망이 생산되지만 최고는 소뮈르 지역의 크레망이다. 품종은 주로 슈냉 블랑, 샤르도네, 까베르네 프랑, 세 가지를 가지고 양조하며, 대체로 샤르도네가 가장 많이 쓰인다. 물론 생산자에 따라 비율이 달라진다. 크레망 드 루아르는 대부분

1 안개 낀 루아르 밸리의 포도밭 **2** 광활한 포도밭
3 스파클링 와인 크레망을 만들던 전통 기구

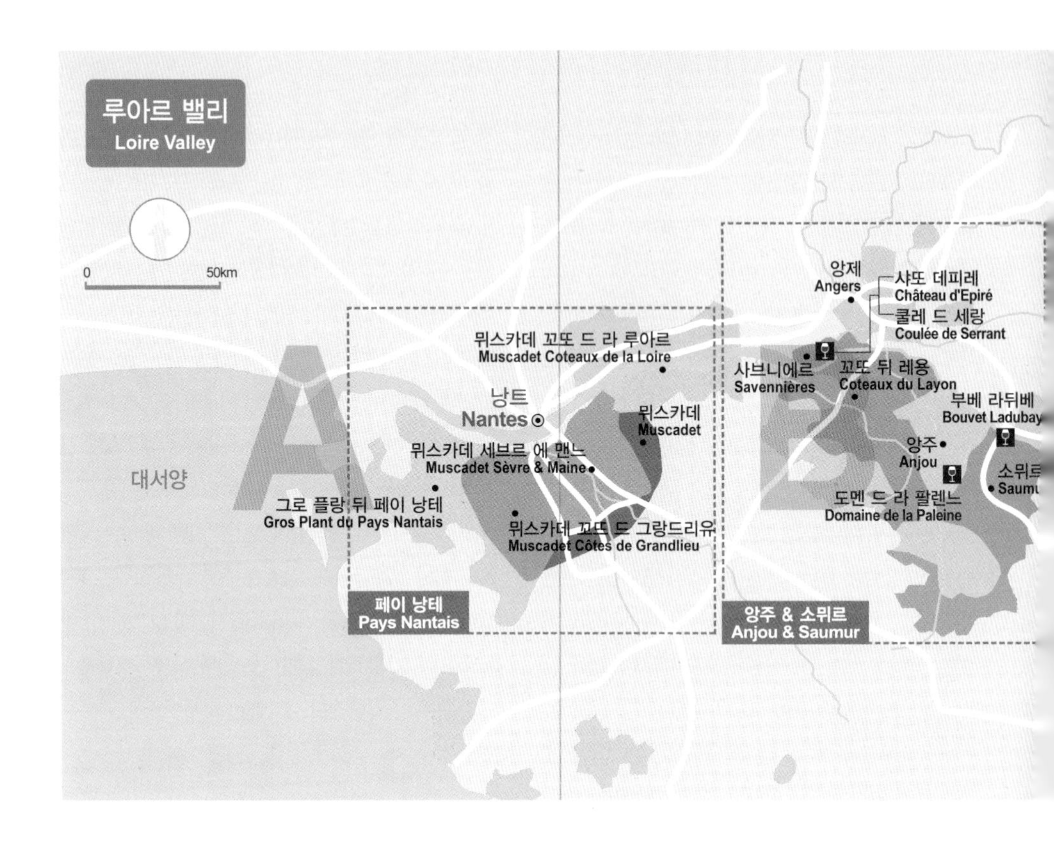

드라이한 스타일이다.

레드 와인은 슈냉 블랑의 세계적인 명성에 가려져 많이 알려진 편은 아니지만, 몇몇의 경우 굉장히 깊은 인상을 남겨주는 것들이 있다. 앙주, 소뮈르의 레드 와인들은 까베르네 프랑과 까베르네 소비뇽, 가메를 이용해서 만드는 것들이 주를 이룬다. 특히 소뮈르 샹피니Saumur-Champigny나 앙주 빌라주Anjou-Villages 와인들을 추천한다.

뚜렌느 Touraine, **쉬농** Chinon, **부르게이** Bourgueil

뚜렌느와 주변의 유명 와인 산지들은 해양성 기후와 대륙성 기후 영향을 골고루 받아 루아르 밸리 내에서도 특별히 포도 재배에 이상적인 곳으로 꼽힌다. 이곳에서는 질 좋은 레드 와인을 만날 수 있다. 뚜렌느와 주변 지역은 특히 아름다운 풍광을 자랑한다. 프랑스의 정원이라는 표현이 전혀 아깝지 않다. 루아르 강 주변으로 옹기종기 모여 있는 작지만 고즈넉한 마을들과 이에 대비되는 엄청난 위용의 고성들이 포도밭과 어우러져서 환상적인 느낌을 준다. 뚜렌느 지역에는 루아르에서 손꼽히는 유명 레드 와인 산지 쉬농, 부르게이, 생 니꼴라 드 부르게이가 있다. 이 세 와인 산지에서는 오로지 까베르네 프랑만으로 레드 와인을 만들기 때문에 와인을 고를 때 어떤 품종으로 만들었는지 고민하지 않아도 된다. 레드 와인을 마시고 싶을 때 메뉴판에 이 이름들이 적혀 있다면 고민하지 말고 집어 들자. 이 중 쉬농이 가장 퀄리티가 훌륭한 것으로 알려졌다.

뚜렌느 지역에도 타의 추종을 불허하는 뛰어난 화이트 와인 산지가 있다. 바로 부브레Vouvray이다. 부브

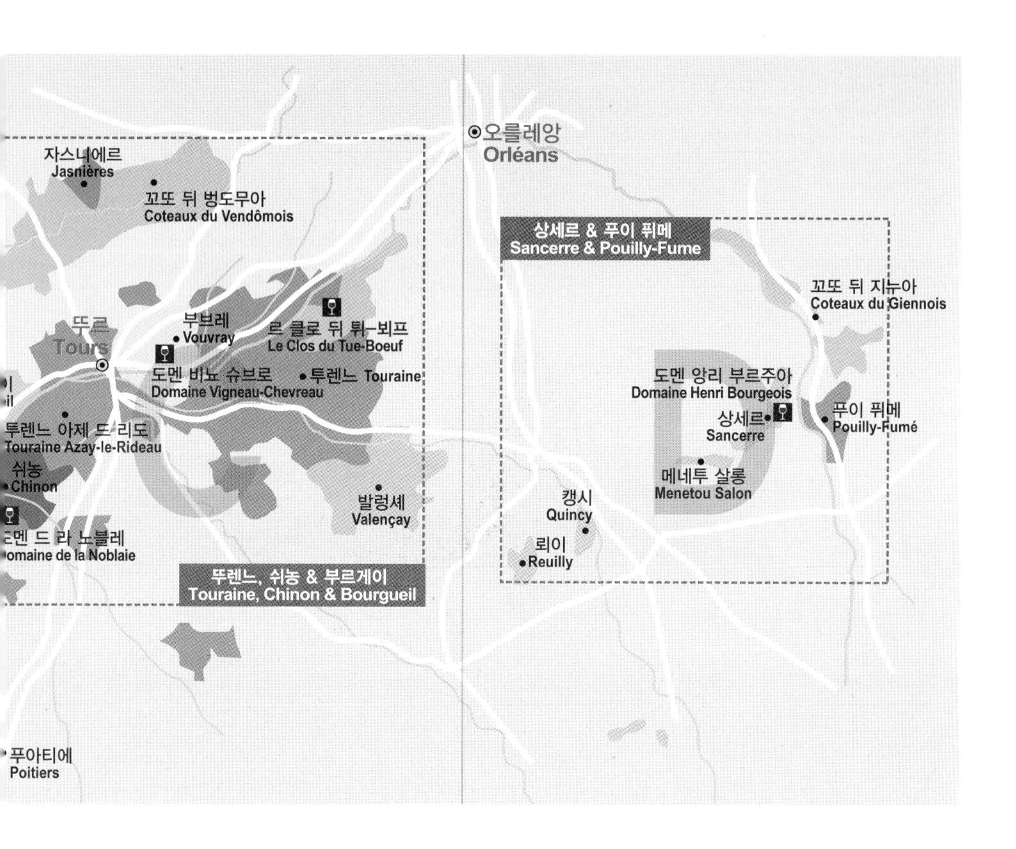

레의 화이트 와인은 법적으로 슈냉 블랑만을 이용해서 만들어야 한다. 와인 스타일은 드라이한 것부터 귀부 스위트, 스파클링 와인까지 다양하다. 스타일이 다양한 것은 예측하기 힘든 루아르의 기후 때문이다. 따뜻한 기후에는 스위트 와인을, 추운 해에는 스파클링 와인을 더 많이 생산한다. 부브레의 스위트 와인은 대부분 귀부 와인이다. 때문에 가격이 다소 비싸다. 잘 만든 부브레 와인은 드라이한 것부터 스위트한 것까지 우아하며, 와인 잔에 넘칠 듯 풍부한 풍미가 일품이다. 그 이유는 루아르 밸리의 대륙성 기후의 영향을 받은 섬세한 산도 덕분이다. 부브레 화이트 와인이 3~6년 숙성되어 당과 산이 적절하게 어울리면 이보다 더 좋은 와인이 있을까 싶을 정도로 맛이 좋다. 부브레 와인은 대부분 레이블에 와인의 당도를 표기한다. 섹Sec이라고 적혀 있을 경우 당도가 거의 없는 매우 드라이한 와인, 드미-섹Demi-Sec은 중간 정도 드라이함을, 모엘뢰Moelleux는 미디엄 스위트, 두Doux는 매우 스위트하다는 의미다.

상세르 Sancerre, 푸이 퓌메 Pouilly-Fumé

상세르와 푸이 퓌메는 낭트에서 무려 500km 정도 떨어져 있다. 파리에 더 가까워 사실 루아르 밸리라고 부르는 것이 이상하게 여겨질 수도 있다. 하지만 이곳 역시 루아르 밸리의 주요 와인 산지이다. 이 가운데 상세르 마을은 동부 루아르 와인 산지를 여행하기에 가장 알맞은 도시이다. 이곳은 이제 완연한 대륙성 기후를 보인다.

동부 루아르에서 강세를 보이는 것은 단연 화이트 와인이다. 그 중 눈여겨보아야 할 곳이 상세르와 푸이

루아르 밸리 와인 가도와 이정표

퓌메로, 세계 최고의 소비뇽 블랑 와인이 이곳에서 만들어진다. 이 지역은 규석이 많이 포함된 토질이라 와인에서 부싯돌과 같은 풍미가 난다. 소비뇽 블랑은 신선하고 활발한 품종의 특성 때문에 대부분 오크 숙성을 하지 않는다. 본래 포도 천연의 산도를 보존하는 데 초점을 맞추지만, 몇몇 유명 생산자들은 작은 오크 배럴에서 숙성을 하기도 한다. 이 지역에는 5곳의 유명 와인 산지가 있지만 상세르와 푸이 퓌메만 기억하면 된다. 두 산지는 지리적으로 가깝고 와인의 특징도 큰 차이가 없어 전문가라 하더라도 두 지역 와인을 블라인드 테이스팅으로 구별하기는 어렵다. 다만, 푸이 퓌메가 상세르보다 석회질과 수석이 조금 더 많은 토양을 지녔다. '퓌메'는 '연기'를 뜻한다. 이 지역의 독특한 토양에서 비롯된 와인의 풍미가 그와 같다는 의미에서 지어진 것이다.

레드 와인은 피노 누아와 가메가 주요 품종이다. 레드와 로제 와인은 대체로 평범하고 가벼운 스타일이다. 이 지역에서는 화이트 와인을 더 추천한다.

바이오다이나믹 농법이란?

루아르 밸리에서 와인 여행을 하다보면 친환경 와인 생산자를 종종 만날 수 있다. 이 친환경 농법의 심화과정이 바로 바이오다이나믹 농법이다. 바이오다이나믹Biodynamic은 1924년 오스트리아의 철학자이자 인지학의 창시자인 루돌프 슈타이너가 창시한 개념이다. 포도밭에 화학제품을 전혀 사용하지 않은 포도만을 이용하는 유기농법보다 더 복잡하고 까다로운 농법으로 알려져 있다. 하지만 넓은 범주에서 본다면 이것도 결국 유기농법이라고 할 수 있다. 바이오다이나믹 농법도 '인공 첨가제를 사용하지 않은 건강한 와인을 만들기 위해 포도를 재배한다'는 유기농법과 같은 목표를 지니고 있기 때문이다. 다른 점이 있다면 바이오다이나믹은 지구의 '자연적인 리듬'에 근거해서 포도밭을 관리한다는 것이다. '자연적인 리듬'이란 지구 자체의 리듬뿐만 아니라 태양, 달 등 천체의 움직임을 고려하는 것이다.

유기농법 와인 생산자가 자신의 발밑에서 일어나는 일, 즉 땅에 가장 많은 신경을 쓴다면, 바이오다이나믹 와인 생산자는 발밑은 물론 머리 위에서 일어나는 일, 즉 천체에도 많은 관심을 기울인다. 그들은 포도나무를 심을 때도 달의 움직임을 관찰한다. 달이 초승달이 될 무렵이 포도나무를 심을 적기이며, 이는 그 시기에 지구의 활동이 활발해지기 때문이라고 말한다. 이렇게 천체의 움직임을 고려해 1년 365일을 바이오다이나믹 달력으로 구성해 포도를 재배한다. 어떤 이들은 이러한 관리가 완성된 와인에 얼마나 영향을 줄 수 있는지에 대해 의구심을 갖는다. 그러나 많은 와이너리에서 같은 인공효모, 같은 비료, 같은 살충제를 사용해 천편일률적인 와인을 만드는 것과 비교하면, 비료조차 자연에서 얻은 부산물로 자급자족하고 각각의 독립적인 떼루아에 맞추어 와인을 생산하는 바이오다이나믹 와인이 더욱 건강하고 개성이 있는 와인이라는 것에는 이견을 달 수 없다.

1. 2 친환경으로 경작하는 포도밭
3 바이오다이나믹 농법의 거장 쿨레 드 세랑

루아르 밸리 추천! 와이너리

Recommended Wineries

도멘 앙리 부르주아 Domaine Henri Bourgeois

10대에 걸쳐 오로지 소비뇽 블랑과 피노 누아 와인을 만드는데 헌신해 온 와이너리다. 루아르 동부의 우수한 와인 산지인 상세르와 푸이 퓌메를 모두 아우르는 와인 마을 샤비뇰Chavignol에 위치한다. 도멘 앙리 부르주아는 포도밭을 모두 일일이 세분화해서 따로 관리하는 것으로 유명하다. 이 과정에서 가장 중요하게 생각하는 것이 떼루아다. 각각의 포도밭이 지니고 있는 고유의 특성을 와인에서 맛볼 수 있도록 자연적인 방식으로 양조한다. 이렇게 만들어진 와인은 세계 유수의 와인 경쟁대회에서 입상하면서 그 가치를 인정받고 있다. 프랑스뿐 아니라 뉴질랜드에도 와이너리를 소유하고 있다. 투어 및 시음 프로그램이 잘 되어 있어 상세르를 여행한다면 방문해 보기를 추천한다.

위치 뚜르에서 자동차로 2시간 10분, 상세르에서 자동차로 10분
주소 Domaine Henri Bourgeois, Chavignol, 18300 Sancerre
전화 02-48-78-53-20
오픈 월-일 09:30~18:30
투어 이메일이나 홈페이지 사전 예약
홈페이지 www.henribourgeois.com

★ 추천 와인 ★

앙리 부르주아의 모든 화이트 와인은 소비뇽 블랑, 레드와 로제는 피노 누아로 만들어진다. 피노 누아보다는 소비뇽 블랑을 추천한다. 그 이유는 이 지역이 소비뇽 블랑을 재배하기에 완벽한 떼루아를 지녔기 때문이다. 많은 소비뇽 블랑 와인 중 한 가지를 고르기가 무척 어렵지만, 당탕d'Antan은 상세르 소비뇽 블랑의 정석을 표현한 와인으로 꼭 마셔보기를 추천한다. 가격은 빈티지에 따라 다르지만 40유로 내외.

장 마리와 티에리 퓌즐라 형제

르 클로 뒤 튀-뵈프 Le Clos du Tue-Boeuf

루아르 지역에서 친환경 와인을 만드는 형제 와인 메이커로 유명한 장 마리와 티에리 퓌즐라에 의해 운영되는 와이너리다. 루아르 밸리의 레 몽띨 Les Montils이라는 작은 마을에 자리하고 있으며, 아펠라시옹은 슈베르니 Cheverny로 통한다. 슈베르니 이외에도 뚜렌느에 약간의 포도밭을 소유하고 있다. 티에리는 푸즐라-봉옴이라는 작은 네고시앙도 소유하고 있는데, 이 또한 친환경 와인으로 세계적인 명성을 얻고 있다. 와인은 야생 효모만을 이용해 발효하며 아주 적은 양의 이산화황을 사용한다. 이들 형제는 1996년부터 완전히 친환경 와인으로 전향해 가메, 꼬, 므뉘 피노, 로모랑탱을 비롯해 피노 누아, 소비뇽 블랑으로 건강한 와인을 만들고 있다.

위치 뚜르 시내에서 자동차로 55분
주소 6 Route de Seur, 41120 Les Montils
전화 02-54-44-05-16
오픈 사전예약에 한해 오픈
투어 홈페이지를 통한 사전 예약 필수
홈페이지 www.puzelat.com

★ 추천 와인 ★

규석토로 이루어진 3.8ha의 포도밭에서 만들어지는 프릴뢰즈Frileuse가 이들 형제의 대표작이다. 프릴뢰즈는 소비뇽 블랑, 피에 그리, 샤르도네가 3분의 1씩 블렌딩 된 와인으로 8개월 동안 부르고뉴 배럴에서 숙성을 거친다. 뚜렌느 AOC의 르 뷔송 푸이유Le Buisson Pouilleux는 소비뇽 블랑 100%로 12개월 동안 부르고뉴 배럴에서 숙성시킨 독특한 와인이다. 이밖에도 평소 찾아보기 힘든 로모랑탕 품종으로 만든 와인 또한 시도해 볼 가치가 있다. 가격은 30유로 내외.

도멘 드 라 노블레 Domaine de la Noblaie

도멘 드 라 노블레는 쉬농에서 가장 오래된 가족 경영 와이너리 중 하나다. 쉬농 근처의 리그레Ligré라는 작은 지역에 약 20ha의 포도밭을 소유하고 있는데, 쉬농에서 가장 고도가 높은 포도밭으로 일조량이 좋아 훌륭한 품질의 포도를 재배하기에 이상적이다. 3대에 걸쳐서 와이너리가 유지되어 왔고, 현재는 프랑수와 비야흐가 소유 및 운영을 하고 있으며, 그의 아들 제롬이 아버지를 도와 와인 양조를 책임지고 있다. 아버지도 유명한 양조학 교수였지만 아들 제롬도 만만치 않은 실력자이다. 그는 보르도의 샤또 페트뤼스와 캘리포니아의 도미누스 와이너리에서 경험을 쌓은 바 있는 노련한 와인 메이커로 젊은 나이에 세계를 돌면서 쌓은 경험을 바탕으로 도멘 드 라 노블레를 성공적으로 이끌어 나가고 있다.

위치 뚜르에서 자동차로 55분
주소 21 Rue des Hautes Cours, 37500 Ligré
전화 02-47-93-10-96
오픈 월-토 10:00~12:00, 14:00~18:00
투어 3유로~, 홈페이지 확인
홈페이지 www.lanoblaie.fr

★ 추천 와인 ★

홈페이지에서 방문 예약을 하면 그들의 오래된 셀러에서 독립적으로 시음을 할 수 있다. 개인마다 차이가 있겠지만, 이들이 만드는 까베르네 프랑은 가격대비 최고의 레드 와인이라고 여겨진다. 특히 레 쉬엉-쉬엉Les Chiens-Chiens은 강직함과 부드러움을 고루 갖추고 있는 이상적인 와인이다. 가격은 20유로 이내.

오너 슈테판 비노 슈브로

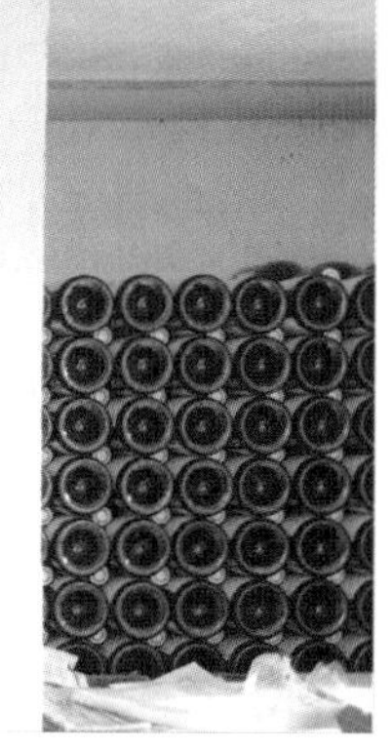

도멘 비노 슈브로 Domaine Vigneau-Chevreau

도멘 비노 슈브로는 1875년 루아르 최고의 화이트 와인 생산지인 부브레에 설립되어 현재까지 5대에 걸쳐 가족 경영으로 운영하고 있다. 초창기 5ha의 부지에서 시작한 와이너리는 현재 33ha로 포도밭을 늘릴 정도로 성공가도를 달려왔다. 도멘 비노 슈브로는 오로지 슈냉 블랑으로 스파클링, 화이트 와인과 함께 스위트 와인을 생산한다. 1990년대 친환경 와인 생산자로 전향해 1999년 유기농인증협회(Ecocert)에서 친환경 와이너리로 인증을 받았다. 현재는 모든 포도밭을 바이오다이나믹 농법으로 바꾸면서 더욱 더 건강한 와인을 만들기 위해서 매진하고 있다.

위치 뚜르에서 자동차로 25분
주소 4 Rue du Clos Baglin, 37210 Chançay
전화 02-47-52-93-22
오픈 사전예약에 한해 오픈
투어 이메일(contact@vigneau-chevreau.com) 을 통한 사전 예약 필수
홈페이지 www.vigneau-chevreau.com

★ 추천 와인 ★

스파클링 와인은 샴페인 방식의 전통적인 스파클링 브륏과 로제, 좀 더 저렴한 가벼운 스파클링 와인인 페티양Petillant이 있다. 이 중 브륏 크레망을 추천한다. 샴페인보다 저렴하지만 샴페인만큼 우수한 퀄리티를 느낄 수 있을 것이다. 화이트 와인은 부브레의 전통대로 드라이한 것부터 스위트한 것까지 4종의 와인을 생산한다. 모두 추천할 만큼 품질이 우수하며 가격은 20~30유로 선이다.

도멘 드 라 팔렌느 Domaine de la Paleine

루아르 밸리의 심장이라고 할 수 있는 소뮈르에 위치한 와이너리이다. 도멘 드 라 팔렌느는 일반 소뮈르 AOC 이외에도 조금 더 고급 와인 생산지로 알려져 있는 퓌 노트르 담 AOC 와인을 선보이고 있는데, 퀄리티 면에서 훨씬 뛰어나다. 도멘 드 라 팔렌느는 2005년 지금의 오너인 마크와 그의 아내 로렁스 뱅상에 인수된 후 더욱 더 주목받고 있다. 약 32ha의 포도밭을 친환경적으로 재배하며, 프랑스 친환경 와인 생산자에게 수여하는 자격 중 하나인 AB 씰을 획득한 바 있다. 도멘 드 라 팔렌느는 약 10만 병을 저장할 수 있는 1.5km에 달하는 지하 셀러를 가지고 있으며 이 셀러는 연중 12℃로 온도가 유지되어 와인 숙성에 큰 도움을 준다.

위치 뚜르에서 자동차로 1시간 20분, 소뮈르에서 자동차로 25분
주소 9, Rue de la Paleine, 49260 Le Puy Notre Dame
전화 02-41-52-21-24
오픈 월-금 09:00~18:00, 토 10:00~17:00
투어 이메일(contact@domaine-paleine.com)을 통한 사전 예약 필수
홈페이지 www.domaine-paleine.com

★ 추천 와인 ★

도멘 드 라 팔렌느는 국내에서는 전혀 알려지지 않았지만 루아르 밸리의 보석이라고 생각될 만큼 와인을 잘 만드는 곳이다. 포도의 수확량을 제한해 벨벳 같은 텍스쳐가 뛰어나다. 하나하나 개성이 있고 훌륭하지만 그 중에서도 물랭 드 깽Moulin des Quints과 마셔보기 힘든 퓌 노트르 담 AOC 와인을 추천한다. 현지 가격은 15~30유로 내외.

도멘 드 라 팔렌느 오너 마크

샤또 데피레 Château d'Épiré

루아르 밸리에서 드라이한 화이트 와인으로 세계적인 명성을 얻고 있는 와이너리이다. 사브니에르에서 가장 오래되고, 또 가장 유명한 와이너리이기도 하다. 샤또 데피레가 설립된 것은 1850년의 일이다. 와이너리가 위치한 에피레 마을은 고대 로마시대부터 유명했던 포도 재배지다. 지금의 셀러는 고대 로마 시대 건축되었던 교회였는데, 1882년 이곳을 인수한 뒤 보수작업을 거쳐 1906년부터 셀러로 사용하고 있다. 현재 샤또 데피레는 11ha의 남향 포도밭을 소유하고 있으며, 이 중 9ha에서 슈냉 블랑을 재배하고 있다.

위치 뚜르에서 자동차로 1시간 45분, 앙제에서 자동차로 15분
주소 Rue de l'Ancienne Église 49170 Savennieres
전화 02-41-77-15-01
오픈 월-토 10:00~12:00, 14:00~18:30
투어 이메일(commande@chateau-epire.com)을 통한 사전 예약 필수
홈페이지 www.chateau-epire.com

★ 추천 와인 ★

샤또 데피레의 일반 와인도 충분히 훌륭하다. 특히 르 위-브아요Le Hu-Boyau는 엄지를 치켜들 만큼 황홀한 와인이다. 르 위-부아요는 샤또 데피레에서 소유한 포도밭 중에서 가장 오래된 포도밭에서 만들어진다. 포도나무 수령은 60년 내외이고, 아직도 말을 이용해서 포도밭을 경작하는 등 유기농법으로 관리한다. 오크통에서 숙성되어 복합미를 더했다. 가격은 30유로 내외.

쿨레 드 세랑 Coulée de Serrant

세계가 인정하는 루아르 밸리의 전설적인 와이너리다. 미슐랭에서 30년간 별 3개를 유지한 세계 유일의 레스토랑 타이방의 소믈리에와 오너가 3,000여 종에 이르는 레스토랑 와인 컬렉션에서 선정한 '전설의 100대 와인'에 이 와이너리의 와인이 소개된 바 있다. 쿨레 드 세랑은 와이너리 이름이자 곧 단일 포도밭의 이름이기도 하다. 프랑스에서 단일 포도밭을 한 와이너리가 단독으로 소유하고 그 이름 자체가 아펠라시옹으로 지정된 경우는 부르고뉴의 로마네 꽁띠와 론의 샤또 그리예를 제외하고는 쿨레 드 세랑이 유일하다. 포도밭 면적은 7ha로 세계적인 바이오다이나믹 농법을 통해 자연 그대로의 이야기를 담은 와인을 선보이고 있다.

위치 뚜르에서 자동차로 1시간 40분, 앙제에서 자동차로 15분
주소 7 Chemin de la Roche aux Moines, 49170 Savennières
전화 02-41-72-22-32
오픈 사전예약에 한해 오픈
투어 홈페이지를 통한 사전 예약 필수
홈페이지 coulee-de-serrant.com

★ 추천 와인 ★

쿨레 드 세랑의 소유주 니콜라 졸리는 세계가 인정한 바이오다이나믹 농법의 선구자다. 그가 만드는 와인은 땅에서 자라고 영근 포도 그 자체의 맛으로, 포도 본래 본연의 맛을 해치지 않도록 철저히 관리한다. 때문에 쿨레 드 세랑 와인은 시음자들에게 호불호가 갈릴 수 있다. 하지만 꼭 한 번 경험해 볼 가치가 있는 와인이다. 가격은 60~70유로 선.

부베 라뒤베 Bouvet Ladubay

루아르 밸리에서 가장 인정받는 스파클링 와인 생산자다. 1851년 에티엔 부베가 그의 아내 셀레스틴 라뒤베와 함께 소뮈르 근처에 지하 갤러리를 만들기 위해 8km에 이르는 지하 셀러를 구입한 것이 부베 라뒤베의 시초다. 이후 이 갤러리는 와인을 위한 셀러로 변신했고, 그 안에서 만들어지는 스파클링 와인은 19세기 말 영국 왕실에 제공될 만큼 명성이 대단했다. 1932년 와이너리는 몽무소 가문에 인수되었다가, 1974년 샹파뉴 지역의 위대한 샴페인 생산자 때땡저에 의해 인수되었다. 2008년 최첨단 샴페인 양조시설을 구축했고, 에티엔 부베가 남긴 200년의 역사를 간직한 지하 셀러에서 전통과 현대가 결합된 스파클링 와인을 생산하고 있다.

위치 뚜르에서 자동차로 55분, 소뮈르 시내에서 자동차로 5분
주소 11 Rue Jean Ackerman,Saint-Hilaire-Saint-Florent, 49400 Saumur
전화 02-41-83-83-83
오픈 월-금 08:30~19:00, 토-일 09:00~19:00
투어 일반 투어는 6유로, 자전거 투어 9유로
홈페이지 www.bouvetladubay.com

★ 추천 와인 ★

부베 라뒤베가 위치한 소뮈르는 루아르 밸리에서 처음으로 공식 스파클링 와인 생산지로 지정된 곳이며, 이를 이끌어낸 것도 부베 라뒤베의 공이다. 그만큼 이들이 생산하는 스파클링 와인은 독보적이라고 할 수 있다. 모든 스파클링 와인은 2차 병 발효를 길게 거치는 샴페인 방식으로 만들어진다. 가격은 15유로 내외.

[뚜르 Tours]

루아르 밸리 와인 여행의 기점 뚜르는 파리에서 남서쪽으로 230km 떨어져 있다. 뚜르는 루아르 강과 셰르 강 사이에 위치해 도시 어디에서나 루아르 강의 아름다운 경관을 볼 수 있다. 프랑스의 대표 소설가 H.발자크의 출생지이기도 하며, 대주교좌가 설치되어 있어 역대 프랑스 왕들이 이 아름다운 도시에 머물렀다. 또한 파리와 보르도, 낭트를 잇는 철도의 교차지점으로 교통이 편리하다.

생 가티앵 대성당
생 가티앵 대성당

생 가티앵 대성당 Cathédrale Saint-Gatien

뚜르 도심에 있는 중세 성당으로 '뚜르 대성당'으로도 불린다. 성당이 건립되기 시작한 것은 1170년경부터다. 프랑스와 영국의 분쟁으로 공사가 일시적으로 중단되기도 했는데, 13세기에 공사가 재개되어 16세기에 완공됐다. 성당 이름은 이곳에 그리스도를 처음 전파한 생 가티앵에서 비롯됐다. 성당은 중세 고딕 양식의 영향을 받아 화려하고 웅장하다. 예배당에 안치되어 있는 샤를 8세 자녀들의 아름다운 석관이 유명하다. 길이가 100m에 달하는 예배당 내부는 뚜르 주교와 성인들을 묘사한 스테인드글라스로 아름답게 채색되어 있다.

위치 헤지스 광장에서 도보 10분
주소 Place de la Cathédrale, 37000 Tours
홈페이지 www.paroisse-cathedrale-tours.fr

뚜르 현대 미술관 Musée des Beaux-Arts de Tours

뚜르 중심 프랑시스 시카르 광장에 위치한 현대 미술관이다. 18세기 지어진 주교관을 현재 미술관으로 사용하고 있다. 미술관 앞에는 프랑스식 정원이 펼쳐져 있다. 1795년 개장한 이 박물관에는 중세부터 현대에 이르기까지 프랑스를 비롯한 유럽의 미술품을 전시하고 있다. 그림, 조각, 도자기, 조형물, 가구 등 전시품이 다양하다. 르네상스 시대 미술 양식을 잘 보여주는 이탈리아 대표 화가들의 작품도 많다.

위치 헤지스 광장에서 도보 10분
주소 18 Place Francois Sicard, 37000 Tours
홈페이지 www.mba.tours.fr

플뤼므로 광장 Place Plumereau

뚜르의 구시가지 광장이다. 뚜르 여행의 랜드 마크로 아름다운 목조주택이 늘어선 거리를 따라 유명 카페와 레스토랑이 몰려 있다. 광장에서 즐기는 브런치는 여행의 멋스러움을 더한다. 뚜르 관광의 중심지답게 레스토랑 직원들은 영어로 의사소통이 가능하다. 뚜르 도보여행자라면 놓치지 말아야 할 곳이다.

위치 헤지스 광장에서 도보 5분
주소 Place Plumereau, 37000 Tours

뚜르 보타닉 공원 Jardin Botanique de Tours

뚜르 시내 부흐또노 병원 앞에 위치한 자연공원이다. 공원 남쪽에는 수목원을 비롯한 식물원이 있으며, 왈라비, 홍학, 거북 등이 모여 있는 야생동물 구역이 있다. 이밖에 약용 식물원과 아이들의 놀이터, 피크닉 정원이 있어 가족여행으로도 좋은 장소이다. 공원의 북쪽에는 지중해 작물을 재배하는 온실 정원과 동쪽으로는 넓은 정원이 펼쳐져 있어 오후의 여유를 느끼며 산책하기 좋다.

위치 헤지스 광장에서 도보 20분
주소 35 Boulevard Tonnellé, 37000 Tours

생 마르탱 박물관 Musée Saint Martin

생 마르탱 성당 맞은편에 위치한 박물관이다. 1990년 문을 연 이곳은 14세기 뚜르의 주교였던 생 마르탱과 관련된 다양한 유물과 종교 미술품이 전시되어 있다. 박물관은 12~13세기경 건립된 중세 종교 건축물로 흰색 건물 외관과 채색된 유리창이 아름답다. 군인이기도 했던 생 마르탱은 작품 속에서 말을 탄 기사의 모습으로 자주 표현된다. 생 마르탱 초상화, 묘비 파편, 성당 설계도 등 소장품이 다양하다.

위치 헤지스 광장에서 도보 5분
주소 3 Rue Rapin, 37000 Tours

생 마르탱 대성당 Basilique Saint Martin

뚜르 구시가지의 중심 데카르드 거리에 있는 성당. 뚜르 세 번째 주교이자 성인 생 마르탱을 기념하기 위해 세워졌다. 5세기경 처음 교회가 세워졌으며 이후 11세기 로마네스크 양식으로 새로 건립되었다. 예배당 지하에는 생 마르탱의 유해가 안치된 아름다운 석관이 있다. 성당 근처에 있는 생 마르탱 박물관을 방문한 후 이곳을 방문하는 것이 좋다. 매년 11월 2일에는 생 마르탱 탄생 축하 축제를 연다.

위치 헤지스 광장에서 도보 4분
주소 7 Rue Baleschoux, 37000 Tours
홈페이지 basiliquesaintmartin.fr

콩파뇨나쥬 박물관 Musée du Compagnonnage

뚜르 중심에 위치한 역사적인 박물관이다. 수도원을 개조해 만든 고풍스런 석조건물이 멋스럽다. 전시실에는 19세기 장인들이 만든 조각품과 금속, 가죽, 나무, 직물 등 다양한 공예작품들이 전시되어 있다. 과거 무역의 중심지로 번성하던 뚜르의 명성을 확인할 수 있다.

위치 헤지스 광장에서 도보 5분
주소 8 Rue nationale, 37000 Tours
홈페이지 www.museecompagnonnage.fr

플뤼므로 광장

바실리크 생 마르탱

생 가티앵 대성당

[루아르 밸리 고성 투어]

루아르 밸리 고성 투어는 프랑스 여행의 하이라이트라고 할 수 있다. 루아르 강을 따라 가며 만나는 고성들은 프랑스 왕들의 사냥터로, 혹은 별장으로 사용되었기에 그 화려함이 극에 달한다. 중세시대의 흔적이 고스란히 남아 있는 아름다운 고성들은 과거로의 시간여행과 같다.

샤또 앙부아즈

샤또 앙부아즈 Château d'Amboise

앙부아즈 마을에 위치한 르네상스 양식으로 지어진 고성이다. 루아르 강이 한 눈에 내려다보이는 언덕에 자리한 이 성은 마을 어디에서나 볼 수 있다. 본래 앙주 백작 가문을 비롯한 봉건 영주들의 요새로 쓰였는데, 1431년 앙부아즈 영주 루이의 반란으로 프랑스 왕실에 몰수된 후 프랑스 왕족의 거주지로 사용되었다. 샤를 8세는 15년 간 이 성에 머물며 애정을 쏟은 것으로 유명하다. 또한 르네상스 문화를 동경했던 프랑수아 1세는 1516년 레오나르도 다빈치를 초청해 앙부아즈 성에 머물도록 했고, 레오나르도 다빈치의 묘가 이곳에 안치되어 있다. 앙부아즈 성은 2000년 세계문화유산으로 지정됐다.

위치 뚜르에서 자동차로 30분
주소 37400 Amboise
홈페이지 www.chateau-amboise.com

루아르 고성 투어는 한국에서 미리 신청해서 여행할 수 있고, 뚜르의 투어리즘 센터에서 직접 신청할 수도 있다. 물론 현지에서 신청하는 것이 저렴하다. 루아르 밸리에서 숙박이 어렵다면 파리에서 루아르 고성 2개 정도를 돌아볼 수 있는 당일 투어도 신청할 수 있다. 가격은 1인당 150유로 선이다. 고성들이 워낙 많다보니 방향이 비슷한 고성끼리 묶어서 돌아보는 것을 추천한다. 투어리즘 센터에는 여러 가지 코스를 제안하고 있으니, 본인의 여정에 맞춰서 선택하면 된다. 자유여행으로 고성을 방문할 수도 있지만, 투어를 신청하면 입장료 할인과 차 안에서 오디오 가이드를 들을 수 있다는 장점이 있다.

샤또 샹보르 Château de Chambord

샹보르 성은 프랑수아 1세가 이탈리아 정벌에서 돌아온 직후 건축을 시작해 1566년 완공됐다. 이탈리아 건축 양식을 반영해서 지은 이 성은 프랑수아 1세가 애정을 쏟았지만, 안타깝게도 그는 성이 완공되는 모습을 보지 못한 채 세상을 떠났다. 루아르 고성 중 가장 규모가 큰 곳으로 5,433ha에 이르는 거대한 공원이 있다. 프랑스 왕실의 호화로운 사냥용 별장으로 사용되었다. 죽기 전에 꼭 봐야 할 세계 건축물 1001에 소개된 바 있다.

샤또 샹보르 © Léonard de Serres

위치 뚜르에서 자동차로 1시간
주소 Château, 41250 Chambord
홈페이지 www.chambord.org

샤또 슈농소 Château de Chenonceau

기차를 타고 갈 수 있는 고성이다. 슈농소 역에 내려 도보로 5분 거리에 성이 있다. 1515년 토마스 보이르에 의해 세워진 이 성은 다섯 개의 아치로 이루어진 다리를 건너 성안으로 들어갈 수 있다. 슈농소 성은 '여인의 성'이란 별명을 가져는데, 앙리 2세의 아내 카트린 왕비와 정부였던 다이안 드 푸아티에가 머무른 장소였기 때문에 이러한 별칭이 붙었다. 슈농소 성은 또 '죽기 전에 꼭 봐야할 건축물 1001'에 포함된 역사적인 장소로 성에서 내려다보는 셰르 강 풍경과 70ha에 이르는 드넓은 정원이 아름답다. 성 안에 피크닉 장소와 레스토랑이 있어 특별한 저녁식사를 경험할 수 있다. 단, 성안의 레스토랑 예약 시 정장을 갖춰 입어야 한다.

위치 뚜르에서 자동차로 40분, 슈농소 기차역에서 도보 5분
주소 37150 Chenonceaux
홈페이지 www.chenonceau.com

슈농소 기차역

샤또 슈농소 입구

루아르의 대표적인 고성들

샤또 당제 Château d'Angers
www.monuments-nationaux.fr

샤또 드 발렁세 Château de Valençay
www.chateau-valencay.fr

샤또 드 블루아 Château de Blois
www.chateaudeblois.fr

샤또 드 샹보르 Château de Chambord
www.chambord.org

샤또 드 쉬농소 Château de Chenonceau
www.chenonceau.com

샤또 드 빌랑드리 Château de Villandry
www.chateauvillandry.fr

샤또 앙부아즈 Château Amboise
www.chateau-amboise.com

샤또 드 로슈 Château de Loches
www.chateau-loches.fr

샤또 다제 르 리도
Château d'Azay-le-Rideau
www.monuments-nationaux.fr

샤또 뒤세 Château d'Usse
www.chateaudusse.fr

샤또 드 랑제 Château de Langeais
www.chateau-de-langeais.com

샤또 드 쉬농 Château de Chinon
www.forteresse-chinon.fr

샤또 뒤 리보 Château du Rivau
www.chateaudurivau.com

라 로슈 르 루아 La Roche Le Roy ★★★

뚜르 시내에서 남쪽으로 5km 떨어진 전원에 있는 레스토랑이다. 영주의 성이었던 건물을 그대로 유지해 작은 고성에서 즐기는 특별한 미식을 경험할 수 있다. 알랭 쿠트리에 쉐프는 프랑스 전통 코스요리를 선보이며, 고즈넉한 분위기에서의 정찬은 시대를 거슬러 올라간 듯한 기분이 든다.

위치 뚜르에서 자동차로 10분
주소 55 Route de Saint-Avertin, 37200 Tours
홈페이지 www.larocheleroy.com

르 감베타 Le Gambetta ★★★

소뮈르 마을 안에 위치한 유명 레스토랑이다. 프렌치 요리를 바탕으로 미카엘 쉐프의 아름다운 음식과 와인의 마리아주를 경험할 수 있다. 미슐랭 레스토랑이면서도 합리적인 가격대의 식사를 즐길 수 있다. 랍스터, 푸아그라, 아스파라거스 등 지역 식재료를 이용한 훌륭한 음식을 선보인다.

위치 뚜르 시내에서 자동차로 45분
주소 12 Rue Gambetta, 49400 Saumur
홈페이지 www.restaurantlegambetta.fr

레 오트 로쉬 Les Hautes Roches ★★★

뚜르 시내에서 동쪽으로 8km 떨어져 있는 4성급 호텔에서 운영하는 고급 레스토랑이다. 본래 수도원으로 사용되던 곳을 호텔로 개조했다. 호텔은 마치 절벽에 묻혀 있는 것처럼 독특한 경관을 자아낸다. 아름답게 가꿔진 정원 테라스에서 강을 내려다보며 식사를 즐길 수 있다.

위치 뚜르에서 자동차로 16분
주소 86 Quai de la Loire, 37210 Rochecorbon
홈페이지 www.leshautesroches.com

렁벨리 L'Embellie ★★

뚜르 중심에 위치한 레스토랑. 저온으로 조리한 부르고뉴 송아지 요리를 맛볼 수 있다. 적정한 가격의 식사구성과 간결하지만 구성이 좋은 와인 리스트를 가지고 있다. 칵테일 메뉴 주문이 가능하고 직원들이 친절하다. 돌 벽을 그대로 살린 아담한 내부는 고풍스럽게 꾸며져 있다.

위치 헤지스 광장에서 도보 5분
주소 21 Rue de la Monnaie, 37000 Tours
홈페이지 lembellie-restaurant.fr

레 오트 로쉬

레 오트 로쉬

레 오트 로쉬

라 카브 세 레비페 La Cave Se Rebiffe ★★

뚜르 시내에 위치한 와인 바. 평일 저녁에만 문을 연다. 지하 카브에는 방대한 양의 와인을 보관하고, 늦은 시간까지 식사가 가능하다. 와인 가격은 합리적이다. 지역 특산 치즈와 살라미 플레이트를 주문해 와인과 페어링 해보는 것도 좋다. 또한 와인 페어링 코스를 선택해 음식과 조화를 이루는 프랑스 와인을 경험해 볼 수 있다. 돌벽을 그대로 유지한 전통적인 와인 까브가 궁금하다면 주인장에게 정중히 요청해 내부를 구경해보자.

위치 헤지스 광장에서 도보 7분
주소 50 Rue du Grand Marché, 37000 Tours
홈페이지 www.facebook.com/La-cave-se-rebiffe-614838348546536

반느 Vanne ★

뚜르 시내에 있는 한식 레스토랑이다. 외관과 실내 분위기는 아담한 프렌치 레스토랑 분위기이지만 만두, 잡채, 빈대떡, 비빔밥, 콩국수 등의 한국의 맛을 그대로 살린 메뉴를 선보인다. 저렴하면서 깔끔한 메뉴 구성에 여행객뿐 아니라 현지인들에게도 사랑을 받고 있는 곳이다. 여행 중 한식이 그리워지면 방문하자.

위치 헤지스 광장에서 도보 10분
주소 26 Rue Georges Courteline, 37000 Tours
홈페이지 없음

로지 호텔 데 샤또 드 라 루아르 Logis Hôtel des Châteaux de la Loire ★★

뚜르 시내에 위치한 2성급 호텔이다. 체인 호텔이지만 30년간 가족이 대를 이어 운영해 온 가족경영 호텔이다. 작지만 잘 정돈된 실내 객실은 휴식을 취하기에 부족함이 없다. 프랑스식 발코니가 있는 룸은 좀 더 로맨틱한 분위기를 연출한다. 합리적인 객실 가격, 저렴하면서 훌륭한 아침 조식 뷔페를 제공한다. 관광지로 이동이 편리해 도보 여행객에게 좋다.

위치 헤지스 광장에서 도보 5분
주소 12 Rue Gambetta, 37000 Tours
홈페이지 www.logishotels.com

클라리온 호텔 샤또 벨몽 Clarion Hôtel Château Belmont ★★★★★

뚜르 외곽에 위치한 4성급 호텔이다. 아름다운 고성을 개조한 이곳은 낭만적인 휴가를 보내기에 최적의 장소이다. 무료 인터넷 사용이 가능하고, 조식뷔페를 제공한다. 넓고 고풍스런 룸은 마치 중세 시대 귀족이 된 것 같은 기분이 들게 한다. 온라인을 통해 호텔 셔틀 서비스를 예약할 수 있다.

위치 헤지스 광장에서 도보 22분
주소 57 Rue Groison, 37100 Tours
홈페이지 www.chateaubelmont.com

메르퀴르 뚜르 노르 Mercure Tours Nord ★★★

뚜르 시내에서 북으로 7km 거리에 위치한 체인형 호텔이다. 93개의 넓은 객실과 수영장, 레스토랑 등의 편의시설을 갖추고 있어 가족 여행객에게 어울린다. 객실 내 무료 음료를 제공하며, 욕조가 있는 넓은 욕실이 장점이다. 예약 사이트를 통해 프로모션 가격을 확인한 후 예약하자.

위치 뚜르에서 자동차로 14분
주소 11 Rue de l'Aviation, 37100 Tours
홈페이지 www.accorhotels.com/

샤또 드 보리우 Château de Beaulieu ★★★

뚜르 근교 아름다운 고성을 개조한 전원 속의 3성급 호텔이다. 잘 가꾸어진 프랑스식 정원을 감상할 수 있다. 성의 분위기를 그대로 보존한 고풍스러운 실내 인테리어가 돋보인다. 우아한 분위기의 넓은 객실은 전망에 따라 가격이 다르다. 정원을 조망하는 객실이 더 로맨틱하다. 호텔 내 레스토랑과 스파 시설도 있다. 루아르 밸리의 아름다운 자연을 감상하며 조용하게 휴식을 원하는 여행객들에게 추천한다. 홈페이지 보다 호텔 예약 사이트에서 프로모션 가격으로 예약하는 것이 저렴하다.

위치 뚜르에서 자동차로 12분
주소 67 Rue de Beaulieu, 37300 Joue-les-Tours
홈페이지 www.chateaudebeaulieu37.com

호텔 미라보 Hôtel Mirabeau ★★

뚜르 기차역 인근에 위치한 2성급 호텔. 뚜르 중심 헤시스떵쓰 광장과 15분 거리라 도보 여행자에게 추천한다. 무료 와이파이, 야외 테라스 휴식 공간, 조식, 짐 보관, 모닝콜 등 다양한 서비스를 제공한다. 깨끗하게 정돈된 객실의 가격도 합리적이다. 클래식하게 인테리어 된 룸마다 넓은 창이 있어 확 트인 느낌을 준다. 현대식으로 리뉴얼된 욕실도 이곳의 장점이다.

위치 뚜르 기차역에서 도보 7분
주소 89 Bis Boulevard Heurteloup, 37000 Tour
홈페이지 www.hotel-mirabeau.fr

호텔 오세아니아 뤼니베르 뚜르 Hôtel Oceania L'Univers Tours ★★

뚜르 중심에 위치한 4성급 호텔이다. 프랑스 여러 지역에서 체인으로 운영되는 호텔로 넓고 깨끗한 룸을 적정한 가격에 제공한다. 뚜르에 있는 체인 호텔은 97개의 객실을 보유하고 있다. 시즌별 할인행사를 진행하니 홈페이지를 확인하고 예약하는 것이 좋다. 뚜르 시내 관광지와 접근성이 좋아 도보 여행객에게 인기가 많다.

위치 헤지스 광장에서 도보 9분
주소 5 Boulevard Heurteloup, 37000 Tours
홈페이지 www.oceaniahotels.com

부르고뉴
Bourgogne

부르고뉴는 로마네 꽁띠, 몽라셰, 리쉬부르, 끌로 드 부죠 등 그 이름만으로도 와인 애호가들을 흥분케 하는 와인의 고향이자, 피노 누아와 샤르도네 두 품종으로 절정의 풍미를 자랑하는 세계 최고의 와인이 탄생하는 곳이다. 언덕을 따라 이어진 포도밭과 아름다운 마을들은 '와인 순례길'이라 부를 만큼 매력적이다. 여기에 고대부터 이어진 오랜 역사와 뛰어난 문화유산이 더해져 부르고뉴를 더욱 매력적인 여행지로 만든다. 부르고뉴는 100년 전쟁이 끝난 중세부터 유럽에서 가장 강력한 공국이 지배했던 곳이기도 하다. 역대 부르고뉴 공국의 왕들은 예술과 와인, 문화에 관심이 많았다. 지금도 부르고뉴에는 이들이 누렸던 역사의 발자취가 고스란히 남아 있다.

파리
부르고뉴

PREVIEW

와인

부르고뉴는 명성에 비해 와인 생산 면적은 작다. 프랑스 와인 총생산 면적의 3%에 불과하다. 이처럼 생산량이 제한되어 있고, 와인 가격도 고가에 형성되어 있어 국내는 물론 프랑스 현지에서조차 편하게 즐길 수 있는 와인은 아니다. 그래서 부르고뉴 와인을 즐긴다는 것은 시음자가 와인 마니아라는 것을 보여주는 잣대가 되기도 한다. 재밌는 사실은 부르고뉴 대부분의 와인이 레드는 피노 누아와 화이트는 샤르도네만으로 만들어진다는 점이다. 단 두 가지 품종으로 놀라우리만치 다양한 개성을 지닌 와인을 선보인다. 여기에 한 가지 더 곁들이면 보졸레 와인이 있다. 보졸레 누보로 많이 알려진 이 와인은 매년 11월 셋째 주 목요일 그 해 담근 햇포도주를 세계에서 동시에 판매하는 마케팅으로 대단한 성공을 거둬 부르고뉴 와인의 한 축을 차지하고 있다.

와이너리 & 투어

부르고뉴는 전 세계 와인 애호가들의 성지다. 매년, 사시사철, 낮과 밤을 가리지 않고 부르고뉴의 노른자위인 꼬뜨 도르의 장엄한 포도밭을 구경하기 위해 관광객이 몰려온다. 부르고뉴가 자랑하는 정상급 와인 로마네 꽁띠의 경우 포도밭을 둘러싼 벽에 관광객에게 주의를 요하는 안내판이 있을 정도다. 부르고뉴는 세계 최고의 와인 생산지인 만큼 관광객을 위한 다채로운 투어 시스템을 갖추고 있다. 구글에서 'bourgogne winery tour'라고 검색하면 여러 투어 회사를 찾아볼 수 있다. 만약 업체에 비싼 투어비를 지불하고 싶지 않다면 직접 와이너리를 컨택해서 방문해볼 수 있다. 다만, 본 시내에 위치한 대형 와이너리 몇몇을 제외하고, 많은 와이너리들이 방문객들을 위한 인프라가 제대로 갖추어 있지 않아 자유여행은 다소 어려움이 따른다. 프랑스어를 할 수 있다면 가장 좋고, 아니라면 이메일을 통해 연락을 주고 받으며 방문 날짜를 정해야 한다.

부르고뉴 와인 정보 www.bourgogne-wines.com
버건디 투어리즘 www.burgundy-tourism.com
버건디 디스카버리 와이너리 투어 www.burgundydiscovery.com
오센티카 투어 www.authentica-tours.com
본 관광청 www.beaune-tourism.com

여행지

부르고뉴는 세계적인 명성의 와인과 함께 문화유산이 가득하다. 일찍이 부르고뉴 공국의 중심으로 영화를 누렸던 디종과 부르고뉴 와인의 수도 본은 반드시 샅샅이 탐험해야 할 곳이다. 이 두 도시에는 유네스코가 지정한 세계문화유산 등 볼거리가 많다. 부르고뉴의 아름다운 포도밭을 점점이 수놓고 있는 고풍스러운 샤또들은 지역만의 특별한 풍경을 연출한다. 부르고뉴 와인의 근간을 이룬 수도원 또한 빼놓을 수 없는 여행지다. 클뤼니Cluny, 베즐레Vézelay, 퐁트네Fontenay의 라 샤리떼 쉬르 루아르La Charité-sur Loire 등이 대표적인 수도회 유적지다. 이밖에 프랑스의 주요 하천을 잇는 운하 투어와 5개의 루트로 짜 놓은 자전거 투어(투르 드 부르고뉴)도 부르고뉴를 제대로 즐길 수 있는 방법이다. 자전거 투어 루트에는 민박과 호텔과 같은 편의시설이 잘 구비되어 있으며 고성과 온천, 동굴 등 다양한 볼거리도 만날 수 있다.

요리

부르고뉴에는 다수의 미슐랭 레스토랑이 있고, 지방의 특색 있는 전통요리가 잘 계승되어 왔다. 대표적인 음식은 부르고뉴 와인을 넣고 소고기를 푹 익힌 뵈프 부르기뇽이다. 이밖에도 샤롤레Charolet 산 흰 소는 기름이 적고 육질이 부드러워 최상급 소고기로 평가된다. 뚜렷한 흰색 털과 붉은 벼슬을 가진 브레스Bresse 닭으로 요리한 닭고기 요리, 디종 겨자Moutarde de Dijon 등은 부르고뉴에 갔다면 놓치지 말고 맛봐야 한다. 와인 이외에도 주목할 만한 술은 카시스로 만든 리큐르이다. 까막까치밥나무 열매인 카시스는 리큐르, 잼, 과자를 만들 때 사용되는 향신료이자 향수를 만드는 원료다. 샤넬 No.5를 만드는 원료에 포함되는 카시스 열매는 부르고뉴에서 재배된 것만을 쓰는 것으로 알려졌다.

TIP 디종 시장이 만든 와인 칵테일 '키르'

부르고뉴의 유명 식전주인 키르Kir는 까시스 열매와 부르고뉴 화이트 와인의 절묘한 조화로 만들어진 칵테일이다. 키르의 탄생은 디종의 시장을 역임한 패릭스 키르라는 인물에서 시작된다. 대단한 미식가였던 그가 부르고뉴의 화이트 와인을 보다 쉽고 편하게 즐기기 위해 직접 고안해낸 칵테일이 바로 '키르'다. 그는 자신의 레시피로 만든 이 사랑스러운 칵테일에 자신의 이름을 붙였다. 실제로 키르 덕분에 부르고뉴 와인의 매출이 증가되어 지역 경제발전에 도움이 되었다고 한다.

PREVIEW

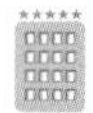

숙박

부르고뉴의 중심 도시는 디종이다. 하지만, 부르고뉴 와인 여행의 거점으로는 본을 강력하게 추천한다. 본은 인구 2만3,000명의 작은 도시다. 길게 잡아도 하루면 도시의 곳곳을 다 돌아볼 수 있고, 거의 모든 상점을 다 구경할 수 있다. 부르고뉴 와인의 심장답게 본에는 와인 관련 거래가 이뤄지는 가게와 와인 숍, 레스토랑 등이 몰려 있다. 특히, 본은 부르고뉴 와인의 양대 산맥이라 할 수 있는 북쪽의 꼬뜨 드 뉘와 남쪽의 꼬뜨 드 본 중간에 위치해 있어 어느 곳을 목적지로 움직이든 최적의 접근성을 가지고 있다.

어떻게 갈까?

파리에서 부르고뉴 디종과 본으로 가는 기차는 TGV와 지역 열차(TER)가 있다. TGV는 파리 리옹 역, TER은 베르시 역에서 출발한다. 디종까지 소요시간은 TGV 직행열차 1시간 30분, TER 3시간이다. 요금에는 큰 차이가 없다. 다만, TER은 중간에 디종에서 내리지 않고 바로 본으로 가고자 하는 여행객에게 알맞은 선택이 될 수 있다. 파리 리옹 역에서 TGV를 타고 디종을 경유해 본까지는 가는 데는 2시간 걸린다. 부르고뉴는 지방으로 연결되는 교통망이 잘 구비되어 있다. TER도 매일 여러 번 운행한다. 이처럼 잘 갖춰진 대중교통은 본과 디종을 포함한 부르고뉴의 와인 마을을 여행하는데 편리하다. 파리에서 자동차를 이용할 경우 디종과 본까지는 3시간 30분이 소요된다.

TER 열차 www.voyages-sncf.com

어떻게 다닐까?

부르고뉴 와인 산지를 여행하기에 가장 좋은 방법은 프랑스 전 지역의 와인 산지가 그러하듯이 자동차 여행이다. D974 도로를 따라 펼쳐진 부르고뉴의 주옥 같은 포도밭들을 드라이브하는 경험은 평생 잊지 못할 것이다. 시간 여유가 많은 여행자라면 기차를 타고 부르고뉴 중심 도시 디종 또는 본에 도착해 자전거를 대여해 와인 가도를 따라 여행하는 것을 추천한다. 부르고뉴의 황금빛 포도밭을 지나며 와이너리를 찾아다니는 자전거 여행은 보다 낭만적인 추억으로 남을 것이다. 본은 시내 안에 주요 와이너리가 있고, 시음 및 지하 셀러 투어도 가능하기 때문에 도보 여행자들에게도 더할 나위 없이 좋다. 또 본에서 와이너리를 다닌 후, 지역 열차를 타고 30분이면 디종에 다다를 수 있기 때문에 기차를 이용해 두 도시의 여행이 가능하다.

언제 갈까?

부르고뉴는 한겨울을 제외하고 언제 가더라도 다 좋다. 부르고뉴에서 가장 중요한 이벤트는 11월에 개최되는 오스피스 드 본Hospices de Beaune 와인 경매다. 부르고뉴의 와인 생산자들이 새로운 빈티지의 와인을 경매에 내놓고 이를 통해 생기는 수익을 사회적 약자를 위해 기부하는 이벤트다. 이 이벤트는 세계에서 가장 큰 자선 경매 중 하나로 와인 애호가라면 꼭 한 번 참가해봐야 할 행사다. 2년에 한 번씩 3월에 개최되는 레 그랑 주르 드 부르고뉴Les Grands Jours de Bourgogne는 부르고뉴 와인을 보고 느끼고 맛볼 수 있는 세계 최고 수준의 전문인 시음 행사다. 7일 동안 열리는 이 축제는 와인업계 관계자와 기자를 위한 행사라는 점이 아쉽지만, 행사기간 동안 부르고뉴 마을 곳곳에서 문화 행사로 흥겨운 축제 분위기를 느낄 수 있다.

추천 일정

당일

08:00 파리 리옹 역 출발
09:30 디종 빌에서 TER로 환승
10:00 본 기차역 도착
10:30 파트리아슈 페르 에 피스
12:30 점심 식사
14:30 부샤르 애네 에 피스
16:30 호텔 디유 박물관
18:40 본 기차역 출발
19:10 디종 빌에서 TGV로 환승
21:10 파리 리옹 역 도착

1박 2일

Day 1

08:00 파리 리옹 역
09:30 디종 빌에서 TER로 환승
10:00 본 기차역 도착
10:30 파트리아슈 페르 에 피스
12:30 점심 식사
14:30 조셉 드루앙
16:30 호텔 디유 박물관
18:00 도시 관광 및 와인 숍 탐방
19:30 저녁식사
22:00 숙소

Day 2

10:30 부샤르 애네 에 피스
12:00 본 기차역 출발(TER)
12:30 디종 빌 도착
13:00 점심 식사
15:00 디종 노트르담 성당
15:30 리베라시옹 광장
16:00 부르고뉴 듀크 궁전
17:00 생 베니뉴 대성당
17:40 다흑씨 공원
18:20 디종 빌 출발
20:00 파리 리옹 역 도착

2박 3일

Day 1

1박2일 Day 1과 동일

Day 2

09:30 본 출발
11:00 하모 뒤뵈프 와인 박물관
12:30 점심 식사
15:30 샤또 드 포마르
17:30 샤또 드 상트네
18:30 본 도착
19:30 저녁 식사
22:00 숙소

Day 3

09:30 도멘 안 그로
11:00 와인 가도 드라이브
12:00 디종 도착
이하 1박2일 Day 2 오후 일정과 동일

부르고뉴 와인 이야기

Bourgogne Wine Story

부르고뉴 와인의 역사

부르고뉴 와인의 역사는 기원후 1세기부터 이곳을 점령한 로마인을 통해 본격적으로 시작되었다. 이후 포도 재배와 와인제조에 관련한 업적들은 수도원과 깊은 관련이 있다. 특히, 베네딕트 교단과 시토 수도원은 부르고뉴 와인의 기반을 마련했다. 그들은 기부받은 땅을 개간해 포도밭으로 경작했는데, 당시 포도나무 재배와 와인 양조에 체계적인 접근을 시도했다. 그들의 빛나는 업적은 여전히 부르고뉴 곳곳에서 발견할 수 있다. 부르고뉴 부조 마을의 끌로 드 부조 Clos de Vougeot 포도밭이 바로 시토 수도원의 영향 하에 일구어진 대표적인 포도밭이다. 끌로 드 부조의 뛰어난 떼루아를 알고 있었던 수도사들은 이 포도밭을 이웃과 구분하기 위해 손수 돌을 쌓아 담장을 만들었고 현재까지 그 형태가 유지되고 있다.

14세기 중반에서 15세기까지를 부르고뉴의 황금기라고 부른다. 당시 프랑스 영토는 여러 공국으로 쪼개져 있었고, 그중 부르고뉴 공국의 위엄은 프랑스 북부와 벨기에, 그리고 룩셈부르크에 대적할 만큼 막강했다. 특히, 부르고뉴의 공작 필리프 2세는 저급의 가메 품종을 뽑아버리고 그 자리에 피노 누아를 심도록 했으며, 대를 이은 필리프 3세는 디종 인근을 포도재배의 한계선으로 설정했다고 전해진다. 필리프 3세는 그의 방대한 재산을 호텔 디유Hôtel Dieu 병원에 증여했다.

1789년 프랑스 대혁명 이후 귀족의 사유재산과 사원이 소유한 포도밭이 대중들에게 쪼개어 나눠진다. 이후 나폴레옹 법전의 상속 규정에 의해 부친의 사망 후 토지가 자손들에게 균등하게 분할되게 되면서 부르고뉴의 포도밭은 작게 쪼개지게 되었다. 부르고뉴에서 같은 이름의 포도밭을 수많은 생산자가 함께 소유하고 있는 것은 바로 이 때문이다.

끌로 드 부조 와인

샤또 드 포마르 와인 박물관

1 윌리암 페브르 셀러 도어 **2** 부르고뉴 그랑 크뤼 밭

부르고뉴의 떼루아

부르고뉴의 포도밭을 여행하다보면 불과 몇 미터 거리의 포도밭에서 완전히 다른 와인이 생산되는 신비로운 현장을 마주하게 된다. 이처럼 잘게 쪼개져 있는 포도밭과 각기 다른 미세기후는 부르고뉴 와인의 가장 큰 특징이라 할 수 있다. 부르고뉴 포도밭은 화강암 위주의 보졸레를 제외하고는 대부분 석회질로 구성되어 있다. 포도밭 언덕에는 커다란 석회더미, 진흙에서 흘러나온 점토, 빙하기 시대 것으로 추측되는 퇴적토 등 다양한 토질이 형성되어 있다.

부르고뉴는 겨울에는 서리가 내릴 정도로 추운 날이 많고 여름에는 종종 혹서의 위험이 있는 대륙성 기후에 속한다. 하지만 대부분의 포도밭이 200~500m의 완만한 언덕에 남향으로 자리 잡고 있어 냉해에 잘 견디고 서쪽에서 불어오는 강한 바람을 피할 수 있다. 또한 약한 햇빛일지라도 포도나무에 최소한의 일조량을 보장해 포도나무에 질병을 불러오는 습기를 방지할 수 있다.

복잡한 부르고뉴 와인의 등급

부르고뉴 와인은 크게 지역으로 구분되는 레지오날 Régionales, 지역 내 마을 이름으로 구분되는 코뮈날 Communales(빌라쥬라고도 함), 개개의 포도밭 이름으로 구분되는 그랑 크뤼Grand Crus, 세 가지로 나뉜다. 서울시를 부르고뉴라고 생각했을 때, 레지오날은 서울시 전체에서 재배한 포도로 만들어진 와인에 붙이는 단어이고, 코뮈날은 서울시 안에서도 강남구에 해당되며, 그랑 크뤼는 강남구 청담에서도 정부가 인증한 최고급 포도밭에서 만든 와인만을 지칭한다고 이해하면 편하다. 일반적으로 규모가 작아질수록 와인 가격은 올라가고 더욱 고급 와인이 된다.

레지오날은 총 23개의 세부 지역 명으로 나뉘며 전체 부르고뉴 와인에서 약 52%를 차지한다. 코뮈날(빌라쥬)은 생산된 와인에 생산 지역이나 마을의 이름을 붙이는 것으로 44개의 세부 지역 명으로 나뉘고 전체 부르고뉴 와인의 37%를 차지한다. 코뮈날에서도 특별히 좋은 포도밭의 경우 클리마(Climat;포도밭 명칭)가 표기되기도 한다. 클리마는 일반 코뮈날 와인보다 조금 더 고급 와인으로 인정받지만 그랑 크뤼보다는 아래다. 코뮈날에 클리마가 붙을 때는 와인 산지의 정확한 장소를 명시하기 위해 마을 이름을 덧붙이기도 한다. 여기에는 프르미에 크뤼Premier Cru와 클리마 생플Climats Simples이 있다. 프르미에 크뤼는 전통적으로 와인이 더 높은 평가를 받는 포도밭으로, 고유한 특성과 변함없는 품질로 인정을 받는 특정 제한 대상이라고 할 수 있다. 포도밭이 얼마 안 되는 마을이더라도 고도, 경사도, 채광도, 토양의 구성에 따라 프르미에 크뤼 간에 차이가 있으며, 불과 몇 미터 거리로도 기준이 달라지는 경우가 있다. 클리마 생플은 프르미에 크뤼로 분류되지 않지만 뛰어나다고 생각되는 포도밭의 이름을 레이블에 표기하는 경우를 말한다. 프르미에 크뤼는 684개의 포도밭이 있으며, 전체의 10%를 차지한다.

그랑 크뤼는 가장 높은 평판을 받는 포도밭에 붙인다. 생산되는 와인의 특성과 질에서 꾸준히 최상급을 유지할 경우에만 해당된다. 많은 마을들이 프르미에 크뤼를 소유하고 있지만 그랑 크뤼의 경우 샤블리에는 한 개, 꼬뜨 도르에 32개로 전체의 겨우 1.5%를 차지한다.

부르고뉴의 포도 품종

부르고뉴를 대표하는 레드 품종은 피노 누아와 가메, 화이트는 샤르도네와 알리고떼다. 거의 모든 와인이 위의 4가지 품종을 이용해 만들어진다. 이 중에서도 피노 누아와 샤르도네의 비중이 압도적이다. 품종의 개수는 적지만 미세한 떼루아, 와인 메이커의 양조 기술이 더해져 다채로운 개성을 지닌 와인으로 탄생하게 된다.

이외에도 적은 양이지만, 욘 지역 오세루와의 포도밭에서는 소비뇽 블랑과 세자르Cesar 품종을 찾아볼 수 있다. 세자르는 피노 누아와 블렌딩되어 이랑시Irancy라는 이름의 레드 와인을 생산한다. 이랑시는 견고하면서도 부드럽고 오랜 지속성을 주는 밸류 와인이다. 이외에도 트레소, 믈롱 드 부르고뉴, 사시 품종이 재배된다. 다만 이러한 와인들은 국내에서는 만나보기 힘들다.

피노 누아 Pinot Noir

피노 누아는 부르고뉴의 포도밭의 탄생과 역사를 같이하는 품종이다. 크기가 작은 포도알이 촘촘히 달린 흑보랏빛 포도송이로 즙이 풍부하고 당도가 높다. 즙이 무색이기 때문에 크레망 드 부르고뉴와 같은 스

1 샤블리 투어리즘 센터 **2** 올드 바인 피노 누아

파클링 와인을 생산하는 데도 쓰인다. 또한 껍질이 얇아 와인의 색이 보다 투명한 편이다. 기후와 토양의 변화에 굉장히 민감하기 때문에 재배하기가 까다로워서 국제 품종임에도 불구하고 성공적인 피노 누아를 만드는 지역은 세계적으로 몇 되지 않는다. 가장 유명한 곳이 부르고뉴와 미국의 오리건, 뉴질랜드의 센트럴 오타고이다.

가메 Gamay

가메는 펠리니 몽라셰 근처 생-토뱅에 있는 작은 마을의 이름에서 유래가 되었으며, 14세기 이후 많은 문헌에서도 찾아볼 수 있다. 가메는 튼실한 묘목으로 나무에 따라 포도 알맹이의 촘촘한 정도가 다르다. 특히 보졸레의 화강암 토양에서 생산되는 가메는 부드럽고 풍성한 꽃 향을 지닌 섬세한 레드 와인을 생산하는 반면, 꼬뜨 도르의 점토 석회질 토양의 가메는 투박한 와인을 생산한다. 가메는 사실상 다른 지역에서는 거의 찾아보기가 힘들 정도로 보졸레 지역에 특화된 품종이다. 영할 때는 화사한 꽃 향과 입 안을 경쾌하게 채우는 상큼한 산도, 적은 탄닌을 지닌 와인이지만, 고급 보졸레 와인의 경우 숙성되면 믿을 수 없을 정도로 감미로운 질감과 매혹적인 부케가 가득한 와인으로 변신한다.

샤르도네 Chardonnay

샤르도네 역시 수세기 전부터 부르고뉴에서 재배되어 온 전통적인 품종이다. 샤블리, 꼬뜨 드 본, 꼬뜨 샬로네즈, 마코네에서 화이트 와인을 빚는 품종으로 전 세계 다양한 와인 산지에서 사랑받고 있다. 피노 누아처럼 포도송이는 작지만 길고 덜 촘촘하며 황금색을 띠고 있다. 샤블리에서는 흔히 보누아Beaunois라고 불린다. 전 세계에서 부르고뉴의 샤블리와 꼬뜨 도르

1

의 화이트 와인들을 벤치마킹할 정도로 부르고뉴의 화이트 와인은 타의 추종을 불허한다. 최고급 와인의 경우 이보다 더 완벽한 밸런스를 지닌 화이트 와인을 찾을 수 있을까 의심이 될 정도로 시음자들에게 만족감을 선사한다.

알리고떼 Aligoté

알리고떼는 부르고뉴에서 오래전부터 재배해온 품종 중 하나로 샤르도네보다는 조금 덜 섬세하다. 생명력이 강하고 포도송이는 샤르도네보다 크고 많아서 수확량이 더 많다. 알리고떼는 피노 누아와 샤르도네를 심기에는 적당하지 않지만 훌륭한 떼루아라고 판단되는 땅에서 재배하고 있다. 부르고뉴 남단의 작은 마을 부즈롱Bouzeron이 알리고떼 와인을 가장 잘 만드는 곳으로 알려져 있다. 이곳을 제외하고는 마을 이름을 내걸지 않고 레이블에 부르고뉴 알리고떼라고만 표시한다. 알리고떼는 부르고뉴 스파클링 와인인 크레망 드 부르고뉴를 만드는 데 사용되기도 한다.

부르고뉴 대표 와인 산지

샤블리 Chablis

겨울철 굴과 환상의 궁합을 이루는 샤블리 와인은 해마다 굴 철이 되면 와인 애호가들이 제철의 굴과 샤블리 와인을 함께 마시며 최고의 마리아주를 경험하게 한다.

샤블리는 파리에서 동남쪽으로 150km 거리에 있으며, 부르고뉴 와인 산지 중 가장 북쪽에 위치한다. 4,500ha가 넘는 포도밭은 동명의 샤블리 마을과 더불어 주위 20여 개 작은 마을에 걸쳐 있다. 이곳에서는 우아하고 풍부한 향과 활력이 있는 섬세한 화이트 와인을 생산한다.

1 피노 누아 수확 **2** 여름의 부르고뉴 포도밭

한때 샤블리 내의 몇몇 세부 지역에서는 레드 와인의 생산량이 더 높았다고 한다. 특히 이 와인들은 욘 강이나 센 강을 따라 쉽게 운송할 수 있었기 때문에 파리와 벨기에에서 인기가 높았다. 그러나 필록세라 이후 부르고뉴는 새로운 운송수단인 철도를 이용해 파리까지 유통하는 프랑스 남부의 와인들과 경쟁하게 되었다. 이에 부르고뉴의 생산자들은 경쟁력 있는 샤르도네 화이트 와인에 전력을 다하기 시작했고, 지금은 오로지 샤르도네 하나로 세계 최고의 화이트 와인을 만들어내고 있다.

샤블리에는 한 개의 그랑 크뤼가 있으며, 이 한 개의 그랑 크뤼에는 7개의 포도밭 이름이 뒤따라 나온다. 프르미에 크뤼에는 17개의 주요 포도밭이 속해 있고, 이외에 일반 샤블리, 마지막 등급의 쁘띠 샤블리Petit Chablis가 이어진다. 샤블리 이외에도 오세르의 남쪽 욘 계곡에 있는 마을들, 특히 이랑시, 생-브리-르-비뇌, 쉬트리, 쿨랑주-라-비너즈에서는 다른 부르고뉴 지역에서는 거의 사용하지 않는 품종인 세자르, 트레소, 소비뇽 블랑, 소비뇽 그리를 이용해 편안하고 개성 있는 지역 와인을 생산한다.

샤블리 와인은 와인의 신선함과 미네랄 특성을 극대화하기 위해 오크통보다는 스테인리스 스틸 탱크에서 주로 숙성한다. 샤블리 그랑 크뤼는 힘 있고, 구

조감이 좋아 장기 숙성을 통해 화려한 면모를 드러낸다. 그랑 크뤼가 아니더라도 신선한 과일, 흰색 꽃 향, 풍성한 미네랄이 가득한 프르미에 크뤼부터, 경쾌한 느낌의 과일 향이 일품인 샤블리와 쁘띠 샤블리까지, 샤블리 전 지역에서 생산하는 와인들은 그 이름만으로도 밸류 와인의 반열에 들어간다. 이랑시에서는 피노 누아와 세자르를 블렌딩해 풍부한 향, 단단한 구조의 와인을 만들어내며, 생-브리에서는 소비뇽 블랑과 소비뇽 그리를 블렌딩해 허브, 피망, 열대과일 향이 풍부하면서 부드러운 텍스처가 일품인 화이트를 만들어낸다.

이외에도 부르고뉴 로제, 피노 누아와 가메를 블렌딩한 부르고뉴 파스 투 그랭, 부르고뉴의 토착 품종으로 빚은 부르고뉴 그랑 오디네르 등 특색 있는 와인들도 경험해 볼 수 있다. 모두 가격대비 만족도가 높은 밸류 와인들이다.

샤블리와 주변 와인 산지의 레이블 명칭

샤블리와 주변 와인 산지의 레이블 명칭
부르고뉴 쉬트리 Bourgogne Chitry (R)
부르고뉴 쿨랑주 라 비너즈 Bourgogne Coulanges la Vineuse (R)
부르고뉴 꼬뜨 생 자크 Bourgogne Côte Saint Jacques (R)
부르고뉴 꼬뜨 도세르 Bourgogne Côtes d'Auxerre (R)
부르고뉴 에피뇌이 Bourgogne Épineuil (R)
부르고뉴 베즐레 Bourgogne Vézelay (R)
샤블리 프르미에 크뤼 Chablis Premier Cru (C)
이랑시 Irancy (C)
쁘띠 샤블리 Petit Chablis (C)
생 브리 Saint Bris (R)
샤블리 그랑 크뤼 Chablis Grand Cru (G) : 7개의 포도밭 이름이 레이블에 표시된다 (블랑쇼Blanchot, 부그로Bougros, 레 끌로Les Clos, 그르누이으Grenouilles, 프뢰즈Preuses, 발뮈르Valmur, 보데지르Vaudésir)

(G) : 그랑 크뤼, (C) : 코뮈날, (R) : 레지오날

1 샤블리 포도밭 전경 **2** 샤블리 그랑 크뤼 표지판 **3** 샤블리 포도밭의 토양 **4** 샤블리 와인 산지 숲길

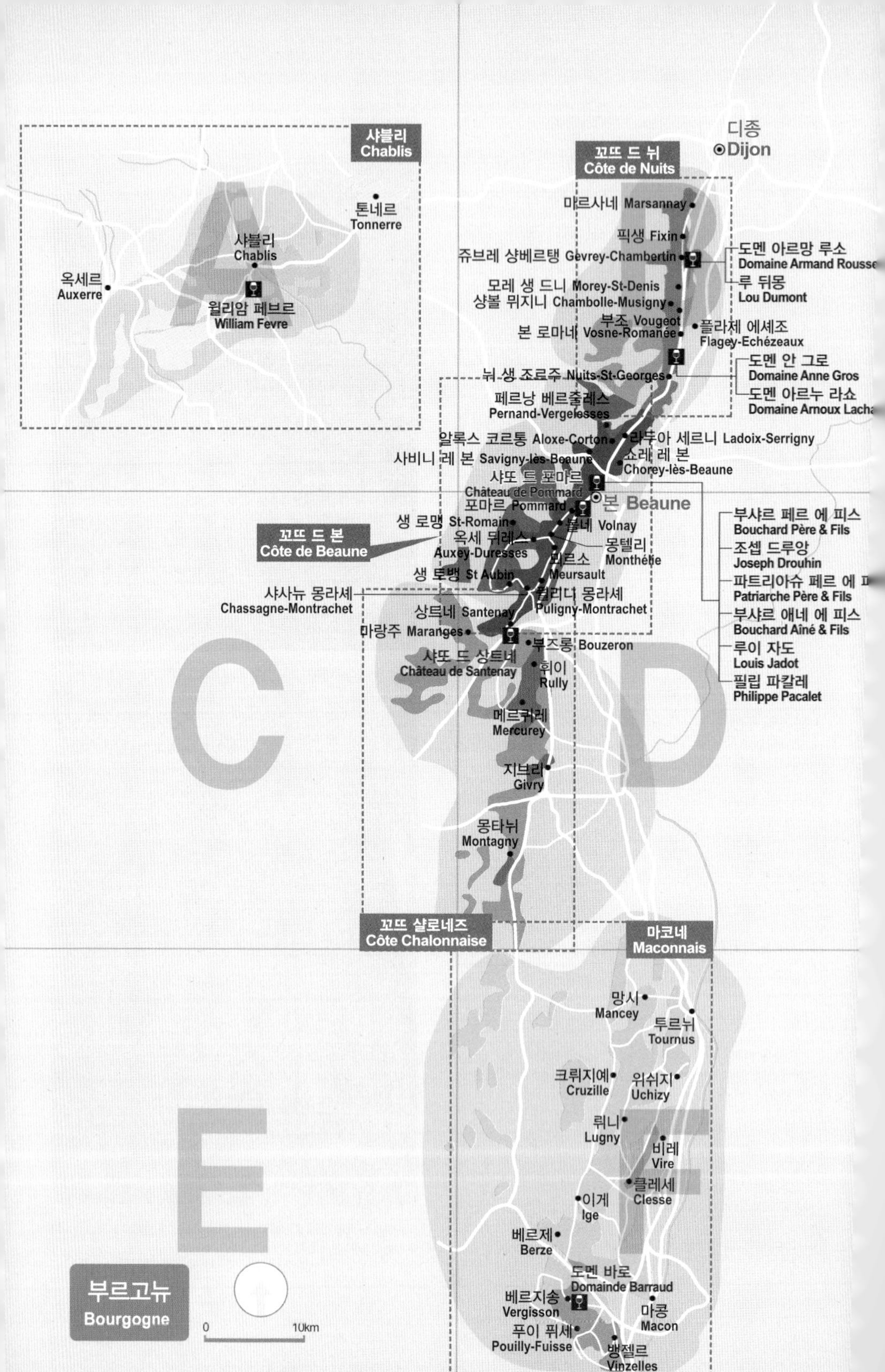
샤블리
Chablis
톤네르
Tonnerre
샤블리
Chablis
옥세르
Auxerre
윌리암 페브르
William Fevre
디종
Dijon
꼬뜨 드 뉘
Côte de Nuits
마르사네 Marsannay
픽생 Fixin
쥬브레 샹베르탱 Gevrey-Chambertin
도멘 아르망 루소
Domaine Armand Rousse
루 뒤몽
Lou Dumont
모레 생 드니 Morey-St-Denis
샹볼 뮈지니 Chambolle-Musigny
부조 Vougeot
본 로마네 Vosne-Romanée
플라제 에셰조
Flagey-Echézeaux
도멘 안 그로
Domaine Anne Gros
뉘 생 조르주 Nuits-St-Georges
도멘 아르누 라쇼
Domaine Arnoux Lacha
페르낭 베르줄레스
Pernand-Vergelesses
알록스 코르통 Aloxe-Corton
라두아 세르니 Ladoix-Serrigny
사비니 레 본 Savigny-lès-Beaune
쇼레 레 본
Chorey-lès-Beaune
샤또 드 포마르
Château de Pommard
포마르 Pommard
본 Beaune
부샤르 페르 에 피스
Bouchard Père & Fils
조셉 드루앙
Joseph Drouhin
파트리아슈 페르 에
Patriarche Père & Fils
부샤르 애네 에 피스
Bouchard Aîné & Fils
루이 자도
Louis Jadot
필립 파칼레
Philippe Pacalet
생 로맹 St-Romain
볼네 Volnay
꼬뜨 드 본
Côte de Beaune
옥세 뒤레스
Auxey-Duresses
몽텔리
Monthélie
뫼르소
Meursault
생 토뱅 St Aubin
샤사뉴 몽라셰
Chassagne-Montrachet
퓔리니 몽라셰
Puligny-Montrachet
상트네 Santenay
마랑주 Maranges
부즈롱 Bouzeron
샤또 드 상트네
Château de Santenay
휘이
Rully
메르퀴레
Mercurey
지브리
Givry
몽타뉘
Montagny
꼬뜨 샬로네즈
Côte Chalonnaise
마코네
Maconnais
망시
Mancey
투르뉘
Tournus
크뤼지예
Cruzille
위쉬지
Uchizy
뤼니
Lugny
비레
Vire
클레세
Clesse
이게
Ige
베르제
Berze
도멘 바로
Domainde Barraud
베르지송
Vergisson
마콩
Macon
푸이 퓌세
Pouilly-Fuisse
뱅젤르
Vinzelles
부르고뉴
Bourgogne
0
10km

담장을 의미하는 끌로

꼬뜨 드 뉘 Côte de Nuits

세계가 인정하는 최고의 피노 누아 와인 산지 꼬뜨 드 뉘는 디종의 남쪽인 픽상부터 꼬뜨 드 본의 첫 관문이 되는 코르골루앵 마을 아래쪽까지 해당된다. 꼬뜨 드 뉘를 점점이 수놓은 와인 마을인 쥬브레-샹베르탕, 모레 생 드니, 샹볼 뮈지니, 부조, 플라제 에셰조, 본 로마네, 뉘 생 조르쥬는 두말할 나위 없이 세계에서 가장 비싸고 품질 좋은 피노 누아 와인을 생산하는 곳들이다. 모두 프르미에 크뤼 밭을 가지고 있고, 뉘-생-조르쥬를 제외하고는 그랑 크뤼 포도밭을 포함하고 있으니 그 가치는 실로 대단하다.

꼬뜨 드 뉘의 언덕 꼭대기는 바위가 노출되어 있어 식물이 잘 자라지 못해 바닥에 낮게 깔린 풀 종류만 있을 뿐 거의 민둥산이다. 그래서 언덕의 꼭대기보다 바로 아래 산등성이에 위치한 포도밭을 최고로 치며 여기에 그랑 크뤼 밭들이 몰려 있다. 꼬뜨 드 뉘를 둘러보는 가장 좋은 방법은 북에서 남으로 내려오면서 유명 와인 마을들을 천천히 둘러보는 것이다.

가장 위에 있는 마르사네, 픽상, 쥬브레 샹베르탱을 하나로 묶어서 여행하면 편하다. 이 세 지역을 통틀어보면 30여개의 프르미에 크뤼와 9개의 그랑 크뤼가 있는데, 샹베르탱이나 샤름므 샹베르탱, 샤펠르 샹베르탱과 같은 그랑 크뤼들은 세계적인 명성을 자랑한다. 한 마디로 정의하기는 어렵지만, 쥬브레 샹베르탱은 대체적으로 진한 색과 향, 검붉은 열매 향을 연상시키며 사향 등이 느껴지는 튼실한 구조를 지니고 있다. 이외에도 그랑 크뤼는 없지만, 꼬뜨 드 뉘의 밸류 와인을 생산하는 마르사네 블랑이나 루즈, 픽상은 훌륭한 밸런스를 갖춘 와인들이다.

세계 최고의 피노 누아로 평가받는 부조의 포도밭들은 꼬뜨 드 뉘의 역사적인 건축물인 샤또 뒤 끌로 드 부조를 둘러쌓고 있다. 한 병에 수십만 원을 호가하는 와인을 마시기 위해 세계의 수많은 와인 애호가들이 이곳을 방문한다. 우아하면서 진한 붉은색, 제비꽃, 검붉은 열매, 사향 등 고급 피노 누아에서 경험해 볼 수 있는 매력적인 향과 함께 입안에서 긴 여운을 남기는 와인이다.

꼬뜨 드 뉘 여행의 하이라이트는 세계에서 가장 유명하고 비싼 와인인 로마네 꽁띠가 속해 있는 본 로마네를 둘러보는 것으로 정점을 찍는다. 로마네 꽁띠의 유명한 돌 십자가 주변으로 이름만으로도 와인 애호가들의 가슴을 울리는 절정의 포도밭이 줄줄이 이어진다. 비싼 가격 때문에 쉽사리 손이 가지는 않지만, 이것도 와이너리 투어를 통한다면 저렴한 가격에 시음해볼 수 있으니, 인내심을 가지고 와이너리의 문을 두들겨보자.

우아하고 섬세한 와인의 전형인 샹볼 뮈지니, 힘 있고 단단한 구조를 지닌 모레 생 드니도 주목해야 할 마을이다. 프르미에 크뤼 이상의 와인을 마셔본다면 입 안을 옥죄는 대단한 풍미를 경험할 수 있다. 뉘 생 조르쥬는 그랑 크뤼 밭이 없기에 꼬뜨 드 뉘에서는 평가절하 되는 곳이다. 그러나 가격이 저렴하고, 와인 역시 진하고 깊은 캐릭터를 가져 한국인의 입맛에 잘 맞는다.

꼬뜨 드 뉘와 주변 와인 산지 레이블 명칭

본 마르 Bonnes Mares (G)	그랑 에셰조 Grands Échezeaux (G)
부르고뉴 오트 꼬뜨 드 뉘 Bourgogne Hautes Côtes de Nuits (R)	그리오트 샹베르탱 Griotte Chambertin (G)
부르고뉴 르 샤피트르 Bourgogne Le Chapitre (R)	라 그랑드 뤼 La Grande Rue (G)
부르고뉴 몽트르퀴 Bourgogne Montrecul (R)	라 로마네 La Romanée (G)
샹베르탱 Chambertin (G)	라 타슈 La Tâche (G)
샹베르탱 끌로 드 베즈 Chambertin Clos de Bèze (G)	라트리시에르 샹베르탱 Latricières Chambertin (G)
샹볼 뮈지니 Chambolle Musigny (C)	마르사네 Marsannay (C)
샤펠르 샹베르탱 Chapelle Chambertin (G)	마르사네 로제 Marsannay Rosé (C)
샤름 샹베르탱 Charmes Chambertin (G)	마지 샹베르탱 Mazis Chambertin (G)
끌로 드 라 로슈 Clos de la Roche (G)	마주와이에르 샹베르탱 Mazoyères Chambertin (G)
끌로 드 타르 Clos de Tart (G)	모레 생 드니 Morey Saint Denis (C)
끌로 드 부조 Clos de Vougeot (G)	뮈지니 Musigny (G)
끌로 드 람브레 Clos de Lambrays (G)	뉘 생 조르쥬 Nuit Saint Georges (C)
끌로 생 드니 Clos Saint Denis (G)	리슈부르 Richebourg (G)
꼬뜨 드 뉘 빌라쥬 Côte de Nuits Villages (C)	로마네 꽁띠 Romanée Conti (G)
에셰조 Échezeaux (G)	로마네 생 비방 Romanée Saint Vivent (G)
플라제 에셰조 Flagey-Echézeaux (C)	뤼쇼뜨 샹베르탱 Ruchottes Chambertin (G)
픽상 Fixin (C)	본 로마네 Vosne Romanée (C)
쥬브레 샹베르탱 Gevrey Chambertin (C)	부조 Vougeot (C)

(G) : 그랑 크뤼, (C) : 코뮈날, (R) : 레지오날

부르고뉴 와인 마을과 포도밭

꼬뜨 드 본 Côte de Beaune

꼬뜨 드 본은 라두와 세리니 마을부터 마랑쥬 언덕까지 약 25km에 달하는 지역이다. 꼬뜨 드 뉘에 비해 면적 또한 약 4,000ha로 두 배 정도 넓다. 꼬뜨 드 본 언덕은 주로 동쪽을 향해 있고 포도밭 언덕이 협곡이나 골짜기로 이어지면서 남동쪽을 향하고 있어 겨울 북풍이나 서리를 피할 수 있다. 특히 꼬뜨 드 본의 중심에는 세계적인 화이트 명산지인 뫼르소 언덕이 있다. 바로 이곳이 꼬뜨 드 본을 대표하는 곳으로, 이름만으로도 화이트 와인 애호가들을 설레게 하는 뫼르소, 퓔리니-몽라세, 샤사뉴-몽라세 세 마을이 이 언덕에 걸쳐 있다.

꼬뜨 드 본 지역의 와인에서 본, 사비니 레 본, 쇼레 레 본, 페르낭 베르즐레스, 알록스 코르통, 라두와의 코뮈날과 프르미에 크뤼가 일반적으로 쉽게 구매할 수 있고 부담스럽지 않게 다가갈 수 있는 와인들이다. 레드 와인들은 유연하고 섬세하며 적절한 탄닌이 입 안을 가득 채우는 좋은 질감을 지니고 있어, 풍부한 질감의 와인을 선호하는 한국인들에게도 어울린다. 화이트 와인은 숙성 가능성이 엿보이는 단단한 구조를 지닌 와인과 산뜻하고 생기 있는 느낌의 신선한 화이트 와인으로 나뉘는데, 공통적인 것은 본 지역의 떼루아를 선명하게 나타내는 밸류 와인들이라는 것이다.

1 미셸 피카르 와이너리 2 몽라셰의 포도밭

꼬뜨 드 본 중에서도 가장 유명한 레드 와인을 하나 꼽으라면 포마르다. 포마르 마을의 석회질 진흙토양에서 양조된 고급 와인의 경우 짙고 검붉은 와인 색, 카시스, 사향, 야생동물 향 등 강렬한 부케를 느낄 수 있으며, 산도와 탄닌이 적절하게 균형을 이루어 입 안에서 꽉 찬 느낌을 준다.

꼬뜨 드 본의 화이트 와인을 대표하는 뫼르소는 몽라셰와 더불어 부르고뉴 화이트의 백미다. 이외 높은 퀄리티의 화이트 와인을 생산하는 곳은 오세 뒤레스와 볼네의 화이트들이다. 특히 국내에서는 거의 찾아보기 힘든 오세 뒤레스의 퀄리티 높은 화이트들은 현지에서 반드시 마셔봐야 한다. 뫼르소는 레드 와인의 수준도 좋은 곳이다. 레드의 경우 구조감이 좋고 섬세한 캐릭터의 와인들이고, 화이트는 아몬드, 구운 빵, 사과 등 복합적이면서도 매력적인 부케와 입에서는 미끄러질 듯한 감미로운 질감으로 부르고뉴 최고의 화이트 와인이라는 말이 절로 나온다. 오세 뒤레스는 밸런스가 좋은 와인으로 꼬뜨 드 본 와인다운 면모를 잘 보여준다.

세계적으로 유명한 샤사뉴 몽라셰와 퓔리니 몽라셰의 화이트 와인들과 마랑쥬, 상트네, 생 토뱅 등 꼬뜨 드 본의 밸류 와인들 또한 거론하지 않을 수 없다. 몽라셰의 그랑 크뤼 화이트 와인들은 헤이즐넛, 꿀 향과 튼실한 구조감, 진하고 오래가는 여운을 지닌다.

꼬뜨 드 본과 주변 와인 산지 레이블 명칭

알록스 코르통 Aloxe Corton (C)
오세 뒤레스 Auxey Duresses (C)
본 Beaune (C)
비앙브뉘 바타르 몽라셰 Bienvenues Bâtard Montrachet (G)
블라니 Blagny (C)
부르고뉴 오트 꼬뜨 드 본 Bourgogne Hautes Cotes de Beaune (R)
부르고뉴 라 샤펠르 노트르담 Bourgogne La Chapelle Notre-Dame (R)
바타르 몽라셰 Bâtard Montrachet (G)
샤를르마뉴 Charlemagne (G)
샤사뉴 몽라셰 Chassagne Montrachet (C)
슈발리에 몽라셰 Chevalier Montrachet (G)
코르통 Corton (G)
코르통 샤를르마뉴 Corton Charlemagne (G)
크리오 바타르 몽라셰 Criots Bâtard Montrachet (G)
꼬뜨 드 본 Côtes de Beaune (C)
쇼레 레 본 Chorey lès beaune (C)
꼬뜨 드 본 빌라쥬 Côtes de Beaune Village (C)
라두와 Ladoix (C)
마랑쥬 Maranges (C)
뫼르소 Meursault (C)
몽텔리 Monthélie (C)
몽라셰 Montrachet (G)
페르낭 베르즐레스 Pernand Vergelesses (C)
포마르 Pommard (C)
퓔리니 몽라셰 Puligny Montrachet (C)
생 토뱅 Saint Aubin (C)
생 로맹 Saint-Romain (C)
상트네 Santenay (C)
사비니 레 본 Savigny Lès Beaune (C)
볼네 Volnay (C)
볼네 상트노 Volnay Santenots (C)

(G) : 그랑 크뤼, (C) : 코뮈날, (R) : 레지오날

오스피스 드 본 와인 경매

세계에서 가장 유명한 와인 축제 중 하나다. 1859년부터 시작된 이 축제는 11월 셋째 주 일요일 부르고뉴의 와인 수도라 할 수 있는 본의 호텔 디유Hôtel Dieu와 바로 그 앞 광장에서 진행된다. 세계에서 가장 큰 자선 경매 중 하나인 이 행사에는 부르고뉴의 와인 생산자들이 자신의 와인을 기증하여 경매가 이루어진다. 규모가 큰 만큼 매해 150만 유로 이상의 수익이 나고 있으며 모든 수익은 병든 자와 사회적 약자를 돕기 위한 병원의 의료시설에 쓰인다. 오뗄 디유는 본 관광에 있어서도 절대로 빼놓을 수 없는 명소다. 본래 병원으로 지어진 이 건물은 100년 전쟁이 끝난 후 가난과 병마에 지쳐 허덕이는 주민들을 위해 부르고뉴의 대법관 니콜라 롤랑과 그의 부인 기공 드 살랭이 전 재산을 투자해 지은 후 지역사회에 기부했다. 이 때 이 부부는 병원 건물뿐만 아니라 병원이 계속해서 유지해 나갈 수 있도록 넓은 포도밭까지 기부했다고 한다. 건물은 1443년에 완공되었다고는 믿을 수 없이 뛰어나고 인상적인 건축양식을 지니고 있다. 내부에는 장엄한 규모의 미술작품과 당시 오뗄 디유의 치료에 관한 모형들이 영화 세트처럼 전시되어 있어 흥미를 자아낸다. 오스피스 드 본은 그 자체의 이름으로 부르고뉴에 60ha의 포도밭을 소유하고 있다. 대부분은 꼬뜨 드 본에 위치해 있으며, 이 포도밭에서 수확되어 양조된 와인은 레이블에 오스피스 드 본이라고 표기되어 있다.

1 단풍이 들어 붉게 물든 부르고뉴 포도밭 **2** 부르고뉴의 다채로운 와인들
3 세계에서 가장 유명한 와인 경매가 열리는 오스피스 드 본

꼬뜨 샬로네즈 Côte Chalonnaise

샤블리나 꼬뜨 도르의 와인들이 부르고뉴 와인의 전부인 것처럼 인식되고 있지만, 욘 지역의 잘 알려지지 않은 와인과 소네 루아르의 와인들은 가격이 비싸지 않으면서 각자의 떼루아에 충실한 밸류 와인을 생산하는 곳이다.

꼬뜨 샬로네즈는 꼬뜨 도르와 아주 가깝지만 와인 맛은 사뭇 다르다. 5개의 중요 세부 산지인 부즈롱, 휘이, 메르퀴레, 지브리, 몽타니는 기억해야 할 지역이다. 알리고떼로 빚은 부즈롱의 와인이나 샤르도네로 만들어진 휘이의 화이트 와인은 황금빛 색과 섬세함이 돋보이는 헤이즐넛, 제비꽃이 어우러진 부드러운 풍미를 지녔다. 레드 와인이 유명한 지브리와 메르퀴레는 섬세하고 우아한 피노 누아의 특징을 잘 살린 곳으로 평가된다. 샤르도네를 이용해 화이트 와인만을 생산하는 몽타니의 경우 초록빛이 감도는 아름다운 금색이 유혹적인 와인으로, 헤이즐넛 향, 풍부한 미네랄, 그리고 긴 여운을 느낄 수 있다. 크레망 드 부르고뉴로 유명한 지역인 만큼 꼭 한 번 시음해보기를 권한다.

꼬뜨 샬로네즈, 꾸슈와 와인 레이블 명칭

꼬뜨 샬로네즈, 꾸슈와 와인 레이블 명칭
부르고뉴 꼬뜨 샬로네즈 Bourgogne Côte Chalonnaise (R)
부르고뉴 꼬뜨 뒤 쿠슈와 Bourgogne Côtes du Couchois (R)
부즈롱 Bouzeron (C)
지브리 Givry (C)
메르퀴레 Mercurey (C)
몽타니 Montagny (C)
휘이 Rully (C)

(C) : 코뮈날, (R) : 레지오날

1 황금의 언덕이라 불리는 부르고뉴 포도밭 **2** 낮은 구릉에 자리 잡은 포도밭

마코네 Mâconnais

국내에는 비교적 덜 알려진 지역인 마코네의 와인들은 샬로네즈와 마찬가지로 저렴한 가격에 부르고뉴 와인의 매력을 느낄 수 있는 와인들이다. 마코네 지역에서 가장 유명한 생산지인 푸이 퓌세는 그 자체로 세계적인 명성을 지니고 있다. 알칼리성 진흙 토양에서 빚어낸 샤르도네 와인은 어느 와인을 골라도 만족할 만한 수준을 보여준다. 좋은 풍미를 보이는 푸이 퓌세는 초록빛이 감도는 금색을 지니고 있으며, 섬세한 향을 낸다.

이외에도 푸이 뱅젤과 푸이 로셰 등 아카시아 향의 섬세한 부케와 입 안 가득 퍼지는 미네랄이 기분을 좋게 하는 와인들이 생산된다. 생 베랑은 감미롭고 부드러우며 과일 맛이 많이 나는 화이트 와인으로 어린 와인은 과실 향이 일품이고, 숙성되면 부싯돌 향이 올라온다. 비레-클레세와 일반 마콩 와인도 가격 대비 좋은 품질을 지닌 밸류 와인이다. 마코네는 그야말로 화이트 와인의 천국이라고 할 수 있다.

마코네 와인 레이블 명칭

마코네 와인 레이블 명칭
마콩 Mâcon (R)
마콩(+빌라쥬) Mâcon(+Village) (R)
마콩 쉬뻬리외 Mâcon Superieur (R)
마콩 빌라쥬 Mâcon Villages (R)
푸이 퓌세 Pouilly Fuissé (C)
푸이 로셰 Pouilly Loché (C)
푸이 뱅젤르 Pouilly Vinzelles (C)
생 베랑 Saint Véran (C)
비레 클레세 Viré Clessé (C)

(G) : 그랑 크뤼, (C) : 코뮈날, (R) : 레지오날

1 마콩의 포도밭 **2. 3** 하모 뒤뵈프를 찾아온 관광객들과 박물관에 전시된 기차

보졸레 Beaujolais

보졸레는 부르고뉴의 남단 마콩 바로 아래부터 리옹까지 약 55km에 걸쳐 있는 지역이다. 생산량은 부르고뉴의 꼬뜨 도르보다 많지만 와인의 품질은 대체로 들쑥날쑥한 편이며, 가격이 저렴하다.

보졸레를 세계 시장에 알린 것은 '보졸레 누보'다. 11월 셋째 주 목요일에 전 세계로 출시되는 보졸레 누보는 이 시기가 되면 전 세계의 레스토랑과 와인숍마다 '보졸레 누보가 도착했습니다Le Beaujolais Nouveau est arrivé'라는 포스터로 와인 애호가들을 유혹한다.

보졸레 지역은 와인을 전통적 방식으로 만드느냐, 대량 생산 방식이냐에 따라 '보졸레', '보졸레 빌라쥬', '보졸레 크뤼'로 나뉜다. 여기서 보졸레 빌라쥬는 일반 보졸레보다 품질이 한 단계 높은데, 이 지역 중심부의 언덕이 많은 38개의 마을에서 생산된다. 보졸레는 일반적으로 지대가 낮다는 의미의 바Bas와 높다는 의미인 오Haut 보졸레로 나뉜다. 바 보졸레에는 평범한 일반 보졸레 와인이 나오며 유명 마을이 없다. 반면, 북부의 오 보졸레는 토양이 조금 더 척박한 화강암 기반으로, 포도나무가 땅 속 깊이 뿌리를 내리며, 양질의 포도가 영근다.

최고의 보졸레 와인이라고 칭송할만한 크뤼 보졸레는 저마다 개성이 있으며, 포도 재배자들은 떼루아의 특징을 담아내기 위해 노력한다. 여기서 '크뤼'라는 용어는 프랑스의 다른 지역처럼 포도밭을 지칭하는 것이 아니라 특정 마을 열 곳을 의미한다. 이 마을에서 생산된 보졸레 와인들은 화려하고 단단한 풍미를 자랑한다. 주인공은 생타무르, 쥘리에나, 셰나, 물랭 아 방, 플뢰리, 쉬루블, 모르공, 레니에, 브루이, 꼬뜨 드 브루이다. 모두 해발 300m 정도의 가파른 화강암 언덕에 포도밭이 위치한 것이 특징이다. 이곳의 와인들은 구조감, 탄닌, 산도가 강해 장기 숙성이 가능하며, 특히 물랭 아 방, 플뢰리, 모르공은 숙성 잠재력이 가장 좋은 크뤼로 평가받는다.

보졸레 와인 산지

보졸레 Beaujolais (R)
보졸레 쉬페리외 Beaujolais Supérieur (R)
보졸레 빌라쥬 Beaujolais Villages (R)
브루이 Brouilly (C)
셰나 Chénas (C)
쉬루블 Chiroubles (C)
꼬뜨 드 브루이 Côte de Brouilly (C)
플뢰리 Fleurie (C)
줄리에나 Julienas (C)
모르공 Morgon (C)
물랭 아 방 Moulin à Vent (C)
레니에 Régnié (C)
생타무르 Saint-Amour (C)

(C) : 코뮈날, (R) : 레지오날

1. 축제의 와인, 보졸레 누보

보졸레 누보는 '첫 번째 와인'이라는 뜻의 뱅 프리뫼르Vin Primeur라고도 하며 7~9주 숙성시킨 일반 보졸레 와인을 말한다. 1세기 전쯤 보졸레에서 만든 햇와인을 손 강에서 배에 실어 리옹의 바와 레스토랑으로 운송했고, 도시 사람들도 함께 수확의 기쁨을 나누며 축제 분위기를 즐겼던 것에서 기원했다. 이후 1985년 INAO에서 매년 11월 셋째 주 목요일을 보졸레 누보 출시일로 정하면서 세계적인 성공을 거뒀다.
보졸레의 개성은 '가메' 포도 품종과 '탄산가스 침용'이라는 전통적인 방법에서 비롯된다고 할 수 있다. 가메는 본래 탄닌 성분이 적기 때문에 풍부한 과실 뉘앙스가 눈부시게 표현이 된다.

2. 보졸레 와인 테마 파크, 아모 뒤뵈프

보졸레의 황제 조르쥬 뒤뵈프가 1993년 선보인 와인 테마 파크 아모 뒤뵈프Hameau Duboeuf는 3ha에 달하는 부지에 새워진 복합 문화 공간이다. 미니 기차를 타고 아모 뒤뵈프의 전경을 둘러보는 이색적인 경험을 할 수 있다. 또, 아름다운 정원과 포도밭, 양조장, 와인 박물관, 부티크 숍, 카페까지 와인에 대한 모든 시설이 있다. 365일 무휴로 운영된다. www.hameauduvin.com

마콩 마을 전경

디종
추천! 와이너리
Recommended Wineries

윌리암 페브르 William Fevre

샤블리를 논할 때 꼭 거론되는 최고의 명가 중 하나인 윌리암 페브르는 샤블리의 전통을 계승한 진정한 리더로 프랑스 와인 생산자들로부터 존경을 받아왔다. 윌리암 페브르에 관한 유명한 일화는 미국의 한 생산자가 자신의 화이트 와인에 '샤블리' 이름을 붙여 와인을 판매하는 것에 격분해 소송을 제기한 사건이다. 페브르는 소송이 길어지자 항의의 표시로 자신의 샤블리를 '프랑스의 나파 밸리Napa Valley de France'로 이름을 지어 미국에 수출함으로써 샤블리의 자존심을 지켜냈다. 현재 78ha에 달하는 포도밭을 소유하고 있으며 이 중 16ha는 그랑 크뤼 포도밭이다. 1998년 부르고뉴 최고의 네고시앙 중 하나인 부샤르 페레 에 피스에 인수되었으나 양조는 변함없이 윌리엄 페브르에 의해 독자적으로 이루어지고 있다.

위치 디종에서 차로 1시간 30분
주소 10 Rue Jules Rathier, 89800 Chablis
전화 03-86-18-14-37
오픈 월~토 10:00~12:30, 13:30~18:00, 일 10:30~13:00, 수요일 휴무
투어 시음 무료, 투어는 홈페이지를 통한 사전예약 필수
홈페이지 www.williamfevre.fr

★ 추천 와인 ★

샤르도네 와인의 정석과도 같은 곳으로 모든 와인을 추천한다. 윌리암 페브르의 그랑 크뤼 샤블리는 오크통에서 발효된다. 이외의 샤블리는 보통 스테인리스 스틸 탱크에서 발효 후 짧게 오크통에서 숙성된다. 꽃향기, 과일 향과 미네랄 향이 입 안을 감싸듯이 부드러우면서 단단한 텍스처와 긴 후미를 느낄 수 있다. 가격은 20~90유로 사이.

도멘 안 그로 Domaine Anne Gros

도멘 안 그로는 꼬뜨 도르의 진주 본 로마네에 위치한다. 이 도멘을 이끌고 있는 안 그로는 짧은 기간 부단한 노력과 열정으로 안 그로를 부르고뉴 최고의 도멘으로 끌어올렸다. 안 그로가 와인 양조에 뛰어든 것은 1985년부터다. 그녀가 도멘을 맡기 전까지는 제조한 와인의 절반 이상을 벌크로 네고시앙에 판매했다고 한다. 그러나 완벽주의자에 가까운 그녀의 깐깐한 성격이 안 그로의 와인을 바꾸어 놓았다. 그녀는 본과 디종에서 와인 공부를 했으며 호주의 로즈 마운트에서 6개월간 실습했다. 안 그로는 와인을 만들기 시작한 지 10년이 된 1995년부터 도멘을 지금의 이름으로 바꿨다. 현재의 푸른색 라벨은 2001년부터 새롭게 만들어진 것이다. 이때부터 도멘 안 그로 와인의 품질과 명성은 수직 상승한다. 현재 도멘 안그로의 포도밭은 6.5ha. 5.2ha에서 레드 와인을, 1.3ha에서 화이트 와인을 생산한다. 이들 포도밭에서 생산하는 와인은 연간 3만병으로 소량이다.

위치 디종에서 차로 30분
주소 11 Rue des Communes, 21700 Vosne-Romanée
전화 03-80-61-07-95
오픈 화·목 09:30, 14:00 투어진행
투어 150유로~, 홈페이지를 통한 사전 예약 필수
홈페이지 www.anne-gros.com

★ 추천 와인 ★

10년이란 짧은 기간 동안 안 그로 여사가 만들어낸 가치는 실로 대단하다. 현재 안 그로 여사는 부르고뉴의 여제로 불리는 랄루 비즈 르루아를 잇는 포스트 르루아라는 평가를 받고 있다. 안 그로 와인의 가격도 매년 상승하는 중이다. 이곳의 모든 와인이 품질이 좋기 때문에 기회만 된다면 전부 시음해보기를 추천한다. 가격은 20~500유로까지 다양하다.

도멘 아르망 루소 Domaine Armand Rousseau

부르고뉴를 대표하는 위대한 이름들 중 하나인 도멘 아르망 루소는 동명의 인물 아르망 루소에 의해 설립되었다. 아르망 루소는 1차 세계대전 때부터 네고시앙으로 활동하기도 했다. 20세기 초 부르고뉴의 많은 포도원들은 벌크와인을 통째로 네고시앙에게 팔았다. 이 과정에서 네고시앙을 통해 가짜 와인이 만들어지는 일이 많았다. 아르망 루소는 자신의 와인을 지켜내기 위해 중대한 결단을 내렸다. 바로 자체적으로 와인 병입을 시행한 것이다. 이는 부르고뉴 도멘 중 최초의 시도였다. 1959년 아르망 루소가 자동차 사고로 죽자 그의 아들 샤를 루소가 도멘을 이어받아 아버지가 구축한 명성을 확고히 한다. 특히, 그는 유럽에만 알려져 있던 자신의 와인을 남미, 대양주, 아시아에 이르기까지 널리 판로를 확장했다. 현재 아르망 루소는 샤를 루소의 아들 에릭이 이어받아 운영하고 있다.

위치 디종 시내에서 차로 26분
주소 1 Rue de l'Aumônerie, 21220 Gevrey-Chambertin
전화 03-80-34-30-55
오픈 사전 예약에 한해 오픈
투어 이메일(contact@domaine-rousseau.com)을 통한 사전 예약 필수
홈페이지 www.domaine-rousseau.com

★ 추천 와인 ★

도멘 아르망 루소는 우아한 피노 누아의 대명사인 쥬브레 샹베르탱을 상징하는 아이콘으로 확고히 자리 잡았다. 그만큼 이 도멘에서 만들어내는 와인들은 세계적인 명성을 지니고 있다. 현재 소유하고 있는 포도밭은 14ha. 상당수가 샤름 샹베르탱, 끌로 드 라 로슈, 샹베르탱 같은 그랑 크뤼 밭이다. 명성만큼 가격이 만만치 않다. 그랑 크뤼 와인들은 500~800유로 사이.

도멘 아르누 라쇼 Domaine Arnoux Lachaux

"마술과 같은 공식은 없다. 당신에게 필요한 것은 오로지 좋은 품질의 포도이며, 그 나머지는 모두 부차적인 것들이다." 도멘 아르누 라쇼의 현 소유주이자 와인 메이커인 파스칼 라쇼의 철학이다. 자연에 가까운 와인을 만들기 위해 그는 토양에 화학비료를 쓰지 않는 유기농 방식을 고집한다. 도멘 아르누 라쇼의 전신은 1858년 설립된 도멘 로베르 아르누Domaine Robert Arnoux다. 본 로마네에서 와인을 생산하는 가문에서 태어난 로베르 아르누는 불과 26살에 와이너리를 계승받았고, 많은 어려움을 극복해가며 와이너리를 이어왔다. 1995년 그가 타계한 후 그의 딸 플로랑스와 사위 파스칼 라쇼가 지금의 도멘 아르누 라쇼를 이끌어가고 있다.

위치 디종에서 차로 30분
주소 3 Route Nationale 74, 21700 Vosne-Romanée
전화 03-80-61-08-41
오픈 사전 예약에 한해 오픈
투어 홈페이지를 통한 사전 예약 필수
홈페이지 www.arnoux-lachaux.com

★ 추천 와인 ★

아르누 라쇼의 와인들은 순수하다. 소량의 알리고떼로 만드는 와인을 제외하고는 모두 레드 와인이다. 가격이 부담스럽기는 하지만 피노 누아로 만든 수준급 레드 와인의 정수를 경험해보고 싶다면 반드시 마셔보기를 권한다. 30유로 정도의 와인도 있으나, 메인 와인은 수백 유로를 호가한다.

루 뒤몽 Lou Dumont

루 뒤몽은 소믈리에 출신의 일본인 나카타 코지와 공동 창업자인 한국인 아내 박재화가 소유하고 있는 와이너리다. 현재 루 뒤몽 와인은 세계 각지로 수출이 되고 있다. 특히, 아시아에서 많은 인기를 얻고 있다. 루 뒤몽은 2003년 꼬뜨 드 뉘의 쥬브레 샹베르탱에 셀러와 양조장을 만들었다. 이곳에서 소규모 도멘으로부터 포도 원액이나 포도를 공급받아 그들만의 와인을 제조해왔다. 루 뒤몽은 더욱 좋은 고품질의 포도를 얻기 위해 재배자들과 활발하게 교류하는 데 힘을 쏟고 있다. 루 뒤몽은 현재 5개의 그랑 크뤼, 2개의 프르미에 크뤼, 6개의 빌라쥬, 그리고 5개의 지역 와인을 생산하고 있다. 직접 재배한 포도는 루 뒤몽의 관리 하에 18~20개월간 50%의 새 오크 배럴에서 숙성 후 병입된다.

위치 디종에서 차로 25분
주소 32 Rue Mal de Lattre de Tassigny, 21220 Gevrey-Chambertin
전화 03-80-51-82-82
오픈 사전예약에 한해 오픈
투어 이메일(jhpark@loudumont.com)을 통한 사전 예약 필수
홈페이지 www.loudumont.com

루 뒤몽의 오너 박재화

★ 추천 와인 ★

와인 메이커 코지 나카타는 실크와 같은 부드러운 탄닌과 복합적인 아로마가 있는 고품질의 와인을 만들기 위해 부르고뉴 전통 양조 방식을 지향한다. 쥬브레 샹베르탱과 크레망 드 부르고뉴를 추천하며, 가격은 20유로부터 수백 유로까지 다양하다.

[디종 Dijon]

부르고뉴 공국의 수도로 오랜 세월 영화를 누렸던 곳이다. 지금도 부르고뉴의 대표적인 와인 산지이자 교통과 상공업의 중심지다. 지리적으로는 우슈 강과 쉬종 강이 합류하는 부르고뉴 운하에 접해 있으며, 철도와 도로의 교차점으로 파리, 리옹, 브장송, 낭시와 연결되어 있다. 프랑스에서 손꼽는 예술 도시로 여러 예술가를 배출했다. 고딕 양식의 노트르담 성당과 르네상스 풍의 성 미셸 성당이 주요 명소다. 세계에서 가장 유명한 디종 머스터드도 이곳에서 생산된다.

디종 올드 타운

디종 노트르담 성당

디종 노트르담 성당 Église Notre-Dame de Dijon

13세기의 고딕양식으로 지어진 성당이다. 웅장한 예배당 내부는 화려한 스테인드글라스로 장식되어 종교적, 예술적으로 의미가 깊다. 성당 외부 벽에 부엉이 조각을 왼손으로 만지면 소원을 이룬다는 설이 있어 관광객들에게 명소가 되었다. 도시에서 가장 높은 건축물이라 어디서나 쉽게 찾아갈 수 있다.

위치 리베라시옹 광장에서 도보 2분
주소 2 Place Notre Dame, 21000 Dijon

마냉 미술관 Musée Magnin

1937년 개관한 국립 미술관이다. 모리스 마냉 부부가 수집한 2,000여점의 예술작품을 감상할 수 있다. 17세기 지어진 미술관 건물은 마냉 부부가 살았던 저택을 개조한 것이다. 주요 수집품은 16~19세기 유럽의 다양한 회화 작품이다. 주요 작품으로 루이 다비드의 '흑사병 환자를 위해 성모에게 간청하는 성 로크를 위한 스케치', 루이 외젠 부댕의 '르 아브르 정박지의 낚시꾼들', 페테르 루벤스의 '아킬레우스의 죽음' 등이 있다.

위치 리베라시옹 광장에서 도보 1분
주소 4 Rue des Bons Enfants, 21000 Dijon
홈페이지 musee-magnin.fr

리베라시옹 광장 Place de la Libération

디종이 부르고뉴 공국의 수도였던 14~15세기에 지어진 부르고뉴 궁전 앞에 위치한 반원 모양의 광장이다. 로얄 광장으로 불리다가 지금은 자유 광장으로 이름을 바꿨다. 광장 중앙에는 루이 14세의 승마 동상이 있다. 광장 주변에는 유명 카페와 레스토랑이 있다. 디종 여행을 하면 필수적으로 지나게 될 만큼 도시의 중심역할을 한다.

위치 리베라시옹 광장
주소 Place de la Libération, 21000 Dijon

디종 미술관 Musée des Beaux-Arts de Dijon

부르고뉴 듀크 궁전 안에 있는 미술관이다. 1766년 드로잉 미술학교로 시작되어 1799년 박물관으로 개장했다. 루브르 박물관에 소장되어 있던 작품을 이곳으로 대거 옮겨오면서 풍부한 작품 컬렉션을 보유하게 되었다. 루벤스, 모네, 마네 등 유명 화가들의 작품을 포함해 700여점의 작품을 전시 중이다.

위치 리베라시옹 광장에서 도보 2분
주소 1 Rue Rameau, 21000 Dijon
홈페이지 mba.dijon.fr

다흑씨 공원 Jardin Darcy

디종 시내에 조성된 최초의 공공 정원이다. 정원 이름은 이 정원을 조성한 앙리 다흑씨의 이름에서 따왔다. 1838년에 공원 안에 만든 저수지는 디종에 식수를 공급하는 역할을 해왔다. 정원 입구에는 조각가 헨리 마르티네의 곰 조각상이 있다. 디종 시민과 여행자들의 휴식처가 되고 있다.

위치 리베라시옹 광장에서 도보 12분
주소 Place Darcy, 21000 Dijon

생 베니뉴 대성당 Cathédrale Saint-Bénigne

디종에서 가장 웅장한 유적으로 손꼽히는 11세기 베네딕트 수도회의 성당이다. 14세기의 고딕양식으로 재건축되어 지금의 모습을 갖추었다. 성당 지하에는 1007년에 만들어진 로마네스크 양식의 지하 묘실이 그대로 남아있어 장엄한 분위기를 느낄 수 있다. 성당 북쪽 건물은 원래 수도원이었으나 지금은 고고학 박물관으로 개조되어 3개 층의 공간에 로마, 중세, 청동기 유물을 전시 중이다.

위치 리베라시옹 광장에서 도보 9분
주소 Pl. Saint Bénigne, 21000 Dijon
홈페이지 www.cathedrale-dijon.fr

뮤제 드 비 부르기뇬 Musee de la Vie Bourguignonne

19세기 후반 부르고뉴의 유산이 전시된 박물관이다. 당시의 생활상을 볼 수 있는 가구와 가전제품, 의복이 전시되어 있다. 박물관 1층은 19세기의 일상을 탐험하도록 당시의 상점을 재현해 놨다. 또한 월 별로 당시의 시대상을 좀 더 가까이 체험할 수 있는 프로그램들을 진행한다.

위치 리베라시옹 광장에서 도보 8분
주소 17 Rue Sainte-Anne, 21000 Dijon
홈페이지 vie-bourguignonne.dijon.fr

리베라시옹 광장

듀크 궁전

다흑씨 공원

윌리엄 프라쇼

샤포 루즈 Chapeau Rouge ★★★★

미슐랭 2스타 레스토랑으로 디종 시내에서 최고의 레스토랑으로 꼽힌다. 프랑스 요리와 일식이 결합된 화려한 요리를 선보이며 뛰어난 생선요리를 맛볼 수 있다. 호텔 내에 있으며 스파 시설도 함께 운영한다.

위치 리베라시옹 광장에서 도보 6분
주소 5 Rue Michelet, 21000 Dijon
홈페이지 www.chapeau-rouge.fr

쉐 레옹 Chez Léon ★

부르고뉴의 대표 요리 뵈프 부르기뇽을 맛볼 수 있는 곳으로 디종 시내 중심에 있어 찾아가기 편리하다. 테라스는 식사와 음료를 즐기는 사람들로 항상 북적인다. 부르고뉴와 샹파뉴의 와인 리스트를 가지고 있다. 합리적인 가격으로 부르고뉴 대표 음식과 와인을 페어링해 볼 수 있다.

위치 리베라시옹 광장에서 도보 6분
주소 20 Rue des Godrans, 21000 Dijon
홈페이지 www.restochezleon.fr

라 메종 데 카리아티드 La Maison des Cariatides ★★

17세기 르네상스 풍으로 지어진 석조 건물을 그대로 사용하는 레스토랑이다. 석조 벽면을 그대로 살린 실내 인테리어에 고급스럽고 차분한 조명이 비춰 우아한 분위기를 연출한다. 토마스 콜롬브 셰프의 지휘 아래 능력이 출중한 스태프들이 팀을 구성해 움직인다.

위치 리베라시옹 광장에서 도보 4분
주소 28 Rue Chaudronnerie, 21000 Dijon
홈페이지 www.thomascollomb.fr

루아소 데 뒥스

루아조 데 뒥 Loiseau des Ducs ★★

1875년 지어진 호텔에 있는 미슐랭 1스타 레스토랑이다. 디종 중심에 있어 관광지까지의 접근성이 좋다. 요리사 페트릭의 창의적인 요리와 전통적인 프랑스 코스 요리가 결합되어 레스토랑의 명성을 만들어냈다. 송아지 요리, 감자 트러플 퓌레, 푸아그라 등 프랑스 전통 식재료를 이용한 고급요리들을 경험할 수 있다. 초콜릿을 이용해 환상적인 작품을 만드는 피에르 엠마뉴엘의 달콤한 디저트도 맛있다.

위치 리베라시옹 광장에서 도보 3분
주소 3 Rue Vauban, 21000 Dijon
홈페이지 www.bernard-loiseau.com/fr

오 푸르쿠아 파 Au Pourquoi Pas ★★

디종 시내에서 적정한 가격대에 고풍스러운 분위기에서 식사를 할 수 있는 레스토랑이다. 평일은 저녁만 운영하지만 토요일에는 점심 식사도 가능하다. 여행객 사이에서 음식 맛이 좋기로 입소문이 자자하다. 치즈 샐러드가 인기메뉴. 메인 메뉴도 전체적으로 훌륭하다. 화사한 색감의 과일이 어우러진 아이스크림 디저트 역시 달콤하다. 좌석이 많지 않아 예약은 필수다.

위치 리베라시옹 광장에서 도보 9분
주소 13 Rue Monge, 21000 Dijon
홈페이지 www.pourquoipas-dijon.com

그랜드 호텔 라 끌로쉐 디종 Grand Hôtel La Cloche Dijon ★★★

그랜드 호텔 라 끌로쉐 디종

디종 시내에 있는 5성급 호텔이다. 15세기 건축된 건물을 18세기에 지금의 호텔 형태로 개조했다. 5세기 동안 디종의 대표 호텔로 명성을 유지하고 있으며, 도시 안에서도 고풍스러운 멋을 풍기고 있다. 한국에서도 유명한 프랑스 영화감독이자 배우 장 르노와 뤽 베송 등 유명 스타가 이용하는 호텔로도 유명하다. 호텔 내 스파, 레스토랑 등 편의시설을 두루 갖추고 있다.

위치 리베라시옹 광장에서 도보 9분, 다흑씨 공원 맞은편에 위치
주소 14 Place Darcy, 21000, Dijon
홈페이지 www.hotel-lacloche.fr

호텔 라 봉보니에르 Hôtel La Bonbonnière ★★

호텔 라 봉보니에르

디종 시내 북서쪽 외곽에 위치한 3성급 호텔로, 관광지에서 벗어나 조용한 환경에서 휴식을 취할 수 있는 곳이다. 넓은 무료 주차공간이 있다. 객실은 화려하진 않지만 단정하다. 마치 부르고뉴에 사는 누군가의 집에 초대된 듯한 편안한 인상이다.

위치 디종 시내 중심에서 차로 14분, 디종 기차역에서 차로 10분
주소 24 Rue des Orfèvres, 21240 Dijon
홈페이지 www.labonbonnierehotel.fr

호텔 데 뒥 Hôtel des Ducs ★★

35개의 객실을 보유한 3성급 호텔이다. 디종 시내 모든 관광지와 인접한 최적의 위치다. 객실은 군더더기 없이 단정하고, 욕실은 현대식으로 리모델링 됐다. 객실 내 무선 인터넷 사용이 가능하다. 호텔 프런트에서 친절하게 관광안내를 받을 수 있다. 비수기와 성수기 요금이 상이하니 홈페이지에서 확인하자.

위치 리베라시옹 광장에서 도보 3분
주소 5 Rue Lamonnoye, 21000, Dijon
홈페이지 www.hoteldesducs.com

메르쿠르 디종 썽트르 클레망소 Mercure Dijon Centre Clémenceau ★★★

디종 시내에 위치한 4성급 체인형 호텔. 123개의 객실을 보유하고 있다. 전 객실 와이파이와 안전금고, 무료주차를 이용할 수 있다. 호텔 내 레스토랑과 바를 운영 중이다. 객실은 현대적으로 인테리어 되어 있다. 안전성과 접근성, 가격을 비교했을 때 좋은 선택이다.

위치 리베라시옹 광장에서 도보 16분, 차로 6분
주소 22 Boulevard de la Marne, 21000 Dijon
홈페이지 www.mercure.com

아베이 드 라 뷔시에르 Abbaye de la Bussière ★★★★

디종 남동쪽 차로 35분 거리의 전원 속에 위치한 4성급의 호텔이다. 12세기에 지어진 시토 수도원을 개조해 귀족적인 분위기가 느껴진다. 고전미를 가진 넓은 룸과 실내 인테리어는 투숙객들로 하여금 시간 여행을 하게 만든다. 아름답고 넓은 정원과 레스토랑은 훌륭한 와인 리스트를 보유하고 있다.

위치 디종 시내 중심에서 차로 35분
주소 Route départementale 33 D33, 21360 La Bussière-sur-Ouche
홈페이지 www.abbayedelabussiere.fr

홀리데이 인 디종 Holiday Inn Dijon ★★★

디종 북쪽 외곽에 위치한 체인 호텔이다. 3개의 스위트룸을 비롯해 41개의 객실을 보유하고 있다. 깨끗하고 단정한 객실, 스파 시설과 야외 수영장을 갖추고 있다. 투숙객에 한해 조식을 제공한다. 주차공간도 넉넉하다. 뚜와송 도흐 공원 앞에 위치해 공원을 산책하거나 여가시간을 보내기 좋다.

위치 디종 시내 중심에서 차로 14분
주소 1 Place Marie De Bourgogne, La Toison d'Or, 21000 Dijon
홈페이지 www.ihg.com

본 추천! 와이너리

Recommended Wineries

부샤르 페르 에 피스 Bouchard Père & Fils

루이 라뚜르, 루이 자도와 더불어 부르고뉴를 주름잡는 네고시앙 중 하나다. 1731년 직물 사업을 하던 미셸 부샤르와 그의 아들에 의해 설립됐다. 1789년 시작된 프랑스 대혁명 이후 지속적으로 포도밭을 사들여 오늘날 부르고뉴의 노른자위라고 할 수 있는 꼬뜨 도르에만 무려 130ha의 밭을 소유한 부르고뉴의 최대 지주다. 이 중 그랑 크뤼가 12ha, 프리미에 크뤼가 74ha에 달해 질적인 면에서도 압도적이다. 와이너리의 근거지는 현재 부르고뉴의 중심지인 본에 있다. 이곳에서 샤블리부터 보졸레까지 부르고뉴에서 생산될 수 있는 모든 스타일의 와인을 부샤르 페르 에 피스의 이름으로 만들어내고 있다. 최근 부샤르 페르 에 피스는 샤블리의 스페셜리스트인 윌리암 페브르를 인수해 다시 한 번 최고의 네고시앙임을 입증했다.

위치 본 노트르담 사원에서 도보 7분
주소 15 Rue du Château, 21200 Beaune
전화 03-80-24-80-45
오픈 화-토 10:00~12:30, 14:30~18:30, 일 10:00~12:30
투어 시음실 방문 가능, 투어는 홈페이지를 통한 사전 예약 필수
홈페이지 www.bouchard-pereetfils.com

★ 추천 와인 ★

세계에서 가장 사랑받는 부르고뉴 와인 브랜드 중 하나다. 저렴한 와인부터 고급 와인까지 선택의 폭이 굉장히 넓다. 부르고뉴 와인을 체계적으로 공부하고 느껴보고자 하는 이들에게 추천한다. 가격대가 20유로부터 수백 유로까지 다양해 자금 사정에 따라 선택할 수 있다.

조셉 드루앙 Joseph Drouhin

부르고뉴의 거장으로 불리는 조셉 드루앙은 1880년 조셉 드루앙이 1756년 설립된 와인 회사를 인수하면서 시작됐다. 조셉 드루앙의 눈부신 발전은 조셉의 아들 모리스를 통해서 이뤄졌다. 그는 부르고뉴 최고의 와이너리를 만들려는 일념으로 끌로 드 부죠 같은 최고 품질의 포도밭을 사들이면서 네고시앙을 확장했다. 2차 세계대전 이후 세계로 눈을 돌려 성공을 거듭해 지금에 이르게 되었다. 현재 조셉 드루앙의 범위는 샤블리에서부터 꼬뜨 도르 전체를 아우르며 부르고뉴 전역에서 다채로운 와인을 생산하고 있다. 숫자로 이야기하자면 무려 80개에 이르는 AOC(P)에서 총 78ha의 포도밭을 소유하고 있다. 부르고뉴의 땅 값이 어마어마한 것을 상기한다면 엄청난 넓이다. 이는 부르고뉴 최대 중 하나라고 할 수 있다. 1988년에는 미국의 유명 피노 누아 생산지인 오리건에 도멘 드루앙Domaine Drouhin을 설립해 피노 누아와 샤르도네에 대한 그들의 열정을 다시 한 번 증명했다.

위치 본 노트르담 사원에서 도보 1분
주소 7 Rue d'Enfer, 21200 Beaune
전화 03-80-24-68-88
오픈 월-토 09:30~18:00
투어 홈페이지를 통한 사전 예약 필수
홈페이지 www.drouhin-oenotheque.com

★ 추천 와인 ★

조셉 드루앙은 부르고뉴에 입문하려는 이들에게 강력하게 추천하고 싶은 밸류 와인이다. 조셉 드루앙의 와인은 프랑스에서 가장 인기 있는 피노 누아 와인, 프랑스에서 가장 인기 있는 샤르도네 와인에 꼽힌 바 있다. 가격은 10유로에서 수백 유로까지 다양하다.

파트리아슈 페르 에 피스 Patriarche Père & Fils

부샤르 페르 에 피스와 마찬가지로 부르고뉴 와인을 대표하는 거대 와이너리 중 하나다. 1780년 장 밥티스트 파트리아슈에 의해 설립된 유서 깊은 와이너리로, 당시 그는 영국에 부르고뉴 와인을 소개했던 업계의 선구자였다. 파트리아슈의 현재 모습은 몇 가지 숫자로 설명할 수 있다. 한 해 6억 병의 판매량, 85개국 수출, 5km에 달하는 지하 셀러와 300만 병의 와인. 셀러에서 가장 오래된 와인의 빈티지는 1904년, 와이너리 연간 방문객 5만 명. 그야말로 부르고뉴 와인을 대표하는 와인 생산자라고 해도 과언이 아니다. 몽라셰, 뫼르소, 포마르, 뉘 생 조르쥬, 본에 이르기까지 다채로운 지역의 부르고뉴 와인을 선보이고 있다. 세계적인 와이너리답게 대중들의 취향을 저격하는 품종 와인과 크레망 드 부르고뉴도 선보이고 있다. 부르고뉴의 다른 어떤 와이너리보다 투어 상품이 잘 되어 있다.

위치 본 노트르담 사원에서 도보 5분
주소 5-7 Rue du Collège, 21200 Beaune
전화 03-80-24-53-01
오픈 월~일 09:30~11:30, 14:00~17:00
투어 25유로~. 그룹일 경우 홈페이지를 통한 사전 예약
홈페이지 www.patriarche.com

★ 추천 와인 ★

파트리아슈의 와인은 부르고뉴의 데일리 와인으로 마시기에 가격이 부담 없고, 품질도 적합하다. 특히, 부르고뉴에서는 좀처럼 찾아보기 힘든 품종의 와인을 비롯해 크레망 드 부르고뉴도 생산하고 있어 다양한 경험을 할 수 있다. 가격은 10유로에서 수백 유로의 와인까지 다양하다.

부샤르 애네 에 피스 Bouchard AÎné & Fils

부샤르 애네 에 피스는 익숙한 이름인 부샤르 페레 에 피스 가문과 뿌리를 함께하는 부르고뉴의 명문 와이너리다. 두 와이너리의 창립자라고 할 수 있는 미셸 부샤르와 그의 장남 조셉이 1750년 설립한 와인 회사에서 자연스럽게 세대가 지나면서 분리됐다. 아버지의 와인 사업을 이어 받은 장남 조셉이 부샤르 애네 에 피스를 맡고, 다른 형제가 부샤르 페르 에 피스로 나누어 운영하게 된 것이다. 참고로 애네AÎné는 우리나라 말로 큰 아들을 뜻하고 피스Fils는 아들을 의미한다. 부샤드 애네 에 피스는 250년 이상 뛰어난 품질의 부르고뉴 와인을 만들어온 전통 가문의 와이너리이자 19세기 후반에 이미 50개국에 해외 수출을 하였고, 현재는 유럽뿐만 아니라 일본, 중국, 한국 등 아시아에서도 큰 인지도를 쌓아 부르고뉴 최대 와인 수출 기록을 달성하기도 했다. 1993년 프랑스 TOP5 와인 회사인 부아셋에 인수된 이후 현재 83% 이상을 해외 130개국에 수출하고 있다.

위치 본 노트르담 사원에서 도보 7분
주소 4 Boulevard Maréchal Foch, 21200 Beaune
전화 03-80-24-24-00
오픈 월-일 09:30~12:30, 14:00~18:30
투어 15유로~, 투어는 10:30부터
홈페이지 www.bouchard-aine.fr

★ 추천 와인 ★

부샤르 페르 에 피스와 같은 급의 와이너리라고 생각하면 된다. 부르고뉴 전역과 론의 샤또뇌프뒤파프의 와인까지 그들의 와인 숍에서 구입이 가능하다. 가격은 10유로부터 수백유로까지 다양하다.

도멘 바로 Domaine Barraud

도멘 바로는 부르고뉴 남쪽, 마코네 지역의 랜드마크라고 할 수 있는 베르지송에 위치한다. 도멘 바로의 역사는 1905년으로 거슬러 올라간다. 1912년 장 마리 바로가 포도밭을 구입해 와인을 만들기 시작했고, 1930년대에는 와이너리 내에서 직접 병입을 했다. 현재는 바로 가문의 5대손 줄리엉 바로가 선대의 노하우와 최신의 테크닉을 적절히 결합해 성공적으로 와이너리를 이끌어 가고 있다. 이들이 지향하는 와인 생산 철학은 '자연에 대한 무한한 존중'이다. 그들은 포도나무는 식물이고, 지구는 거대한 정원이라고 말한다. 식물(포도)을 존중하기 위해서 땅과 흙을 존중할 수밖에 없고, 자연의 있는 그대로의 목소리를 표현하는 와인을 만드는 것이 그들의 목표다.

위치 본 시내에서 차로 1시간 10분
주소 3 Place de la Mairie, 71960 Vergisson
전화 03-85-35-84-25
오픈 사전 예약에 한해 오픈
투어 홈페이지를 통한 사전 예약 필수
홈페이지 www.domainebarraud.com

★ 추천 와인 ★

바로가 위치한 마코네의 와인은 국내에 그다지 알려진 바가 없다. 하지만 이 지역 와인들은 부르고뉴에서 놓치지 말아야 할 밸류 와인이다. 도멘 바로의 푸이 퓌세 Pouilly Fuissé를 추천하며 가격은 20~30유로 선이다.

샤또 드 상트네 Château de Santenay

상트네 마을 중심에 위치한 아름다운 고성을 찾아가면 상트네의 와인을 만날 수 있다. 샤또 드 상트네 와인은 이미 중세시대 왕과 귀족의 식탁에 오르는 고급 와인으로 인정받았다. 부르고뉴 와인의 역사에서 빠뜨릴 수 없는 인물인 필리프 2세가 한때 샤또 드 상트네를 소유했던 것으로 알려져 있다. 샤또 드 상트네가 소유하고 있는 90ha의 포도밭은 부르고뉴 전역을 아우르며, 꼬뜨 도르의 알록스 코르통, 포마르, 끌로 드 부죠의 그랑 크뤼도 여기에 포함된다. 포도밭에 둘러싸인 아름다운 성과 잘 조성된 산책로가 있어 와인 시음이 목적이 아니더라도 방문할 만한 가치가 있는 곳이다.

위치 본 시내에서 차로 25분
주소 1 Rue du Château, 21590 Santenay
전화 03-80-20-61-87
오픈 (4-11월) 월-금 10:00~12:30, 13:30~18:00, (12-3월) 월-금 09:00~12:00, 14:00~17:00
투어 홈페이지 신청
홈페이지 philippelehardi.fr

★ 추천 와인 ★

생산하는 와인의 종류가 다양하다. 이중 본 프르미에 크뤼, 상트네 프르미에 크뤼의 레드 와인과 생토방의 화이트 와인을 추천한다. 가격은 20유로부터 다양하다.

샤또 드 포마르 Château de Pommard

부르고뉴에는 '샤또'가 들어가는 몇몇 와이너리가 있다. 이곳들은 대부분 오래된 고성에서 와인을 생산한다. 이들 샤또는 와인 전문가도 만족할 정도로 와인의 품질이 높으며, 부르고뉴의 역사를 담은 샤또 자체가 관광명소여서 인기가 높다. 샤또 드 포마르 역시 그 자체로 부르고뉴의 유산이라고 할 수 있다. 설립연도가 1726년으로 300년에 가까운 역사를 자랑한다. 샤또 드 포마르가 소유하고 있는 포도밭은 20ha에 달한다. 이 포도밭은 특성에 따라 5개의 구역으로 나뉘어서 철저히 개별 관리되고 있다. 샤또는 투어 신청객에 한해 입장이 가능하며, 와인 박물관, 갤러리가 있어 볼거리가 다양하다.

위치 본에서 차로 15분
주소 15 Rue Marey Monge, 21630 Pommard
전화 03-80-22-07-99
오픈 3-11월 9:30~18:30, 12-2월 9:30~17:30
투어 20유로~
홈페이지 www.chateaudepommard.com

★ 추천 와인 ★

포마르 뿐만 아니라 쥬브레 샹베르탱도 생산한다. 포마르는 강직한 스타일인 반면 쥬브레는 탄닌이 곱고 여운이 길게 남는 아주 좋은 퀄리티를 보여준다. 포마르의 가격은 빈티지에 따라 상이하며 100유로선.

루이 자도 Louis Jadot

대중성과 품질, 두 마리 토끼를 모두 잡은 자타공인 부르고뉴 최고의 브랜드 와인이다. 그들의 와인 레이블을 장식하고 있는 술의 신 '바쿠스' 상은 한국은 물론 전 세계에 부르고뉴 와인이 지닌 우수성을 대중들에게 전달해주는 메신저 역할을 했다고 해도 과언이 아니다. 루이 자도는 1859년 루이 앙리 드니 자도에 의해 설립되어 현재 자도와 가제, 두 집안의 지휘 아래 광범위한 부르고뉴 와인을 선보이고 있다. 루이 자도를 부르고뉴 최고의 와인 브랜드로 꼽는 이유는 샤블리에서 보졸레까지 부르고뉴 전역의 포도밭을 아우르기 때문이다. 현재 루이 자도는 꼬뜨 도르 75ha, 보졸레 75ha까지 150ha에 이르는 포도밭을 소유하고 있다. 특히, 꼬뜨 도르 포도밭 중 55ha가 프르미에 크뤼와 그랑 크뤼 밭이다. 이외에도 루이 자도는 많은 포도원과 오랜 세월 유지해 온 긴밀한 유대감을 바탕으로 다양한 프리미엄 와인을 선보이고 있다. 루이 자도가 내세우는 '버건디, 오직 버건디Burgundy, nothing but Burgundy'는 150년 이상의 와인 양조 역사를 자랑하는 그들의 철학을 그대로 반영하는 슬로건이라 할 수 있다.

위치 본 시내에서 차로 6분
주소 62 Route de Savigny, 21200 Beaune
전화 03-80-26-31-98
오픈 월-금 15:00~19:00, 토 11:00~17:30
투어 이메일(visit@louisjadot.com)을 통한 사전 예약 필수
홈페이지 www.louisjadot.com

★ 추천 와인 ★

오직 부르고뉴 지역에서 100% AOC(P) 등급의 와인을 루이 자도라는 하나의 브랜드로만 생산한다. 모든 포도를 손 수확하여 선별 작업을 거쳐 양조하는 것은 물론, 세계적인 오크통 회사 카듀를 소유하고 있어 와인과 오크 풍미의 균형을 세밀하게 조율할 수 있는 기반을 갖추고 있다. 생산되는 와인의 범위와 다양성은 물론 품질에서도 신뢰가 가는 브랜드이다. 가격은 10유로에서 수백 유로까지 다양하다.

조르쥬 뒤뵈프 Georges Duboeuf

보졸레를 떠올리면 자연스럽게 연상되는 보졸레 누보의 황제 조르쥬 뒤뵈프. 보졸레 지역에서 가장 큰 와이너리로, 보졸레 전체 생산량의 20%에 해당하는 와인을 생산한다. 전 세계 140여 개 나라에 와인을 수출하고 있으며 현재 유럽, 미국, 캐나다는 물론 아시아와 중동, 아프리카까지 진출해 있다. 조르쥬 뒤뵈프는 오래 보관할 수 없는 와인 정도로 여겨졌던 보졸레 누보를 생산 직후 마실 수 있는 특별한 와인으로 변신시킨 장본인이다. 조르쥬 뒤뵈프와 그의 아들 프랭크 뒤뵈프는 지금의 성공에 그치지 않고 보졸레 누보뿐만 아니라 뛰어난 품질을 지닌 보졸레 지역의 와인들을 생산해 전 세계에 알리는데도 앞장서고 있다. 이밖에 마코네, 꼬뜨 뒤 론 등 다른 지역에서도 와인을 만들어내고 있다. 조르쥬 뒤뵈프에서 운영하는 와인 복합 문화센터인 하모 뒤뵈프Hameau Duboeuf에서 그들의 와인뿐 아니라 보졸레 지역 전체를 아우르는 다양한 와인들을 경험할 수 있다.

위치 본 시내에서 1시간 10분
주소 796 Route de la Gare, 71570 Romaneche-Thorins
전화 03-85-35-02-64
오픈 월~일 10:00~19:00
투어 10~20유로
홈페이지 www.hameauduvin.com

★ 추천 와인 ★

조르쥬 뒤뵈프는 와인 양조와 관리에 있어 엄격하기로 유명하다. 보졸레 누보의 품질을 최상으로 유지하기 위해 포도를 직접 손으로 수확한다. 약 300여 명의 와인 메이커와 13개의 협동조합이 조르쥬 뒤뵈프와 협력하고 있다. 가벼운 보졸레 누보부터, 보졸레의 자랑인 크뤼까지 다양하게 경험해보자. 가격은 10~30유로까지 다양하다.

필립 파칼레 Philippe Pacalet

필립 파칼레는 1780년부터 와인을 만들어왔던 와인 메이커 가문에서 태어났다. 그는 유기농 재배와 천연 와인 양조(natural wine-making)를 전공하였고, 특히 자연 효모에 대한 지식이 뛰어나다. 필립 파칼레는 도멘 프리외르 로쉬에서 1999년까지 포도 재배와 양조를 도맡아 경험을 쌓았고, 도멘 르루아, 샤또 하야스 등 부르고뉴와 론에서 최고라로 평가 받는 와이너리를 거친 베테랑이다. 그는 부르고뉴뿐만 아니라 전 세계에서 가장 훌륭한 와인을 만들어 낸다는 로마네 꽁띠(DRC)의 양조 책임자로 스카우트 제안을 받지만 자신만의 와인을 만들려는 꿈을 위해 이를 사양했다. 2001년부터 포도밭을 임대해 와인을 만들기 시작해 2006년 마침내 본에 자신만의 와이너리를 설립했다. 현재는 약 9ha의 포도밭을 유기농법으로 재배하고 있다. 포도 재배는 각 단계마다 매우 세심하게 관리 감독되며, 수확은 반드시 그의 팀원들에 의해 수작업으로 이루어진다.

위치 본 노트르담 사원에서 도보 15분
주소 12 Rue de Chaumergy, 21200 Beaune
전화 03-80-25-91-00
오픈 사전 예약에 한해 오픈
투어 이메일(contact@vins-philippe-pacalet.fr)을 통한 사전 예약 필수
홈페이지 www.philippe-pacalet.com

★ 추천 와인 ★

필립 파칼레는 각각의 와인이 인위적인 간섭 없이 품종의 특성을 반영한 와인을 만드는 데 전력한다. 포도 수확부터 양조 및 병입까지 모두 수작업으로 진행하며, 자연 효모를 사용해 병입 전까지 효모와의 접촉을 유지해 와인에 복합미를 더한다. 새 오크와 이산화황 사용을 자제하고, 필터링과 정제를 하지 않은 건강한 와인들이다. 모두 추천하는 와인들이며 가격은 30유로부터 수백 유로까지 다양하다.

[본 Beaune]

본은 디종과 함께 부르고뉴 와인산지의 중심도시이자 부르고뉴 와인 여행을 위한 최적의 도시다. 매년 11월 셋째 주 일요일 와인 관련 세계 최대 규모의 자선 경매축제 오스피스 드 본이 열리는 곳이기도 하다. 도시 곳곳에 와이너리 셀러도어가 있어 아름답고 역사적인 도시를 걸어 다니며 와인 여행을 할 수 있다.

담장으로 둘러싸인 부르고뉴 포도밭

노트르담 사원 Collégiale Notre-Dame

클뤼니 수도원 소속의 역사적인 사원이다. 로마네스크와 고딕양식이 어우러진 건축미를 볼 수 있다. 호텔 디유와 함께 본을 대표하는 장소로 꼽히며 사원의 벨 타워와 예배당과 첨탑은 화려한 비잔틴 로마네스크 예술을 보여주는 주요 건축물이다. 본래 사원은 12세기에 건축이 되었고 15세기까지 재건과 증축이 이루어졌다. 연중 예배당을 개방하고 방문객의 요청에 따라 가이드 투어를 할 수 있다.

위치 호텔 디유에서 도보 3분
주소 Impasse Notre Dame, 21200 Beaune
홈페이지 www.bourgogneromane.com/edifices/beaune.htm

노트르담 사원

파르크 드 라 부제즈 Parc de la Bouzaize

본 도심에 있는 19세기에 만들어진 정원이다. 5ha에 이르는 정원 안에는 아름다운 녹지로 덮인 산책로와 호수가 있다. 또 가족이 함께 휴식을 취할 수 있도록 어린이 놀이터와 동물원이 있다. 호수에서는 송어를 비롯한 물고기를, 동물원에서는 사슴을 비롯한 동물을 볼 수 있다.

위치 노트르담 사원에서 도보 10분
주소 Avenue du Parc, 21200 Beaune

샤또 사비니 레 본 Château de Savigny-les-Beaune

코트 드 본 중심부에 위치한 성으로 12ha의 넓은 대지 위에 세워졌다. 4ha의 포도밭을 보유하고 있으며, 성 안에 레스토랑과 호텔, 박물관을 운영 중이다. 성주가 수집한 경주용 자동차와 모터사이클, 항공기 등을 정원과 실내에 전시했다. 전시물은 전투기와 헬기 78대, 자동차와 모터사이클 2,000대로 규모가 크다.

위치 본 시내에서 차로 11분
주소 Rue General Leclerc, 21420 Savigny-lès-Beaune
홈페이지 www.chateau-savigny.com

르 달리눔 Le Dalineum

살바도르 달리를 기념하기 위해 2011년 세워진 박물관이다. 18세기의 저택을 박물관으로 개조해 살바도르 달리의 작품을 메인으로 150여개의 작품을 전시한다. 수채화, 회화, 조각, 가구, 메달 등 다양한 작품 컬렉션을 만나볼 수 있다. 초현실주의의 대가 살바도르 달리의 작품세계를 따라가며 그의 천재성을 들여다 볼 수 있다.

위치 노트르담 사원에서 도보 4분
주소 26 Place Monge, 21200 Beaune
홈페이지 dalineum.wixsite.com/dalineum

부르고뉴 와인 박물관 Musée du Vin de Bourgogne

본 시내 중심에 위치한 와인 박물관이다. 14세기에 지어진 고풍스러운 건축물을 박물관으로 개조했다. 포도재배부터 양조 과정 등 부르고뉴 와인에 대한 다양한 전시물을 볼 수 있다. 본 시내의 크고 작은 셀러 도어를 방문한 후 이곳에 들르기를 추천한다.

위치 노트르담 사원에서 도보 2분
주소 Rue d'Enfer, 21200 Beaune

호텔 디유 박물관 Musée de l'Hôtel-Dieu

본 시내에서 가장 유명한 행사인 오스피스 드 본이 열리는 곳이다. 부르고뉴 대법관이었던 니콜라 롤랑과 그의 부인 기공 드 살랭이 100년 전쟁 후 기아와 가난에 시달리는 시민들을 위해 지은 병원이다. 현재도 병원의 역할을 하고 있다. 20세기부터 병원 내에 예술 작품을 들이면서 박물관과 호텔로 변모했다. 호텔 디유는 고딕 양식의 화려한 외관과 기하학적인 그림으로 덮여 있어 고전적이면서 독특한 매력을 풍긴다. 방문객을 위해 가이드 투어도 진행한다.

위치 노트르담 사원에서 도보 3분
주소 Rue de l'Hôtel Dieu, 21200 Beaune
홈페이지 www.hospices-de-beaune.com

호텔 디유 박물관

호텔 디유

메종 라믈로아즈 Maison Lameloise ★★★★

명실상부한 부르고뉴 최고의 레스토랑이다. 1926년 미슐랭 1스타를 시작으로 1979년 3스타를 획득했으며, 2007년에 다시 한 번 3스타를 받았다. 레스토랑은 상트네 와인 산지와 인접한 샤니 마을에 있으며, 창의적이고 환상적인 요리를 선보인다. 지하 와인 셀러에는 샹파뉴 와인과 부르고뉴만으로 와인 리스트를 구성했다. 로마네 꽁띠 와인을 빈티지별로 구비하고 있기도 하다.

위치 시내에서 차로 25분
주소 36 Place d'Armes, 71150 Chagny
홈페이지 lameloise.fr

레스토랑 오 꼬크 블뢰 Restaurant Au Coq Bleu ★★

본 중심가에서 맛보는 부르고뉴 전통 가정식 레스토랑이다. 부르고뉴를 대표하는 에스카르고, 뵈프 부르기뇽, 닭 가슴살 샐러드가 일품이다. 꽤 훌륭하고 다채로운 와인 리스트를 보유하고 있다. 내부가 꽤 협소한 편이며, 예약하기가 까다로우니, 방문하기 전에 사전 답사를 하기 바란다.

위치 노트르담 사원에서 도보 5분
주소 10 Rue Carnot, 21200 Beaune
홈페이지 au-coq-bleu-restaurant-beaune.eatbu.com

까브 마들렌 Caves Madeleine ★★

본 시내에 위치한 작은 레스토랑으로 현지 재료를 이용한 오늘의 요리를 제공한다. 편안한 분위기와 완성도 높은 와인 리스트가 장점이다. 테이블이 나뉘어져 있지 않고 긴 대형 테이블을 공동으로 사용하는 것도 이색적이다.

위치 노트르담 사원에서 도보 9분
주소 8 Rue du Faubourg Madeleine, 21200 Beaune
홈페이지 cavesmadeleine.com

르 모푸 Le Maufoux ★★★

본의 고즈넉한 골목 안에 자리한 세련된 부르고뉴 가정식 레스토랑. 에스카르고와 대구 스테이크가 특히 인상적이다. 좋은 와인 생산자의 와인들을 합리적인 가격에 즐길 수 있어 와인 애호가라면 더욱 더 만족할 수밖에 없다. 메뉴도 3코스에 40유로 언저리로 합리적인 편.

위치 노트르담 사원에서 도보 15분 주소 45 Rue Maufoux, 21200 Beaune 홈페이지 www.lemaufoux.fr

르 까보 데 아르슈 Le Caveau des Arche ★★

본 시내에서 훌륭한 프렌치 식사를 즐길 수 있는 곳으로 내부의 아치형 석조 벽 인테리어가 인상적이다. 레스토랑 외관은 현대적이고 깔끔하다. 지하 식사공간도 석조 벽을 그대로 살려 현대와 고전이 잘 어울렸다. 와인 리스트가 훌륭하다. 잘 만든 뵈프 부르기뇽을 맛볼 수 있다.

위치 노트르담 사원에서 도보 9분
주소 10 Boulevard Perpreuil, 21200 Beaune
홈페이지 www.caveau-des-arches.com

21 블르바흐 21 Boulevard ★★

본 시내 21 대로에 위치한 레스토랑이다. 라운지 바, 레스토랑, 와인 셀러가 결합된 공간이다. 돌 벽을 그대로 보존해 옛 지하 저장고의 모습을 간직한 와인 셀러에는 600여 종의 부르고뉴 와인을 보유하고 있다. 뵈프 부르기뇽 등 부르고뉴 특선 메뉴도 가능하다. 와인 바는 새벽 2시까지 운영하기 때문에 느긋하게 와인을 즐길 수 있다.

위치 노트르담 사원에서 도보 6분
주소 21 Boulevard Saint-Jacques, 21200 Beaune
홈페이지 www.21boulevard.com

르 자르댕 데 렘파르트

르 까보 데 아르슈

호텔 르 CEP Hôtel Le CEP ★★★★

본 시내 중심에 위치한 4성급 호텔. 본 시내 관광지와 인접해 있다. 넓은 객실은 귀족적이고 고풍스럽게 꾸며졌다. 프랑스 특산품 요리를 맛볼 수 있는 아침 뷔페를 신청할 수 있다. 호텔 객실 외에 독채 빌라를 보유하고 있으며, 3박 이상 투숙 시 이용이 가능하다.

위치 노트르담 사원에서 도보 3분
주소 27 Rue Maufoux, 21200 Beaune
홈페이지 www.hotel-cep-beaune.com

에르미따쥐 드 코르통 Ermitage de Corton ★★★

그랑 크뤼 포도밭이 펼쳐진 와인 가도 D974 국도에 위치한 아름다운 호텔이다. 테라스가 있는 넓은 객실은 고풍스럽고 우아하다. 자연 속에서 포도밭을 바라보며 휴식을 취할 수 있다. 명성 있는 레스토랑도 함께 운영한다. 지하 와인 셀러에서 와인 시음을 신청할 수 있다.

위치 본 시내 중심에서 차로 8분
주소 D974, 21200 Chorey-les-Beaune
홈페이지 www.ermitagecorton.com

호스텔르리 르 세드르 Hostellerie Le Cèdre ★★★★

본 시내에 위치한 5성급 호텔이다. 석조로 지어진 고풍스러운 호텔과 아름다운 정원이 아름답다. 미슐랭 1스타 레스토랑인 르 끌로즈 두 세드레가 이곳에 있다. 40개의 객실은 넓고 우아한 분위기다. 호텔 주변에 여러 곳의 와이너리 셀러가 있어 도보로 방문할 수 있다. 호텔 프런트에서 투어를 신청할 수 있다.

위치 노트르담 사원에서 도보 7분
주소 12 Boulevard Maréchal Foch, 21200 Beaune
홈페이지 www.lecedre-beaune.com

르 호텔 드 본 L'Hôtel De Beaune ★★★★

본 시내 중심에 위치한 4성급 호텔로 석조건물의 고전미가 느껴진다. 아늑하고 우아한 인테리어의 리셉션과 청결하고 단정한 객실이 편안한 느낌을 준다. 오전 8시부터 밤 10시까지 운영되는 카페와 40개의 좌석을 보유한 레스토랑도 함께 운영한다. 객실은 호텔과 아파트먼트로 구분된다. 시즌에 따라 요금이 다르니 홈페이지에서 확인하자.

위치 노트르담 사원에서 도보 6분
주소 5 Rue Samuel Legay, 21200 Beaune
홈페이지 www.lhoteldebeaune.com

아베이 드 메지에르 Abbaye de Maizières ★★★

노트르담 사원 앞에 위치한 3성급 호텔이다. 1301년에 지어진 시토 수도회 수도원을 개조했다. 지금도 외관과 실내 벽을 그대로 유지하고 있어 그 어떤 인테리어보다 멋스럽다. 우아한 객실과 리셉션 공간, 지하 까브의 느낌을 그대로 살린 레스토랑 등이 특별한 여행의 기분을 느낄 수 있게 한다. 훌륭한 프랑스식 조식뷔페를 맛볼 수 있다. 시즌에 따라 숙박료가 다르니 홈페이지에서 확인하자.

위치 노트르담 사원에서 도보 2분
주소 19 Rue Maizières, 21200 Beaune
홈페이지 www.hotelabbayedemaizieres.com

호텔 드 라 포스테 Hôtel de la Poste ★★★

본 시내 중심에 위치한 4성급 호텔로 36개의 객실을 보유하고 있다. 자갈이 깔려 있는 정원과 고풍스러운 석조 건물이 어우러졌다. 넓은 객실에 놓인 원목소재의 앤틱 가구들은 우아함이 느껴진다. 뷔페식 아침 식사를 할 수 있고, 레스토랑과 바도 운영한다. 프런트에서 투어도 예약할 수 있다. 분위기와 위치 대비 가격대가 적당하다.

위치 노트르담 사원에서 도보 4분
주소 5 Boulevard Clemenceau, 21200 Beaune
홈페이지 www.poste.najeti.fr

호스텔레리 르 세드르

호텔 드 라 포스테

론 Rhône

론 밸리는 지중해와 유럽을 잇는 교통의 요지로 오랜 역사를 갖고 있다. 고대 그리스와 로마 시대부터 주목받던 전략적 요충지로 한때 교황청이 이곳에 있기도 했다. '교황의 새로운 성이라는 뜻'의 샤또뇌프 뒤파프라는 이름도 여기서 비롯됐다. 론 밸리는 풍부한 문화유산 외에도 몽블랑으로 대표되는 알프스 산맥과 청정한 자연이 있어 프랑스에서도 인기 있는 여행지다. 흔히 와인 산지만 말할 때는 론 밸리라 하고, 지역적으로 아우를 때는 론 알프스라 부른다. 론 밸리는 특별한 와인과 풍부한 문화유산, 그리고 빼어난 자연을 함께 누릴 수 있는 최고의 여행지다.

파리
론

PREVIEW

와인

론 밸리 와인의 키워드는 '강렬한 레드'다. 프랑스의 다른 와인 산지보다 남성적이고 야성적이며 풍미가 살아 있는 레드 와인으로 오랫동안 입지를 다져왔다. 화이트 와인도 선이 굵고 농밀한 스타일로 세계적인 명성을 자랑한다. 론 밸리의 와인은 보르도나 부르고뉴의 수준 높은 와인에 비해 품질은 뒤지지 않으면서 가격은 상대적으로 저렴한 편이다. 국내에서도 쉽게 마셔볼 수 있는 꼬뜨 뒤 론 Côte du Rhône 와인의 경우 가격과 풍미 두 가지 면에서 만족할 만한 퍼포먼스를 보여준다. 론 밸리는 화려한 것부터 수수한 것까지, 어떠한 자리에도 어울리는 다양한 와인을 찾아볼 수 있다. 이런 이유로 로버트 파커는 론 밸리 와인을 '프랑스의 숨겨진 보석'이라 극찬했다.

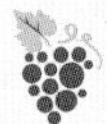

와이너리 & 투어

론 밸리는 와인 여행을 즐기기에 안성맞춤인 환경을 지녔다. 거점인 리옹과 아비뇽은 각각 론 북부와 남부 와이너리를 탐방하기에 최적의 위치에 있다. 론 밸리를 대표하는 작은 와인 마을들은 마치 부르고뉴처럼 북에서 남으로 길게 이어져 있어 여행 루트를 계획하기에 안성맞춤이다. 론 밸리 와인 여행에 힘이 실어주는 웹사이트가 있는데, 바로 인터 론Inter Rhône이다. 인터 론은 론 밸리 AOP 와인 포도재배-양조산업의 홍보와 성장을 위한 생산자 단체다. 론 지역 와이너리 공동 권익을 위해 활동하며 생산지역의 포도재배업자 및 모든 네고시앙을 회원으로 두고 있다. 이들의 공식 사이트에는 론 밸리 지역마다 추천하는 까브(와이너리의 시음실), 와이너리에서 제공하는 투어, 대표 레스토랑, 숙박업소까지 세세하게 정리되어 있다. 론 밸리 자유 여행자들의 바이블이라고 할 수 있다.

인터 론 www.rhone-wines.com
론 밸리 와이너리 투어 www.rhonewinetours.com

여행지

문화와 역사를 빼고 론 밸리를 논할 수는 없다. 론 밸리의 수도라 할 수 있는 리옹은 프랑스에서 파리 다음으로 큰 도시다. 리옹은 기원전 1세기 로마인들이 갈리아 지방의 세 나라를 로마의 속주로 삼고 그 수도로 건설한 도시다. 그 뒤로 유럽의 정치·문화·경제 발전에서 중요한 역할을 했다. 뛰어난 도시 계획과 각 시대에 걸쳐 세워진 유서 깊은 수많은 건물은 번영을 누려온 도시의 역사를 말해준다. 론 남부 와인 여행의 기점 아비뇽의 역사 또한 만만치 않다. 14세기 로마 교황의 거처가 된 아비뇽 교황청은 그 자체로 도시를 대표하는 역사적인 유산이다. 난공불락의 요새로 아비뇽 시와 시를 둘러싼 아비뇽 성벽, 12세기에 만든 론 강의 다리 유적, 프티팔레와 로마네스크 양식의 노트르담 데 돔 성당까지 이곳의 유적들은 모두 아비뇽이 14세기 유럽 그리스도교 중심지로 번영을 누렸음을 보여주는 생생한 증거다. 론 밸리 동쪽 알프스에는 청정 호수가 있는 안시, 알프스 최고봉 몽블랑(4,807m)이 있다.

요리

론 밸리는 프랑스에서 미슐랭 스타 레스토랑이 두 번째로 많은 곳이다. 그 이름만으로도 미식가들을 설레게 하는 폴 보큐즈Paul Bocuse와 프레르 트루와그로Frères Troisgros를 비롯해 부숑Bouchon이 론 밸리에 있다. 론 밸리의 특별식으로는 돼지고기 완자요리 끄넬Quenelles, 신선한 허브가 가미된 크림 치즈 세르벨 드 까뉘Cervelle de Canut, 초콜릿을 넣은 강렬한 초록색 캔디 쿠상 리오네Coussins Lyonnais 등이 있다. 론의 세계적인 와인과 더불어 허브 리큐르인 사부아의 제네피Genepi, 브와롱의 샤르트루즈Chartreuse도 경험해볼 만한 특색 있는 술이다.

숙박

론 북부는 리옹, 론 남부는 아비뇽을 거점 도시로 잡고 와인 여행을 하면 이상적이다. 론 밸리는 하루나 이틀만에 둘러볼 수 없는 방대한 지역이다. 리옹과 아비뇽에 머물면서 천천히 둘러보기를 권한다. 리옹과 아비뇽에는 배낭여행자를 위한 게스트 하우스부터 중세로 시간여행을 이끄는 최상급의 화려한 호텔까지 숙소가 다양하다. 도보여행자들은 시내 중심권에 숙박을 잡는 게 좋다. 렌터카 여행자라면 도심에서 벗어나 자연과 어우러진 중세의 호텔에 머물며 시간여행을 하는 것도 특별한 경험이 될 것이다.

PREVIEW

어떻게 갈까?

파리에서 TGV를 타고 리옹까지 간 다음 기차나 버스로 론의 세부 도시로 이동할 수 있다. 파리 리옹 역에서 리옹까지는 TGV로 2시간이 소요된다. 아비뇽까지는 파리에서 TGV로 2시간 40분, 지역열차(TER)는 3시간 30분이 걸린다. 일정에 여유가 있다면 리옹과 론 북부 와인 산지를 먼저 여행한 후 아비뇽으로 이동해 론 남부의 와인 산지를 여행하는 것이 좋다. 리옹과 아비뇽 사이의 작은 마을을 연결하는 TER이 있어 기차를 타고 다니며 와이너리 여행을 할 수도 있다. 물론 론 밸리를 여행하는 가장 좋은 방법은 파리에서 리옹, 마르세이유까지 이어지는 태양의 고속도로를 타고 자동차 여행을 하는 것이다. 항공을 이용할 경우 파리에서 리옹까지 1시간 10분이 소요된다.

리옹 관광 안내사무소 www.lyon-france.com

어떻게 다닐까?

가파른 언덕의 경사면에 위치한 론 북부 와이너리를 여행하려면 자동차가 필수다. 론 남부는 북부와 비교해 와이너리가 완만한 언덕에 위치해 있지만 세부 지역으로의 대중교통이 취약하다. 와인 투어를 연계해 와이너리를 방문하는 것도 하나의 방법이다. 계곡에 위치한 론 북부 지역의 특성상 안개 낀 포도원의 풍경을 보려면 이른 아침부터 와이너리 방문을 시작하는 것이 좋다.

언제 갈까?

론 밸리로 와인 여행을 간다면 당연히 늦여름과 가을에 가는 게 좋다. 눈이 닿는 곳마다 자주색 알이 꽉 찬 포도와 가을색으로 물든 아름다운 포도밭을 볼 수 있다. 포도밭은 그 자체로 훌륭한 절경을 이룬다. 포두 수확기에 론 지역을 여행한다면 9월 첫째 토요일에 열리는 아비뇽 포도수확 축제에 참가해 보자. 론 알프스의 뛰어난 자연경관을 즐기려면 알프스의 아름다운 자태를 온몸으로 느낄 수 있는 겨울을 추천한다. 겨울에는 알파인 스키 선수권 대회와 같은 세계적인 스포츠 행사가 자주 열린다. 이밖에 도시를 불빛으로 아름답게 재단장하는 리옹 빛 축제도 겨울에 열린다.

추천 일정

1박 2일

Day 1

09:00 파리 리옹 역 출발
11:00 리옹 파르디외 역 도착
12:00 점심 식사
13:30 푸르비에르 대성당
14:30 카뉴의 벽화 거리
15:20 리옹 파르디외 역 출발
16:20 탱 에르미타쥬 역 도착
16:30 폴 자불레 애네 셀러 도어
17:30 엠 샤푸티에 셀러 도어
18:40 땅 레흐미따쥬 역 출발
20:30 아비뇽 센트럴 역 도착
21:00 저녁 식사
22:30 숙소

Day 2

10:00 아비뇽 재래시장
11:30 아비뇽 다리
12:30 점심 식사
14:30 아비뇽 교황청
16:30 로쉐 데 돔
17:40 아비뇽 센트럴 역 출발
21:10 파리 리옹 역 도착

2박 3일

Day 1

09:00 파리 리옹 역 출발
11:00 리옹 파르디외 역 도착
12:00 점심 식사
14:30 푸르비에르 대성당
16:00 리옹 보자르 미술관
18:30 카뉴의 벽화 거리
19:30 저녁 식사
22:00 숙소

Day 2

10:00 렌터카 픽업
11:00 이브 퀴에롱 와이너리
12:30 점심 식사
14:00 엠 샤푸티에 셀러 도어
16:30 아비뇽 도착
17:00 아비뇽 로쉐 데 돔
17:30 아비뇽 교황청
20:00 저녁식사
22:00 숙소

Day 3

09:00 아비뇽 재래시장
11:00 도멘 뒤 페고 와이너리
12:30 점심 식사
14:30 샤또 드 생 콤 와이너리
18:00 리옹 도착(렌터카 반납)
19:00 리옹 파르디외 역 출발
21:00 파리 리옹 역 도착

론 와인 이야기

Rhone Wine Story

1 샤또 카브리에르의 매력적인 테이스팅 룸 2 샤또 카브리에르의 역사를 말해주는 사진 3 샤또 카브리에르의 올드 빈티지 와인 4 이 기갈의 설립자 에티엔 기갈

론 밸리 와인의 역사

론 밸리는 프랑스에서도 긴 포도 재배 역사를 지녔다. BC 600년 이곳에서 포도가 재배되었다는 고고학적 증거가 발견되었으며, 프랑스의 포도 재배와 와인 생산에 큰 영향을 미쳤던 로마인들의 중요한 포도 재배지이기도 했다. 기록에 의하면 로마의 유명 작가 플리니는 그의 저서를 통해 론 밸리에서 생산된 와인의 품질을 극찬했다고 전해진다.

론 밸리 와인 역사에서 가장 중요한 사건은 14세기 교황청이 로마에서 아비뇽으로 옮겨진 것이다. 1309년부터 1377년까지 7명의 교황이 아비뇽에 머물렀고, 와인을 즐겼던 교황들은 포도밭 확장을 그 누구보다 장려했다고 한다. 그중 아비뇽에 머물렀던 교황 중 두 번째였던 요한 22세John XXII은 지금의 샤또뇌프뒤파프에 여름 별장을 짓고 그곳에 머물며 지역 와인을 즐겼다고 전해진다.

론 지역에 원산지 보호 명칭 제도인 AOC(지금의 AOP)가 도입된 것은 1937년이다. AOC는 론 지역 전체 와인 생산량의 약 80%를 차지하는 꼬뜨 뒤 론Côtes du Rhône, 조금 더 고급 산지라고 할 수 있는 꼬뜨 뒤 론 빌라쥬Côtes du Rhône Villages, 그리고 론 밸리에서 가장 고품질 와인이 생산되는 꼬뜨 뒤 론 크뤼Côtes du Rhône Cru로 나뉜다.

론 밸리의 떼루아

론 밸리는 론 강을 따라 북부와 남부로 와인 산지가 구분되며 두 지역은 뚜렷한 차이를 보인다. 굉장히 가파른 경사면에 자리한 론 북부의 포도밭은 자갈이 섞인 점토질 토양이다. 자갈은 낮 동안에 받은 열을 간직하고 있다가 밤에 포도나무에 열기를 전달한다. 이런 토양에서 생산되는 와인은 복합적인 풍미와 화려한 부케, 진한 색을 보인다. 이런 특징은 론 남부의 샤또뇌프듀파프에서도 찾아볼 수 있다. 다만 샤또뇌프듀파프 쪽이 자갈이 둥그렇고 많은 편이다. 모래나 진흙 토양에서는 로제나 화이트, 가벼운 레드 와인이 만들어지고, 이러한 토양은 북부보다는 남부에 많다. 남부에서 대중적인 와인이 많이 나는 것도 이런 떼루아의 특성 때문이다.

기후 또한 북부와 남부는 뚜렷한 차이를 보인다. 론 북부는 대륙성 기후로 겨울에는 혹독하게 춥고 습하다. 봄은 늦게 찾아오고, 여름은 무더우며, 초가을에는 안개가 자주 낀다. 반면 남부의 여름은 무덥지만, 겨울에도 햇빛이 많아 온난한 지중해성 기후를 보인다.

론 지역 포도 재배에 영향을 주는 가장 특징적인 기후는 미스트랄이다. 미스트랄은 알프스에서 론 강 계곡을 통해 불어오는 차가운 북서풍으로, 포도나무 생장기 동안에는 포도나무의 열을 식혀주어 포도가 산도를 유지하도록 돕는다. 수확기에는 잎 사이사이를 건조시켜줘 포도나무가 곰팡이 피해를 입지 않도록 도와주는 중요한 역할을 한다.

TIP 론 밸리의 친환경 이슈

론 밸리는 언제나 떼루아에 대한 존경을 담아 와인을 생산해 온 곳이다. '비오BIO'라는 유기농 와인 인증을 받은 와이너리가 많으며, 인증을 받지 않은 와이너리 가운데서도 유기농법으로 포도밭을 관리하는 곳이 많다. 이는 론 밸리의 독특한 기후 때문이다. 론은 풍부한 일조량과 미스트랄에 의한 건조한 날씨가 습기를 막아주어 포도나무를 질병으로부터 지켜준다. 때문에 화학비료를 많이 사용하지 않아도 건강한 포도 열매를 맺게 한다. 참고로 론은 프랑스 전 지역 중 유기농 와인을 두 번째로 많이 생산하는 곳이다.

1 토양을 전시 중인 이브 퀴에롱의 시음실
2 론 북부의 오래된 포도나무
3 이 기갈 와이너리 포도밭의 포도 수확

론 밸리의 포도 품종

북부 론을 대표하는 품종은 단연 시라를 꼽을 수 있다. 그르나슈는 남부 론을 대표하는 품종으로 이 두 품종은 두 지역의 스타일을 대변한다. 북부 론의 화이트 품종인 비오니에는 프랑스에서도 최고급 화이트 와인을 만들어낸다. 북부 론은 단일 품종으로 와인을 빚는 성향이 강하다면 남부 론의 매력은 블렌딩에 있다. 총 23종의 포도품종 재배가 허용되는 남부 론은 여러 품종을 다양하게 블렌딩하여 와인을 생산한다.

레드 품종

① 그르나슈 Grenache

스페인이 원산지인 품종으로 남부 론을 대표한다. 6월 중순에 꽃이 피기 시작해 9월 말부터 10월 중순이 수확기다. 많은 생산자들이 선호하는 품종으로 바람과 건조한 기후에 특히 잘 견딘다. 우아한 체리 향, 라즈베리 잼의 풍미, 높은 알코올 도수, 낮은 산도, 입안에서 풀바디하고 부드러운 레드 와인을 만들어낸다.

② 시라 Syrah

세계적으로 많은 곳에서 재배되는 고급 품종. 온화하고 일정한 기후를 지닌 지역에서 특히 잘 자라며, 기후와 토양이 완벽하다면 깊이 있는 자주색을 띈다. 산화에 특히 잘 견디는 품종으로 장기 숙성할 수 있는 파워와 잠재력을 지닌 와인으로 탄생한다. 라즈베리, 블랙커런트, 제비꽃, 후추 향이 매력적이다.

③ 무르베드르 Mourvedre

따뜻하고 햇볕이 많은 지역에서 잘 자라 북부보다는 남부에 더 적합한 품종. 그르나슈와 함께 블렌딩 되는 주요 품종이다. 강한 바람에 민감하고, 지속적으

로 적은 양의 물을 공급해주어야 한다. 레드 와인에 필요한 탄닌을 부여하는 훌륭한 재료이다. 잘 숙성된 무르베드르 와인에서는 깊이 있는 질감과 더불어 매혹적인 아로마를 느낄 수 있다. 산화에 잘 견뎌 장기 숙성을 위한 고급 와인에 블렌딩되며, 로제로 만들어졌을 때는 와인에 우아한 향을 더해준다. 대표적으로 야생의 가죽 향을 느낄 수 있다.

④ **까리냥** Carignan

고온 건조한 지역에서 잘 자라는 품종. 가뭄이나 거친 바람에 민감하지 않아 재배가 쉬운 품종으로 론 남부에서 광범위하게 재배한다. 와인으로 만들어지면 진한 색에 구조감이 좋은 와인으로 탄생한다.

⑤ **쌩쏘** Cinsault

그르나슈, 무르베드르, 까리냥과 함께 주로 블렌딩에 사용되는 품종으로 론 남부에서 재배된다. 우아하고 과일 향이 풍부하며 낮은 산도와 가벼운 탄닌을 지닌 캐릭터로 대표된다. 로제 와인으로 만들기 좋은 품종으로 단일 품종으로 와인을 만들면 장기 숙성 보다는 일찍 마시는 게 좋다.

화이트 품종

① **그르나슈 블랑** Grenache Blanc

론 남부의 리락, 타벨, 바케라스, 꼬뜨 뒤 론 빌라쥬에서 광범위하게 재배되는 주요 품종. 론의 주요 레드 품종인 그르나슈의 화이트 형태로 알코올 함량이 높고 산도가 적은 편이다. 와인으로는 주로 풀 바디한 질감과 긴 여운의 고급 와인을 만들어낸다.

② **비오니에** Viognier

주로 론 북부에서 소량 재배되는 관능적인 고급 품종. 척박하고 자갈이 많은 토양에서 잘 자란다. 높은 산도와 알코올 함량을 자랑하며 조화로운 풍미와 제

비꽃 향, 아카시아 꿀의 뉘앙스가 풍긴다. 잘 숙성되면 복숭아, 살구의 매력적인 아로마를 풍겨낸다. 론 남부에서도 아주 소량 재배하는데 이 경우에도 최고급 화이트 와인을 만든다.

③ 루산느 Roussanne

따뜻한 기후의 배수가 좋은 자갈 토양에서 잘 자라는 품종. 주로 론 북부에서 생산되는 고급 화이트 와인에서 찾아볼 수 있다. 꽃 향을 풍기면서 복합미가 있는 우아하고 섬세한 와인을 만든다. 종종 마르산느와 함께 블렌딩 된다. 론 남부에서도 재배되는데 대부분 최상급 와이너리에서 재배한다.

④ 마르산느 Marsanne

비오니에, 루산느와 함께 론 북부에서 가장 중요한 화이트 품종. 루산느에 비해 조금 더 파워풀한 와인을 만들어내는데, 산도가 낮고 루산느와 비슷한 꽃 향을 지닌다. 와인이 숙성됨에 따라 매력적인 헤이즐넛 풍미를 풍기기도 한다.

⑤ 클레레트 Clairette

9월에서 10월말까지 늦게 익는 만생종으로 바람에 취약한 성질을 가지고 있다. 와인으로 만들어지면 강건한 스타일을 보이는데, 풀 바디하며 복합미가 뛰어나고, 미묘한 꽃 아로마를 만들어낸다. 론 전체 화이트 와인에서 가장 중요한 품종으로 여겨지며, 대부분의 와인에 블렌딩 된다.

⑥ 부르불랑 Bourboulenc

포도가 익기까지 굉장히 많은 햇빛이 필요한 만생종. 주로 론 남부에서 재배된다. 숙성기간이 짧고 일찍 소비되는 화이트 와인을 만든다. 낮은 알코올, 꽃 향이 지배적이다. 어릴 때 마셔야 진가를 발휘한다. 주로 그르나슈 블랑, 클레레트와 블렌딩이 된다.

1 언덕에서 바라본 마을 전경 **2** 수확을 앞두고 농익은 포도

론 밸리 북부의 와인 산지

론 북부는 세계적인 명성을 떨치고 있는 시라 100%의 레드 와인과 비오니에를 베이스로 한 고품질 화이트 와인을 생산하는 곳이다. 론 밸리 최북단에 위치한 유명 와인 꼬뜨 로티를 시작으로 가장 아래에 있는 생 페레까지 약 80km에 이르는 지역을 아우르며, 총 8개의 주옥같은 와인 마을들이 길게 늘어져 있다. 론 북부는 대륙성 기후에 속한다. 겨울은 매서운 추위에 잦은 비가 내려 습하다. 여름은 무덥고 건조해 포도 재배에 이상적인 기후를 갖췄다. 특히 론 북부의 유명 포도원은 강을 따라 가파른 경사 위 좁고 험난한 언덕에 자리하며, 경사면을 따라 층층이 내려오는 계단식 포도밭에서 포도나무가 자란다.

론 북부는 이러한 지리적 특징 때문에 수확은 오로지 손으로만 한다. 재배하는 포도 품종은 레드에는 오직 시라, 화이트에는 비오니에를 주축으로 마르산느와 루산느가 있다. 꼬뜨 로티와 코르나스는 오직 레드 와인만을 만들어낸다. 콩드리외, 샤또 그리예, 생 페레는 화이트 와인만을, 에르미타쥬, 크로즈 에르미타쥬, 생 조셉은 레드와 화이트 와인 모두를 생산한다. 화이트 와인보다는 레드 와인의 명성이 더 높은데, 그 이유는 오직 시라로만 빚어지는 북부 론의 파워풀한 매력 때문이다. 북부 론의 시라는 후추 풍미, 감초, 가죽향이 두드러지며, 검붉은 과실향의 풍미도 잔 안에서 요동치듯 선명하다.

꼬뜨 로티 Côte Rotie

시라 품종으로 론 전체에서 가장 유명하고 비싼 레드 와인을 만드는 곳이다. 꼬뜨 로티는 언덕(Côte)이라는 단어와 굽다(Rotie)의 합성어로 직역하면 '구워진 언덕'이라고 이야기할 수 있다. 꼬뜨 로티에서 가장 먼저 눈에 들어오는 풍경은 아찔할 만큼 가파른 경사면에 포도나무가 아슬아슬하게 심어져 있는

론 북부 와인 산지와 생산 품종

산지	생산하는 와인	중요한 레드 품종	중요한 화이트 품종
꼬뜨 로티	레드	시라	없음
콩드리외	화이트	없음	비오니에
샤또 그리예	화이트	없음	비오니에
생 조셉	레드, 화이트	시라	마르산느, 루산느
에르미타쥬	레드, 화이트	시라	마르산느, 루산느
크로즈 에르미타쥬	레드, 화이트	시라	마르산느, 루산느
코르나스	레드	시라	없음

1 이 기갈의 포도밭 **2** 론 밸리 북부의 위대한 포도밭들 **3** 샤또 그리예의 포도밭

모습이다. 이런 포도밭이 꼬뜨 로티 와인만의 특징을 만들어준다. 남향의 경사가 급한 포도밭은 해가 떠 있는 동안 하루 종일 햇살을 받기 때문에 한 여름에는 포도밭이 거의 구워질 정도로 열을 받는다. 꼬뜨 로티의 별칭도 여기에서 비롯됐다. 강렬한 햇볕에 의해 완숙된 포도는 높은 고도에서 불어오는 미풍으로 식혀지면서 당과 산을 고루 갖춘 좋은 포도로 만들어진다.

꼬뜨 로티에는 아주 유명한 언덕 두 곳이 있다. 꼬뜨 브룬Côte Brune과 꼬뜨 블롱드Côte Blonde다. 두 포도밭의 이름은 이 지역의 강력한 군주였던 모리공 당퀴의 두 딸의 이름에서 유래된 것으로 알려져 있는데, 이곳에서 론 밸리 최고의 와인들이 탄생한다. 꼬뜨 브룬과 꼬뜨 블롱드 이외에도 꼬뜨 로티를 상징하는 최고급 포도밭들도 존재한다. 가장 유명한 것이 라 물린La Mouline, 라 랑돈La Landonne, 라 샤띠오네La Chatillone, 라 가르드La Garde, 라 슈발리에La Chevalier, 라 튀르크La Turque다. 이들 포도밭은 그 자체로 완벽하다고 여겨지기 때문에 다른 포도와 섞는 일이 없고, 단일 포도밭 와인으로 만들어진다. 레이블에 표시가 되니 확인해보자. 다만 가격이 굉장히 비싼 편이다.

한 가지 더. 꼬뜨 로티 와인에는 과거부터 아주 소량의 비오니에가 섞인다. 시라가 재배되는 포도밭에 비오니에가 함께 재배되는데, 수확할 때도 구분 없이 한 번에 같이 수확해서 양조한다. 비오니에는 시라의 통렬한 풍미를 어느 정도 부드럽게 완화해 주기 때문에 보다 완벽한 와인으로 거듭나게 한다. 비오니에의 블렌딩 비율은 10% 내의 매우 소량이지만 굉장한 역할을 하는 셈이다. 시라와 소량의 비오니에 블렌딩은 많은 신세계 와인 생산국에서 벤치마킹을 하고 있을 정도로 유명하다.

콩드리외 & 샤또 그리예 Condrieu & Château Grillet

론 북부에서 가장 유명한 레드 와인이 꼬뜨 로티라고 한다면, 가장 유명한 화이트 와인은 콩드리외와 샤또 그리예다. 콩드리외와 샤또 그리예는 오직 비오니에 품종만을 가지고 다른 어떤 품종도 섞지 않은 채 전설적인 화이트 와인을 만든다.

샤또 그리예는 한 가지 면에서 독보적이다. 샤또 그리예는 와인 이름이자 곧 와이너리 이름이고, 또한 지역 이름이기도 하다. 즉, 샤또 그리예라는 지역 안에 샤또 그리예라는 와이너리만 있으며, 이들은 오직 샤또 그리예라는 이름으로 한 가지 종류의 화이트 와인만을 만든다. 이처럼 지역 자체에 와이너리가 하나밖에 없는 경우, 그 와이너리가 AOC(AOP) 자체가 되는데, 이러한 경우는 프랑스 내에서도 세 군데 밖에 없다. 부르고뉴의 로마네 꽁띠, 루아르의 쿨레 드 세랑. 그리고 샤또 그리예다.

샤또 그리예의 면적은 3.5ha에 불과하며, 콩드리외는 101ha에 이른다. 둘 모두 복숭아, 리치, 오렌지의 매혹적인 향, 마치 우유를 마시는 듯한 크림 같은 질감의 우아한 와인을 선보인다. 샤또 그리예는 워낙 소량 생산되는 데다 수요가 많아서 마셔보기가 쉽지 않다. 그러나 콩드리외 와인은 보다 쉽게 접할 수 있다.

에르미타쥬 & 크로즈 에르미타쥬

Hermitage & Crozes Hermitage

에르미타쥬는 300m 높이의 화강암으로 이루어진 언덕에서 최상급의 와인을 만드는 지역이며, 포도밭의 면적은 121ha에 달한다. 크로즈 에르미타쥬는 에르미타쥬보다 면적이 10배 이상 넓으며 보다 평범한 와인을 생산한다.

이 두 와인 산지는 레드 와인에는 오직 시라만, 화이트에는 루산느와 마르산느를 블렌딩한다. 에르미타쥬는 18세기와 19세기에 보르도와 부르고뉴 와인보다 비싸게 거래되었던 와인이었다. 이곳의 건조하고 강렬한 햇볕 밑에서 만들어진 레드 와인들이 보르도나 부르고뉴 와인보다 풍부한 질감을 가졌기 때문이다.

법적으로 에르미타쥬 레드 와인은 이곳에서 재배되는 마르산와 루산느를 15%까지 블렌딩할 수 있다. 하지만 그렇게 하는 생산자는 거의 없다. 오직 시라 품종만으로 과실 향과 가죽, 오크, 흙 향 등 남성적이고 야성적인 향, 그리고 입 안 전체를 꽉 채우는 진한 풍미와 긴 여운이 남는 와인을 만든다. 반드시 마셔봐야 할 와인이다.

콩드리외의 비오니에가 굉장히 화사하고 섬세한 스타일이라면, 에르미타쥬의 화이트 와인들은 마치 입 안을 코팅하듯이 매끄럽고 유들유들하다.

코르나스 Cornas

코르나스는 '타버린 땅'이라는 고대 켈트어에서 유래했다고 한다. 북부 론에서 가장 남쪽에 위치한 곳으로 오로지 시라를 이용해서 레드 와인만을 생산한다. 타버린 땅에서 유추할 수 있겠지만, 이름 그대로 뜨거운 햇살이 작렬하는 건조한 지역이다. 와인에서도 건조하고 뜨거운 기운이 느껴진다. 대체로 이곳 와인들은 남성적인 캐릭터를 지니고 있다. 론 북부 와인에서 느낄 수 있는 후추 향이 더욱 진하게 혀를 자극한다. 입 안 곳곳을 까칠하게 공격하는 와인의 탄닌감은 목을 타고 넘어가 긴 여운으로 마무리 된다. 와인의 거친 성질을 완화시키기 위해서 코르나스 와인은 시장에 출시하기 전 5년 내외로 병에서 숙성한 뒤 선보이는 것이 일반적이다.

론 밸리 남부 와인 산지의 포도밭

1

2

론 밸리 남부의 와인 산지

론 남부는 세계적인 명성을 지니고 있는 샤또뇌프뒤파프로 대표되는 와인 산지다. 험준한 언덕에 포도원이 있는 북부와 달리 일부를 제외하고 대부분의 산지가 지중해 연안과 내륙의 넓은 분지에 자리 잡고 있다. 대표 품종은 그르나슈, 무르베드르, 시라가 있다. 단일 품종으로 레드 와인을 빚는 북부와 달리 그르나슈를 필두로 하여 다양한 품종을 블렌딩해서 와인을 생산한다.

레드 와인 양조에 허용되는 품종은 그르나슈, 무르베드르, 쌩소, 까리냥 등 12가지에 이르며, 각각의 소지역마다 주로 사용되는 품종이 달라진다. 화이트 품종도 그르나슈 블랑, 클래레트, 부르불랑 등 11가지에 달한다. 샤또뇌프뒤파프는 론 북부의 에르미타쥬나 꼬뜨 로티에 비견할만한 특급 와인이다. 또한 론 남부에서 세계에서 가장 유명한 로제 와인과 독특한 포티파이드 와인이 생산된다.

방대한 저역에서 생산되는 론 남부 와인들은 순수한 개성을 발산하면서 과일 맛이 많이 나는 와인부터 향신료 향이 나는 강렬한 와인에 이르기까지 그 범위가 천차만별이라 소비자의 선택 범위가 다양하다.

론 남부 와인 산지와 생산 품종

산지	생산하는 와인	중요한 레드 품종	중요한 화이트 품종
샤또뇌프뒤파프	레드, 화이트	그르나슈, 시라, 무르베드르, 쌩쏘	그르나슈 블랑, 클레레트, 부르불랑
지공다스	레드, 로제	그르나슈, 시라, 쌩쏘 무르베드르	없음
바케라스	레드, 화이트, 로제	그르나슈, 시라, 무르베드르, 쌩쏘	그르나슈, 블랑, 클레레트, 부르불랑
따벨	로제	그르나슈, 쌩쏘, 시라, 무르베드르	클레레트, 부르불랑
꼬뜨 뒤 론 꼬뜨 뒤 론 빌라쥬	레드, 화이트, 로제	그르나슈, 시라, 쌩쏘, 무르베드르, 까리냥	그르나슈 블랑, 클레레트, 부르불랑, 루산느, 비오니에
봄 드 베니스	화이트, 포티파이드	없음	뮈스카

샤또뇌프뒤파프 Châteauneuf-du-pape

론 밸리의 역사에서 가장 중요했던 14세기, 로마 교황청이 아비뇽으로 옮겨진 것에서 유래한 이름이다. '샤또뇌프뒤파프'란 프랑스어로 '교황의 새로운 성'이라는 뜻이다. 아비뇽에서 다시 로마로 교황청이 옮겨

1 론 밸리 남부의 포도밭들 **2** 샤또 보카스텔
3 지공다스 **4** 쉔 블루

가기 전까지 샤또뇌프뒤파프 지역에 머물렀던 7명의 교황들은 포도를 재배하고 와인을 만드는 데 많은 노력을 기울였다. 그때부터 번창하기 시작한 샤또뇌프뒤파프 와인은 지금까지 그 명성을 유지하고 있다.

현재 샤또뇌프뒤파프의 포도밭 넓이는 3,134ha에 달한다. 론 북부의 작디작은 와인 산지들과 비교하면 꽤 넓은 축에 속한다. 기록에 따르면 샤또뇌프뒤파프는 제1차 세계대전 전까지는 벌크 형태의 저급 와인이 주를 이루었다고 한다. 1970년에 이르러서야 좋은 와인을 만들려는 생산자들이 늘어났으며, 그때부터 양조기술과 품질이 비약적으로 발전해 현재는 남부 론에서 가장 유명한 와인이 되었다. 재밌는 사실은 샤또뇌프뒤파프 와인을 만들 때 허용되는 품종의 종류가 아주 많다는 것이다. 화이트 품종까지 합하면 14가지나 된다. 물론 이 품종 모두를 이용하는 경우는 드물다. 하지만 샤또뇌프뒤파프 마을의 레드 와인이 블렌딩의 정수를 보여준다는 것에는 이견이 없다.

샤또뇌프뒤파프 지역의 와이너리를 방문하게 되면 놀라운 것을 발견할 수 있는데, 바로 포도밭을 빼곡하게 채우고 있는 자갈이다. 언뜻 보면 이런 척박한 토양에서 포도나무가 잘 자랄 수 있을지 의심이 될 정도다. 사실 이 둥근 조약돌은 그 자체로 샤또뇌프뒤파프 와인의 특징을 결정짓는 중요한 요소다. 낮 동안 햇빛을 흡수해 따뜻해진 조약돌은 큰 일교차로 기온이 떨어지는 밤에 지속적으로 포도밭에 열기를 제공한다. 이 효과로 포도나무들은 하루 종일 포도에 알맞은 산과 당을 생성할 수 있고, 곧 훌륭한 와인을 만드는 밑거름이 된다.

샤또뇌프뒤파프 와인의 또 다른 특징은 프랑스 와인 산지 어디서나 볼 수 있는 작은 새 오크통을 거의 사용하지 않는다는 것이다. 이곳에서는 푸드르Foudres라고 불리는 중고의 큰 오크통을 사용한다. 이 때문에 와인에 지나친 오크의 풍미가 스며들지 않고, 포도 품종이 지닌 고유한 과실 향이 뚜렷하게 드러난다.

지공다스 & 바케라스 Gigondas & Vacqueyras

샤또뇌프뒤파프보다 가격은 저렴하면서 론 남부 와인의 특징을 잘 살린 와인으로 지공다스와 바케라스를 꼽을 수 있다. 이곳들은 서로 다른 산지이지만 겨우 몇 킬로미터밖에 떨어져 있지 않아 와인 성격이 비슷하다. 지공다스보다는 바케라스가 조금 더 거친 느낌이 있다. 이는 대체로 그렇다는 이야기이고 와인 맛만 보고서는 두 와인을 구별하기가 힘들다. 바케라

1 샤또 드 보카스텔의 포도 수확
2 자갈이 많은 론 밸리 남부의 포도밭

스보다는 지공다스가 조금 더 알려진 편이다. 한 가지 차이점이라면 지공다스가 그르나슈를 많이 사용하는 반면, 바케라스는 시라 품종을 많이 사용한다.

꼬뜨 뒤 론 & 꼬뜨 뒤 론 빌라쥬
Côtes du Rhône & Côtes du Rhône Villages

론에서 가장 대중적인 와인을 생산하는 지역들이다. 꼬뜨 로티나 샤또뇌프뒤파프와 같은 고급 와인들은 명성만큼 퀄리티를 보장하지만 일반적으로 매일 마시기에는 부담스러운 가격이다. 하지만 꼬뜨 뒤 론이나 빌라쥬 와인은 저렴한 가격에 론 밸리의 매력을 어필하는 밸류 와인이 많다. 보다 대중적인 와인인 만큼 생산량과 소비량도 많아서 론 밸리 와인의 80% 정도가 모두 위 이름으로 출시된다. 포도재배면적도 거의 15만ha에 이른다. 대부분의 포도밭은 북부보다 남부에 위치해 있다. 북부에서도 크뤼로 지정되지 않은 많은 와인들이 이 이름을 가지고 생산된다.

일반적으로 꼬뜨 뒤 론보다 꼬뜨 뒤 론 빌라쥬가 조금 더 고급 와인이라고 여겨진다. 하지만 절대적인 것은 아니다. 이때는 등급보다는 와이너리의 명성이 가격과 품질에 더 많은 영향을 끼친다. 꼬뜨 뒤 론 빌라쥬는 4개의 지역인 아르데슈Ardèche, 드롬Drôme, 갸흐Gard, 보클뤼즈Vaucluse에 속한 90개의 작은 마을에서 생산되는 와인을 일컫는다. 특히 이 중에서 특별한 캐릭터를 지닌 와인을 생산해 인정받은 17개 마을은 와인 레이블에 마을 이름을 적을 수 있다. 추천하는 마을은 케란느Cairanne, 봄 드 브니즈Beaume de Venise, 라스또Rasteau, 사블레Sablet, 세귀르Segure다. 론 와인을 구매하기에 앞서 레이블을 살펴보자. 만약 위 이름이 적혀 있다면 어느 정도 품질이 보증되었다는 의미다.

타벨 Tavel

타벨은 세계에서 가장 유명한 로제 와인을 만드는 곳이다. 많은 사람들이 로제 와인은 달콤하고 저렴할 것이라고 생각하지만, 타벨의 로제는 성격 자체가 다르다. 드라이하지만 우아하며 섬세한 로제 와인이 바로 타벨이다.

타벨 로제는 샤또뇌프뒤파프에서 16km 떨어진 타벨 마을에서 생산된다. 타벨에서는 레드와 화이트 와인은 생산하지 않으며, 오직 로제 와인만 생산된다. 론의 대표 품종 9가지가 모두 이용되지만 주로 그르나슈가 쓰이며, 양조자의 개성에 따라 자체적인 방식으로 블렌딩 한다. 대체로 레드 품종과 화이트 품종을 한 번에 넣고 양조를 하는데, 와인에 레드 품종의 껍질에서 색소가 우러나오기 시작하면 바로 껍질을 걷어내서 아름다운 핑크 빛 와인을 만들어낸다. 경험과 노하우가 없다면 절대로 신선하면서 동시에 깊이 있는 로제를 만들기 어렵다. 타벨은 겉으로 아름다운 핑크빛을 띠지만 대부분 매우 드라이하고 강건하며 향신료, 베리의 풍미를 보인다. 프랑스 남부 음식은 물론 한식과도 좋은 마리아주를 보인다.

봄 드 브니즈 Beaume-de-Venise

봄 드 브니즈는 굉장히 감미로우면서 강렬한 포티파이드 와인인 뱅 두 나뚜렐Vin Doux Naturel(이하 VDN)의 본고장이다. VDN은 프랑스를 대표하는 포티파이드 와인이다. 포트 와인과 마찬가지로 발효가 진행되는 와인에 알코올을 첨가해 발효를 중지시켜 포도당이 알코올로 변하는 것을 멈추게 한다. 때문에 잔류 당에 의한 감미를 느낄 수 있으며, 알코올 도수가 15~18도로 일반 와인보다 높은 편이다. 특히, 발효를 중지시킬 때 첨가하는 알코올은 반드시 무색투명한 순수한 알코올이어야 한다.

프랑스를 대표하는 VDN은 남프랑스의 루시옹과 론 지방에서 생산된다. 특히 론 남부에 위치한 봄 드 베니스와 라스또의 포티파이드 와인은 퀄리티에 걸맞는 세계적인 명성을 지니고 있다. 봄 드 브니즈에서는 뮈스카 품종으로 만든 스위트한 VDN으로 유명하다. 보통 디저트 와인으로 생각하지만 남부 론에서는 종종 식전주로 즐긴다. 반면 라스또에서는 그르나슈 품종을 이용하여 레드 VDN을 생산한다.

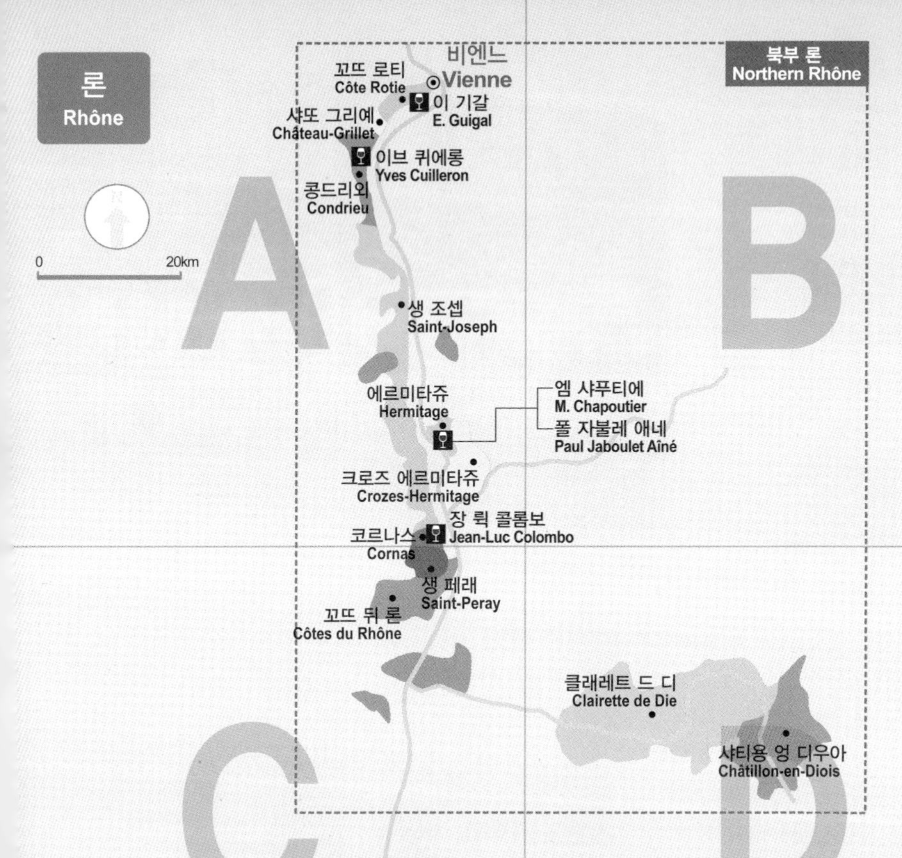

론
Rhône
0
20km
A
B
C
D
북부 론
Northern Rhône
비엔느
Vienne
꼬뜨 로티
Côte Rotie
이 기갈
E. Guigal
샤또 그리예
Château-Grillet
이브 퀴에롱
Yves Cuilleron
콩드리외
Condrieu
생 조셉
Saint-Joseph
엠 샤푸티에
M. Chapoutier
에르미타쥬
Hermitage
폴 자불레 애네
Paul Jaboulet Aîné
크로즈 에르미타쥬
Crozes-Hermitage
장 뤽 콜롬보
Jean-Luc Colombo
코르나스
Cornas
생 페래
Saint-Peray
꼬뜨 뒤 론
Côtes du Rhône
클래레트 드 디
Clairette de Die
샤티용 엉 디우아
Châtillon-en-Diois

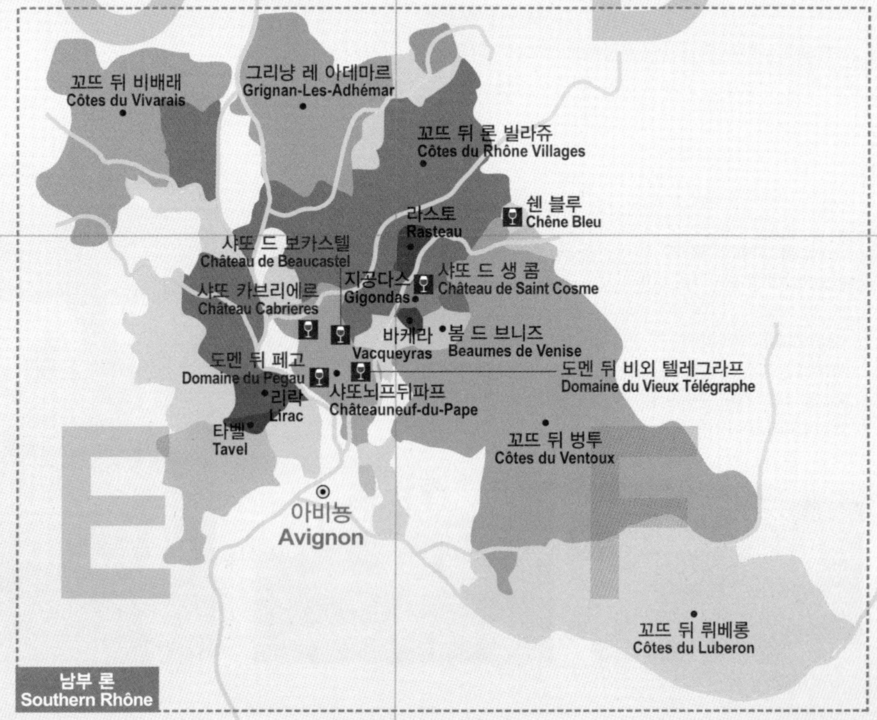

꼬뜨 뒤 비배래
Côtes du Vivarais
그리냥 레 아데마르
Grignan-Les-Adhémar
꼬뜨 뒤 론 빌라쥬
Côtes du Rhône Villages
쉔 블루
Chêne Bleu
라스토
Rasteau
샤또 드 보카스텔
Château de Beaucastel
지공다스
Gigondas
샤또 드 생 콤
Château de Saint Cosme
샤또 카브리에르
Château Cabrieres
바케라
Vacqueyras
봄 드 브니즈
Beaumes de Venise
도멘 뒤 페고
Domaine du Pegau
도멘 뒤 비외 텔레그라프
Domaine du Vieux Télégraphe
리락
Lirac
샤또뇌프뒤파프
Châteauneuf-du-Pape
타벨
Tavel
꼬뜨 뒤 벙투
Côtes du Ventoux
아비뇽
Avignon
E
F
꼬뜨 뒤 뤼베롱
Côtes du Luberon
남부 론
Southern Rhône

론 북부 추천! 와이너리

Recommended Wineries

이 기갈 E. Guigal

세계적인 명성을 지니고 있는 와이너리이자 프랑스 론 지역의 르네상스를 일구어 낸 살아 있는 전설이다. 1946년 에티엔 기갈에 의해 설립되었으며, 이를 물려받은 현 오너 마르셀 기갈에 의해 독보적인 행보를 걷게 된다. 그는 철저히 세 가지 원칙을 고수하며 세계적인 명성을 쌓아나갔다. 응축된 포도를 얻기 위해 생산량을 엄격히 제한하고, 포도가 최상의 상태일 때 수확하며, 양조 과정에 있어서 인간의 개입을 최소화한다는 원칙을 지킨다. 오로지 우수한 와인의 품질을 위해 불철주야 노력한 결과 마르셀 기갈은 2006년에는 와인 업계의 노벨상이라 불리는 〈디캔터〉의 '올해의 인물'에 선정되어 전 세계에 이 기갈 와인의 명성을 입증했다.

위치 리옹에서 차로 40분
주소 5 Route de la Taquière 69420 Ampuis
전화 04-74-56-10-22
오픈 월-금 08:00~12:00, 14:00~18:00
투어 약속에 의한 무료 투어가 가능하며 홈페이지를 통한 사전예약 필수
홈페이지 www.guigal.com

★ 추천 와인 ★

이 기갈은 론 밸리 전역에서 다채로운 와인을 선보이고 있다. 대중적인 꼬뜨 뒤 론부터 프리미엄 와인 샤또뇌프뒤파프, 콩드리외, 꼬뜨 로티에 이르기까지 다양하다. 이 기갈의 수많은 와인 중에서 꼬뜨 로티를 대표한다고 해도 과언이 아닌 세 개의 포도밭, 라 튀르크, 라 랑돈, 라 물린은 일명 '라라라' 시리즈라 불리는 최고의 컬렉션으로 론 밸리에 갔다면 반드시 한 번은 마셔봐야 할 와인들이다. 다양한 와인들만큼 가격도 천차만별이며 저렴한 와인의 경우 10유로 내외, 라라라 시리즈는 160유로 내외다.

엠 샤푸티에 M. Chapoutier

엠 샤푸티에를 이야기할 때 가장 중요한 단어는 '바이오다이나믹 농법'이다. 엠 샤푸티에는 1990년부터 유기농법에서 한 단계 진화한 친환경 농법인 바이오다이내믹을 포도밭에 활용했으며, 현재 세계적인 바이오다이내믹 와인 생산자로 꼽힌다. 엠 샤푸티에는 사회적 공헌을 활발히 하는 와이너리로도 유명하다. 프랑스맹인협회와 함께 1996년부터 세계 최초로 와인 레이블에 점자 표기를 하고 있다. '사랑의 포도수확'이란 행사를 통해 백혈병 환자에게 골수를 기증하기도 한다. 엠 샤푸티에는 현재 론 밸리 전역에서 와인을 생산하고 있다. 1989년 이래 〈와인&스피릿〉으로부터 8번이나 세계 최고의 와이너리로 선정되었다. 또한 로버트 파커에게 무려 12번이나 100점 만점을 받은 곳이다.

위치 리옹에서 차로 1시간
주소 18 Avenue Dr Paul Durand 26600 Tain-l'Hermitage
전화 04-75-08-92-64
오픈 월~토 09:00~13:00, 14:00~19:00, 일 10:00~13:00, 14:00~18:00
투어 시음실 방문 가능. 투어 시 홈페이지를 통한 사전 예약 필수
홈페이지 www.chapoutier.com

★ 추천 와인 ★

엠 샤푸티에는 론 밸리는 물론 프랑스 남부 지역에서도 놀라울 만큼 다채로운 와인을 생산한다. 그리고 그 중 대다수가 어느 것을 골라야 할지 결정하기 어려울 만큼 훌륭한 퀄리티를 지니고 있다. 싼 와인은 10유로 이내도 있지만, 최고급 와인은 250유로에 육박한다.

폴 자불레 애네 Paul Jaboulet Aîné

에르미타주라는 지역을 세계에 널리 알린 론 북부 최고의 와인 명가 중 하나다. 이들이 만들어낸 에르미타쥬 라 샤펠La Chapelle은 로마네 꽁띠, 페트뤼스와 더불어 〈와인 스펙테이터〉가 꼽은 '20세기의 와인 12선' 중 하나로 선정되었다. 〈디캔터〉가 꼽은 '죽기 전에 마셔야 할 100대 와인'에도 이름을 올린 바 있다. 또한 로버트 파커는 라 샤펠에 3번 연속으로 100점 만점을 주기도 했다. 라 샤펠이 지금의 폴 자불레 애네를 만들었다고 해도 과언이 아니다. 1834년 설립되어 론 와인의 지표처럼 자리했던 폴 자불레 애네는 한때 경영난을 겪기도 했는데, 2006년 스위스 프레이 가문이 인수하면서 과거의 명성을 빠르게 회복하고 있다.

위치 리옹에서 차로 1시간 30분
주소 Route Nationale 7 - Les Jalets, 26600 Tain l'Hermitage
전화 04-75-84-68-93
오픈 월-금 09:00~12:00, 14:00~18:00
투어 투어 시 이메일(info@jaboulet.com)을 통한 사전 예약 필수
홈페이지 www.jaboulet.com

★ 추천 와인 ★

폴 자불레 애네의 와인 가격은 현재의 명성에 비해 비싼 편이 아니다. 최상급으로 치는 라 샤펠의 경우 올드 빈티지도 100유로 안쪽으로 구입이 가능하다. 탱 에르미타주에 있는 폴 자불레 애네의 와인 숍 및 레스토랑에 가면 와인을 무료로 시음할 수 있고, 음식 페어링도 경험할 수 있다. 프로모션을 통해 올드 빈티지 와인을 굉장히 저렴한 가격에 판매하기 때문에 이곳을 방문했다면 와인 숍 구석구석 찾아보기를 권한다.

이브 퀴에롱 Yves Cuilleron

이브 퀴에롱은 전 세계 와인 애호가들에게 영원한 론의 슈퍼스타다. 1920년부터 3대에 걸쳐 계승되어 온 이브 퀴에롱은 1987년부터 현 오너인 이브 퀴에롱에 의해서 서서히 상승곡선을 그리기 시작했다. 로버트 파커는 이브 퀴에롱을 두고 '지나치게 무겁지 않으면서도 진한 풍미와 환상적인 아로마를 지닌 최고의 콩드리외를 만드는 천재'라고 극찬한 바 있다. 포도밭은 유기농으로 관리되고 있으며, 심혈을 기울여 탄생한 와인 레이블에는 론 지역 유명 아티스트 로베르 브라쏘의 작품이 들어간다. 로베르 브라쏘는 해마다 이브 퀴에롱 와인을 마시고 영감을 받아 그림을 그리는데, 이브 퀴에롱의 셀러 도어에서 와인을 시음하며 그의 작품을 감상할 수 있다.

위치 리옹에서 차로 45분
주소 Verlieu 58 RD 1086 42410 Chavanay
전화 04-74-87-02-37
오픈 월-토 09:00~12:00, 14:00~17:30
투어 와이너리 투어 불가. 셀러 도어에서 시음 및 방문 가능
홈페이지 www.cuilleron.com

★ 추천 와인 ★

이브 퀴에롱의 비오니에 와인은 한 번 마셔보면 잊지 못할 만큼 매혹적인 와인이다. 이외에도 시라 100%의 황소 같은 와인 레 깡디브Les Candives와 풍성하며 결이 고운 꼬뜨 로티 마디니에르Madinieres는 한정 생산되는 고급 와인이다. 가격은 30유로부터 300유로의 고급 와인까지 다양하다.

장 뤽 콜롱보 Jean-Luc Colombo

코르나스 와인의 우수성을 세계에 알린 론 밸리 와인의 마법사다. 우수한 양조가이자 와인 컨설턴트인 장 뤽 콜롱보가 1982년 자신의 이름을 건 와인을 만들겠다고 나선 이유는 어머니의 음식에 매칭할 와인을 만들고 싶어서라고 한다. 그만큼 그의 와인은 자체로도 훌륭하지만 프렌치 음식과 매칭했을 때 더 빛을 발한다. 컨설턴트로서의 활약도 대단하다. 그는 론 전체와 프로방스, 보르도에 이르기까지 포도재배와 와인 제조에 대해 열정적으로 조언을 해주고 있다. 뛰어난 품질 뿐만 아니라 미술 작품으로 탄생하는 인상적인 레이블도 유명하다. 콜롱보 부부는 수분 활동을 하는 꿀벌을 보호하기 위해 매년 수익금의 일부를 기부하고 있다. 이런 그들의 열정이 잘 드러난 와인이 바로 레자베이(Les Abeilles; 꿀벌)다.

위치 리옹에서 차로 1시간 10분
주소 10 Rue des Violettes 07130 Cornas
전화 04-75-84-17-10
오픈 월-토 10:00~12:30, 14:00~18:30
투어 투어 시 이메일(colombo@vinscolombo.fr)을 통한 사전 예약 필수
홈페이지 www.vinscolombo.fr

★ 추천 와인 ★

꿀벌 그림이 인상적인 장 뤽 콜롱보 와인들. 모든 와인들이 한 번씩 도전해볼 만한 가치가 있지만, 단 하나의 와인을 고르라면 단연 코르나스다. 농밀하면서 부드러워 목을 넘긴 뒤에도 와인에 대해서 계속 이야기하고 싶어진다. 60유로 내외.

[리옹 Lyon]

프랑스 북부 론의 중심도시 리옹은 예술과 미식의 도시로 알려졌다. 론 강과 손 강이 만나는 교통의 요충지에 있어 로마 시대 갈리아의 수도였으며, 15세기에는 상업의 중심지로 번성했다. 르네상스 시대에는 왕성한 인문주의자들이 모여든 문학의 도시였다. 현재는 견직물을 비롯한 화학공업, 자동차, 철도, 기계공업 등이 골고루 발달한 매력적인 도시다. 파리에 이어 미슐랭 레스토랑이 가장 많이 밀집한 도시이기도 하다.

리옹 도심을 흐르는 론 강

벨쿠르 광장 Place Bellecour

17세기 만들어진 역사적인 광장. 리옹 시내의 중심지이자 만남의 장소로 로열 광장이라고 불리기도 했다. 광장 중앙에는 조각가 프랑수아 레모가 만든 루이 14세의 기마상이 있다. 리옹 시민들이 약속장소로 자주 이용한다. 광장 주변에는 음식점, 상점, 서점 등이 즐비하다. 여행자를 위한 여행안내소도 있다.

주소 Place Bellecour, 69002 Lyon

벨쿠르 광장

푸르비에르 대성당 Notre Dame de Fourvière

리옹 구시가에 위치한 성당으로 '리옹 전망대'라 불린다. 18세기 후반에 지어진 이 성당은 구릉 꼭대기에 있어 리옹 시내 어디서나 잘 보인다. 도보로 올라가기 힘들다면 케이블카를 이용할 수도 있다. 성당은 다양한 건축양식의 영향을 받아 화려하게 꾸며졌고 성당 내부에는 성당의 역사와 함께한 조각상과 금동으로 치장한 화려한 예술품이 전시되어 있다.

위치 벨쿠르 광장에서 도보 26분, 차로 10분
주소 8 Place de Fourvière, 69005 Lyon
홈페이지 www.fourviere.org

푸르비에르 대성당

리옹 대성당 Cathédrale Saint Jean Baptiste

리옹 도심에서 꼭 한번은 마주치게 되는 성당이다. 1180년에 건축을 시작해 300년 뒤인 1480년에야 완공되었다. 푸르비에르 대성당과 함께 도시를 대표하는 건축물로 정교하면서 화려한 고딕 양식의 아름다움을 볼 수 있다. 1998년 유네스코 세계문화유산에 지정되었다.

위치 벨쿠르 광장에서 도보 8분
주소 Place Saint-Jean,69005 Lyon

카뉴의 벽화 Mur des Canuts

리옹 지하철 헤논 역에서 카뉴 대로를 따라 걷다 보면 만나게 되는 대형 벽화다. 유럽의 벽화 가운데 가장 크다. 18세기 직물산업의 중심지였던 리옹을 테마로 그려져 '실크 노동자의 벽'이라 불린다. 벽화는 1978년 제작되었으며, 2002년과 2013년에 보수작업이 진행되었다. 도시 여행자에게 강력히 추천하는 곳이다.

위치 벨쿠르 광장에서 도보 35분, 지하철 헤논 역에서 2분
주소 36 Boulevard des Canuts, 69004 Lyon

리옹 미술관 Musée des Beaux-Arts de Lyon

제 2의 루브르 박물관으로 불릴 만큼 소장품이 방대한 미술관이다. 고대 유물부터 20세기 서양 예술사를 보여주는 조각, 공예, 회화 작품 등이 전시되어 있다. 박물관 건물은 17세기 베네딕트회 소속 궁정 예배당으로 건축됐으며, 10년 동안 대대적인 리뉴얼 작업을 거쳐 1998년에 재개장했다.

위치 벨쿠르 광장에서 도보 15분
주소 20 Place des Terreaux, 69001 Lyon
홈페이지 www.mba-lyon.fr

미니어처 영화박물관 Musée Miniature et Cinema

가구 제작자이자 미니어처 제작자 댄 올만Dan Ohlmann이 수집가들의 후원을 받아 2005년에 개장한 박물관이다. 박물관 건물은 16세기에 지어진 것으로 2005년 유네스코 세계문화유산으로 지정됐다. 내부에는 영화 〈향수〉 세트장을 비롯해 사실적인 영화 속 미니어처 소품들이 가득하다.

위치 벨쿠르 광장에서 도보 15분
주소 60 Rue Saint-Jean, 69005 Lyon
홈페이지 www.museeminiatureetcinema.fr

푸르비에르 로마 극장 Théâtres Romains de Fourvière

로마 황제 아우구스트 명으로 지어진 원형극장이다. 1만석 규모로 지어진 대형 극장으로 푸르비에르 언덕에 있다. 1946년부터 시작된 문화예술공연 축제 '뉘 드 푸르비에르'가 매년 열린다.

위치 벨쿠르 광장에서 도보 22분
주소 6 Rue de l'Antiquaille, 69005 Lyon

파크 드 라 테트 도르 Parc de la Tête d'Or

리옹에서 가장 크고 아름다운 도시공원이다. 2006년 10월부터 아프리카 동물을 데려와 만든 동물원을 비롯해 게이트, 부두, 오렌지 온실, 장미 정원, 식물원, 단발 도르 공원의 온실 등이 있어 리옹 시민들에게 풍성한 볼거리와 안식처가 되고 있다.

위치 벨쿠르 광장에서 도보 35분, 차로 10분
주소 1 Boulevard du 11 Novembre 1918, 69006 Lyon

폴 보큐즈 Paul Bocuse ★★★★

1965년 미슐랭 3스타를 받아 지금까지 그 명성을 유지하고 있는 역사적인 레스토랑이다. 내부에 들어서면 중세 인형극장에 들어온 듯한 화려한 실내 인테리어에 매료된다. 전통 코스 요리를 주문하면 1975년 자스카르 데스텡 프랑스 대통령이 이곳 레스토랑을 방문했을 때 선보였던 송로버섯 스프를 전식메뉴로 맛볼 수 있다.

위치 리옹 시내에서 차로 18분
주소 40 Rue de la Plage, 69660 Collonges-au-Mont-d'Or
홈페이지 www.bocuse.fr

라 메르 브라지에르 La Mère Brazier ★★★

미슐랭 2스타 레스토랑으로 우아한 내부 인테리어와 환상적인 음식 플레이팅에 감탄사를 연발하게 하는 곳이다. 송아지 요리, 푸아그라, 밀푀유 등 훌륭한 프랑스 요리를 경험할 수 있다. 프랑스 전 지역을 아우르는 광범위한 와인 리스트를 가지고 있으며, 저녁에는 와인 바를 운영하다.

위치 벨쿠르 광장에서 도보 25분
주소 12 Rue Royale, 69001 Lyon
홈페이지 lamerebrazier.fr

기 라소제 Guy Lassausaie ★★★

미슐랭 1스타 레스토랑. 조금은 투박해 보이는 외부와 달리 내부 인테리어는 모던하고 고급스럽다. 생선, 가금류, 육류 요리를 선보이며, 화려한 음식 플레이팅으로 눈을 즐겁게 한다. 식사시간을 넉넉히 잡고 방문하는 것이 좋다.

위치 리옹 시내에서 차로 25분
주소 1 Rue de Belle Sise | Chasselay, 69380 Lyon
홈페이지 www.guy-lassausaie.com

레 테라스 드 리옹 Les Terrasses de Lyon ★★

푸비에르 언덕에 위치한 미슐랭 1스타 레스토랑. 테라스 좌석에서 시내를 조망하며 환상적인 시간을 보낼 수 있다. 아름다운 전망과 훌륭한 식사 코스를 감안했을 때 가격도 합리적인 편이다.

위치 벨쿠르 광장에서 도보 15분
주소 25 Montée Saint-Barthélémy, 69005 Lyon
홈페이지 www.villaflorentine.com

타카오 타카노 Takao Takano ★★

일본 요리사 타카노가 운영하는 미슐랭 2스타 레스토랑. 프렌치 스타일과 일식이 결합된 요리를 선보인다. 가격과 음식의 퀄리티 모두 보장한다. 프랑스 전 지역에 걸쳐 다양한 와인 리스트를 보유하고 있다.

위치 벨쿠르 광장에서 도보 15분
주소 33 Rue Malesherbes, 69006 Lyon
홈페이지 www.takaotakano.com

발타자르 Balthaz'Art ★

리옹 중심가에 자리한 레스토랑으로 소고기 타르타르가 유명하다. 합리적인 가격과 전반적으로 메뉴가 훌륭하다. 론과 부르고뉴, 샹파뉴까지 아우르는 와인 리스트를 가지고 있다. 루아르 지역과 약간의 보르도 와인도 주문이 가능하다.

위치 벨쿠르 광장에서 도보 27분
주소 7 Rue des Pierres Plantées, 69001 Lyon
홈페이지 www.restaurantbalthazart.com

폴 보큐즈

레 테라스 드 리옹

썽트르 장 보스코 Centre Jean Bosco ★

가톨릭 연구소의 일부분을 국제회의, 세미나 등 교육센터와 호텔로 운영한다. 객실은 공동욕실과 전용 욕실이 있는 룸으로 구분된다. 도보로 푸비에르 성당 5분, 리옹 기차역 30분, 리옹 미술관 20분 거리. 합리적 가격의 깨끗한 숙소를 찾는 배낭여행자에게 추천한다.

위치 벨쿠르 광장에서 차로 10분, 도보 30분
주소 14 Rue Roger Radisson, 69005 Lyon
홈페이지 www.centrejeanbosco.com

라그랑지 시티 리옹 루미에르 Lagrange City Lyon Lumière ★★★

리옹 시내에 위치한 4성급 아파트형 호텔. 객실에 주방시설이 갖춰져 있다. 인터넷, 주방식기, 물 포트 등이 완비되어 있다. 단점은 리옹 시내 관광지와 거리가 있는 주거단지에 있다는 것. 대중교통을 이용하거나 렌터카 여행자에게 추천한다.

위치 벨쿠르 광장에서 차로 16분
주소 81-85 Cours Albert Thomas, 69003 Lyon
홈페이지 www.lagrange-city-lyon-lumiere.com

호텔 칼튼 리옹 Hôtel Carlton Lyon ★★★

리옹 시내 중심에 위치한 4성급 호텔이다. 고풍스러운 건물 외관과 프랑스의 고전미와 현대적인 색감이 어우러진 룸 인테리어가 인상적이다. 리옹 시내 관광에 최적의 위치다. 또 호텔 주변에 유명 레스토랑들이 있어 미식여행자에게 추천할 만하다. 스페셜 할인행사를 자주 진행해 홈페이지를 확인하고 예약하는 게 좋다.

위치 벨쿠르 광장에서 도보 5분
주소 4 Rue Jussieu, 69002 Lyon
홈페이지 www.accorhotels.com/ko/hotel-2950-hotel-carlton-lyon-mgallery-collection/index.shtml

호텔 보베쿠르 Hôtel Vaubecour ★★

리옹 시내에 있는 2성급 호텔. 화려하지는 않지만 깨끗하고 단정한 룸을 합리적인 가격으로 제공한다. 호텔 주인이 직접 방문객을 맞이하며 리옹 여행정보도 알려준다. 시내 관광지와 가까워 도보여행에도 좋은 위치다. 또 최근 욕실을 리모델링한 것도 장점이다.

위치 벨쿠르 광장에서 차로 7분, 도보 20분
주소 28 Rue Vaubecour, 69002 Lyon
홈페이지 www.hotelvaubecour-lyon.com

빌라 플로랑틴 Villa Florentine ★★★★

리옹 시내에 위치한 5성급 호텔이다. 아름다운 정원과 수영장을 갖춘 곳으로 호텔 내에 미슐랭 1스타 레스토랑 테라스 드 리옹Les Terrasses de Lyon을 함께 운영한다. 편리한 리옹 관광과 미슐랭 레스토랑의 미식경험을 동시에 누리고 싶은 여행자에게 추천한다.

위치 벨쿠르 광장에서 도보 15분
주소 25 Montée Saint-Barthélémy, 69005 Lyon
홈페이지 www.villaflorentine.com

리옹 메리어트 호텔 시테 인터내셔널 Lyon Marriott Hotel Cité International ★★★

라 테트 도르 공원 옆에 위치한 호텔. 조용하고 여유 있는 여행을 선호하는 여행자에게 추천한다. 리옹 시내의 호텔 중 객실이 큰 편이라 가족단위 여행자도 편리하게 이용할 수 있다. 호텔 서비스와 규모에 비해 가격이 합리적인 편이다.

위치 벨쿠르 광장에서 차로 8분, 도보 40분
주소 La Cité International, 70 Quai Charles de Gaulle, 09463 Lyon
홈페이지 www.marriott.fr/hotels/travel/lysmc-lyon-marriott-hotel-cite-internationale

빌라 플로랑탱

호텔 칼튼 리옹

론 남부 추천! 와이너리

Recommended Wineries

샤또 카브리에르 Château Cabrieres

론 남부 최고의 와인 산지 샤또뇌프뒤파프의 광활한 포도밭 한 가운데에 위치한 샤또 카브리에르는 14~15세기부터 전통적으로 내려오는 양조법을 여전히 따르는 곳이다. 샤또 카브리에르의 역사는 14세기로 거슬러 올라간다. 오랜 역사만큼이나 포도밭의 포도나무 수령도 오래되어 수령이 100년이 넘는 포도나무도 있다. 보석 같은 포도가 영그는 이 포도나무들이 샤또 카브리에르의 자랑이자 훌륭한 와인 퀄리티의 핵심이다. 샤또 카브리에르는 100% 손으로 수확한다. 잘 익은 포도만 골라 수확하기 때문에 보통의 와이너리보다 2배의 시간이 걸린다. 4~6주에 걸쳐 수확된 포도는 3번의 선별 과정을 거쳐 최상급의 품질만이 와인으로 양조된다. 와인은 18개월 동안 알리에 산 오크통에서 숙성시켜 복합성이 더해진다.

위치 아비뇽에서 차로 30분
주소 BP 14, 84231 Châteauneuf du Pape
전화 04-90-83-70-26
오픈 사전 예약에 한해서 오픈
투어 전화, 이메일(contact@chateau-cabrieres.fr)을 통한 사전 예약 필수
홈페이지 www.chateau-cabrieres.fr

★ 추천 와인 ★

철저한 가족 경영으로 이루어지는 와이너리다. 영한 빈티지의 와인들도 좋지만, 이곳의 하이라이트는 병에서 오래 숙성시킨 올드 빈티지 샤또뇌프뒤파프. 국내에도 이 와인들을 찾아볼 수 있으며, 오래된 빈티지의 샤또뇌프뒤파프가 얼마나 매력적인지를 알 수 있다. 가격은 빈티지에 따라 차이가 있으나 평균 50유로 선.

도멘 뒤 페고 Domaine du Pegau

수많은 샤또뇌프뒤파프 생산자 중에서도 단연 최고로 꼽히는 와이너리다. 특히 2000, 2003, 2007, 2010년 연속 로버트 파커로부터 100점을 획득한 전설의 와인 뀌베 다카포Cuvee Da Capo는 샤또뇌프뒤파프 최고급 와인 중 하나라고 할 수 있다. 도멘 뒤 페고의 역사는 1670년부터 시작됐다. 그러나 도멘 뒤 페고라는 이름을 달고 세상에 빛을 보게 된 것은 현 오너 로랑스 페로가 와이너리에 합류한 1987년부터다. 도멘 뒤 페고의 특별함은 포도재배 및 와인 제조에 있어 옛날 방식 그대로를 고수하고 있다는 것. 특히 이들은 선조들이 해왔듯이 포도밭을 친환경으로 경작하고 있다. 또 많은 샤또뇌프뒤파프 생산자들이 1990년대 미국 시장에 맞추어 와인을 만들던 것과 달리 지금도 전통적으로 13가지 포도를 블렌딩해서 와인을 만들고 있다. 이스트 첨가나 온도조절을 하지 않은 자연적인 상태에서 와인을 발효시키며, 여과나 정제과정도 거치지 않는다. 와인 숙성도 가문에서 쓰기 시작한 이후로 한 번도 교체한 적이 없는 대형 오크통에서 진행한다. 이곳의 와인을 마신다는 것은 샤또뇌프뒤파프의 역사를 마시는 것과 같다.

위치 아비뇽에서 차로 30분
주소 15 Avenue Impériale, 84230 Châteauneuf du Pape
전화 04-90-83-72-70
오픈 사전 예약에 한해서 오픈
투어 홈페이지, 이메일(pegau@pegau.com)을 통한 사전 예약 필수
홈페이지 www.pegau.com

★ 추천 와인 ★

도멘 뒤 페고의 와인들은 모두 샤또뇌프뒤파프다. 뀌베 리저브, 뀌베 로랑스, 뀌베 다카포가 주력이다. 이 세 와인 모두 양조 방식은 같다. 차이가 있다면 로랑스와 다카포가 숙성기간이 더 길다는 것. 그 해의 빈티지를 판단해 로랑스나 다카포를 생산할지 말지를 결정하는데, 다카포를 생산하면 로랑스는 생산하지 않는다. 다카포는 포도의 상태가 환상적일 때만 출시하며 생산량도 단 6,000병이 전부다. 가격은 뀌베 리저브 30유로, 다카포 300~400유로 선.

샤또 드 보카스텔 Château de Beaucastel

로버트 파커가 "론 남부에서 가장 오래되고 훌륭한 와이너리"라고 극찬한 와이너리다. 와이너리 역사는 16세기로 거슬러가지만 본격적으로 운영되기 시작한 것은 20세기 초 페랭 가문에 의해서다. 페렝 가문은 전통적인 포도 품종을 모두 재배하는 고집스러움과 순간 살균 방법, 유기농 재배를 통해 세계적인 명성의 와인들을 생산하고 있다. 특히 오마쥬 아 자크 페렝 Hommage à Jacques Perrin은 현 오너가 아버지를 기리며 만든 와인으로 오직 좋은 빈티지에만 극히 소량 만들어내는 특별한 와인이다. 오래된 수령의 무르베드르를 이용해서 굉장히 부드러우면서도 농축된 스타일을 보여준다. 지금은 자크 페랭의 아들 장-피에르와 프랑수와, 그들의 자식이자 가문의 5대손에 의해서 성공적으로 운영되고 있다.

위치 아비뇽에서 차로 30분
주소 Chemin de Beaucastel, 84350 Courthézon
전화 04-90-70-41-00
오픈 사전 예약에 한해서 오픈
투어 홈페이지, 이메일(contact@beaucastel.com)을 통한 사전 예약 필수
홈페이지 www.beaucastel.com

★ 추천 와인 ★

〈와인 스펙테이터〉가 매년 꼽는 세계 100대 와인에 거의 빠짐없이 등장하는 와인이 바로 샤또 드 보카스텔이다. 레드도 좋지만, 이들의 블랑(화이트)은 전문가들도 엄지를 치켜 올리는 수준급의 와인이다. 일반 꼬뜨 뒤 론 와인도 훌륭하지만 지갑 사정이 좋다면 샤또뇌프뒤파프의 수준급 와인에 도전해보자. 샤또뇌프뒤파프는 90유로 내외.

샤또 드 생 콤 Château de Saint Cosme

론 남부 지공다스에서 가장 명망 높은 와이너리 중 하나다. 생 콤의 역사는 아주 오래 전으로 거슬러 올라간다. 특히 갈로로만시대(BC 1세기~서기 5세기)에 쓰였던 고대의 양조통을 생 콤에서 완벽한 상태로 보관하고 있다는 것에서 이목을 끈다. 생 콤은 1490년부터 와인 관련 비즈니스를 해왔던 바훌 가문이 14대를 거쳐 이어온 걸출한 와이너리다. 현재는 루이 바훌이 선대의 노하우를 이어서 여전히 세계적인 지공다스 와인을 만들고 있다. 생 콤은 27ha의 포도밭을 소유하고 있는데, 이 중 15ha는 평균 수령 60년의 올드 바인이다. 생 콤은 유기농법으로 포도밭을 관리하며 순수하게 땅의 목소리를 내는 정직한 와인을 만든다. 이렇게 만들어진 와인은 오래 전 약으로 활용될 만큼 가치가 있었다고 한다. 최근에는 〈신의 물방울〉에 소개되어 화제가 되기도 했다.

위치 아비뇽에서 차로 50분
주소 126 Route des Florëts, 84190 Gigondas
전화 04-90-65-80-80
오픈 월-금 09:00~12:00, 14:00~18:00
투어 시음실 방문 가능, 투어 시 이메일(barruol@chateau-st-cosme.com)을 통한 사전 예약 필수
홈페이지 www.saintcosme.com

★ 추천 와인 ★

지공다스에서 생 콤의 명성은 타의 추종을 불허할 정도로 대단하다. 지공다스 마을에 있는 셀러 도어는 약속 없이 방문해도 편하게 테이스팅 할 수 있다. 이 가운데 리틀 제임스Little James라 불리는 캐주얼한 와인은 꼭 테이스팅 해보자. 와인 제조 과정을 유쾌하게 그림으로 표현한 이 와인은 생 콤이 전통과 유행을 얼마나 와인에 잘 버무리는지 확인할 수 있는 밸류 와인이다. 가격은 10~30유로 사이.

도멘 뒤 비외 텔레그라프 Domaine du Vieux Télégraphe

론 밸리 전체는 물론 세계적으로도 인정받는 독보적인 와인 명가 비뇨블 브루니에가 소유하고 있는 와이너리다. 비뇨블 브루니에는 이외에도 라 로케트La Roquette, 도멘 레 팔리에르Domaine les Palliéres라는 또 다른 걸출한 와이너리도 소유하고 있다. 세 와이너리가 모두 가까이 붙어 있기 때문에 기회가 된다면 전부 방문해보기를 추천한다. 비외 텔레그라프 역사는 1891년 이폴리트 브루니에가 지금의 라 크로 지역에 포도나무를 심은 것에서 시작됐다. 이후 그의 아들과 손자들에 의해 성공적으로 이어져 지금은 4대째 내려오고 있다. 로버트 파커는 비외 텔레그라프를 샤또뇌프뒤파프 최고의 와인이라고 아낌없는 찬사를 늘어놓기도 했다. 수령 60~80년 사이의 올드 바인만 와인에 사용하며 모두 친환경 농법으로 재배된다.

위치 아비뇽에서 차로 30분
주소 3 Route de Châteauneuf du Pape 84370 Bedarrides
전화 04-90-33-00-31
오픈 사전 예약에 한해 오픈
투어 홈페이지를 통한 사전 예약 필수
홈페이지 www.vieux-telegraphe.fr

★ 추천 와인 ★

비외 텔레그라프를 방문하면 레 팔리에르나 라 로케트에서 생산한 와인도 함께 시음할 수 있다. 세 와이너리 모두 론 지역은 물론 세계에서 인정받는 훌륭한 와이너리다. 비외 텔레그라프는 샤또뇌프뒤파프로 레드와 화이트 모두 생산한다. 대부분의 와인은 그르나슈를 메인으로 해서 만드는데, 이들의 개성 넘치는 와인을 비교 시음하는 것도 쏠쏠한 재미다. 비외 텔레그라프 샤또뇌프뒤파프는 빈티지에 따라 가격이 다르지만 보통 80유로 선이다.

쉔 블루 Chêne Bleu

쉔 블루는 와인의 퀄리티와 함께 와인이 가지고 있는 스토리가 매력적인 곳이다. 현재 쉔 블루의 오너는 자비에르와 니콜 롤레 부부다. 자비에르는 영국 런던증권거래소의 CEO로, 유년 시절 시골에서 보낸 기억을 더듬어 1993년 그의 아내와 함께 남프랑스에 수십 년간 버려진 35ha의 황무지를 사들였다. 이들 부부는 남프랑스에서 가장 고도가 높고, 주변으로부터 완전히 고립되어 있는 이 땅이 포도재배에 완벽한 환경을 지녔다고 판단했다. 그 후 10여 년간 땀과 열정을 쏟은 끝에 지금의 쉔 블루를 탄생시켰다. 와이너리는 최첨단 시설을 자랑하며, 포도밭은 바이오다이나믹 농법을 적극적으로 활용해 친환경적으로 관리하고 있다.

위치 아비뇽에서 차로 한 시간
주소 Chemin de la Verrière, 84110 Crestet
전화 04-90-10-06-30
오픈 사전 예약에 한해 오픈
투어 홈페이지에서 신청, 가격은 13유로~
홈페이지 www.chenebleu.com

★ 추천 와인 ★

쉔 블루의 대표 와인 아벨라르Abélard와 엘루이즈Héloïse는 중세시대 유럽 최고의 사랑이야기로 유명했던 신학자와 그의 제자 이름에서 따왔다. 그르나슈를 메인으로 시라가 블렌딩 된 아벨라르는 남성적인 뉘앙스를 표현했다. 시라를 메인으로 그르나슈와 비오니에를 블렌딩한 엘로이즈는 여성스런 느낌이 물씬 풍기는 섬세하면서도 단단한 구조감을 지녔다. 가격은 80유로 선이다.

[아비뇽 Avignon]

아비뇽은 프로방스에 속한 도시다. 하지만 와인 여행에서는 론 밸리 소속으로 봐야 한다. 아비뇽에 거점을 마련하고 론 남부의 와이너리를 돌아보는 것이 편리하다. 아비뇽은 이탈리아와 스페인을 잇는 도로의 요충지이자 지방 상업의 중심지로 번영했다. 14세기에는 로마 바티칸 교황청이 이곳으로 옮겨 와 7명의 교황이 거주하기도 했다. 지금도 교황청을 중심으로 성벽으로 둘러싸인 구시가지는 중세 모습을 그대로 간직하고 있다.

아비뇽 광장

아비뇽 교황청 Palais des Papes

교황 클레멘스 5세가 로마 바티칸으로 가지 못하고 프랑스 아비뇽에 머물면서 교황청으로 사용한 곳이다. 이후 1376년까지 7명의 교황이 이곳에 머물게 되는데, 이를 '아비뇽 유수'라고 부른다. 교황청은 성벽 높이 50m, 두께 4m의 거대한 요새처럼 건축되었다. 견고한 석조 건물로 14세기의 모습을 지금까지 유지하고 있다. 교황청을 창건한 베네딕투스가 만든 북쪽을 구궁전, 클레멘스 6세가 증축한 부분을 신궁전이라 부른다. 교황이 떠나고 1791년 프랑스로 통합되면서 군 막사와 감옥으로 사용되기도 했다. 1995년에는 유네스코 세계문화유산으로 지정되어 보존되고 있다. 매년 7월 아비뇽 연극제가 이곳에서 열린다. '교황청 비밀 투어'를 신청하면 교황의 침실을 비롯해 미로 같은 교황청 곳곳의 생활을 엿볼 수 있다.

아비뇽 교황청

위치 오흘로쥐 광장에서 도보 2분
주소 Place du Palais, 84000 Avignon
홈페이지 palais-des-papes.com

아비뇽 유수

로마 바티칸에 있던 교황청이 아비뇽으로 이전하고 교황이 이곳에 머물게 된 사건을 일컬어 '아비뇽 유수'라 부른다. 이 말을 직역하면 '아비뇽에 감금되었다'는 뜻. 13세기 말 프랑스 필리프 4세가 교황 보니파시오 8세와의 세력다툼에서 승리하면서 교황의 권력은 왕권의 간섭 아래에 놓인다. 1305년 선출된 프랑스 출신 교황 클레멘스 5세는 로마에 돌아가지 못한 채 아비뇽에 체류한다. 그 후 클레멘스 6세 때 시칠리아 여왕이 교황에게 아비뇽을 팔았고, 이곳에 교황청이 만들어졌다. 이 후 1417년까지 교황청은 아비뇽에 남아 있게 된다.

아비뇽 다리

아비뇽 성벽

로쉐 데 돔

아비뇽 다리 Pont d'Avignon

론 강에 있는 끊어진 다리다. 정식 이름은 생 베네제 다리Saint Bénézet Bridge며 아비뇽 다리라고도 불린다. 12세기 무렵 양치기 소년 베네제가 다리를 지으라는 신의 계시를 듣고 혼자서 돌을 쌓아 지었다는 전설이 전해져 온다. 이 다리는 아비뇽과 론 강의 건너편 도시 빌뇌브 데 아비뇽을 이어주던 것이었다. 본래는 필리프 왕 탑까지 연결되었으나 17세기의 홍수로 다리의 절반이 떠내려갔다. 아비뇽 다리는 교황청과 함께 유네스코 세계문화유산으로 지정되어 있다.

위치 오흘로쥐 광장에서 도보 10분
주소 Pont d'Avignon, Boulevard de la Ligne, 84000 Avignon
홈페이지 www.avignon-pont.com

로쉐 데 돔 Rocher des Doms

도시 꼭대기에 위치해 아비뇽 시내를 조망하는 최고의 장소다. 이곳에는 영국 스타일의 아름다운 공중정원이 있다. 하절기에는 야간에도 개방해 아비뇽의 그림 같은 야경을 감상할 수 있다.

위치 오흘로쥐 광장에서 도보 10분
주소 Montée des Moulins, 84000 Avignon

앙글라동 미술관 Musée Angladon

아비뇽 시내 라부뢰르 거리에 있는 미술관이다. 1996년에 세워진 이 미술관은 아비뇽 출신 예술가 장 앙글라동 뒤브뤼조 부부가 살던 집을 미술관으로 개조해 탄생했다. 전시물은 부부가 소장했던 19세기 이후 회화작품이 주를 이룬다. 반 고흐의 '철로 위의 기차'를 비롯해 모딜리아니, 에드가르 드가, 폴 세잔 등 거장들의 작품을 볼 수 있다. 2층은 부부가 살던 주거공간을 그대로 보존하고 있다.

위치 오흘로쥐 광장에서 도보 8분
주소 5 Rue Laboureur,84000 Avignon
홈페이지 www.angladon.com

아비뇽 재래시장 Marché les Halles d'Avignon

오전부터 점심까지 문을 여는 아비뇽 최대 규모의 재래시장. 40여 명의 상인이 이 지역의 다양한 식재료를 판매한다. 베이커리와 야채, 햄 같은 지역 특산품을 구매할 수 있다. 또 시장 곳곳에서 전통요리법에 따라 요리 시연을 한다. 요리 워크숍에도 참여할 수 있기 때문에 미식여행자라면 아비뇽에서의 오전 시간은 이곳에서 보내기를 추천한다.

위치 오흘로쥐 광장에서 도보 5분
주소 18 Place Pie, 84000 Avignon
홈페이지 www.avignon-leshalles.com

프티 팔레 미술관 Musée du Petit Palais

13~16세기 이탈리아 종교화를 중심으로 아비뇽 교황청 유물을 전시하는 미술관. 아비뇽이 1791년 프랑스에 귀속된 이후 예술교육을 위한 학교로 쓰이기도 했고, 루브르 박물관으로부터 350점을 넘겨받아 1976년 미술관으로 개장했다. 아비뇽 교황청의 조각품, 장식품 및 르네상스 시대의 주요 작품들이 전시되어 있다.

위치 오흘로쥐 광장에서 도보 5분
주소 Palais des archevêques, Place du Palais, 84000 Avignon
홈페이지 www.petit-palais.org

레상시엘 L'Essentiel ★★★

아비뇽 시내 중심에 있는 레스토랑. 남프랑스 전통 스프와 송로버섯 요리가 일품이다. 실내는 아담하면서 고급스러운 분위기다. 화려한 음식 플레이팅이 돋보인다. 가격도 합리적이다.

위치 오흘로쥬 광장에서 도보 3분
주소 2 Rue de la Petite Fusterie, 84000 Avignon
홈페이지 www.restaurantlessentiel.com

푸 드 파파 Fou de Fafa ★★

여행자들이 강력 추천하는 아비뇽 시내 레스토랑. 저녁에만 운영되며 수준 높은 음식을 합리적인 가격에 먹을 수 있다. 전통 토마토 스프와 연어, 그리고 오리 같은 가금류 요리를 추천한다. 시즌 특선 메뉴도 훌륭하다.

위치 오흘로쥬 광장에서 도보 6분
주소 17 Rue des Trois Faucons, 84000 Avignon
홈페이지 www.restaurantfoudefafa.com

E.A.T 에스타미네 아롬므 에 탕타시옹
E.A.T Estaminet Arômes et Tentations ★

가격 대비 훌륭한 음식을 내놓는 레스토랑으로 이름났다. 손색없는 메인 요리와 와인 한 잔, 오늘의 치즈나 디저트, 커피까지 제공되는 점심 코스를 저렴하게 먹을 수 있다. 아비뇽 중심의 와인 리스트는 품질대비 가격이 저렴하다. 아담한 레스토랑은 주인장의 정이 느껴진다.

위치 오흘로쥬 광장에서 도보 5분
주소 8 Rue Mazan, 84000 Avignon
홈페이지 www.restaurant-eat.com

이엘리 루쿨루스 Hiély-Lucullus ★★★

아비뇽 시내 광장 옆에 위치한 레스토랑. 신선한 해산물 요리와 어린 양고기 요리 등 남프랑스 전통 요리를 선보인다. 눈을 즐겁게 해주는 화려하고 다채로운 플레이팅이 인상적이다. 230여종이 넘는 와인 리스트를 가지고 있다.

위치 오흘로쥬 광장에서 도보 2분
주소 5 Rue De La République, 8400 Avignon
홈페이지 www.hiely-lucullus.com

라 비에이유 퐁텐
La Vieille Fontaine ★★★

호텔에서 운영하는 레스토랑으로 고급스러운 분위기의 정찬을 즐기기에 좋은 곳이다. 시내 중심부에 위치해 접근성이 좋다. 우아한 식사를 즐기기에 좋다.

위치 오흘로쥬 광장에서 도보 5분
주소 8 Avenue de Grétry, 78600 Maisons-Laffitte
홈페이지 www.lesjardinsdelavieillefontaine.com/

레스토랑 스뱅 Restaurant Sevin ★★★

아비뇽 중심가에 위치한 고풍스러운 레스토랑. 소박하고 멋진 테라스 테이블에 앉아 식사를 할 수 있다. 프랑스 요리를 기반으로 오너 셰프 에티엔의 창작요리를 맛볼 수 있다. 훌륭한 와인 리스트를 가지고 있어 와인 애호가라면 더욱 만족스럽다.

위치 오흘로쥬 광장에서 도보 2분
주소 10 Rue de Mons, 84000 Avignon
홈페이지 www.restaurantsevin.fr

크리스티앙 에티엔

아비뇽 그랜드 호텔 Avignon Grand Hôtel ★★★

시내 중심에 위치한 4성급 호텔. 객실이 넓어 커플이나 가족여행객에게 추천한다. 객실 내 미니바, 금고, TV 등이 있으며, 무료 와이파이를 사용할 수 있다. 야외 수영장, 테라스 룸, 레스토랑이 있어 고객의 편의를 돕는다. 호텔 프런트에서 아비뇽 도시 투어를 신청할 수 있다.

위치 오흘로쥬 광장에서 도보 11분
주소 34 Boulevard Saint-Roch, 84000 Avignon
홈페이지 www.avignon-grand-hotel.com/fr

라 미랑드 호텔 La Mirande Hôtel ★★★★★

아비뇽 시내 중심에 있는 5성급 호텔. 웅장하게 조각된 호텔 입구의 석조문이 인상적이다. 고전미가 가득한 외관과 실내 인테리어가 중세시대 귀족이 된 느낌을 받게 한다. 아름다운 테라스에서의 식사가 가능하다. 반려견과 함께 투숙이 가능하며, 무료 인터넷, 발렛 서비스를 제공한다.

위치 오흘로쥬 광장에서 도보 4분
주소 4 Place de l'Amirande, 84000 Avignon,
홈페이지 www.la-mirande.fr

호텔 드 갸를랑드 Hôtel De Garlande ★★★

아비뇽 시내 중심에 위치한 2성급 호텔. 교황청을 비롯한 관광지와 가깝고, 시내 중심이지만 비교적 조용한 편이다. 객실 내 무료 와이파이가 가능하고, 아침식사가 가격대비 만족도가 높다. 객실은 화려하지 않지만 단정하고 고풍스럽다. 호텔 직원들이 친절하다.

위치 오흘로쥬 광장에서 도보 3분
주소 20 Rue Galante, 84000 Avigno
홈페이지 www.hoteldegarlande.com

호텔 데 오흘로쥬 Hôtel de l'Horloge ★★★

아비뇽 오흘로쥬 광장 앞에 위치한 4성급 호텔. 19세기에 지어진 프로방스풍의 외관이 인상적이다. 넓은 객실, 차분한 색감의 인테리어가 여행자들로 하여금 편안함을 느끼게 한다. 프로방스 특산 식재료로 조리한 조식을 제공한다.

위치 오흘로쥬 광장 앞에 위치
주소 1 Rue Félicien David, 84000 Avignon
홈페이지 www.hotel-avignon-horloge.com

호텔 듀롭 Hôtel d'Europe ★★★★★

아비뇽 시내 중심에 위치한 5성급 호텔이다. 1580년에 지어진 드 그라브 후작의 집을 1799년 호텔로 개조했다. 듀럽은 1900년 유럽 최초의 미슐랭 가이드 추천 호텔로 언급된 곳이기도 하다. 역사적인 이 호텔은 고풍스러운 인테리어와 넓은 룸 공간, 테라스에서의 식사가 가능하다. 프랑스에서 여유 있는 여행을 즐기려는 여행자에게 추천할 만한 곳이다. 반려동물과의 투숙도 가능하다. 호텔 예약 대행 사이트를 통해 파격적인 프로모션을 자주 진행해 홈페이지와 비교한 후 예약하는 게 좋다.

위치 오흘로쥬 광장에서 도보 5분
주소 12 Place Crillon, 84000 Avignon
홈페이지 www.heurope.com

아비뇽 도시 전경

알자스 Alsace

프랑스 리슬링 와인의 본향 알자스는 프랑스 동부에 위치해 독일과 국경을 마주하고 있는 지역이다. 오랜 역사 속에서 두 국가 간 전쟁 주요 무대가 되었던 알자스는 현재 프랑스에 속해 있지만, 독일의 문화를 곳곳에서 찾아 볼 수 있다. 동화 속을 여행하는 착각이 들 만큼 아름다운 마을, 그리고 와인과 더불어 수준 높은 미식을 경험할 수 있는 지역이기도 하다. 또한 남북으로 길게 이어진 알자스 와인가도는 프랑스 와인 여행의 백미라 부를 만큼 아름답다. 자동차로 이 길을 달리며 와이너리를 순례하다 보면 프랑스 농부들의 와인에 대한 순수한 열정을 온 몸으로 느끼게 된다.

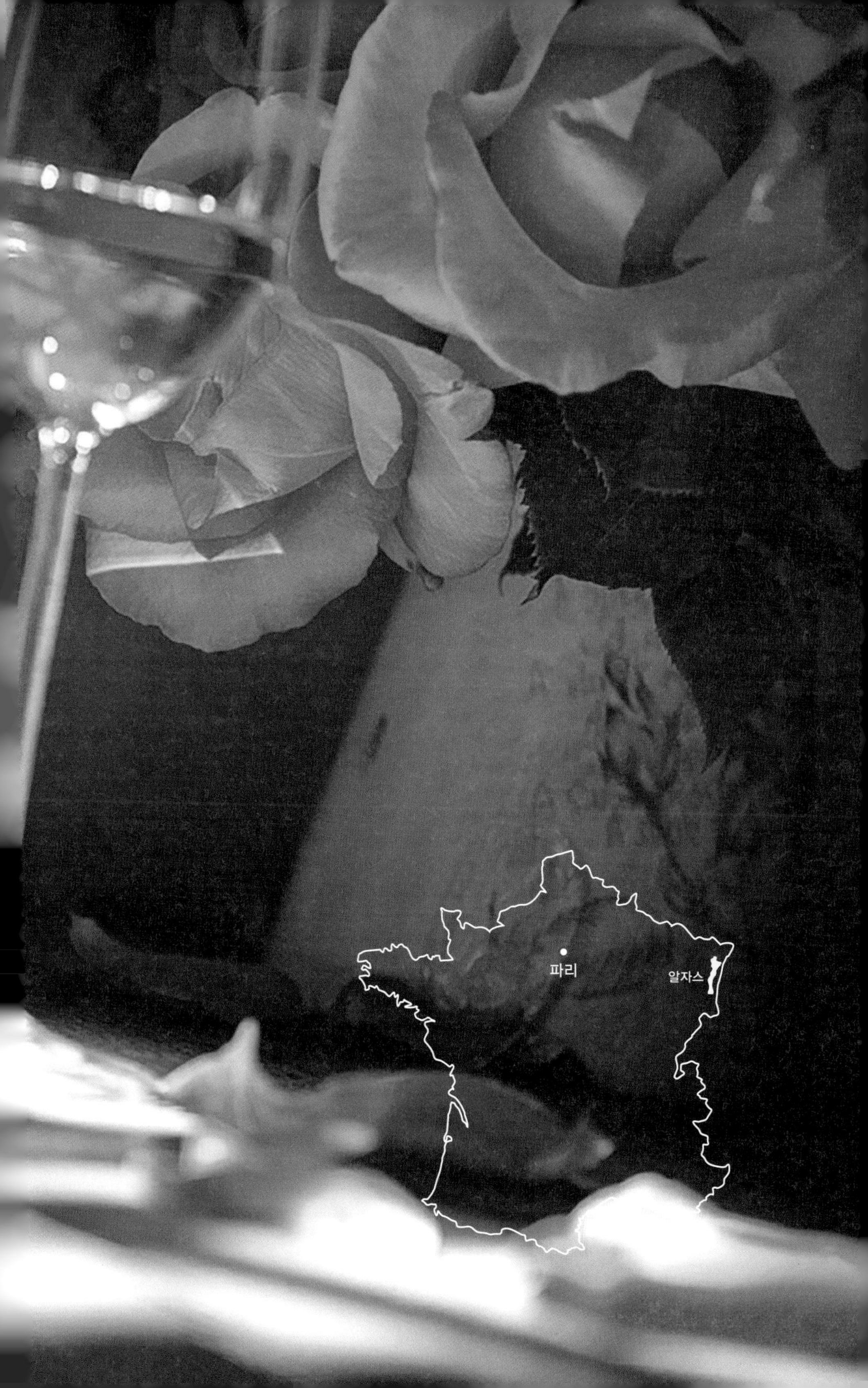
파리
알자스

PREVIEW

와인

알자스는 리슬링과 게뷔르츠트라미너 품종으로 세계 최고의 화이트 와인을 만드는 곳이다. 여기에 피노 그리, 뮈스카를 합쳐 알자스의 귀족 품종이라 부른다. 알자스는 화이트 와인이 대세이지만 최근 부르고뉴에 필적할 만한 섬세한 피노 누아를 선보이며 와인 애호가들의 즐거운 호기심을 불러일으키고 있다.

와이너리 & 투어

부르고뉴처럼 남북으로 길게 뻗은 알자스 와인 가도는 북쪽 마를랭 마을부터 콜마르를 지나 남쪽 탠까지 보주 산맥을 따라 170km에 걸쳐 있다. 이 와인 가도는 세계적으로 이름난 아름다운 길이다. 자동차를 이용해 와인 가도를 달리며 곳곳의 주요 포도밭들과 아기자기한 마을들을 둘러볼 수 있다. 대부분의 와이너리는 여행 거점인 스트라스부르와 콜마르 같은 도시에서 떨어져 있어 도보나 대중교통을 이용하는 것은 불편하다. 렌터카 운전이 힘들다면 스트라스부르와 콜마르에서 출발하는 투어를 신청 할 수 있다. 자세한 내용은 홈페이지(www.alsace-wine-route.com) 참조. 알자스의 많은 와이너리들은 반드시 홈페이지 혹은 메일, 전화로 사전 예약을 하고 방문해야 한다.

여행지

알자스를 대표하는 두 도시 콜마르와 스트라스부르는 도심 곳곳에 프랑스와 독일 문화가 혼재된 이국적인 모습을 볼 수 있다. 주민의 상당수가 프랑스어뿐만 아니라 독일어를 구사한다. 소설가 알퐁스 도데의 대표작 〈마지막 수업〉의 배경이 된 곳도 이곳 알자스다. 웅장한 노트르담 대성당이 있는 스트라스부르와 '쁘띠 베니스'로 불리는 콜마르는 도심 산책만으로도 행복해지는 곳이다. 미식여행자라면 알자스 대표 마을 중 하나인 리크위르에서 하루 정도 머물 것을 추천한다. 여유가 있다면 3~4일 정도 콜마르와 스트라스부르에 머물며 도시 곳곳을 돌아보자. 와이너리를 제외하고 도심만 여행할 경우 파리에서 당일치기 여행도 가능하다.

요리

알자스의 음식 문화 역시 프랑스와 독일이 공존한다. 대표적으로 알자스에서는 독일처럼 양배추를 소금에 절여 발효시킨 슈크루트Choucroute를 즐겨 먹는다. 슈크루트에 소시지, 햄, 생선, 감자 등을 곁들인 알자스 전통 식사와 화이트 와인은 환상적인 궁합을 이룬다. 순대와 비슷한 요리인 부댕Boudin도 추천 메뉴다. 알자스 대표 와인 산지 가운데 하나인 리크위르 마을 중앙에 있는 휘겔 와이너리의 셀러 도어에서 와인을 사서 근처 레스토랑에서 점심을 먹어보자. 마을에 있는 레스토랑 절반이 미슐랭 추천 레스토랑이기 때문에 행복한 고민에 빠질 것이다.

숙박

주요 도시와 와이너리를 모두 섭렵하려 한다면 스트라스부르나 콜마르 도심에 위치한 호텔을 추천한다. 와이너리만 집중 공략하는 여행을 원한다면 에어비앤비 등을 통해 도시 외곽에 위치한 현지인의 집을 빌리는 것도 좋다. 스트라스부르나 콜마르에는 3~4성급의 호텔이 많다.

어떻게 갈까?

자동차를 이용할 경우 파리에서 스트라스부르까지 4시간 20분 정도 걸린다. 스트라스부르와 콜마르는 1시간 거리다. 파리에서 TGV 기차를 이용할 경우 스트라스부르까지는 2시간 거리다. 스트라스부르에서 콜마르까지는 국철로 40분 거리다.

어떻게 다닐까?

파리에서 기차를 이용하면 스트라스부르와 콜마르, 두 도시로 가는 것이 쉽다. 하지만 도심 외곽에 있는 와이너리까지 돌아보기에는 무리가 있다. 버스와 같은 대중교통이 불편하다. 와이너리를 목표로 한다면 렌터카를 이용하는 것이 정답이다. 자동차로 알자스의 와인 가도를 달리는 것만으로도 아름다운 여행이 된다. 도심을 돌아보는 여행은 도보로도 충분히 가능하다.

PREVIEW

언제 갈까?

알자스는 언제 가더라도 아름다운 곳이다. 아무 때나 가도 큰 무리는 없지만, 이왕이면 날씨가 좋은 5~9월이 가장 좋다. 10~11월은 포도 수확기로 작은 와이너리 방문은 어려울 수 있다. 알자스는 와인축제를 비롯해 1년 내내 축제가 끊이지 않는 곳이다. 5월에는 치즈와 와인으로 전통 수프를 만들고 농가도 체험하는 축제가 열린다. 7~8월은 노트르담 대성당을 레이저와 빛으로 장식하고 음악과 공연이 어우러진다. 11월에는 현대 미술 페어, 12월은 크리스마스 마켓이 열린다.

추천 일정

당일

09:20 파리 동 역 출발
11:40 콜마르 역 도착
12:30 점심식사
14:30 구시가지 탐방
16:30 콜마르 출발
17:00 스트라스부르 역 도착
17:30 스트라스부르 대성당
18:30 쁘띠 프랑스
19:30 스트라스부르 역 출발
21:30 파리 동 역 도착

1박 2일

Day 1

09:20 파리 동 역
11:40 콜마르 역 도착
12:00 구시가지 탐방
15:00 렌터카 픽업
15:30 도멘 진트 훔브레히트
17:00 리크위르 마을
17:30 휘겔 에 피스 셀러 도어
19:00 저녁 식사
21:30 숙소

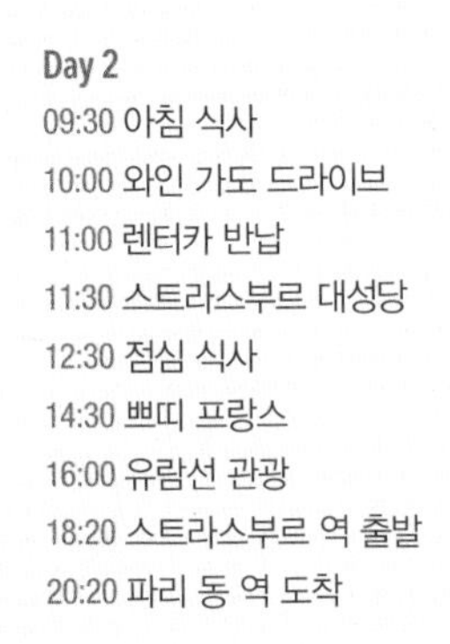

Day 2

09:30 아침 식사
10:00 와인 가도 드라이브
11:00 렌터카 반납
11:30 스트라스부르 대성당
12:30 점심 식사
14:30 쁘띠 프랑스
16:00 유람선 관광
18:20 스트라스부르 역 출발
20:20 파리 동 역 도착

알자스 와인 이야기

Alsace Wine Story

1 도멘 진트 훔브레히트 와이너리 내부
2 오래된 양조 도구
3 알자스 마을의 기념비

알자스 와인의 역사

알자스는 고대 그리스와 로마가 지중해의 패권을 다투던 먼 옛날부터 유명했던 와인 산지였다. 이곳은 다른 곳보다 건조한 기후 탓에 포도를 비롯해 각종 과실과 곡물을 키우기 좋아 많은 나라가 눈독을 들일 수밖에 없었다. 특히 자신들의 영토 어디서나 포도를 재배하고 와인을 즐겼던 로마인들은 알자스의 가능성을 일찌감치 알아보고 누구보다 앞서 알자스에 포도를 심기 시작했다. 당시 로마인들은 알자스의 비옥한 땅을 지키려고 성곽을 세우고 군사기지를 건설했다. 알자스는 이때부터 전쟁의 요충지이자 식량과 와인의 보급지로서 중요한 역할을 했다. 이후 프랑크 왕국을 양분하던 메로빙거 왕조와 카롤링거 왕조를 거치면서 알자스 와인은 더욱 더 활기를 띠게 된다. 당시 알자스 와인은 '힘을 내게 하고 기분을 좋게 해주는 와인'으로 알려지면서 전성기를 누렸다. 10세기 말에는 알자스 지역의 160여 개 마을 모두에서 포도를 재배할 정도로 와인 문화가 번성했다.

중세시대에도 알자스 와인은 유럽에서 가장 유명한 와인 산지 중 하나로 꼽혔다. 특히 16세기에 최고의 전성기를 누렸다. 그러나 불행하게도 지금의 알자스와 독일을 완전히 황폐화시켰던 최대의 종교전쟁인 '30년 전쟁'으로 인해 비옥했던 알자스의 와인 문화가 갑작스럽게 끊기게 되었다. 그 후 알자스에 약탈과 전염병이 창궐했고, 인구 감소와 더불어 전반적인 상업 활동이 침체에 빠졌던 암흑기가 찾아왔다. 그러나 1차 세계대전 후 포도 재배자들이 알자스 고유 품종으로 와인을 빚고, 엄격한 품질관리정책을 펼치면서 알자스 와인은 다시 부흥의 길로 접어들었다.

프랑스와 독일 문화가 혼재된 알자스

알자스는 프랑스와 독일의 접경 지역에 있어 분쟁이 늘 끊이지 않았다. 두 나라의 국력에 따라 알자스는 프랑스 땅이거나 독일 땅이 되었다. 855년부터 신성로마 제국에 속했던 알자스는 1201년 어느 국가에도 속하지 않는 자유도시가 되었다. 17세기 루이 14세에 의해 프랑스 영토가 되었다가 1870년 프로이센과 프랑스가 벌인 보불전쟁의 결과 독일령이 되었다. 이 시기를 배경으로 탄생한 작품이 알퐁스 도데의 〈마지막 수업〉이다. 알자스는 1차 세계대전 후 잠시 독립국으로 있다가 1919년 베르사유 조약으로 인해 프랑스 영토가 됐다. 2차 세계대전 중에는 다시 독일령이 되었다가 전쟁이 끝난 후 다시 프랑스의 영토로 환원되었다.

이런 역사로 인해 알자스는 프랑스와 독일의 문화가 융합된 독특한 곳으로 발전하게 된다. 알자스를 여행해 보면 프랑스 다른 지역과 언어나 문화에 있어서 차이가 나는 것을 느낄 수 있다. 가끔은 프랑스가 아닌 독일의 작은 마을에 와 있는 착각이 들 정도다. 와인에서도 독일 와인의 특징을 찾아볼 수가 있다. 다른 프랑스 와인의 레이블에서는 찾아보기 힘든 친절한 품종 표기와 대부분의 와인이 화이트 와인이라는 점이 그렇다.

알자스의 떼루아

알자스는 프랑스 최북단의 와인 산지인 샹파뉴 다음으로 북쪽에 위치한 와인 산지다. 언뜻 상상하기로는 추울 것 같지만, 햇볕이 잘 들고 굉장히 건조하다. 그 이유는 보주 산맥이 일종의 방어막 역할을 하기 때문. 덕분에 알자스는 연중 강수량이 500~600mm에 불과하다. 프랑스에서 가장 비가 적게 오는 지역 중 하나다. 좋은 포도밭은 긴 시간 햇볕을 받을 수 있는 남향의 언덕(해발 200~400m)에 자리 잡고 있다. 알자스의 포도밭은 부르고뉴처럼 남북으로 길게 늘어

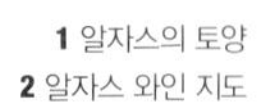
1 알자스의 토양
2 알자스 와인 지도

져 있다. 포도밭의 대부분은 바-랭Bas-Rhin이라 불리는 스트라스부르 근처보다, 오-랭Haut-Rhin이라 불리는 남쪽의 콜마르 근처에 몰려 있다. 지질학자들에 따르면 알자스의 토양은 환상적이라 할 만큼 다채롭다. 전문가들은 과거부터 알자스의 뛰어난 포도밭을 따로 구분하려 했다. 지금은 국가에서 인증하는 특별한 포도밭 51개가 정부의 보호 아래 있다. 논란의 여지가 있기는 하지만 이 포도밭들이 다른 곳에 비해 뛰어난 환경을 지녔다는 것에는 이견이 없다.

알자스의 포도 품종

알자스에는 최상의 화이트 와인을 만들어내는, 이른바 귀족 품종이라고 불리는 포도 품종이 있다. 바로 리슬링, 게뷔르츠트라미너, 피노 그리, 뮈스카이다. 레드 와인 품종은 서늘한 지역에서 잘 자라는 피노 누아를 소량 재배한다.

리슬링 Riesling

알자스는 독일과 더불어 세계에서 가장 매력적인 리슬링 와인을 만들어내는 곳이다. 이곳에서는 독일과 사뭇 다른 느낌의 리슬링 와인을 생산한다. 독일이 알코올 도수가 낮아 마시기 편하고 섬세한 리슬링을 만든다면, 알자스는 보다 파워풀한 와인을 만든다. 대표적으로 복숭아, 자두, 라임 등의 감귤류 향으로 표현되고, 멋지게 숙성된 리슬링 와인은 입에서 부드러운 질감과 묵직함이 동시에 느껴진다. 마치 기름으로 코팅한 듯한 느낌마저 들 정도다.

게뷔르츠트라미너 Gewurztraminer

사람들의 기호에 따라 호불호가 갈리는 품종이다. 많은 사람들이 게뷔르츠트라미너의 향을 맡으면 달콤할 것이라 예측하지만 대부분 알자스의 게뷔르츠트라미너는 드라이하다는 점에서 반전이 있다. 리치, 생강, 향신료, 미네랄, 돌의 풍미가 대표적이다. 입에서도 무거운 질감을 느낄 수 있고, 생동감 있는 산도가 더해져 잘 만들어진 게뷔르츠트라미너는 한 번 맛보면 잊기 힘들 만큼 매력적이다. 알자스의 게뷔르츠트라미너 와인이 더욱 특별한 것은 알자스 이외의 다른 지역에서는 잘 만들어진 게뷔르츠트라미너 와인을 찾기가 굉장히 어렵다는 것이다. 본래 프랑스가 고향이지만 세계적으로 많이 재배하는 까베르네 소비뇽, 시라, 메를로 등의 품종은 프랑스와 견

슈바이처 박사는 독일인? 프랑스인?

인류애를 실천한 의사이자 신학자, 사상가인 슈바이처 박사(1875-1965)는 알자스 태생이다. 그는 독일 국적으로 태어나 2차 세계대전이 끝난 후 프랑스 국적을 취득했다. 그가 살아있는 동안 고향인 알자스는 독일-알자스 로렌 독립 공화국-프랑스-독일-프랑스로 주인이 수없이 바뀌었다. 이런 탓에 많은 이들이 그를 독일인으로 기억한다. 하지만 슈바이처 박사가 선택한 최종 국적은 프랑스다.

줄 수 있는 수준급의 와인들이 세계 도처에 있다. 하지만 게뷔르츠트라미너 만큼은 알자스를 따라오기가 힘들다. 따라서 알자스에 방문한다면 리슬링은 물론 잘 만들어진 게뷔르츠트라미너를 꼭 맛보기를 권한다. 이제껏 마셔보지 못한 새로운 와인의 풍미를 느낄 수 있을 것이다.

피노 그리 Pinot Gris

피노 그리를 단일 품종으로 마실 수 있는 기회는 흔치 않다. 피노 그리지오라고 부르는 이탈리아, 혹은 미국 오리건의 와인에서 찾아볼 수 있는데, 그 중 와인 애호가들이 세계 최고의 피노 그리로 망설임 없이 꼽는 곳이 바로 알자스다. 정말 잘 만들어진 알자스의 피노 그리는 이름처럼 중후하고 깊이 있는 회색을 떠올리게 한다. 꽉 차게 느껴지는 바디감에 복숭아, 연기, 바닐라 등의 부케는 마시는 이를 황홀하게 만든다.

뮈스카 Muscat

알자스에서는 두 가지 타입의 뮈스카를 재배한다. 하나는 뮈스카 블랑 아 쁘띠 그랭Muscat Blanc a Petit Grain, 다른 하나는 뮈스카 오또넬Muscat Ottonel이다. 긴 이름을 가진 이 품종은 '알자스의 뮈스카'로 불리는데, 화사한 꽃과 감귤류의 풍미를 보인다. 뮈스카 오또넬은 가볍고 신선한 타입이다. 뮈스카는 알자스뿐만 아니라 많은 와인 산지에서 비슷하지만 다른 이름으로 재배가 된다. 알자스를 제외하고 가장 유명한 것이 이탈리아의 약발포성 스위트 와인인 모스카토 다스티로 뮈스카의 변종인 모스카토로 만들어진다. 뮈스카 품종은 꽃과 감귤류의 향이 풍부해서 달콤한 와인으로 만들어지는 것이 보통이지만, 알자스는 드라이한 뮈스카를 생산하는 몇 안 되는 곳이다.

피노 블랑 Pinot Blanc

피노 블랑은 다른 화이트 품종보다는 특징이 덜한 품종이다. 자칫하면 밋밋한 화이트 와인으로 양조될 수 있다. 하지만 최고급 알자스 피노 블랑 와인은 가볍지만 크림 같은 질감을 지닌 매혹적인 풍미를 자랑한다. 종종 피노 블랑은 오세루아Auxerrois라는 또 다른 화이트 품종과 섞어서 만들기도 한다. 오세루아는 피노 블랑보다는 살집이 있고 표현력이 좋은 편이라 피노 블랑과 섞였을 때 좋은 궁합을 보여준다.

피노 누아 Pinot Noir

알자스를 떠올리면 좋은 화이트 와인들이 생각나지만, 질 좋은 피노 누아도 양조하고 있다. 피노 누아는 알자스에서 생산하는 유일한 레드 와인이다. 세계적인 피노 누아 와인으로 부르고뉴를 꼽지만, 최근 알자스에서도 많은 발전을 이루어 놀라운 품질의 피노 누아 와인을 만나볼 수 있다. 알자스 생산자들이 피노 누아에 손을 대기 시작한 것은 1990년대다. 이들은 화이트 와인만 만드는 고루한 타입에서 벗어나 레드 품종에 도전할 필요성을 느꼈고, 이때 가장 적합한 품종이 알자스의 토양과 기후에 꼭 들어맞는 피노 누아였다. 피노 누아를 위해 좋은 포도밭을 양보하고, 수확량을 제한하고, 화이트 와인 양조에는 그다지 사용하지 않았던 새 오크통에서 숙성시키는 등 각고의 노력을 펼친 결과 부르고뉴 피노 누아에 견줄 만한 품질을 지니게 되었다. 특히 휘겔의 피노 누아는 알자스에 방문한다면 꼭 마셔봐야 할 와인 중 하나다.

1 알자스의 친환경 포도밭 **2** 도멘 진트 훔브레히트 포도밭의 피노 그리

1

친환경적인 포도재배와 양조

알자스 최고의 화이트 와인들은 떼루아를 반영하는 힘차고 인상적인 모습을 보인다고 평가 받는다. 와인메이커 대부분은 와인이란 인위적인 것이 아니라 포도가 재배된 땅의 특징을 고스란히 담고 있어야 한다고 여긴다. 그래서 그들은 포도밭을 친환경적으로 재배한다. 이는 곧 포도 재배와 와인 양조에 있어서 사람의 인위적인 간섭을 최소한으로 한다는 의미다. 알자스의 친환경 와인 생산자는 시중에 널리 퍼져 있는 상업용 효모 대신 자신의 포도밭에서 얻은 토종 효모를 사용하고, 와인을 새 오크통이 아닌 스테인리스, 시멘트, 혹은 오래된 오크통에서 숙성시키면서 와인에 다른 풍미가 스며드는 것을 최소화한다. 그래서 화이트 품종이 본래 지니고 있던 자연의 산도가 와인이 병입되는 순간까지도 여전히 생생하게 남아 있다. 덕분에 와인은 신선하고, 장기 숙성할 수 있는 특징을 지니게 된다. 대부분의 화이트 와인들은 드라이하다. 달콤한 것들도 극히 일부 있지만 그 또한 정상급의 퀄리티를 자랑한다.

알자스의 와인 등급

알자스는 다른 프랑스 와인 산지와 비교되는 독특한 와인 등급 분류를 가지고 있다. 보르도나 루아르, 부르고뉴 등은 그 지역의 와인 문화를 이해하기 위해 세부적인 와인 산지의 명칭을 외우거나 이해해야 하지만, 알자스는 모두 알자스 와인으로 통칭한다. 세부 지역에 대해서 알 필요가 없다는 이야기다. 대신 알자스는 와인의 스타일, 포도밭의 등급, 그리고 특정 포도밭으로 와인을 나눈다. 알자스 와인은 크게 3가지로 분류한다. 평범하고 대중적인 와인은 AOC(P) 알자

1 알자스 대표 와이너리 도멘 바인바흐의 와인 **2** 다채로운 종류의 알자스 와인들

스, 스파클링 와인은 AOC(P) 크레망 달자스, 선별된 고급 와인은 AOC(P) 알자스 그랑 크뤼라 부른다. 대다수의 알자스 와인들이 위 세 분류 안에 반드시 들어가며, 위의 명칭은 레이블에 명시하게끔 법으로 정해져 있다.

AOC(P) 알자스

알자스는 와인 레이블에 포도품종의 이름을 반드시 적게 되어 있다. 따라서 어떤 포도로 만든 와인인지 쉽게 알 수 있다. AOC(P) 알자스는 일반적으로 편하게 즐길 수 있는 와인들이다. 전체 생산량의 73%를 차지한다. 일반 품종 와인에서 한 단계 높아지면 꼬뮈날Communale이라 부른다. 이 와인은 프랑스 정부에서 정한 엄격한 생산 조건을 만족시킨 11개의 마을 이름을 레이블에 명시한 것을 말한다. 이런 와인들은 반드시 해당 마을의 경계 안에 있는 포도밭에서 수확된 포도로 와인을 만들어야 한다. 이보다 더 특별한 와인은 포도밭 이름이 레이블에 적혀 있는 경우다. 현지에서는 이런 알자스 와인을 두고 AOC(P) 알자스 리외디Appellation Alsace Lieu-dit Contrôlée라고 부른다. 이 명칭을 붙이려면 특별한 생산 규정을 따라야 한다. 예를 들어 포도 품종, 재배 밀도, 가지치기 방법, 가지를 세우는 방법, 포도 숙성도와 최고 수확량 등 까다로운 제한을 반드시 지켜야 한다. 이 와인들은 보통 마을 이름이 붙은 와인보다는 한 단계 수준이 높은 와인이며 보다 비싸게 판매된다.

AOC(P) 크레망 달자스

프랑스의 샹파뉴 지역을 제외하고 다른 지역에서 만든 스파클링 와인에는 크레망이라는 이름이 붙는다. 알자스의 경우는 크레망 달자스Crémant d'Alsace라고 부른다. 이름만 다를 뿐 만드는 방식은 샴페인처럼 까다로운 과정을 거친다. 포도 품종은 피노 블랑, 오세루아, 피노 누아, 피노 그리, 리슬링, 샤르도네를 주로 사용한다. 여기서 가장 중요한 품종은 피노 블랑이다. 스파클링 와인의 생명이 산도인 만큼 위의 품종은 일반 스틸 와인을 생산하기 위한 포도보다 더 일찍 수확해서 파릇파릇한 산도와 생동감을 보존한다. 또 주목할 만한 것은 샤르도네다. 본래 알자스에서 샤르도네는 일반 스틸 와인을 양조할 때는 거의 사용되지 않지만, 예외적으로 크레망 달자스를 만들 때 사용한다.

알자스 그랑 크뤼 와인

보르도, 부르고뉴에는 그랑 크뤼 와인이 있다. 흔히 그 와인들은 일반 와인들보다 품질이 뛰어난 편이고, 가격도 굉장히 높다. 알자스의 경우 총 51개의 그랑 크뤼 포도밭에서 리슬링, 피노 그리, 뮈스카, 게뷔르츠트라미너만을 재배할 수 있도록 했다. 알자스에서 그랑 크뤼 포도밭을 선정하는 요인은 무엇일까? 첫째, 여기서 생산된 와인의 골격과 아로마가 포도밭의 특색을 확연히 드러낸다. 둘째, 장기 숙성이 가능한 와인이다. 와인이 지닌 잠재력이 온전히 표현되기 위해서 10년에서 길게는 50년까지 시간이 필요하다. 셋째, 알자스 그랑 크뤼는 음식과 매칭이 좋은 와인들이다. 미식의 도시인 알자스의 여러 마을에서 심심치 않게 미슐랭 스타 레스토랑을 찾아볼 수 있고, 그때마다 알자스 와인들이 반드시 식탁에 오른다. 많은 레스토랑에서는 리스트에 없는 와인 반입을 허용한다. 만약 와이너리에서 희귀한 와인을 구매했다면 근처의 레스토랑에 들고가 서비스 차지 없이 음식과 함께 와인을 마셔볼 수 있는 기회를 가질 수 있다.

알자스 그랑 크뤼 포도밭

알자스 그랑 크뤼 와인들을 구분하는 법은 굉장히 쉽다. 레이블에 'Grand Cru'라는 단어가 쓰여 있고, 포도가 수확된 포도밭 이름이 적혀져 있다. 그랑 크뤼로 정해진 밭들은 재배되는 품종의 비율까지 정해져 있다. 예를 들어 알텐베르그 데 베르그비텐Altenberg de Bergbieten 그랑 크뤼 포도밭의 경우 재배 가능한 품종은 게뷔르츠트라미너, 피노 그리, 리슬링이며, 리슬링은 50~70%, 피노 그리와 게뷔르츠트라미너는 10~25%로 재배 가능 범위가 제한되어 있다.

1 도멘 진트 훔브레히트 와인들 **2** 알자스 포도밭 전경

알자스의 그랑 크뤼 포도밭

알자스의 스위트 와인

알자스에서도 달콤한 와인을 생산한다. 달콤한 와인의 경우 두 가지로 나뉜다. 하나는 일반적으로 포도를 수확하는 시기보다 더 늦게 수확해서 포도의 당도를 높인 경우. 다른 하나는 보르도의 소테른 와인과 같은 귀부 와인이다. 보통 이 와인들은 기후가 완벽한 해에만 생산을 하는데, 때로는 10년에 한두 번만 생산하기도 한다.

방당주 타르디브 Vendanges Tardives

보통의 수확 시기보다 약 2주 정도 늦게 수확한 포도로 만든 와인이다. 이를 레이블에 명시한다. 따라서 늦게 수확한 포도로 만든 와인을 구별하기는 어렵지 않다. 방당주 타르디브의 경우 대개 귀부균의 영향을 받은 포도가 함께 섞여 들어간다.

셀렉시옹 드 그랭 노블 Sélection de Grains Nobles

귀부 와인을 뜻한다. 반드시 모든 포도가 귀부균의 영향을 받아야 하고 레이블에 명시한다. 매우 희귀한 와인이기 때문에 그 해 기후가 좋았던 경우에도 생산량이 전체의 1%가 안 된다. 가격은 비싸지만, 반드시 한 번은 맛봐야 하는 와인들이다. 포도밭에 귀부균의 작용이 해마다 발생하는 것이 아니라서, 포도 재배자들은 귀부균이 포도밭에 골고루 그것도 썩지 않게 발생하기를 하늘에 기도하는 수밖에 없다. 어떤 때는 전혀 안 되기도 하고, 어떤 때는 너무나 쉽게 귀부균이 발생하기도 해서 생산량은 해마다 달라진다. 어떤 해는 아예 만들지 않기도 한다. 만약 귀부균이 생겨서 생산자가 귀부 와인을 만든다고 선언을 하면 정부에서 검사를 나온다. 가당은 허용되지 않으며, 양조가 끝난 후 시음 테스트를 거치는데 탈락할 경우 출시할 수 없다. 때문에 귀부 와인은 값이 비싸다.
셀렉시옹 드 그랭 노블은 분명 달콤한 와인이다. 하지만 달콤하다는 표현 자체만으로 평가를 내리기에는 가진 것이 너무 많다. 꿀을 한 번에 많이 먹을 수는 없지만, 위와 같은 와인은 꿀과 같이 진득한 풍미를 가지고 있으면서도 여러 번 마셔도 전혀 질리지 않는다. 그 이유가 달콤함을 받쳐주는 산도와 높은 알코올 함량이 균형을 잘 이루고 있기 때문이다. 후미의 느낌은 오히려 드라이한 편이다. 그래서 또 다른 한 잔을 불러오게 만든다. 매우 유혹적인 와인이다.

에델즈비커 & 정티 Edelzwicker & Gentil

가끔 알자스 와인에서 'Edelzwicker'라는 표기를 볼 수 있다. 이는 알자스에서 그냥 가볍고 편안하게 마시는 블렌딩 와인을 말하는 용어다. 과거 알자스 와인의 특징은 여러 가지 포도 품종을 섞어서 만드는 것이었다. 정티도 에델즈비커처럼 여러 품종을 블렌딩해서 만든다. 단, 에델즈비커와 달리 알자스의 4가지 귀족 품종, 즉 리슬링, 게뷔르츠트라미너, 피노 그리, 뮈스카를 50% 이상 쓰도록 정해져 있기에 약간 더 고급으로 여긴다. 정티는 정부에서 인정하지 않는 와인으로 품질 보증인 AOC(P) 법에는 속하지 않는다. 이 두 종류의 와인은 가격이 저렴한 편이다.

알자스 와인의 서빙과 보관

화이트 와인이 대부분인 알자스 와인은 차갑게 서빙되는 것이 이상적이다. 일반 알자스 와인과 그랑 크뤼의 경우 8~10℃, 크레망 달자스의 경우 5~7℃가 이상적이다. 알자스 와인의 우아한 빛깔과 부케, 그리고 맛을 제대로 음미하려면 스템이 긴 튤립형 잔에 마셔야 한다. 크레망 달자스의 경우 가늘고 긴 모양의 크리스탈 플루트 잔에 마시는 것이 이상적이다.
알자스 와인이 지닌 최고의 가치를 맛보기 위해서는 여러 해를 기다릴 필요가 없다. 6개월에서 5년이면 알자스 와인의 풍부한 맛을 느끼기에 충분하다. 하지만 최고의 해에 수확된 포도로 만든 그랑 크뤼, 방당쥬 타르디브, 셀렉시옹 드 그랭 노블의 경우는 굉장히 오랫동안 병에서 숙성이 가능한데, 잘 숙성된 맛을 즐기기 위해서는 너무 건조하지도 너무 습하지도 않은 저장고에서 알맞은 온도와 습도를 유지해야 한다. 어떤 와인이든지 와인은 10~15℃ 사이의 일정한 온도에서 뉘여서 보관해야 한다. 가끔 병 밑바닥에 침전물(주석산)이 발견되는 경우도 있는데, 이는 자연적인 현상이다.

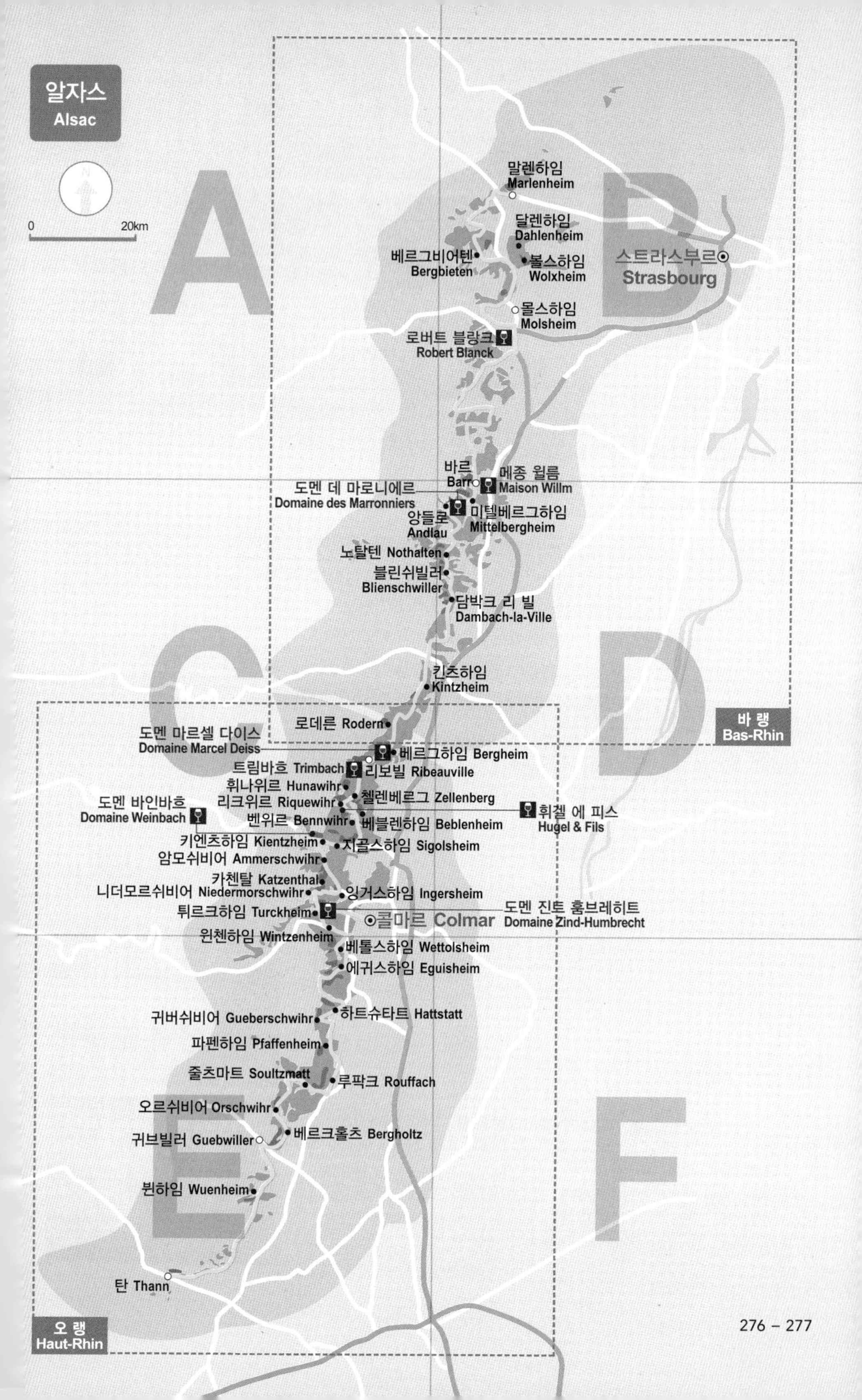
알자스
Alsac
0
20km
A
B
C
D
E
F
말렌하임
Marlenheim
달렌하임
Dahlenheim
베르그비어텐
Bergbieten
볼스하임
Wolxheim
스트라스부르
Strasbourg
몰스하임
Molsheim
로버트 블랑크
Robert Blanck
바르
Barr
메종 윌름
Maison Willm
도멘 데 마로니에르
Domaine des Marronniers
앙들로
Andlau
미텔베르그하임
Mittelbergheim
노탈텐 Nothalten
블린쉬빌러
Blienschwiller
담박크 리 빌
Dambach-la-Ville
킨츠하임
Kintzheim
바 랭
Bas-Rhin
로데른 Rodern
도멘 마르셀 다이스
Domaine Marcel Deiss
베르그하임 Bergheim
트림바흐 Trimbach
리보빌 Ribeauville
휘나위르 Hunawihr
리크위르 Riquewihr
첼렌베르그 Zellenberg
휘겔 에 피스
Hugel & Fils
도멘 바인바흐
Domaine Weinbach
벤위르 Bennwihr
베블렌하임 Beblenheim
키엔츠하임 Kientzheim
지골스하임 Sigolsheim
암모쉬비어 Ammerschwihr
카첸탈 Katzenthal
니더모르쉬비어 Niedermorschwihr
잉거스하임 Ingersheim
튀르크하임 Turckheim
도멘 진트 훔브레히트
Domaine Zind-Humbrecht
콜마르 Colmar
윈첸하임 Wintzenheim
베톨스하임 Wettolsheim
에귀스하임 Eguisheim
귀버쉬비어 Gueberschwihr
하트슈타트 Hattstatt
파펜하임 Pfaffenheim
줄츠마트 Soultzmatt
루팍크 Rouffach
오르쉬비어 Orschwihr
귀브빌러 Guebwiller
베르크홀츠 Bergholtz
뷘하임 Wuenheim
탄 Thann
오 랭
Haut-Rhin

콜마르 추천! 와이너리

Recommended Wineries

도멘 마르셀 다이스 Domaine Marcel Deiss

깨끗한 환경을 바탕으로 떼루아를 존중하며 자연에 가까운 와인을 생산하고 있는 와이너리다. 마르셀 다이스는 '알자스의 떼루아리스트'라는 별칭을 지니고 있는 바이오다이나믹 농법의 선구자이다. 현재는 다이스 가문의 3대 손이자 양조를 도맡아 하고 있는 마티유 다이스가 와이너리를 운영하고 있다. 본래부터 자연에 대해서 관심이 많았던 그는 물리·화학 분야를 전공으로 택했지만, 자연 그 자체와 함께 하는 역동적인 삶이 그리워 가업을 잇게 되었다고 한다. 그가 마르셀 다이스의 경영을 시작한 것은 1981년. 바이오다이나믹 농법으로 포도밭을 관리하기 시작한 것은 1997년부터다. 그는 알자스의 많은 와이너리가 가지치기와 그린 하베스트 등을 통해 수확 양을 제한하지만 그럴 필요가 없다고 말한다. 척박한 토양에 깊게 뿌리 내린 포도나무는 자연적으로 미네랄과 풍미가 집중된 소량의 포도만을 생산한다는 것이 그의 생각이다. 알자스가 청정무구한 지역이기 때문에 바이오다이나믹 농법을 지향한다고 해서 그것을 위해 특별히 무언가를 할 필요는 없다는 것이다. 그저 자연이 이끄는 대로 순응하면서 최대한 인위적인 간섭을 배제하는 일, 그것이 바로 마르셀 다이스의 와인 철학이다.

위치 콜마르 시내에서 차로 25분, 베르그하임 마을에서 도보 10분
주소 15 Route du Vin, 68750 Bergheim
전화 03-89-73-63-37
오픈 월-금 9:00~12:00, 14:00~18:00, 토 10:00~12:00, 14:00~18:00(1~3월 토요일 휴무)
투어 사전 예약 필수
홈페이지 www.marceldeiss.com

★ 추천 와인 ★

현재 마르셀 다이스의 와인은 단일 품종의 Vin de Fruits, 최고의 빈티지에만 선보이는 감미 와인 Vin de Temps, 떼루아의 특성을 그대로 반영한 Vin de Terroir로 나뉜다. 특히 Vin de Terroir는 단일 포도밭에서 함께 재배된 다양한 품종으로 빚은 와인이다. 이는 필록세라로 유럽의 포도밭이 초토화되기 이전 알자스의 전통적인 와인 제조 방식을 재현한 것이라 할 수 있다. 그랑 크뤼의 경우 50~100유로, 일반 리슬링은 15~40유로까지 다양하다.

도멘 바인바흐 Domaine Weinbach

성 프란치스코파 수도사 카푸생이 1612년 설립한 와이너리로 세계적인 명성을 갖고 있다. 역사를 거슬러 올라가면 9세기 카롤링거 왕조 시대에도 와인을 만들었다는 기록이 남아 있을 정도로 유서가 깊다. 1894년 팔러 형제가 이곳을 사들인 뒤, 그들의 아들이자 조카인 테오가 알자스 최고의 그랑 크뤼 밭 카이저스버그, 퓌르스텐툼, 알텐부르그의 잠재력을 한껏 끌어냄으로써 바인바흐를 알자스 최고의 와이너리로 올려놓았다. 테오는 알자스 고유의 야생효모를 사용하고 수확량을 제한하며, 오래된 대형 오크통에서 천천히 발효시키는 등 혁신적인 양조방식을 개척한 인물이자 알자스의 AOC(P) 제도에 앞장선 알자스 와인 산업의 선구자다. 1979년 테오의 사망 이후 그의 아내와 두 딸이 와이너리를 운영하고 있다. 참고로 도멘 바인바흐의 와인은 포도밭 이름을 붙이는 대신 종종 가족의 이름을 붙인다. 와인은 대형 오크통에서 숙성되고, 신선한 과일의 풍미를 유지하기 위해서 새 오크통은 사용하지 않는다. 도멘 바인바흐는 순수한 떼루아가 와인에 미치는 영향을 극대화하기 위해 포도밭에서 농약 살포를 자제하고 꼭 필요한 경우 천연 성분을 활용하는 친환경 와인 생산자이다.

위치 콜마르 시내에서 차로 20분, 카이저버그 마을에서 도보 20분
주소 25 Route du Vin, 68240 Kaysersberg
전화 03-89-47-13-21
오픈 월-금 09:00~12:00, 13:00~18:00, 토 09:00~12:00, 13:30~17:00
투어 사전 예약 필수
홈페이지 www.domaineweinbach.com

★ 추천 와인 ★

명불허전! 도멘 바인바흐에서 생산하는 와인들은 사실 모두 테이스팅 해보기를 바란다. 와이너리에서 주력하는 품종은 리슬링, 피노 그리, 게뷔르츠트라미너인데, 그들이 포도밭과 양조장에서 쏟아 붓는 열정과 비례해 세계 최고의 와인이란 평가를 받는다. 특히 이들이 선보이는 그랑 크뤼 밭의 스위트 와인은 세계적인 평론가 로버트 파커가 극찬할 만큼 전설적이다. 가격은 빈티지에 따라 천차만별이다. 20유로의 싼 와인부터 300유로를 훨씬 넘는 와인도 있다.

도멘 진트 훔브레히트 Domaine Zind-Humbrecht

가족 경영 와이너리로 1959년 진트 가문과 훔브레히트 가문이 의기투합해서 만들었다. 두 가문은 이전부터 각자의 이름 아래 와인을 생산하고 있었다. 현재는 레오나르 훔브레히트와 주느비에브 진트의 아들 올리비에가 와이너리 운영을 도맡아 하고 있다. 올리비에는 프랑스 최초로 와인 마스터 학위를 취득했으며, 10여 년 전부터 아버지를 대신해 경영을 책임지고 있는 수재다. 전통적으로 아버지가 이어 온 양조방식을 보존하는 한편, 현대적인 방식을 적극적으로 수용해 전통적인 문제를 해결하는 열린 자세로 와인을 만들고 있다. 진트 훔브레히트의 특이점 중 하나는 레이블에 적혀 있는 숫자에 있다. 이 숫자는 알자스 와인이 병만 보고는 와인의 스위트함과 드라이함의 척도를 알 수 없다는 것에 대한 소비자의 불만을 해결하기 위함이다. 그는 레이블에 1부터 5까지 숫자를 기입하는데, 1은 완전히 드라이, 2는 기술적으로는 드라이하다고 할 수 없지만 맛에서는 달콤함을 전혀 느낄 수 없는 와인, 3은 숙성이 진행되면 달콤함이 사라지는 중간 정도의 스위트 와인, 4는 스위트 와인, 5는 고도로 농축된 스위트 와인으로 방당주 타르디브나 셀렉시옹 드 그랭 노블을 의미한다. 도멘 진트 훔브레히트는 현재 41.1ha의 포도밭을 소유하고 있으며, 몇몇 포도밭은 알자스에서 가장 유명한 것들이다. 많은 알자스의 와이너리들과 같이 진트 훔브레히트도 친환경 와인 생산자이다. 몇몇 포도밭은 철저히 바이오다이나믹 농법에 의해서 관리되고 있다.

위치 콜마르 시내에서 차로 12분
주소 4 Route de Colmar, 68230 Turckheim
전화 03-89-27-02-05
오픈 월-금 08:00~12:00, 13:00~17:00.
투어 25유로~, 홈페이지 사전 예약 필수
홈페이지 www.zindhumbrecht.fr

★ 추천 와인 ★

진트 훔브레히트의 와인은 위대한 떼루아에서 빚어진 와인이 평범한 와인과 어떤 차이가 있는지를 명확하게 보여준다. 이곳에서 반드시 마셔봐야 할 와인을 하나 고르라는 것은 불가능하다. 꼭 사전 방문 예약을 통해 와인을 테이스팅 해보자. 잘 만들어진 화이트 와인이 어떤 것인지, 그리고 최고의 리슬링 와인이 무엇인지를 느낄 수 있을 것이다. 빈티지에 따라 가격이 천차만별이지만, 35유로부터 500유로까지 다양하다.

트림바흐 Trimbach

트림바흐는 알자스에서 현존하는 가장 오래된 와이너리 중 하나다. 이 와이너리의 역사는 1626년으로 거슬러 올라간다. 장 트림바흐에 의해서 시작된 이 와이너리는 성공적으로 대를 이어 내려왔다. 특히, 19세기 중반 이후 장 프레데릭이 생산한 특별한 리슬링 와인이 명성을 얻으면서 주목을 받게 된다. 이후 장 프레데릭의 막내 아들 프레데릭 에밀이 1898년 브뤼셀의 인터내셔널 쇼에서 출품한 트림바흐의 와인이 최고의 품질을 지닌 알자스의 와인으로 인정받으면서 정점에 올랐다. 현재 트림바흐 최고의 와인은 알자스 그랑 크뤼 포도밭인 로자커의 일부분, 클로 생트 윈에서 나온다. 1.3ha의 작지만 고귀한 이 포도밭을 트림바흐가 200년 넘게 소유하고 있었으며, 1919년 첫 빈티지를 내놓았다.

위치 콜마르 시내에서 차로 25분
주소 15 Route de Bergheim, 68150 Ribeauville
전화 03-89-73-60-30
오픈 월-금 08:00~11:45, 14:00~17:30, 토요일 예약에 한해 오픈
투어 사전 예약 필수
홈페이지 www.trimbach.fr

★ 추천 와인 ★

트림바흐 와인은 알자스 와인의 정석을 보는 듯 깔끔하고 좋은 풍미를 지녔다. 그 중 클로 생트 윈은 알자스를 방문했다면 꼭 마셔봐야 할 와인 중 하나다. 그만큼 이 와인을 생산하는 포도밭은 특별하다. 클로 생트 윈은 사방이 언덕에 둘러싸여 있는 모양이며, 여기서 생산되는 와인들은 매우 느리게 숙성되는 특징이 있다. 때문에 트림바흐에서 최소 4년 동안 숙성시킨 후 시장에 출시한다. 클로 생트 윈은 리슬링 와인의 정수를 보여준다고 할 수 있다. 입 안을 부드럽고 감미롭게 하지만, 꽉 차는 바디감, 알맞은 산도가 적절히 뒤를 받쳐준다. 섬세하면서도 파워풀한 리슬링의 전형이다. 가격은 빈티지마다 차이가 크며 200~300유로 선.

휘겔 에 피스 Hugel & Fils

말이 필요 없는 알자스 최고의 와이너리 가운데 하나다. 휘겔 가문의 역사는 15세기로 거슬러 올라간다. 2세기 뒤인 1639년 한스 울리히 휘겔이 리크위르에 자리를 잡고, 도시의 부르주아들을 결탁해 영향력 있는 와인 생산자 조합을 만들었다. 1672년에는 그의 아들이 현재의 리크위르에 셀러를 짓고 지금까지 사용하고 있는 가문의 장식을 로고로 만들었다. 18세기와 19세기 동안 휘겔 가문은 포도 경작과 와인 제조 모두에서 매우 높은 평판을 얻었다. 1902년에는 프레데릭 에밀 휘겔이 지금의 휘겔 가문의 비즈니스의 중심이 되는 리크위르로 독립했다. 1918년에는 프레데릭을 포함한 진취적이고 선견지명이 있는 와인 생산자들이 나서서 알자스의 포도밭을 보호하고 발전시키기 시작했다. 프레데릭은 게뷔르츠트라미너, 리슬링, 피노 그리, 뮈스카를 최고의 품질로 만드는데 그의 삶을 헌신했다. 이후 그의 아들 장이 아버지의 철학을 이어가 그의 인내심과 끈질김으로 세계에 알자스 와인의 섬세하고 훌륭한 맛을 증명했다. 이 결과물이 바로 방당쥬 타르디브와 셀렉시옹 드 그랭 노블에 대한 정부의 공식 승인이다.

위치 콜마르 시내에서 차로 25분
주소 3 Rue de la 1E Armee, 68340 Riquewihr
전화 03-89-47-92-15
오픈 월-일 09:00~12:00, 13:00~18:00
투어 사전 예약 필수(주말 제외)
홈페이지 www.hugel.com

★ 추천 와인 ★

알자스의 많은 와인 생산자들이 수십 가지의 와인을 생산하는 것과 마찬가지로 휘겔의 테이스팅 룸에 가면 수십 가지의 와인을 테이스팅 해 볼 수 있다. 모든 와인들이 섬세하고 깔끔하며 기분 좋게 하는 수준 높은 퀄리티를 지니고 있다. 그중 와이너리에서 추천하는 와인이 피노 누아다. 알자스에서 피노 누아의 위치는 리슬링이나 피노 그리, 혹은 게뷔르츠트라미너보다 낮은 수준이지만 충분히 경험해 볼 만한 가치가 있다. 이외에도 휘겔의 자랑이자 그들이 다시 재창조한 정티도 마셔 보자. 1994년 휘겔이 옛 전통을 살려 출시했다. 휘겔 와인의 가격은 10~200유로까지 다양하다.

스트라스부르 추천! 와이너리

Recommended Wineries

메종 윌름 Maison Willm

알자스 와인 가도에 늘어선 아름다운 와인 마을 중 하나인 바흐Barr 언덕에 자리한 와이너리다. 바흐 지역 포도밭의 우수성은 8세기 독일의 풀다 수도원 기록에서도 찾을 수 있을 정도로 유서 깊다. 메종 윌름은 1896년 설립되었다. 이들은 그랑 크뤼 밭 커쉬버그 드 바흐와 세계 최고의 게뷔르츠트라미너 와인을 만드는 것으로 유명한 클로 가엔스브르넬 포도밭의 소유주다. 메종 윌름은 예전부터 명성이 자자했던 와이너리로 미국의 금주법이 풀리던 1930년대, 알자스 지역의 와인으로는 처음으로 미국에 수출되기도 했다.

위치 스트라스부르에서 차로 25분 거리
주소 6 Grand Rue 68420 Eguisheim
전화 03-89-41-24-31
오픈 콜마르에 매일 오픈하는 와인숍 있음
투어 사전 예약 필수
홈페이지 www.alsace-willm.com

도멘 데 마로니에르 Domaine des Marronniers

도멘 데 마로니에르는 알자스 북쪽 와인 산지인 바-랭의 앙들로Andlau 마을에 자리하고 있는 작은 가족 경영 와이너리다. 가문의 이름은 와쉬이며, 1748년부터 와인 사업을 이어오다가 1888년 이후부터 포도재배와 배럴 제조업자로 활동하면서 영역을 넓혔다. 현재 와쉬 가문은 도멘 데 마로니에르라는 이름으로 총 7ha의 포도밭을 소유하고 있다. 이 중 카스텔버그, 바이벨스버그, 모엔쉬버그까지 3곳의 그랑 크뤼 밭 일부가 포함된다. 모두 리슬링 품종에 특화된 그랑 크뤼 밭으로, 품질에는 의심의 여지가 없다. 와이너리는 호텔을 함께 운영한다.

위치 스트라스부르 시내에서 차로 30분
주소 5 Rue de la Commanderie, Andlau 67140
전화 03-88-08-93-20
오픈 월-토 09:00~12:00, 13:00~18:00
투어 사전 예약에 한해서 주말을 제외한 평일에 가능
홈페이지 www.guy-wach.fr

로버트 블랑크 Robert Blanck

알자스의 아름다운 와인 마을 중 하나인 오베르네Obernai에 자리한 와이너리다. 이곳에서 오랜 전통을 지닌 블랑크 가문에 의해서 운영되고 있다. 가문의 역사는 1732년으로 거슬러 올라가는데, 당시 블랑크 가문의 주요 비즈니스가 포도 재배였을 정도로 와인 산업에 뿌리가 깊다. 이후 세대를 거쳐 선조들의 노하우는 계속해서 전승되어 왔다. 지금도 모든 와인을 현대적인 방식을 멀리하고 전통적인 수작업으로 만들고 있다. 현재 총 18ha의 포도밭을 소유하고 있으며, 일하고 있는 8명의 직원들은 모두 가문의 일원이다.

위치 스트라스부르 시내에서 차로 25분
주소 167 Route d'Ottrott , 67210 Obernai
전화 03-88-95-58-03
오픈 월-토 09:00~12:00, 13:30~18:30, 일 10:00~12:30, 15:00~18:00
투어 사전 예약 필수
홈페이지 www.blanck-obernai.com

[콜마르 Colmar]

콜마르는 프랑스 내에서도 손꼽히는 아름다운 소도시다. 돌조각이 촘촘하게 박혀 있는 골목길과 16세기 알자스 특유의 파스텔톤 가옥들은 동화 속을 걷는 기분이 들게 한다. 미야자키 하야오 감독의 애니메이션 〈하울의 움직이는 성〉의 모티브가 된 마을로도 유명하다. 주요 볼거리는 구시가지에 몰려 있다. 도시 규모가 작기 때문에 도보로 1~2시간이면 다 둘러볼 수 있다. 특히 콜마르 운하는 '작은 베니스'라고 불릴 정도로 아름답다.

콜마르 시내

메종 피스테르 Maison Pfister

르네상스 스타일의 영향을 받아 1537년에 지어진 건물이다. 콜마르의 건축문화를 잘 보여주는 건물로 손꼽힌다. 지금은 숍으로 운영되고 있다. '메종 피스테르'라는 이름은 19세기 이 집을 소유했던 사람의 이름에서 비롯됐다. 이 건물은 2층 벽면을 가득 채우고 있는 채색벽화가 특히 인상적이다. 성서의 인물과 독일 황제의 형상 등이 그려져 있다. 메종 피스테르는 한국과 일본에서 큰 성공을 거둔 애니메이션 〈하울의 움직이는 성〉에 등장해 화제가 된 곳이다. 미야자키 하야오는 〈하울의 움직이는 성〉을 제작할 당시 알자스의 풍경을 참고했는데, 그 중 메종 피르테스는 애니메이션에 그대로 재현되었다고 한다.

위치 콜마르 기차역에서 도보 15분
주소 11 Rue des Marchands, 68000 Colmar

메종 데 테트 La Maison des Têtes

콜마르에서도 상당히 특이하면서 화려하다는 평을 받는 건물이다. 예전에는 포도주 거래를 하던 장소였다고 한다. 현재는 레스토랑과 호텔로 운영되고 있다. 건물은 포도 무역이 번성했던 1609년에 지어졌다. 건물 꼭대기의 동상은 뉴욕에 있는 자유의 여신상을 만든 바르톨디의 작품이다. 건물 전면에는 111개의 찌푸린 인상의 두상 조각이 붙어 있다. 메종은 '집', 테트는 '머리'라는 뜻이다.

위치 콜마르 기차역에서 도보 13분
주소 19 Rue des Têtes, 68000 Colmar
홈페이지 www.la-maison-des-tetes.com

생마르탱 성당 Collegiate St Martin

1235년부터 1365년에 걸쳐 지어진 콜마르에서 가장 거대한 중세 종교 건축물이다. 건축 당시에는 고딕 건축양식 영향을 많이 받았으나, 이후 보수공사를 통해 르네상스 스타일이 건축물 곳곳에 섞여 있다. 커다란 아치형의 창과 첨탑이 웅장하다.

위치 콜마르 기차역에서 도보 16분
주소 12 Place de la Cathédrale, 68000 Colmar
홈페이지 www.visit.alsace/en/235007704-saint-martin-church/

라 쁘띠 베니스 La Petite Venise

콜마르 마을을 관통하는 로슈 강의 운하에 자리한 목조 주택 거리다. 좁은 수로를 따라 알자스 전통 목조 주택이 늘어섰는데, 이탈리아 베니스 못지않게 아름다워 '작은 베니스'라는 뜻의 '쁘띠 베니스'로 불린다. 쁘띠 베니스가 자리한 운하는 콜마르 마을의 전성기였던 16세기 상인들이 무역 중개를 하던 곳이다. 관광객을 위한 나룻배가 오가고, 운하 양 옆으로 운치 있는 레스토랑들이 있다.

위치 콜마르 기차역에서 도보 12분
주소 Quai de la Poissonnerie, 68000 Colmar
홈페이지 www.ot-colmar.fr/fr/patrimoine-architectural

도미니크 교회 Église des Dominicains

콜마르의 주요한 중세 건축물이자 유서 깊은 교회다. 1289년 시작해 1364년 완공된 고딕 양식의 이 교회는 높은 첨탑이 인상적이다. 성당 내부는 스테인드글라스, 아치형의 천장, 종교화, 조각 등으로 아름답게 꾸며졌다. 특히, 제단 가운데 걸려 있는 15세기 작품 '장미 덤불 속의 성모 마리아'는 알자스 출신의 예술가 마르틴 숀가우어가 그린 유명한 작품이다.

위치 콜마르 기차역에서 도보 15분
주소 Place des Dominicains, 68000 Colmar
홈페이지 www.tourisme-colmar.com

콜마르 운하

콜마르 시장 Le Marché Couvert de Colmar

콜마르 시내에 있는 시장이다. 이곳에서는 지역 주민들이 사용하는 다양한 식재료를 구경할 수 있다. 또한, 알자스-로렌 지방에서 시작된 프랑스 전통 파이 키슈, 바게트 빵 안에 긴 소시지를 넣은 알자스식 핫도그, 프레즐, 각종 치즈 등을 살 수 있다.

위치 콜마르 기차역에서 도보 16분
주소 13 Rue des Écoles, 68000 Colmar
홈페이지 www.ot-colmar.fr/fr/le-marche-couvert

바르톨디 뮤지엄 Musée Bartholdi

뉴욕에 있는 자유의 여신상은 미국의 독립기념일을 축하하기 위해 프랑스에서 선물한 작품이다. 그 작품을 만든 사람이 콜마르 출신의 예술가 바르톨디다. 이 뮤지엄은 그가 한때 살았던 집을 개조해 박물관으로 만들었다. 자유의 여신상 스케치, 모형, 사진, 16세기 가옥 스케치 등을 볼 수 있다. 바르톨디의 조각상, 가구 등의 유품도 구경할 수 있다.

위치 콜마르 기차역에서 도보 15분
주소 30 Rue des Marchands, 68000 Colmar
홈페이지 www.musee-bartholdi.fr

운터린덴 뮤지엄 Musée d'Unterlinden

성 도미니크파의 옛 수도원 건물로 현재는 박물관으로 운영되고 있다. 독일 출신의 화가 마티아스 그뤼네발트의 '이젠하임 재단화'를 소장하고 있다. 16세기에 그려진 이 작품은 르네상스 시대의 걸작으로 손꼽힌다. 1층은 종교화, 2층은 중세말기의 조각, 회화작품, 알자스 지방의 가구, 도자기 등을 전시하고 있다.

위치 콜마르 기차역에서 도보 16분
주소 1 Rue des Unterlinden, 68000 Colmar
홈페이지 www.musee-unterlinden.com/home.html

쿠베르트 시장

★ ~20유로, ★★ 20~30유로, ★★★ 30~50유로, ★★★★ 50유로~ (점심 코스 기준)

지스 JY'S ★★★★

쁘띠 베니스 운하 바로 앞에 위치한 미슐랭 2스타 레스토랑이다. 정교한 스타일의 창의적인 요리를 선보여 미식가의 시각과 미각을 사로잡는다. 1750년에 지어진 매력적인 건물도 볼거리다. 평일 점심에 이용하면 저렴한 가격대로 코스 요리를 맛볼 수 있다.

위치 콜마르 기차역에서 도보 15분
주소 3 Allée du Champ de Mars, 68000 Colmar
홈페이지 www.jean-yves-schillinger.com

오 아름 드 콜마르 Aux Armes de Colmar ★★

알자스다운 레스토랑을 한 번 경험해보고 싶다면 반드시 방문해야 할 곳. 사시사철 인기가 많은 곳으로 에스카르고, 절인 양배추, 연어 스테이크, 송아지 갈비 스테이크 등이 인기 메뉴다. 음식 양이 살짝 적고, 서빙이 느리다는 평이 있지만, 가성비가 최고다.

위치 노트르담 사원에서 도보 5분
주소 2b Rue Rapp, 68000 Colmar
홈페이지 www.restaurant-auxarmesdecolmar.fr

라뜰리에 뒤 팡트르 L'Atelier du Peintre ★★★

레스토랑 이름이 19세기 유명 화가 구스타브 쿠르베의 작품 이름과 동일하다. 이름처럼 실내를 장식한 회화 작품이 세련됐다. 미슐랭 1스타 레스토랑으로 계절별로 메뉴 구성이 달라진다. 주문 시 알자스 리슬링 와인과 잘 어울리는 요리로 추천받아서 즐기면 된다. 비교적 저렴한 가격대로 수준 높은 식사를 즐길 수 있어 지역 주민들에게도 인기가 많다.

위치 콜마르 기차역에서 도보 15분
주소 1 Rue Schongauer, 68000 Colmar
홈페이지 www.atelier-peintre.fr

위스터 브래너 Wistub Brenner ★★

콜마르의 인기 스폿인 쁘띠 베니스 운하 앞에 있는 레스토랑이다. 알자스 스타일의 전통 음식을 비교적 저렴한 가격에 즐길 수 있다. 위치도 좋고 음식도 대체로 맛있다. 담당 직원에 따라 서비스에 대한 호불호가 있는 편이다. 슈크루트, 자레 드 포크 포쉐 등이 인기 요리다.

위치 콜마르 기차역에서 도보 12분
주소 1 Rue Turenne, 68000 Colmar
홈페이지 wistub-brenner.fr

브라세리 로베르쥬 Brasserie l'Auberge ★★★

4성급 호텔 그랑 호텔 브리스톨에 있는 멋진 인테리어의 레스토랑. 고급스러운 알자스 전통 음식을 선보인다. 코스 메뉴는 저녁, 주말, 공휴일에만 주문이 가능하다. 음식과 어울리는 와인을 마시고 싶다면 추천을 받아 와인 페어링 코스를 경험해보자.

위치 콜마르 기차역에서 도보 2분
주소 7 Place de la Gare, 68000 Colmar
홈페이지 www.grand-hotel-bristol.com

소시지, 슈쿠르트와 감자

푸아그라

프로슈토 샐러드

메종 데 테트 Maison des Têtes ★★★

알자스 특유의 지방색을 물씬 느낄 수 있는 호텔이다. 17세기 건축물에 위치한 호텔 전면에 있는 찌푸린 인상의 두상 조각이 상당히 특이하다. 발코니와 창문도 독특하면서 아름답다. 분위기와 서비스를 고려하면 가격대비 만족도가 높은 편이다.

위치 콜마르 기차역에서 도보 13분
주소 19 Rue des Têtes, 68000 Colmar
홈페이지 www.la-maison-des-tetes.com

이비스 스타일 콜마르 썽트르 Ibis Styles Colmar Centre ★★

세계적인 호텔 체인 이비스의 3성급 호텔이다. 객실은 가격대비 깔끔하며 현대적이고 넓은 편이다. 콜마르 올드 타운 내에 있어 주요 볼거리와 접근성이 뛰어나다. 단, 주차장이 상당히 좁다는 평이 있으니 참고하자.

위치 콜마르 기차역에서 도보 11분
주소 11 Boulevard du Champ de Mars, 68000 Colmar
홈페이지 www.ibis.com/fr/hotel-7005-ibis-styles-colmar-centre/index.shtml

보세쥬 Beauséjour ★★★

1913년 문을 연 3성급 호텔이다. 24개의 일반 룸, 3개의 복층식 룸, 8개의 패밀리 룸이 마련되어 있다. 객실이 크지는 않지만 깔끔하다는 평이 많다. 볼거리가 밀집해 있는 올드 타운까지 도보 10분 거리다. 추가요금을 내면 주차장을 이용할 수 있다.

위치 콜마르 기차역에서 차로 9분, 도보 30분
주소 25 Rue du Ladhof, 68000 Colmar
홈페이지 www.beausejour.fr

베스트 웨스턴 그랑 호텔 브리스톨 Best Western Grand Hôtel Bristol ★★★

콜마르 기차역 바로 앞에 위치한 4성급 호텔이다. 깔끔한 객실과 친절한 서비스를 받을 수 있다. 대중교통을 이용하는 여행자들에게 추천한다. 볼거리가 많은 올드 타운까지는 도보로 15분 정도 소요된다.

위치 콜마르 기차역에서 도보 1분
주소 7 Place de la Gare, 68000 Colmar
홈페이지 www.grand-hotel-bristol.fr

호스텔레리 르 마르샬 Hôstellerie le Marechal ★★★

16세기에 지어진 고즈넉한 분위기의 건물에 위치한 4성급 호텔. 콜마르 올드 타운 내에 있으며 총 30개의 객실을 보유하고 있다. 실내장식은 클래식하며 고급스러운 인테리어로 꾸며져 있어 프랑스 대저택에 머무는 느낌을 받을 수 있다. 디럭스, 클래식, 트리플 등 다양한 형태의 객실 중 선택할 수 있다.

위치 콜마르 기차역에서 도보 12분
주소 4-6 Place des Six Montagnes Noires, 68000 Colmar
홈페이지 www.hotel-le-marechal.com

호텔 르 콜롬비에 Hôtel le Colombier ★★★

르네상스 스타일로 지어진 4성급 호텔이다. 호텔이 들어선 건물은 1543년에 지어졌다. 객실 수는 33개. 에어컨, 무료 무선 인터넷 사용이 가능하다. 객실은 현대적인 감각이 돋보이게 꾸며졌다. 콜마르 올드 타운에 있어 도보 여행에도 편리하다.

위치 콜마르 기차역에서 도보 13분
주소 7 Rue Turenne , 68000 Colmar
홈페이지 www.hotel-le-colombier.fr

호텔 투렌 Hôtel Turenne ★★

콜마르 마을의 올드 타운에 위치한 3성급 호텔이다. 75개의 에어컨 룸이 깔끔하면서 세련되게 꾸며져 만족도가 높다. 쁘띠 베니스 운하까지 도보 2분 거리다. 호텔 로비에서 다양한 여행정보도 얻을 수 있다.

위치 콜마르 기차역에서 도보 12분
주소 10 Route de Bâle, 68000 Colmar
홈페이지 www.turenne.com

랑그독 루시용
Languedoc Roussillon

랑그독 루시용은 남프랑스 지중해 연안에 자리한 광활한 지역이다. 아름다운 해안과 곳곳에 펼쳐진 고대 유적지, 피레네 산맥에서 시작되는 장엄한 자연경관이 합쳐져 독특한 매력을 발산한다. 편의상 랑그독과 루시용을 붙여서 이야기하지만 두 지역은 역사적으로 엄연히 다른 특징을 지니고 있다. 랑그독이 프랑스에 편입된 것은 13세기다. 반면 루시용은 스페인에 속해 있다가 17세기 중반에 프랑스 땅이 되었다. 지금의 이름처럼 통합된 것은 1980년대 후반이다. 그래서 루시용 지역을 방문하면 스페인 문화가 물씬 풍기는 것을 느낄 수 있다. 와인 역시 두 지역에서 생산되는 와인의 특징이 뚜렷하게 구분된다. 공통점이라면 현재 프랑스에서 가장 역동적이고, 성장 가능성이 높은 와인 생산지라는 것이다.

파리
랑그독 루시용

PREVIEW

와인

랑그독 루시용은 30~40년 전만 해도 저렴하고 질 낮은 와인을 대량생산하던 곳이었다. 실제로 많은 와인이 물보다 싼 가격에 유통됐다. 1세기 전만 하더라도 프랑스 와인의 절반 이상이 이곳에서 생산됐고, 현재도 프랑스 와인의 1/3 이상이 이곳에서 생산된다. 하지만 20세기 후반에 들어서면서 랑그독 루시용은 번영의 시대를 맞이한다. 형식에 구애받지 않고 진보적인 와인 양조를 꿈꾸는 와인메이커들이 모여들면서, 지금은 값은 여전히 저렴하면서 품질 좋은 와인을 생산하는 매력적인 와인 산지로 탈바꿈했다. 한마디로 랑그독 루시용은 프랑스에서 개성 넘치는 밸류 와인을 생산하는 아지트다. 와인 스타일도 다채롭다. 레드와 화이트 와인부터 수준급의 스파클링 와인, 그리고 세계적으로 인정받는 천연 감미 와인까지 다양하다.

와이너리 & 투어

랑그독 루시용은 무르베드르, 시라, 그르나슈, 카리냥과 같은 강직한 레드 품종들의 천국이라 할 수 있다. 이들 4가지 품종을 사용해 레드 와인을 만드는 와이너리가 많다. 현지 와인메이커들은 랑그독과 루시용, 두 지역을 한데 묶어서 이야기하는 것을 불편해할 정도로 각각의 개성이 뚜렷하다. 행정편의상 이름은 붙여 부르지만 랑그독 와인과 루시용 와인에 대한 정보는 별개의 사이트에서 따로 확인해야 한다. 다만 관광과 투어는 통합 사이트에서 한 번에 둘러볼 수 있다. 관광 사이트에서는 와이너리 투어 및 숙박, 레스토랑 정보를 얻을 수 있고, 루시용보다는 랑그독과 관련한 투어 사이트가 잘 되어 있는 편이다.

랑그독 와인 www.languedoc-wines.com
루시용 와인 www.winesofroussillon.com
랑그독 루시용 관광 destinationsuddefrance.com
랑그독 와이너리 투어 vinenvacances.com

여행지

지중해와 접한 랑그독 루시용은 어느 곳을 가더라도 해변이 있다. 언제든지 바다와 접한 해변과 마을에서 한가롭게 휴식할 수 있다. 반면 북쪽은 알프스와 더불어 유럽의 양대 지붕이라 할 수 있는 피레네 산맥에 닿아 있다. 이곳은 산림이 우거진 대자연이 있고, 겨울이면 스키어들이 몰려드는 스키장이 있다. 이 지역은 또 고대 로마시대부터 기원하는 오래된 문화유산이 보존된 곳이기도 하다. 랑그독은 몽펠리에, 루시용은 바뉠스가 여행의 중심지다. 이 두 곳을 기점으로 와이너리 투어와 문화유적 탐방, 그리고 지중해 해변에서의 휴식을 즐길 수 있다.

요리

지중해와 맞닿아 있는 랑그독 루시용은 신선한 해산물의 천국이다. 특히 굴과 홍합은 빼놓을 수 없는 지역 특산물. 특산 치즈로는 펠라르동, 블루 데 꼬스, 똠 치즈가 유명하다. 고기를 넣은 파이 파떼 드 페즈나와 달콤한 도너츠 후스끼이 카탈란은 간편하게 맛볼 수 있는 특산 음식. 돼지고기, 소고기, 닭, 햄 등의 다양한 육류를 토마토 소스에 끓여낸 카술레는 한국인의 입맛에도 잘 맞는다. 레스토랑에서 카술레 메뉴를 발견한다면 주저하지 말고 시켜보자.

숙박

광대한 지역인 만큼 와인 투어 시 숙박은 랑그독과 루시용을 나누어서 생각할 필요가 있다. 랑그독의 와이너리는 몽펠리에를, 루시용은 페르피냥을 거점으로 삼는 것이 좋다. 만약 와인 투어에 더 많은 비중을 두고 싶다면 루시용에서는 페르피냥보다 바뉠스 쉬르 메르Banyuls-sur-Mer에서 머물 것을 추천한다. 스페인 접경에 위치한 바뉠스는 지중해 연안의 아름다운 소도시로 루시용의 특산 와인 뱅 두 나뚜렐의 고향이다. 소도시 여행의 여유로움을 만끽하면서 도심 곳곳에 위치한 테이스팅 룸에서 좋은 퀄리티의 뱅 두 나뚜렐을 마음껏 시음할 수 있다.

어떻게 갈까?

몽펠리에 생오츠 기차역은 랑그독 루시용 지역 교통의 심장부다. 파리, 릴, 리옹, 니스 등의 프랑스 주요 도시에서 출발하는 초고속 열차 떼제베(TGV)가 운행된다. 파리에서 몽펠리에까지는 3시간 30분이 소요된다. 몽펠리에에는 스페인, 이탈리아 등 다른 유럽 주요 도시를 잇는 국제노선 기차들이 출발한다. 남프랑스의 다른 여행지로 갈 수 있는 지방열차(TER)를 타고 세트, 페르피냥, 세르베르 같은 매력 넘치는 소도시를 방문할 수도 있다. 파리에서 몽펠리에 국제공항까지 항공편으로 1시간 30분이 소요된다. 교통편이 다양한 만큼 여행 루트를 다방면으로 계획할 수 있다.

어떻게 다닐까?

프랑스 대부분의 와인 산지가 그러하듯 랑그독 루시용 역시 와인 여행을 하기에 가장 좋은 방법은 자동차 여행이다. 기차를 타고 몽펠리에에 도착해 차를 렌트해서 와이너리를 방문하는 방법을 추천한다. 루시용을 여행한다면 기차를 타고 바뉠스 쉬 메르에 도착해 도보로 마을 곳곳의 특색 있는 테이스팅 룸을 방문할 수 있다. 마을에서 출발하는 투어 기차를 타고 반나절 동안 해안 길을 따라 와이너리를 여행하는 코스도 추천한다.

PREVIEW

언제 갈까?

지중해에 면한 랑그독 루시용은 사계절 온화한 기후다. 따라서 계절을 따지지 않고 여행을 할 수 있다. 남프랑스 특유의 여유로움을 느낄 수 있는 곳으로, 스페인의 문화가 남아 있는 투우 경기나 여름날의 음악회 등 다채로운 축제들이 연중 열린다.

추천 일정

몽펠리에 1박 2일

Day 1
09:20 파리 리옹 역 출발
12:50 몽펠리에 생 로슈 역 도착
13:30 렌터카 픽업
14:30 마스 칼 드무라 와이너리
16:30 마스 줄리앙 와이너리
18:30 몽펠리에 생 피에르 대성당
19:30 저녁 식사
22:00 숙소

Day 2
09:30 몽펠리에 출발
11:00 제라르 베르트랑 와이너리
13:00 점심 식사
15:00 샤또 당글레 와이너리
17:30 렌터카 반납
18:20 몽펠리에 생 로슈 역 출발
22:00 파리 리옹 역 도착

몽펠리에 – 바뉠스 쉬 메르 2박 3일

Day 1
09:20 파리 리옹 역 출발
12:50 몽펠리에 생 로슈 역 도착
13:30 몽펠리에 생 피에르 대성당
14:00 점심 식사
15:30 렌터카 픽업
16:00 마스 칼 드무라 와이너리
20:00 바뉠스 쉬 메르 도착
20:30 저녁식사
22:00 숙소

Day 2
09:30 바뉠스 쉬 메르 도보여행
10:00 도멘 생 세바스티엉
11:00 도멘 베르타 마이요
12:00 점심 식사
14:00 바뉠스 레뚜알
15:30 르 쁘띠 트레인 투어
16:30 콜리우르 마을 도보여행
18:30 바뉠스 쉬 메르
19:00 저녁 식사
22:00 숙소

Day 3
09:00 바뉠스 쉬 메르 출발
11:00 제라르 베르트랑 와이너리
13:00 샤또 당글레 와이너리
15:30 렌터카 반납
16:00 몽펠리에 시내 관광
18:20 몽펠리에 생 로슈 역 출발
22:00 파리 리옹 역 도착

랑그독 루시용 와인 이야기

Languedoc Roussillon Wine Story

랑그독 루시용 와인의 역사

랑그독 루시용의 포도재배 역사는 기원전 7세기로 거슬러 올라간다. 철 무역을 하던 그리스 선원들에 의해 그리스의 예술과 함께 포도나무가 전해졌고, 이후 와인을 즐겼던 로마인들 덕분에 프랑스 중-남부에서 포도와 올리브 생산이 기하급수적으로 늘어났다. 중세에는 와인 수출도 이루어졌다는 기록이 남아 있다. 하지만 스페인과 붙어 있는 지리적 환경 탓에 분쟁이 끊이지 않았다. 그 중 스페인 국경과 가장 가까운 바뉠스는 17세기 초반까지 스페인령이었고, 최종적으로 1642년 루이 13세 때 프랑스 영토로 편입되었다. 19세기 프랑스 전역의 포도밭을 황폐화시켰던 필록세라 병충해를 피해가지 못했고, 당시 포도를 재배하던 농가들은 막대한 피해를 입고 포도나무를 뽑은 후 올리브 나무를 심어 생계를 유지해야 했다. 알리칸트 부셰Alicante Bouschet나 아라몽Aramon과 같은 생산성이 적고 저급한 포도 종들이 이때 사라졌다.

랑그독 루시용 와인은 20세기에 들어서면서 가치와 명성이 수직으로 하락했다. 세계대전에 참전하는 군인들과 산업혁명의 여파로 기하급수적으로 증가하는 노동자들에게 공급하는 값싼 저급 와인을 생산하는 본거지로 전락했기 때문이다. 당시 알제리에서 수입한 포도 원액을 섞어서 파는 일은 이 지역에서 굉장히 흔한 일이었다고 한다.

랑그독 루시용 와인이 안정을 되찾은 것은 20세기 후반부터다. 다양한 세부 와인 산지들이 AOC를 획득하고, 이곳의 잠재력을 알아차린 생산자들이 아낌없는 투자를 하면서 와인 산업이 발전하게 되었다. 특히 랑그독 루시용의 변화에 견인차 역할을 한 것은 고급 와인의 대중화와 소비자들의 인식변화, 생산자들의 품질 혁신, 포도 재배에 적합한 랑그독 루시용의 떼루아에서 찾을 수 있다.

최근 랑그독 루시용의 진취적이고 젊은 와인 메이커들은 등급에 연연하지 않고 샤르도네와 메를로, 까베르

1 마스 드 도마 가삭 **2** 도멘 도피약의 오크 셀러

네 소비뇽 등 소비자들이 선호하는 품종을 적극적으로 재배해 품질이 좋으면서 가격까지 저렴한 와인들을 속속 선보이고 있다. 또한 랑그독 루시용 와인은 프랑스 다른 지역 와인보다 소비자에게 친절하다. 많은 와인이 포도 품종을 레이블에 표시하지 않는 반면, 랑그독 루시용 와인은 포도 품종을 레이블에 표시한 것들을 쉽게 찾아볼 수 있다. 이런 점은 신대륙 와인과 비슷하다. 이 지역 와인들은 전통적인 스타일이라기보다는 혁신적이고 도전적인 와인이라 할 수 있다.

랑그독 루시용 와인 산지와 떼루아

랑그독 루시용은 르 미디Le Midi라고도 불린다. 이 말에는 '한낮의 태양이 작열하는 땅'이라는 뜻이 담겨 있다. 그만큼 포도를 재배하기 좋은 환경을 지녔다는 의미다. 프랑스 제1의 포도 재배 면적을 지닌 랑그독 루시용은 18곳의 세부 와인 산지로 다시 나뉘고, 이 산지들은 개개의 독특한 떼루아를 지니고 있다. 포도밭은 대개 일조량이 좋고 지중해가 바라보이는 광활한 반원형의 평지에 있다. 특별히 우수한 와인을 만드는 포도밭은 대체로 지대가 높고 기온이 낮은 고원지대나 피레네 산맥과 세벤느 산맥의 높은 구릉을 따라 위치한다. 고도가 높은 곳의 포도밭은 뜨거운 햇살을 식혀 주는 미풍 덕분에 산과 당의 밸런스가 좋은 포도알이 영근다.

랑그독 루시용의 와인 산지는 워낙 광활해서 토양의 특징을 명확하게 단정하기 어렵다. 일반적으로 해안에서 가까운 곳은 충적토, 내륙으로 들어간 곳은 백악질, 자갈, 석회질로 구성된다. 최고급 포도밭의 경우 론 남부의 샤또뇌프뒤파프와 같이 굵고 둥근 자갈들을 볼 수 있다. 또 가리그Garrigue라 불리는 낮은 덤불과 야생 허브들을 곳곳에서 볼 수 있는데, 이로 인해 와인에서 로즈마리, 라벤더 등 허브의 뉘앙스를 느낄 수 있다.

1. 2 일조량이 풍부한 랑그독 루시용의 광활한 와인 산지 **3** 척박한 토양

1 새순이 돋아난 포도나무 **2** 농익은 포도

랑그독 루시용의 IGP 와인

프랑스 와인을 나누는 대표적인 품질 관리 체계는 AOC(P), 뱅 드 페이Vin de Pay(IGP), 뱅 드 따블Vin de Table(France)이다. 이 중에서 AOC(P)는 프랑스 정부가 인증하는 퀄리티 와인으로, 뱅 드 페이나 뱅 드 프랑스보다 고급 와인이라 할 수 있다. 하지만 AOC(P) 등급을 부여받기 위해서는 까다로운 규제를 지켜야 해서 진취적인 와인 생산자들은 개성과 창의성을 발휘하기 힘들다는 비판을 해왔다. 실제로 국내 수입되는 대다수 프랑스 와인은 AOC 등급인데, 이 등급을 받으려면 프랑스 정부가 정한 규제 아래 와인을 만들어야 한다. 여기에는 포도 품종, 포도나무 관리, 포도 수확, 와인 제조, 레이블까지 와인 생산과 관련한 모든 것이 통제되고 있다.

하지만 IGP는 AOC(P)보다는 규제가 느슨한 편이라 와인메이커의 능력과 취향에 따라 와인을 만들 수 있는 여지가 있다. IGP 와인은 AOC(P)처럼 프랑스 전역에서 만들어지지만, 이 중 가장 명망 높은 곳이 바로 랑그독 루시용에서 나오는 것들이다. 이들 와인을 과거에는 뱅 드 페이 독Vin de Pay d'Oc이라고 불렀다. 일부 와인의 경우 IGP나 뱅 드 프랑스 등급인데도 불구하고 보르도의 그랑 크뤼 와인과 견줄 만한 품질과 가격을 지닌 것들도 있다.

1. 2 도멘 게이다의 포도 수확

랑그독 루시용 포도품종

19세기 후반 필록세라의 재앙이 프랑스 남부를 강타하기 전만 하더라도 랑그독 루시용은 150여 종 이상의 포도 품종이 자라는 남프랑스 포도나무의 보고였다. 필록세라가 지나간 이후 상품적으로 가치가 있는 품종만이 살아남았고, 이제는 30여종의 품종들이 주로 재배된다. 과거 전성기를 누렸던 아라몽이나 마카베오는 찾아보기 힘든 품종이 되었다. 반대로 세계적으로 인기를 누리고 있는 샤르도네, 까베르네 소비뇽, 메를로와 같은 국제적인 품종은 생산량이 꾸준히 늘어나고 있다.

레드 품종

① 카리냥 Carignan

랑그독 루시용에서 가장 많이 재배되는 품종. 늦게 익는 만생종으로 남프랑스의 강렬한 햇살에서 최상의 숙성도를 지니며 높은 당도와 진한 색을 띤다. 잘 만들어진 카리냥 단일 품종 와인은 풀 바디하고 묵직한 질감의 강직한 와인이다. 숙성되기까지 시간이 걸리며 멋지게 숙성된 카리냥은 스파이시하면서 다채로운 풍미, 풍부한 탄닌을 지닌다. 블렌딩 되었을 때 와인의 구조감과 바디감을 책임진다.

② 생소 Cinsault

프랑스에서 유래된 전통 품종으로 랑그독 루시용 안의 대다수의 지역에서 재배한다. 론과 남프랑스의 몇몇 지역에서는 로제 와인에 자주 블렌딩하는 품종이다. 레드 와인에 섬세함과 과실 향을 부여하며, 대체로 카리냥, 그르나슈 누아와 블렌딩 한다.

③ 그르나슈 누아 Grenache Noir

스페인이 원산지인 품종. 스페인에서는 가르나차 Garnacha라고 부른다. 보통 까베르네 소비뇽, 생소와 블렌딩 되어서 와인에 알코올과 우아함, 부드러운 질감을 준다. 진한 색과 라즈베리, 블랙 커런트와 같은 사랑스러운 과실 향을 와인에 부여하며, 높은 탄닌을 가진 품종들과 주로 블렌딩 한다.

④ 시라 Syrah

로마시대부터 재배된 유서 깊은 품종이자 프랑스의 가장 우수한 레드 와인들을 만들어내는 귀족 품종. 제비꽃, 스파이시, 그린 페퍼, 타르와 같은 강렬한 풍미를 자랑하는 레드 와인을 만들어낸다. 특히 산화에 강한 저항력을 가져 까베르네 소비뇽과 더불어 오래 숙성시키기 좋은 레드 와인을 만들기에 적합하다. 그르나슈, 카리냥과 더불어 랑그독 루시용에서 가장 대중적인 포도 품종 중 하나다.

⑤ 무르베드르 Mourvèdre

16세기부터 랑그독 루시용에서 재배된 역사적인 품종. 와인에 스파이시한 풍미를 가미한다. 어린 와인에는 진한 색과 흘러넘칠 듯한 탄닌, 풀바디한 질감을 부여한다. 숙성되는 데 시간이 필요한 품종으로 그르나슈와 가장 궁합이 잘 맞는 품종으로 알려져 있다.

수확을 기다리는 농익은 포도

⑥ **까베르네 프랑** Cabernet Franc

보르도에서 까베르네 소비뇽의 형제 격으로 재배되지만, 랑그독 루시용에서는 블렌딩 용으로 소량만 재배한다. 까베르네 소비뇽보다 가볍고 섬세한 질감을 부여하는 품종이다. 이곳에서도 주로 까베르네 소비뇽과 블렌딩 되어서 와인에 우아한 풍미를 준다.

⑥ **메를로** Merlot

세계적으로 많은 곳에서 사랑받는 품종. 1968년까지 랑그독 루시용에서는 찾아볼 수 없는 품종이었지만 1999년에는 3,400ha 넘는 포도밭에서 메를로를 재배했다. 현재 랑그독 루시용에서 가장 중요한 레드 품종 중 하나로 자리 잡았다. 메를로는 주로 서늘한 지역에서 재배되어 섬세하면서도 결이 좋은 레드 와인을 만들어낸다. 오래 숙성시키기보다 어릴 때 빨리 소비되는 대중적인 와인에 주로 이용된다.

⑦ **까베르네 소비뇽** Cabernet Sauvignon

세계적으로 최고의 평가를 받는 레드 품종. 랑그독 루시용에서는 장기 숙성용 고급 레드 와인을 만들 때 주로 이용된다. 최근에는 대중적인 와인에도 많이 이용되고 있다.

화이트 품종

① **샤르도네** Chardonnay

세계 곳곳에서 널리 재배되며 적응력이 뛰어난 화이트 품종. 랑그독 루시용에서는 리무Limoux의 스파클링 와인과 대중적인 IGP 화이트 와인으로 만들어진다. 이 지역의 강렬한 햇살을 자양분 삼아 높은 알코올을 자랑한다. 완성된 와인에는 레몬, 흰 꽃, 서양배의 감미로운 향이 올라온다. 드라이하지만 입에서 둥근 질감을 느끼게 해 랑그독 루시용의 밸류 화이트 와인을 만드는 일등공신이다.

② **그르나슈 블랑** Grenache Blanc

론을 비롯해 남프랑스에서 많이 재배하는 화이트 품종. 알코올이 낮고, 향과 맛 또한 중간 정도여서 블렌딩 와인에 쓰이거나 랑그독 루시용의 유명 감미 와인인 뱅 두 나뚜렐을 만드는 품종이다.

③ **픽풀** Picpoul

그르나슈 블랑과 마찬가지로 주로 블렌딩 와인에 쓰이는 품종. 픽풀 드 피네Picpoul de Pinet라 불리는 마시기 편한 대중적인 드라이 화이트 와인을 만드는 데 쓰인다.

1 랑그독 와인 산지의 포도 나무 **2** 작색이 되고 있는 포도알

④ **마르산느 & 루산느** Marsanne & Roussanne

론에서 전파되어 현재는 랑그독 루시용의 주요 화이트 품종으로 자리매김했다. 두 품종 자체가 서로에게 좋은 파트너로 함께 블렌딩 되어 화사한 향과 바디감을 준다. 마르산느는 루산느보다 화려한 면모가 강하다. 루산느는 섬세한 부케가 인상적인 품종이다.

⑤ **비오니에** Viognier

랑그독 루시용에서 새롭게 재배하기 시작한 떠오르는 스타 품종. 론 북부 일부 지역에서는 섬세하고 향이 좋은 최고급 화이트 와인을 만드는 품종이지만, 랑그독 루시용에서는 저렴하고 대중적인 화이트 와인을 만든다.

1 봄의 포도나무 **2** 새순이 돋아난 줄기

⑥ **모작** Mauzac

랑그독 루시용의 세부 와인 산지 블랑케트 드 리무Blanquette de Limoux에서만 재배되는 전통 품종. 포도가 빨리 숙성되는 조생종이라 추운 지역에서 재배하기 유리하다. 스파클링 와인에 주로 쓰인다. 신선한 산도와 사과 향이 특징적이다.

⑦ **슈냉 블랑** Chenin Blanc

프랑스 루아르 밸리가 고향인 품종. 랑그독 루시용에서는 주로 블렌딩 되어 와인에 신선한 산도를 부여한다. 특히 슈냉 블랑은 모작과 더불어 블랑케트 드 리무에서 주로 재배되며 스파클링 와인의 크리스피한 질감과 산미를 부여한다.

⑧ **클래레트** Clairette

랑그독 루시용에서 가장 오랫동안 재배된 화이트 품종. 다채로운 스타일의 화이트 와인에 쓰인다. 보통 드라이 화이트 와인은 클래레트 뒤 랑그독Clairette du Languedoc과 클래레트 드 벨르가르드Clairette de Bellegarde라는 이름으로 만든다. 그 외에도 뱅 두 나뚜렐과 리큐르인 베르뭇에도 이용된다. 높은 알코올을 지니고 있지만, 빨리 산화되는 것이 특징이다.

⑨ **뮈스카** Muscat

루시용의 감미 와인인 뱅 두 나뚜렐을 만드는데 이용되는 품종. 로마시대부터 재배되어 온 유서 깊은 품종이다. 뮈스카는 유전적으로 확연히 다른 여러 계열로 나뉜다. 이 중 뮈스카 블랑 아 프티 그랭Muscat Blanc à Petits Grains과 뮈스카 알렉산드리아Muscat Alexandria가 랑그독 루시용에서 가장 대중적이다. 둘 중 뮈스카 블랑 아 프티 그랭이 조금 더 고급 품종으로 장미, 오렌지 블라섬, 열대과일 향이 특징이다.

⑩ **소비뇽 블랑** Sauvignon Blanc

프랑스 루아르 밸리에서 건너온 품종. 랑그독 루시용에서는 주로 선선한 미세기후를 지닌 지역에서 재배되어 단일 품종의 IGP 와인을 만드는 데 이용된다. 생산자의 성향에 따라 다채로운 스타일로 재탄생되는데, 신선하고 진한 풀 향이 입 안에 감도는 매력적인 와인이 된다.

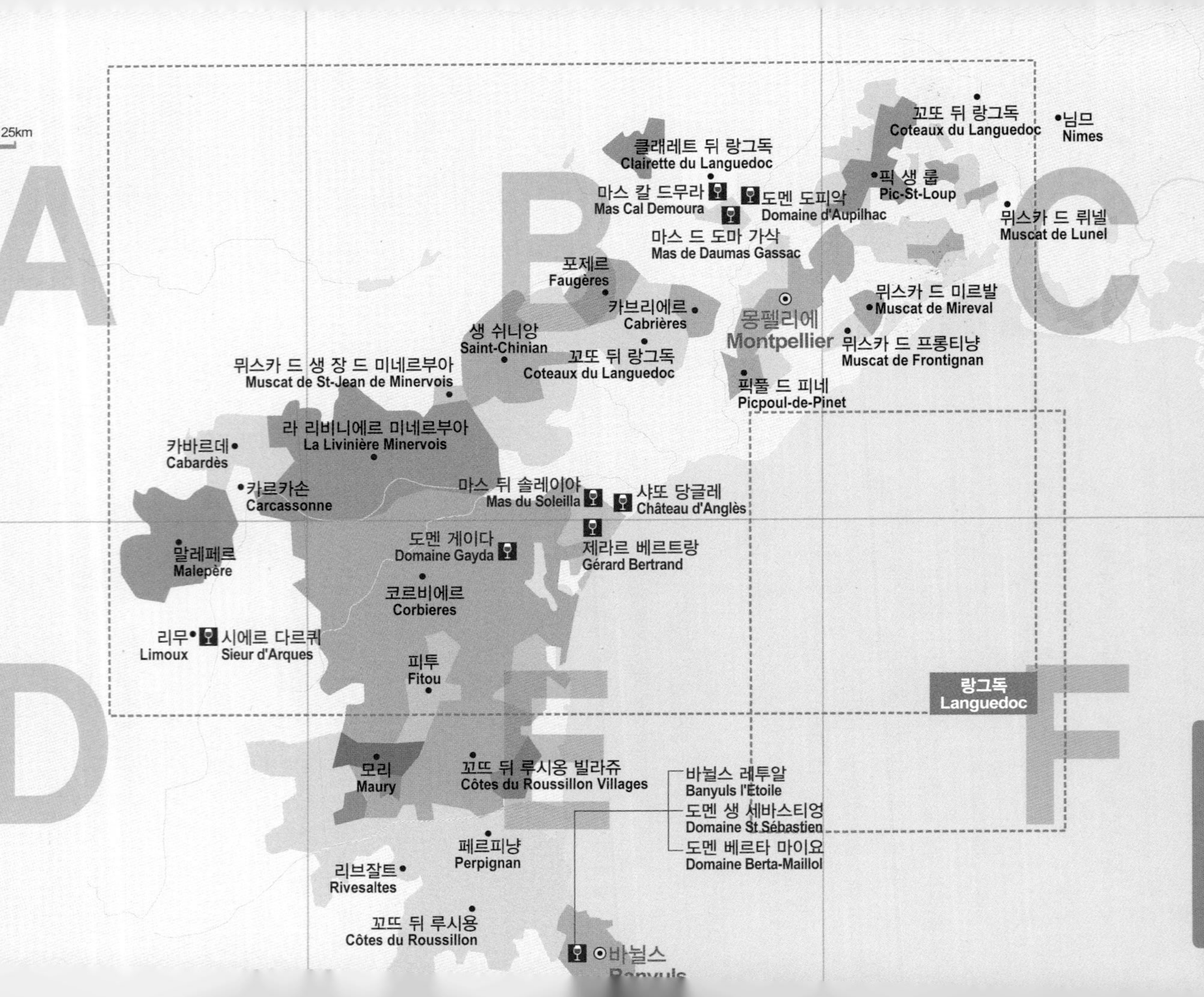

랑그독 루시용
Languedoc Roussillon
0
25km
A
B
C
D
E
F
꼬또 뒤 랑그독
Coteaux du Languedoc
님므
Nimes
클래레트 뒤 랑그독
Clairette du Languedoc
픽 생 룹
Pic-St-Loup
마스 칼 드무라
Mas Cal Demoura
도멘 도피악
Domaine d'Aupilhac
뮈스카 드 뤼넬
Muscat de Lunel
마스 드 도마 가삭
Mas de Daumas Gassac
포제르
Faugères
카브리에르
Cabrières
뮈스카 드 미르발
Muscat de Mireval
몽펠리에
Montpellier
뮈스카 드 프롱티냥
Muscat de Frontignan
생 쉬니앙
Saint-Chinian
꼬또 뒤 랑그독
Coteaux du Languedoc
뮈스카 드 생 장 드 미네르부아
Muscat de St-Jean de Minervois
픽풀 드 피네
Picpoul-de-Pinet
라 리비니에르 미네르부아
La Livinière Minervois
카바르데
Cabardès
카르카손
Carcassonne
마스 뒤 솔레이야
Mas du Soleilla
샤또 당글레
Château d'Anglès
도멘 게이다
Domaine Gayda
제라르 베르트랑
Gérard Bertrand
말레페르
Malepère
코르비에르
Corbieres
리무
Limoux
시에르 다르퀴
Sieur d'Arques
피투
Fitou
랑그독
Languedoc
모리
Maury
꼬뜨 뒤 루시옹 빌라쥬
Côtes du Roussillon Villages
바뉠스 레투알
Banyuls l'Etoile
도멘 생 세바스티엉
Domaine St Sébastien
도멘 베르타 마이요
Domaine Berta-Maillol
페르피냥
Perpignan
리브잘트
Rivesaltes
꼬뜨 뒤 루시용
Côtes du Roussillon
바뉠스

랑그독 포도밭 전경

랑그독 루시용 와인 산지

바뉠스 Banyuls

바뉠스는 뱅 두 나뚜렐(이하 VDN)의 고향이다. VDN은 프랑스를 대표하는 포티파이드 와인으로 국내에서는 인지도가 높지 않지만 국제무대에서는 포르투갈의 포트 와인과 쌍벽을 이룬다. VDN을 맛본 사람은 달콤하면서 신선함이 넘치는 이 와인에 아낌없는 찬사를 보낸다.

VDN은 '자연적 감미가 많은 와인(Vin Doux Naturel)'이란 뜻이다. 포트 와인과 마찬가지로 발효가 진행되는 와인에 알코올을 첨가해 발효를 중지시켜 포도당이 알코올로 변하는 것을 막는다. 이렇게 하면 잔류당에 의해 감미를 느낄 수 있고, 첨가된 알코올 덕분에 알코올 도수가 일반 와인보다 높아진다. 평균적으로 VDN의 알코올 도수는 15~18도다. VDN은 1299년 몽펠리에 대학의 연금술사 아르날뒤 드 빌라 노바가 당시 루시용 지방을 통치하던 마요르카 왕으로부터 양조에 관한 특허를 얻어내 제조한 것으로 알려졌다.

VDN은 크게 화이트와 레드로 나뉜다. 화이트 VDN은 뮈스카 계열 품종으로 빚는다. 레드 VDN은 그르나슈 품종으로 빚는다. 화이트 VDN을 양조하는 곳은 바뉠스, 리브잘트, 봄 드 브니즈, 뤼넬, 미르발, 프롱띠냥 등이다. 레드 VDN은 루시용의 모리와 바뉠스가 대표적이다. 모리의 경우는 오직 레드 VDN만을 생산하며, 바뉠스는 레드와 화이트를 함께 생산하고 있다. 대체로 레드에 비해 화이트가 감미가 많고 알코올이 적다.

코르비에르 Corbieres

코르비에르는 랑그독에서 가장 깨끗한 청정지역이다. 깨끗한 대자연을 바탕으로 전통을 고수하면서 새로운 테크놀로지에 아낌없이 투자하는 젊은 와인 메이커들이 만드는 유기농 와인을 만나볼 수 있다. 가격도 놀랄 만큼 저렴하다. 주요 품종은 시라와 무르베드르, 생소, 그르나슈 등. 농밀하며 과즙이 많고, 향신료 향까지 더해진 견고한 레드나 블렌딩 레드 와인을 주로 선보인다.

리무 Limoux

리무는 세계적인 명성에도 불구하고 국내에는 아직 잘 알려지지 않은 지역이다. 지중해의 건조하고 무더운 날씨와 대서양의 온화한 기후, 그리고 피레네 산맥에서 불어오는 선선한 바람의 영향을 받아 복합적인 떼루아를 지녔다. 여기에 석회질과 점토로 된 토양이 더해져 오래 전부터 프랑스에서 스파클링 와인과 화이트 와인의 명산지로 손꼽혔다. 리무에서 생산하는 발포성 와인 크레망은 샴페인과 같은 방식으로 만들지만 가격이 저렴하고, 품질 면에서도 좋은 평가를 얻고 있다. 사실 리무는 샹파뉴보다 100년 이상 앞선 1531년부터 스파클링 와인을 생산한 역사적인 와인 산지다.

리무는 굉장히 작은 지역이다. 동서로 15km, 남북으로 20km밖에 되지 않는다. 이 지역은 4개의 소지역으로 다시 나뉘는데, 각 지역은 뚜렷한 미세기후를 가지고 있다. 리무는 중앙에 위치해 매우 건조한 지역인 오땅, 대서양의 영향으로 가장 습한 지역인 오세아니끄, 연간 500ml 이하의 강수량을 보여 가장 건조한 지역인 메디떼라넨, 해발 500m의 높은 고도에 위치해 와인의 신선도가 탁월한 오뜨 발레로 나뉜다. 이러한 기후적 특징 때문에 똑같은 샤르도네로 빚은 화이트 와인이라도 지역마다 확연한 차이를 보인다. 재배되는 포도 품종은 이곳에서만 볼 수 있는 모작을 비롯해 샤르도네, 슈냉 블랑이 뒤를 잇는다.

1 가지런히 정리된 포도밭 **2** 한겨울 눈이 내린 모습
3 황금빛으로 물든 랑그독의 포도밭

3

포제르 Faugères

코르비에르와 더불어 1982년 프랑스 정부에서 공식적으로 선정한 랑그독 루시용의 주요 세부 와인 산지로 오직 레드 와인만 생산한다. 베지에에서 차로 30분 정도 가면 동명의 포제르 마을을 만날 수 있다. 굉장히 작은 이 시골 마을 주위로 지중해를 바라보는 남향의 가파른 언덕 위 포도밭에서 우수한 와인들이 생산된다. 토양은 주로 편암으로 이루어져 있고, 배수가 좋아서 집중력 있는 포도를 재배하기에 안성맞춤이다. 시라, 그르나슈, 무르베드르 블렌딩으로 만들어지는 포제르의 유명 레드 와인은 잘 익은 과일이나 감초와 같은 농밀한 질감이 느껴진다. 이외에도 로제 와인도 굉장히 뛰어난 것으로 알려져 있다. 프랑스 외에서는 잘 알려지지 않은 와인 지역으로 앞으로 선전이 기대되는 곳이다.

미네르부아 Minervois

랑그독 루시용 세부 와인 산지 중 가장 우수한 와인이 생산되는 곳 중 하나다. 카르카손에서 동쪽으로 옛 로마 원정길인 도미티아 가도를 달리면 작은 중세 마을이 눈앞에 펼쳐진다. 이곳이 남프랑스에서 가장 강건한 랑그독 와인으로 평가받는 미네르부아 와인 생산의 중심 마을 미네르브Minerve다. 남프랑스를 방문하는 와인 애호가라면 반드시 들려봐야 하는 곳으로 프랑스에서 가장 아름다운 마을 가운데 하나로 선정된 바 있다. 미네르부아는 1985년 프랑스 정부로부터 주요 와인 산지로 선정이 되었는데, 그 후 와이너리 시설 및 포도밭 투자가 활발히 이루어져 와인의 품질이 비약적으로 상승했다. 미네르부아의 주요 품종은 그르나슈, 시라, 무르베드르 등으로 다른 지역과 비슷하다. AOC(P) 와인의 경우 반드시 위 품종 가운

랑그독의 떼루아를 유감없이 보여주는 포도밭 전경

데 하나를 60% 이상 블렌딩해야 한다. 화이트 품종의 경우 루산느, 마르산느, 그르나슈 블랑 등이 있다.

라 리비니에르La Livinière는 미네르부아에서도 최고급으로 불리는 세부 산지다. 이 지역 와인이 훌륭한 이유는 수령이 오래된 포도나무에서 적은 양의 포도만을 수확해 농축미 있는 와인을 만들기 때문이다. 유기농법과 바이오다이나믹 같은 친환경 농법으로 만들어지는 수준급의 와인을 만날 수 있다.

생쉬니앙 Saint Chinian

미네르부아와 포제르 사이에 위치한 생쉬니앙은 1982년 공식적인 와인 산지로 지정됐다. 현재 유니크한 레드 와인과 좋은 품질의 저렴한 로제 와인을 주력으로 생산한다. 2005년부터 화이트 와인도 생산하는데, 그르나슈 블랑과 마르산느, 루산느가 주요 품종이다. 레드에는 카리냥이 주요 품종이었으나, 점차 시라, 그르나슈에게 자리를 내주고 있다. 이곳의 강렬하게 입 안을 강타하는 묵직한 탄닌의 레드 와인은 와인 애호가들의 흥미를 불러일으킨다.

피투 Fitou

루시용의 유명 해안도시 페르피냥에서 북으로 30분 거리에 위치한 지중해 연안의 와인 산지다. 레드 와인이 주를 이루며, AOP 와인의 경우 반드시 40% 이상 카리냥을 블렌딩해야 한다. 이외에도 전통적인 레드 품종인 그르나슈, 시라, 무르베드르 등을 블렌딩할 수 있다. 피투 와인은 마시기 편한 스타일이다. 오래 숙성시키지 않고 영할 때 마시며, 향긋한 과실 향과 편한 바디감을 지녔다.

랑그독 추천! 와이너리

Recommended Wineries

제라르 베르트랑 Gérard Bertrand

랑그독을 대표하는 최대, 최고의 와이너리. 무려 11개의 샤토를 소유하고 있으며, 저렴한 밸류 와인부터 고품질의 프리미엄 와인까지 다채롭게 선보이고 있다. 와이너리 설립자는 랑그독 와인의 상징적인 인물로 추앙받는 조르쥬 베르트랑. 랑그독 와인의 부흥에 평생을 바쳤던 그는 1987년 갑작스런 교통사고로 세상을 떠났지만, 그의 아들 제라르 베르트랑이 가업을 이어 승승장구하면서 세계적인 기업으로 거듭났다. 2011년 〈Wine Enthusiast〉에서 선정한 '올해의 유러피언 와이너리', 2012년 IWC(International Wine Challenge) '올해의 레드 와인 메이커'의 주인공. 베르트랑 와인은 2013년 노벨상 공식 만찬 와인으로 서빙 되는 등 세계적으로 그 가치를 인정받고 있다.

위치 몽펠리에에서 자동차로 1시간 10분
주소 Gerard Bertrand Route de Narbonne Plage, 11100 Narbonne
전화 04-68-45-28-50
오픈 월-일 09:00~19:00
투어 홈페이지를 통한 사전 예약 필수
홈페이지 www.gerard-bertrand.com

★ 추천 와인 ★

다채로운 컬렉션 중에서 로스피탈레 L'Hospitalet와 라 포지La Forge, 르 비알라Le Viala를 추천한다. 이 와인들은 2007년 〈와인 스펙테이터〉에서 모두 90점 이상을 획득했다. 도멘 드 레글 피노 누아Domaine de L'Aigle Pinot Noir는 최고의 프랑스 피노 누아 와인과 세계 최고의 피노 누아 와인 톱3에 선정된 바 있다. 가격은 10유로부터 수십 유로까지 다양하다.

마스 드 도마 가삭 Mas de Daumas Gassac

싸구려 와인 생산지라는 오명을 쓰고 있던 랑그독 루시용의 가치를 재고하게 만든 전설적인 와이너리다. 도마 가삭은 1971년 베로니크와 에이미 길베르 부부가 설립했다. 이 와이너리가 최고의 반열에 오른 데는 보르도에서 지질학 교수로 활동하던 앙리 앙잘베르와 지금은 타계했지만 여전히 와인 메이커의 아버지로 추앙받는 에밀 페노가 큰 역할을 했다. 앙리 앙잘베르 교수는 도마 가삭이 위치한 떼루아가 부르고뉴 꼬뜨 도르와 비슷하다는 것을 단숨에 알아챘다. 에밀 페노는 도마 가삭으로부터 와인 제조 컨설팅을 요청 받아 이곳의 와인 양조 기술을 끌어올리는 역할을 했다. 와인 평론가 잰시스 로빈슨은 도마 가삭을 지중해 유일의 특급 와인이라고 극찬한 바 있다.

위치 몽펠리에에서 자동차로 40분
주소 Haute vallée du Gassac, 34150 Aniane
전화 04-67-57-88-45
오픈 월-토 10:00~12:00, 14:00~18:00
투어 홈페이지를 통한 사전 예약 필수
홈페이지 www.daumas-gassac.com

★ 추천 와인 ★

와이너리 이름과 같은 마스 드 도마 가삭과 조금 더 저렴한 가격의 대중적인 물랭 드 가삭Moulin de Gassac을 추천한다. 레드는 까베르네 소비뇽을 주력으로 한 보르도 그랑 크뤼 스타일이다. 화이트는 비오니에, 샤르도네 등을 비롯한 지역의 다양한 품종이 블렌딩 되었다. 화이트 와인은 기회가 된다면 반드시 마셔 보기를 추천한다. 가격은 빈티지에 따라 다르며 대략 30~50유로 선..

마스 칼 드무라 Mas Cal Demoura

랑그독에서 6대에 걸쳐 와인을 만들어온 유서 깊은 와인 가문의 장 피에르 줄리앙이 1993년 설립한 와이너리다. 참고로 그의 아들 올리비에 줄리앙은 마스 칼 드무라 바로 이웃에 마스 줄리앙Mas Jullien이라는 와이너리를 운영하고 있다. 마스 줄리앙은 프랑스의 와인 전문지 〈La Revue du Vin de France〉에서 랑그독 최고의 와인으로 꼽힌 바 있다. 장 피에르 줄리앙은 현재 은퇴했으며, 현재 이사벨과 뱅상 구르마 부부가 성공적으로 와이너리를 운영하고 있다.

위치 몽펠리에에서 자동차로 40분
주소 34 Route de Saint-André, 34725 Jonquières
전화 04-67-44-70-82
오픈 월~토 10:00~12:00, 14:00~18:00(일요일은 예약에 한해 오픈)
투어 시음실 방문 가능, 투어 시 홈페이지를 통한 사전 예약 필수
홈페이지 www.caldemoura.com

★ 추천 와인 ★

랑그독에서 가장 유명한 그르나슈, 시라, 무르베드르로 진하게 양조한 앵피델르 L'Infidele, 포 사크르Feu Sacre를 추천한다. 가격은 20~30유로 선.

샤또 당글레 Château d'Anglès

보르도의 주요 와인 산지 메독에서 수년간 경험을 쌓은 에릭 파브레가 아내와 함께 2001년 설립한 와이너리이다. 에릭은 그랑 크뤼 1등급에 빛나는 세계적인 와이너리 샤또 라피트 로칠드에서 와인 메이커로 8년 동안 일한 것을 비롯해 메독의 주요 와이너리에서 경험을 쌓은 베테랑이다. 에릭은 자신의 와이너리를 가꾸고 싶다는 오랜 꿈을 실현하기 위해 남프랑스의 페르피냥부터 님므까지 곳곳을 여행했고, 최고의 떼루아를 지닌 지금의 땅에 샤또 당글레를 설립했다. 충분한 경험과 노하우를 가진 에릭의 수완 덕분에 샤또 당글레는 빠르게 인지도를 얻어갔다. 그 결과 2002년부터 세계적인 와인품평회에서 35개의 골드 메달을 획득했으며, 수많은 와인 매거진으로부터 남프랑스 와인을 이끌어가는 와이너리 중 한 곳으로 평가받고 있다.

위치 몽펠리에에서 자동차로 1시간 15분
주소 Route des Cabanes de Fleury, 11560 308 Saint Pierre Sur Mer
전화 06-19-58-15-68
오픈 월~금 08:00~16:30(토요일은 사전 예약에 한해 오픈)
투어 이메일(info@chateaudangles.com)을 통한 사전 예약 필수
홈페이지 www.chateaudangles.com

★ 추천 와인 ★

이곳에서 주력하는 화이트 와인은 프랑스 전통 품종 부르불랑으로 만든 우아하고 약간의 부싯돌 향이 나는 와인이다. 레드는 시라와 카리냥, 그르나슈 블렌딩 와인, 로제는 무르베드르와 시라, 그르나슈가 블렌딩되었고 모두 시도해볼 만한 가치가 있다. 그랑 뱅Grand Vin은 선택된 밭에서 수확한 포도로만 만든 한정 와인이다. 가격은 10유로에서 30유로 선.

도멘 도피약 Domaine d'Aupilhac

랑그독 루시용에서 카리냥을 잘 다루기로 소문난 와이너리다. 이곳은 5세기 동안 랑그독에서 와인을 생산해 왔다. 도멘 도피약이라는 이름으로 와인을 선보이기 시작한 것은 1989년부터다. 오피약이라 불리는 남향의 포도밭에서는 무르베드르와 카리냥을 주로 재배한다. 북향의 레 코칼리에르라 불리는 해발 350m의 포도밭에서는 주로 시라를 재배한다. 도멘 도피약은 포도 재배부터 와인 양조까지 모든 과정에서 인위적인 요소를 최대한 줄이고 순수 자연에 의존하는 방식으로 와인을 생산한다. 유기농법으로 포도를 재배하는 것은 물론, 오로지 손으로만 포도를 수확한다. 1985년 유럽에서 시작한 유기농 와인 인증제도 AB(Agriculture Biologique)와 프랑스 유기농 인증기관 에코서트에서 인증을 받았다.

위치 몽펠리에에서 자동차로 35분
주소 32 Rue du Plo, 34150 Montpeyroux
전화 04-67-96-61-19
오픈 사전 예약에 한해서 오픈
투어 이메일(aupilhac@wanadoo.fr)을 통한 사전 예약필수
홈페이지 www.aupilhac.com

★ 추천 와인 ★

도멘 도피약은 8종의 레드와 2종의 화이트, 1종의 로제 와인을 생산한다. 카리냥 100%로 만든 레드 와인을 추천한다. 오랜 수령의 카리냥 100% 와인이 얼마나 우아한 향과 맛을 내는지 알 수 있는 좋은 경험이 될 것이다. 이외에도 무르베드르나 시라, 생소를 주력으로 해서 만드는 레드 블렌딩 와인도 좋은 퀄리티를 자랑한다. 가격대는 10유로에서 40유로까지 다양하다.

도멘 게이다 Domaine Gayda

영국 출신 원예학자 팀 포드, 투자가 안소니 레코드, 와인 메이커 뱅상 샹소가 의기투합해 2004년에 설립한 와이너리다. 프랑스 남부 카르카손에서 25km 남서쪽에 자리한 도멘 게이다의 기본 철학은 자연이 지닌 특징을 온전히 와인에 담는 것이다. 그래서 이들은 건강한 주변 환경을 유지하기 위해 유기농 비료를 쓰고 지피작물(맨땅의 표면을 덮어 비료가 유출되거나 토양이 침식되는 것을 막기 위하여 재배하는 작물)을 이용하는 유기농법으로 포도밭을 관리하고 있다. 이들은 또 소량의 좋은 포도만을 엄선해 손 수확하고, 와이너리까지 냉장 운송하는 등 와인의 품질에 만전을 기한다. 또한 최신 설비를 이용해 각각의 포도밭의 특징을 살릴 수 있도록 개별적으로 양조한다. 와이너리는 와인 숍 및 시음실은 물론 레스토랑과 교육시설까지 갖추고 있는 복합 문화공간과 같다.

위치 몽펠리에에서 자동차로 2시간
주소 Chemin de Moscou, 11300 Brugairolles
전화 04-68-31-64-14
오픈 월-화 10:00~17:00, 수-토 10:00~18:00
투어 홈페이지를 통한 사전 예약 필수
홈페이지 www.gaydavineyards.com

★ 추천 와인 ★

시라가 주품종인 피규어 리브르 프리스타일Figure Libre Freestyle과 그르나슈가 주품종인 플라잉 솔로Flying Solo를 추천한다. 품종 차이에서 오는 개성을 두 와인에서 느낄 수 있는데, 입 안 가득 느껴지는 파워풀한 질감과 길게 이어지는 여운은 공통분모다. 가격은 10~30유로 선.

시에르 다르퀴 Sieur d'Arques

남프랑스를 대표하는 화이트 와인 생산지 리무에서 독보적인 위치를 차지하고 있는 와이너리다. 시에르 다르퀴는 270여 명의 생산자를 대표하는 일종의 협동조합 개념이다. 1946년 설립되었으며, 세대를 거듭해 포도재배를 해왔던 생산자들을 규합해 체계적으로 리무 와인 산지를 알리는 한편, 고품질 화이트와 스파클링 와인을 선보이고 있다. 시에르 다르퀴의 자랑은 토크에 클로쉐Toques et Clochers 경매다. 2일 동안 리무에서 열리는 이 축제는 세계에서 수만 명이 몰릴 만큼 인기다. 축제 둘째 날 이뤄지는 경매는 생산자들이 자신의 이름이 적힌 깃발을 들고 입장하는 것으로 시작된다. 생산자들은 단 2배럴만을 출시할 수 있으며, 배럴은 밭 이름으로 낙찰된다. 모두 샤르도네 100%의 와인이다. 특히 이 경매에는 알랭 뒤까스, 피에르 가니에르 같은 세계적인 스타 셰프들이 참가하는 것으로도 유명하다.

위치 몽펠리에에서 자동차로 2시간
주소 Avenue du Mauzac, 11300 Limoux
전화 04-68-74-63-45
오픈 월-토 10:30~12:00, 15:00~18:00, 일 10:30~12:00
투어 홈페이지를 통한 사전 예약 필수
홈페이지 sieurdarques.com

★ 추천 와인 ★

모작이라는 독특한 품종으로 빚은 스파클링 와인을 맛볼 수 있다. 모작은 복숭아, 배, 사과 등 특유의 과일 아로마가 인상적이며, 부드러운 질감이 조화로운 스파클링 와인을 만들어낸다. 시에르 다르퀴의 다채로운 크레망은 화사한 꽃향기로 시음자들을 매료시킨다. 입 안에 머금으면 톡톡 터지는 달콤한 기포가 상큼하다. 가격은 20~30유로 내외.

[몽펠리에 Montpellier]

지중해 연안에 위치한 몽펠리에는 랑그독 루시용의 행정과 문화, 상업의 중심지다. 프랑스에서 여덟 번째로 큰 도시이자 주민 평균연령이 35세 이하인 '젊음의 도시'이기도 하다. 1289년에 설립된 몽펠리에 대학은 의학 분야에서 세계적인 명성을 가지고 있어 '대학의 도시'라고도 불린다. 12세기에 건립된 베네딕트회 수도원과 생피에르 대성당, 프랑스 최초의 식물원 등 도시 안에는 문화 예술을 경험할 수 있는 볼거리가 많다.

몽펠리에의의 아름다운 해안

플라스 드 라 꼬메디 Place de la comédie

몽펠리에 시내 중심 광장이다. 오페라 극장을 비롯해 유명 카페들이 몰려 있어 현지인들에게는 만남의 장소와도 같다. 광장의 중심에는 3명의 미의 여신이 조각되어 있는 분수가 있다. 광장 북쪽은 17세기 요새, 동쪽에는 쇼핑센터가 있다. 광장 서쪽은 미술의 거리가 있어 볼거리가 풍부하다. 광장의 주인이라 할 수 있는 오페라 하우스는 1888년 문을 열어 지금까지 몽펠리에의 예술적 번영을 보여주고 있다.

위치 몽펠리에 대성당에서 도보 10분
주소 Place de la Comédie, 34000 Montpellier

마레 노스트룸 아쿠아리움 Aquarium Mare Nostrum

'우리들의 바다'라는 뜻의 아쿠아리움이다. 지중해 물고기를 비롯해 400종, 3만여 마리의 바다 생물을 관찰할 수 있다. 대서양의 펭귄과 산호를 구경할 수 있고, 바다 속에 있는 듯한 느낌을 주는 3D 시뮬레이션을 체험할 수 있다.

위치 몽펠리에 대성당에서 자동차로 15분
주소 Centre commercial Odysseum, Allée Ulysse, 34000 Montpellier
홈페이지 www.aquariummarenostrum.fr

몽펠리에 식물원 Jardin des Plantes de Montpellier

16세기에 지어진 프랑스에서 가장 오래된 식물원이다. 이탈리아 파도바 식물원을 보고 감동한 프랑스 앙리 4세의 지시로 몽펠리에 대학 교수이자 식물학의 아버지라 불리는 피에르 리셰가 주도해 1593년 개관했다. 조용한 휴식을 취하며 산책하기 좋고, 몽펠리에 대성당에서 200m 거리에 있어 찾아가기도 편리하다.

위치 몽펠리에 대성당에서 도보 2분
주소 Boulevard Henri IV, 34967 Montpellie

몽펠리에 동물원 Parc Zoologique de Montpellier

1964년 몽펠리에 자산가 앙리 드 로랭이 기부한 재산으로 땅 위에 만들어진 동물원이다. 그 후 지속적인 확장작업을 벌여 아틀라스 사자, 곰, 시리아 흰 코뿔소, 기린 목장과 아마존 온실 등 다양한 볼거리를 갖추었다. 동물원에는 총 128종의 포유류와 새, 양서류, 물고기, 파충류 등의 동물을 관람할 수 있다.

위치 몽펠리에 대성당에서 자동차로 15분
주소 50 Avenue Agropolis, 34090 Montpellier

랑그독의 시골길

생 길렘 르 데제르 제롬

생사튀르네 성당

파브르 미술관 Musée Fabre

몽펠리에 시내 중심가에 위치한 세계적인 미술관. 몽펠리에 출신 화가 프랑수아 자비에 파브르가 기증한 미술품을 기반으로 1828년에 개관했다. 그 후 미술품 수집가들의 지속적인 기증을 받으면서 규모가 확대되어 지금의 모습을 갖추었다. 15~19세기 회화와 조각품, 도자기와 장식 미술품을 전시한다. 구스타브 쿠르베, 클로드 베르네, 프레데리크 바지유의 작품들이 주요 소장품이다. 꼬메디 광장과 가까워 쉽게 찾아갈 수 있다.

위치 몽펠리에 대성당에서 도보 8분
주소 39 Bd Bonne Nouvelle, 34000 Montpellier
홈페이지 museefabre.montpellier3m.fr

생 피에르 대성당 Cathédrale St-Pierre

몽펠리에 대성당이라고도 불린다. 14세기 생 브누아 베네딕트회 수도원의 부속 건물로 처음 지어진 고딕양식 건축물이다. 몽펠리에가 로마 가톨릭 관구로 성장하면서 1536년 독립된 대성당으로 지위를 얻었다. 16세기 로마 가톨릭과 프로테스탄트 교도 간에 벌어진 프랑스 종교전쟁으로 성당의 상당 부분이 파손되었으나, 17세기 대대적인 복구 작업을 벌여 지금의 모습을 갖추었다. 입구의 원뿔형 탑이 인상적이다.

위치 라 꼬메디 광장에서 도보 10분
주소 Rue Saint-Pierre, 34000 Montpellier
홈페이지 www.cathedrale-montpellier.fr

★ ~20유로, ★★ 20~30유로, ★★★ 30~50유로, ★★★★ 50유로~ (점심 코스 기준)

라 레제르브 랭보 La Réserve Rimbaud ★★★

2009년 미슐랭 1스타를 획득한 레스토랑이다. 10년 경력의 찰리스 퐁테 셰프의 요리를 맛볼 수 있다. 동굴을 연상케 하는 와인 저장 공간과 식사공간이 인상적이다. 저녁부터 늦은 밤까지 야외 바도 운영한다. 정원의 소나무 그늘 밑에서 간단한 식사와 와인을 즐길 수 있다. 구운 송아지, 랍스터 등 메인 메뉴를 기반으로 비둘기 요리 등 정통 프랑스 요리를 경험할 수 있다.

위치 몽펠리에 대성당에서 도보 23분
주소 820 Avenue de Saint-Maur, 34000 Montpellier
홈페이지 reserve-rimbaud.com

르클레르, 퀴진 다리바쥬 Leclere, Cuisine D'arrivage ★★

몽펠리에 시내 중심에 있다. 해물 요리를 기반으로 참치, 오징어, 송아지를 이용한 메인 요리를 선보인다. 합리적인 가격이 장점이다. 실내 공간은 아담한 편. 야외 테라스에서의 식사도 가능하다. 직원들의 친절한 서비스와 완성도 높은 음식으로 여행자들이 적극 추천하는 레스토랑이다.

위치 몽펠리에 대성당에서 도보 6분
주소 41 Rue de la Valfere, 34000 Montpellier
홈페이지 www.restaurantleclere.com

르 팟 다니엘스 Le Pat'Daniel's ★

몽펠리에 시내에 위치한 캐주얼 레스토랑. 펍을 연상케 하는 분위기와 젊은 감각이 돋보인다. 저렴한 가격에 질 좋은 식사를 할 수 있어 몽펠리에를 찾는 여행자들에게 인기가 높다. 다양한 종류의 잭 다니엘 위스키를 맛볼 수 있고, 푸짐한 원 플레이트 메뉴를 주문할 수 있다.

위치 몽펠리에 대성당에서 도보 18분
주소 31 Rue de la Mediterranée, 34000 Montpellier
홈페이지 www.facebook.com/Le-PatDaniels-868606219848732

르 자르뎅 데 상스 Le Jardin des Sens ★★★★

몽펠리에 시내 4성급 호텔에 위치한 미슐랭 1스타 레스토랑이다. 남프랑스의 미식을 경험할 수 있는 곳으로 감각적이고 화려한 음식 플레이팅을 선보인다. 랑그독 루시용 와인을 비롯해 프랑스 전역의 방대한 와인 리스트를 가지고 있다. 음식과 지역 와인 페어링 코스 주문이 가능하다.

위치 몽펠리에 대성당에서 도보 18분
주소 11 Avenue Saint-Lazare, 34000 Montpellier
홈페이지 www.hotel-richerdebelleval.com/jardin-des-sens

레 뱅 드 몽펠리에 Les Bains de Montpellier ★★★

몽펠리에 최중심부에 있는 인기 레스토랑. 가격이 살짝 높은 편이지만, 훌륭한 요리와 서비스를 경험할 수 있다. 특히, 아름다운 외관과 테라스가 인상적인 곳이다. 몽펠리에에서 잊지 못할 외식 경험을 하고 싶은 이에게 추천한다.

위치 몽펠리에 대성당에서 도보 5분
주소 6 Rue Richelieu, 34000 Montpellier
홈페이지 www.lesbainsmontpellier.fr

호텔 데 자르소 Hôtel des Arceaux ★★★

몽펠리에 중심에 있는 3성급 호텔. 건물 외관이 아름답다. 아늑한 정원이 조성되어 있어 도심에 있으면서도 전원에 있는 기분을 느낄 수 있다. 내부는 현대적인 부티크 호텔로 인테리어 되어 있다. 전 객실에 무료 와이파이를 제공한다. 또한 프로모션 기간에 3박 이상 투숙 시 조식을 무료로 제공한다. 홈페이지를 참조하자.

위치 몽펠리에 대성당에서 도보 14분
주소 33-35 Boulevard des Arceaux, 34000 Montpellie
홈페이지 www.hoteldesarceaux.com

풀만 몽펠리에 Pullman Montpellier Centre ★★★

몽펠리에 시내에 위치한 4성급 호텔로 88개의 객실을 보유하고 있다. 호텔 옥상에 바와 수영장이 있어 탁 트인 도시를 바라보며 여유 있는 휴식을 취할 수 있다. 욕조가 있는 넓은 욕실과 현대적인 룸 시설을 갖추고 있다. 홈페이지에서 프로모션 가격을 확인하고 예약하는 것이 좋다.

위치 몽펠리에 대성당에서 도보 18분
주소 1 Rue des Pertuisanes, 34000 Montpellier
홈페이지 www.accorhotels.com/gb/hotel-1294-pullman-montpellier-centre/index.shtml

호텔 다라공 Hôtel d'Aragon ★★

몽펠리에 중심에 있는 3성급 호텔이다. 룸은 고전적 스타일이며, 투숙객은 훌륭한 코스의 아침조식을 신청할 수 있다. 시내 관광지까지 접근성이 좋다. 주변에 주요 레스토랑이 많아 식사를 하기에도 좋은 위치다. 홈페이지에서 객실 프로모션을 자주 진행하니 예약 전 확인하자.

위치 몽펠리에 대성당에서 도보 12분
주소 10 Rue Baudin, 34000, Montpellier
홈페이지 www.hotel-aragon.fr

호텔 리셰 드 벨르발 Hôtel Richer de Belleval ★★★

몽펠리에 시내에 있는 4성급 호텔. 미슐랭 1스타 레스토랑을 함께 운영한다. 객실은 테라스 스위트 룸을 포함해 모두 15개. 넓은 공간과 현대와 전통이 어우러진 감각적인 인테리어를 자랑한다. 객실의 감각적인 붉은 문은 이국적인 분위기를 느끼게 한다. 수준 높은 레스토랑, 야외 수영장, 그리고 친절한 직원들의 호텔 서비스까지 만족도가 높다.

위치 몽펠리에 대성당에서 도보 18분
주소 11 Avenue Saint-Lazare, 34000 Montpellier
홈페이지 www.relaischateaux.com/gb/hotel/hotel-richer-de-belleval

호텔 율리스 Hôtel Ulysse ★★

몽펠리에 시내에 위치한 3성급 호텔. TGV 기차역에 인접해 있고, 올드 타운과도 가까워 도보 여행자에게 편리하다. 호텔은 고풍스러운 분위기이며, 야외 수영장도 있다. 투숙객은 조식 신청이 가능하고, 아름다운 테라스에서 여유 있는 식사를 즐길 수 있다.

위치 몽펠리에 대성당에서 도보 17분
주소 338 Avenue de Saint-Maur, 34000 Montpellier
홈페이지 www.hotel-ulysse.fr

바뉠스 추천! 와이너리

Recommended Wineries

바뉠스 레투알 Banyuls l'Etoile

바뉠스 지역을 대표하는 와이너리 중 한 곳이다. 1921년 설립되어 100년에 가까운 역사를 지니고 있다. 포도밭은 급경사면에 자리했으며, 포도 수확은 오직 손으로만 진행한다. 빈티지마다 다르지만 수확량 자체가 굉장히 적은 편이다. 오크 배럴에서 20년 이상 보관하는 와인들도 있다. 담-잔Dame-Jeannes이라 불리는 통통한 유리병에서 숙성시킨 바뉠스 두 파이유Banyuls Doux Paille는 와이너리에서 자랑하는 최고의 와인 중 하나다. 바뉠스 쉬 메르 마을에 시음실이 있다. 올드 빈티지의 와인까지 맛 볼 수 있으니 반드시 방문해 보기를 추천한다.

위치 바뉠스 쉬 메르 투어리즘 센터에서 도보 5분
주소 26 Avenue du Puig del Mas, Banyuls-sur-Mer
전화 04-68-88-00-10
오픈 월-일 09:30~12:30, 14:30~18:00
투어 시음 무료, 투어 시 홈페이지를 통한 사전 예약 필수
홈페이지 www.banyuls-etoile.com

★ 추천 와인 ★

셀러 도어에서 친절한 여직원의 안내에 따라 많은 와인들을 무료로 시음해볼 수 있다. 심지어 1990년대 초반의 올드 빈티지의 바뉠스 그랑 크뤼까지 맛볼 수 있다. 여유가 된다면 반드시 올드 빈티지 와인을 구매해 초콜릿과 매칭해 보기를 권한다. 그랑 크뤼는 30~50유로 선.

도멘 생 세바스티엉 Domaine St Sébastien

바뉠스 쉬 메르의 해변에서 아름다운 지중해를 배경으로 바뉠스 와인을 테이스팅 할 수 있는 곳이다. 르 자르댕 드 생 세바스티엉Le Jardin de St Sebastien이라는 레스토랑을 함께 운영하고 있다. 지중해가 내려다보이는 급경사에 위치한 14ha에 이르는 포도밭에서 그르나슈, 카리냥을 주력으로 재배한다. 포도재배부터 수확까지 전부 손으로 하며, 친환경적으로 포도를 관리한다. 콜리우르와 바뉠스 AOC 아래 총 9종류의 와인을 생산한다. 바뉠스 마을 중심에 위치한 시음실에서 테이스팅을 요청할 수도 있다.

위치 바뉠스 쉬 메르 투어리즘 센터에서 도보 5분
주소 10 Avenue Pierre Fabre, 66650, Banyuls-sur-Mer, France
전화 04-68-88-30-14
오픈 월~일 10:00~20:00
투어 시음 무료, 투어 시 이메일(contact@clos-saint-sebastien.com) 사전 예약 필수
홈페이지 www.clos-saint-sebastien.com

★ 추천 와인 ★

최소한의 오크 숙성만을 거쳐 순수한 떼루아를 반영한 엉프렁트Empreintes와 복합미가 살아 있는 인스피레션Inspiration 와인을 추천한다. 가격은 20~40유로 선.

마스 뒤 솔레이야 Mas du Soleilla

지중해가 바라다 보이는 천혜의 포도 재배지 라 클라프La Clape에 위치한 유명 와이너리다. 라 클라프는 연간 3,000시간이 넘는 일조량을 보여 프랑스 내에서도 가장 해가 많이 드는 와인 산지 중 한 곳이다. 그만큼 와인 생산에 최적화되어 있다는 의미이기도 하다. 22ha의 포도밭을 모두 친환경적으로 재배하고 있다. 와인 양조에 인위적인 간섭을 최소화시켜 건강한 와인을 만든다. 또 와이너리에 게스트 하우스가 있어 지중해가 보이는 멋진 전망의 숙소에서 잊지 못할 추억을 만들 수 있다.

위치 바뉠스 쉬 메르에서 자동차로 1시간 15분
주소 Route Departementale 168, 11100 Narbonne
전화 04-68-45-24-80
오픈 3~8월 월-금 09:00~18:00, 9~4월 월-토 09:00~19:00, 일 16:00~19:00
투어 시음실 방문 가능, 투어 시 이메일(vins@mas-du-soleilla.com)을 통한 사전 예약 필수
홈페이지 www.mas-du-soleilla.fr

★ 추천 와인 ★

랑그독의 그랑 크뤼라는 명성에 걸맞게 건강하면서도 입을 즐겁게 하는 일석이조의 와인들을 선보인다. 화이트는 부르불랑과 마르산느를 블렌딩한 뒤 오크 숙성과 더불어 술지게미에서 숙성시켜 복합미가 상당히 뛰어나다. 레드는 카리냥, 시라, 그르나슈 등을 이용한다. 어떤 와인이든 입에서 꽃이 피어나듯 감미롭다. 가격은 20~50유로 선.

도멘 베르타 마이욜 Domaine Berta-Maillol

1611년 설립되어 400년 넘게 가족 경영으로 이어오고 있는 와이너리다. 현재는 장 루이 베르타 마이욜와 그의 형제들이 운영한다. 많은 바뉠스 와이너리들이 그렇듯이 도멘 베르타 마이욜 또한 지중해가 내려다보이는 급경사의 언덕에 계단식으로 자리한 포도밭을 소유하고 있다. 포도나무는 오로지 인간의 손으로만 경작이 되고, 수확 또한 손으로만 진행한다. 와인 숍 내에 테이스팅 룸이 있어 시음 후 와인 구입이 가능하다. 바뉠스 쉬 메르 마을 한가운데 자리한 현대적인 시음실에서 주옥같은 와인을 즐길 수 있다.

위치 바뉠스 쉬 메르 투어리즘 센터에서 도보 3분
주소 Impasse Foment de la Sardana, Banyuls-sur-Mer, France
전화 04-68-88-19-26
오픈 월-일 10:00~19:00
투어 시음 무료, 투어 시 이메일(domaine@bertamaillol.com) 사전 예약 필수
홈페이지 www.bertamaillol.com

★ 추천 와인 ★

콜리우르와 바뉠스 AOC를 달고 총 7종의 와인을 생산한다. 현지 가격이 30유로를 넘지 않아서 어느 와인이든 부담 없이 테이스팅이 가능하다. 90년대 올드 빈티지의 와인들도 어렵지 않게 찾을 수 있다. 평균적으로 영 빈티지의 와인들은 30유로 이내다.

[바뉠스 Banyuls]

바뉠스는 뱅 두 나뚜렐(VDN) 와인의 고장이다. 프랑스에서 스페인으로 넘어가는 국경에 인접해 있는데, 지중해 해안을 따라 아름다운 항구마을이 이어져 있다. 중심 마을인 바뉠스 쉬 메르와 콜리우르는 프랑스에서 인기 있는 휴양지다. 콜리우르는 프랑스 야수파 대표화가 앙리 마티스와 앙드레 드랭이 지냈던 곳으로 이 마을을 배경으로 20세기 초 야수파 작품들이 탄생했다. 와인과 함께한 지중해에서의 휴식을 온전히 즐길 수 있는 곳이다.

바뉠스의 석양

세인트 엘므 요새

세인트 엘므 요새 내 박물관

세인트 엘므 요새 Fort Saint Elme

중세시대 만들어진 역사적 요새로 2008년부터 일반인에게 개방되었다. 13세기 아라곤 피터 5세 때 건설되기 시작해 14세기 찰스 5세 때 완공됐다. 두꺼운 성벽으로 둘러싸인 요새가 웅장하다. 언덕 위 성벽에서 바라보는 해안 절경도 아름답다. 요새 내부는 박물관으로 재단장해 전시실로 사용 중이다. 성벽 주변 포도밭 언덕을 다니는 열차투어 신청이 가능하다.

위치 바뉠스 쉬 메르 관광 안내센터에서 자동차로 17분
주소 Fort Saint Elme, 66190 Collioure
홈페이지 www.fortsaintelme.fr

르 쁘띠 트렝 투어리스틱 Le Petit Train Touristique

기차를 타고 바뉠스의 와인 산지를 돌아보는 이색적인 투어다. 바뉠스 쉬 메르 관광센터에서 출발하는 기차는 철길이 아닌 포도밭과 해안도로를 달린다. 가파른 포도밭 사이를 달리며 해안 절경을 눈에 담을 수 있다. 콜리우르 마을에서 출발하는 기차도 있다. 기차여행 출발점으로 돌아가기 전 와이너리 지하 저장고에서 와인 시음을 할 수 있다.

위치 바뉠스 쉬 메르 관광 안내센터 앞에서 출발
주소 16 Avenue de la Republique, 66650 Banyuls-sur-Mer
홈페이지 www.petit-train-touristique.com

마이욜 박물관 Musee Maillol

바뉠스 쉬 메르에서 출생한 조각가 마이욜의 작품을 전시하는 박물관이다. 고갱과 로댕의 영향을 받은 마이욜은 거의 모든 테마를 여성의 육체로 표현한 것으로 유명하다. 고대 그리스 미술의 정신을 이어받아 프랑스 근대 감성을 작품에 불어넣었다는 평가를 받는다. 박물관은 마이욜 생가 근처에 있다. 자연에 둘러싸인 고립된 곳이라 특유의 고요함과 평온함을 느낄 수 있다.

위치 바뉠스 쉬 메르 관광 안내센터에서 자동차로 9분
주소 Chemin du Mas Xatard, 66650 Banyuls-sur-Mer
홈페이지 www.banyuls-sur-mer.com/fr

앙슈아 로크 콜리우르 Anchois Roque Collioure

1922년 문을 연 라 로크 홈 솔터의 엔초비 회사다. 로크 가문이 운영하는 회사로 프랑스 미식가들이 즐겨 찾는 뛰어난 품질의 엔초비를 생산한다. 이곳에서는 전통적인 제조방식에 따라 엔초비를 소금이나 오일, 식초에 절여 만드는 모습을 볼 수 있다. 상점에서 지역 특산 엔초비를 구입할 수도 있으니 식재료에 관심이 많은 여행자라면 방문해보자.

위치 바뉠스 쉬 메르 관광 안내센터에서 자동차로 19분
주소 17 Route d'Argeles, 66190 Collioure
홈페이지 anchois-roque.fr

와인 여행 플러스+ 레스토랑

★ ~20유로, ★★ 20~30유로, ★★★ 30~50유로, ★★★★ 50유로~ (점심 코스 기준)

르 파날 파스칼 보렐 Le Fanal Pascal Borrell ★★

바뉠스 쉬 메르 마을에 위치한 아름다운 레스토랑이다. 페르피냥에서 요리를 하던 파스칼 보렐이 이곳에 레스토랑을 열면서 지역 미식문화를 한 단계 높였다는 평을 듣고 있다. 지중해식 요리를 바탕으로 창의적인 메뉴를 선보인다. 토끼요리와 송로버섯, 푸아그라를 이용한 저녁 코스는 프랑스식 정찬의 정석을 보여준다. 남프랑스 전통요리 부야베스도 맛볼 수 있다.

위치 바뉠스 쉬 메르 관광 안내센터에서 도보 7분
주소 18 Avenue Pierre Fabre, 66650 Banyuls-sur-Mer
홈페이지 pascal-borrell.com

라 바레트 La Balette ★★★

콜리우르 마을의 아름다운 해안 절벽 위에 지어진 4성급 호텔에서 운영하는 레스토랑이다. 2009년 미슐랭 1스타를 획득했다. 아름다운 바다를 바라보며 테라스에서 여유 있는 식사를 할 수 있다. 남프랑스의 해산물 요리를 우아하고 아름다운 음식 플레이팅으로 선보인다. 또한 직원들의 친절한 서비스를 느낄 수 있다.

위치 바뉠스 쉬 메르 시내에서 자동차로 15분
주소 Route de Port-Vendres, 66190 Collioure
홈페이지 hlecatalan.com

레스토랑 르 넵툰 Restaurant Le Neptune ★★

콜리우르 마을에 있는 레스토랑이다. 테라스 공간이 배의 갑판처럼 바다를 향해 돌출되어 있어 탁 트인 바닷가를 바라보며 식사를 할 수 있다. 지역에서 공수한 신선한 해산물로 요리한 음식을 선보인다. 새우와 랍스터가 대표 메뉴. 스페인과 인접한 지리적 특성으로 프랑스와 카탈루냐식 요리가 혼합된 음식을 맛볼 수 있다.

위치 바뉠스 쉬 메르 시내에서 자동차로 17분
주소 9 Route de Port-Vendres, 66190 Collioure
홈페이지 leneptune-collioure.com

레 자르뎅 뒤 세드르 Les Jardins du Cèdre ★★

바닷가에 자리한 리조트형 호텔에서 운영하는 레스토랑이다. 35석의 실내 좌석과 60석의 테라스 좌석이 있다. 40석의 단체 룸이 있어 단체 방문객에게 이상적이다. 식사 구성과 호텔 분위기에 비해 비교적 가격이 저렴하다.

위치 바뉠스 쉬 메르에서 자동차로 8분
주소 29 Route de Banyuls, 66660 Port-Vendres
홈페이지 lesjardinsducedre.com

레스토랑 라 꼬뜨 베르메이유 Restaurant La Côte Vermeille ★★

뱅드르 항구에 위치한 레스토랑. 항구의 정겨운 풍경을 바라보며 식사를 할 수 있다. 지역 수산물 시장에서 공수한 신선한 해산물 요리를 선보인다. 화이트 와인과 환상적인 조화를 이루는 굴 요리도 맛볼 수 있다. 도미, 숭어, 오징어 등 해산물 요리가 대표 메뉴다. 스페인 카탈루냐식 푸아그라 요리도 맛볼 수 있다.

위치 바뉠스 쉬 메르에서 자동차로 13분
주소 Quai Fanal, 66660 Port-Vendres
홈페이지 restaurantlacotevermeille.com

레스토랑 라 리토린 Restaurant la Littorine ★★

바뉠스 쉬 메르 해안가에 위치한 호텔 내 레스토랑이다. 야외 테라스에서 지중해 바다를 바라보며 식사를 할 수 있다. 휠체어 서비스도 제공한다. 지역 특산물을 바탕으로 신선한 해산물 요리를 선보이며, 베지테리언 메뉴 주문이 가능하다. 식사 전후로 해변을 거닐거나 해수욕을 즐길 수 있다. 방문 시 해변에서 여가시간을 보내는 것까지 고려해 시간을 잡는 것이 좋다.

위치 바뉠스 쉬 메르 관광 안내센터에서 도보 13분
주소 Plage des Elmes, 66650 Banyuls-sur-Mer
홈페이지 www.hotel-des-elmes.com

라 리토린네

바뉠스의 해변

르 를레 데 트루아 마스 Le Relais Des Trois Mas ★★★

콜리우르 마을에 있는 4성급 호텔이다. 미슐랭 1스타 레스토랑 라 바레트를 함께 운영하고 있다. 호텔에서 몇 발자국만 나가면 푸른 바다가 펼쳐진 해변이 있다. 해안 마을 특성상 시즌별로 요금이 차이가 있다. 홈페이지에서 가격을 확인하자.

위치 바뉠스 쉬 메르에서 자동차로 15분
주소 Route de Port-Vendres, 66190 Collioure
홈페이지 www.relaisdestroismas.com

호텔 레 자르뎅 뒤 세드르 Hôtel Les Jardins Du Cèdre ★★★

지중해를 조망하며 편안한 휴식을 취할 수 있는 호텔이다. 이 지역에서는 소문난 레스토랑도 함께 운영해 휴식과 미식을 동시에 즐길 수 있다. 현대적이면서 이국적인 색감의 바다 전망 객실과 넓은 스위트 룸은 투숙객에게 여유로움을 느끼게 한다.

위치 바뉠스 쉬 메르 시내에서 자동차로 8분
주소 29 Route de Banyuls, 66660 Port-Vendres
홈페이지 www.lesjardinsducedre.com

호텔 르 카탈랑 Hôtel le Catalan ★★

바뉠스 쉬 메르 마을에 있는 3성급 호텔이다. 탁 트인 바다 앞에 있어 조망이 좋다. 휴양지의 리조트 같은 분위기다. 바다를 바라보며 수영할 수 있는 야외 수영장과 레스토랑, 타파스 바 등의 편의시설이 있다.

위치 바뉠스 쉬 메르 관광 안내센터에서 도보 15분
주소 Route de Cerbère, 66650 Banyuls-sur-Mer
홈페이지 www.hlecatalan.com

프랑스 남부에 위치한 프로방스는 그리스 로마 시대 이곳에 거주했던 로마인들이 '우리 고장'이라는 뜻의 'Provincia Romana' 라 부른 것에서 유래했다. 바다와 산으로 둘러싸여 있는 낭만적인 여행지로 고요하고 평화로운 마을들은 여유가 느껴진다. 프로방스는 마르세이유를 중심으로 아를, 님, 아비뇽, 칸, 니스를 아우르는 광범위한 지역이다. 지중해에 인접해 아름다운 경치와 온화한 기후를 지녀 세계인이 사랑하는 휴양지로도 유명하다. 프로방스는 다양한 스타일의 와인을 만들지만 그중 으뜸은 단연 로제 와인이다. 프로방스 전통 가옥에 머물며 따사로운 햇살이 쏟아지는 테라스에 앉아 로제 와인 한 병을 마시는 것! 프로방스를 가장 완벽하고 우아하게 즐기는 방법이다.

파리
프로방스

PREVIEW

와인

프로방스는 프랑스에서 가장 오래된 와인 산지 중 하나이자 로제 와인 발상지라는 별칭도 가지고 있다. 프로방스에서는 600여 곳의 와이너리에서 다채로운 스타일의 와인을 생산하는데, 로제 와인의 비율이 90%에 육박한다. 반면 레드는 6%, 화이트는 4%에 불과하다. 선조들로부터 이어져온 오랜 양조 노하우와 최첨단 생산기술이 만난 프로방스의 창조적인 와인들은 나날이 주목을 받고 있다. 프로방스 와인을 더욱 특별하게 하는 것은 바로 '친환경'이다. 뜨거운 태양과 건조한 기후, 건강하고 비옥한 토양으로 가득한 이곳은 화학물질을 사용하지 않아도 건강한 포도를 생산할 수 있는 천혜의 포도재배지이다. 다양성과 창조성, 그리고 친환경이라는 삼박자를 고루 갖춘 매력적인 와인 산지다.

와이너리 & 투어

프로방스는 니스부터 카마르그까지 이어지는 길이 프로방스 와인 루트로 지정되어 있다. 프로방스 와인 루트 홈페이지에서 프로방스 와인 루트를 따라 자리한 와이너리 정보를 제공한다. 와이너리 시설, 투어 프로그램 제공 여부 등을 사전에 검토할 수 있어 자동차를 이용해 프로방스 여행할 계획이라면 홈페이지를 참조하자. 패키지로 와이너리를 돌아보려면 프로방스 와인 투어 사이트에서 와인 관광 상품을 신청해보자. 마르세이유, 혹은 엑상프로방스에서 출발하는 다채로운 와인 패키지 투어가 있다. 100유로 이하의 저렴한 투어부터 맞춤형 럭셔리 투어까지 다양한 선택이 가능하다.

프로방스 와인 루트 www.routedesvinsdeprovence.com
프로방스 와인 투어 www.provencewinetours.com

아를을 사랑한 비운의 화가, 반 고흐

아를은 고대 로마의 도시이자 고흐의 도시다. 도시 전체에서 고흐가 그려낸 작품세계를 만날 수 있다. 고흐는 자살로 생을 마감하기까지 10년이란 짧은 시간 동안 900여 점의 그림과 1,100여 점의 습작을 남겼는데, 그가 남긴 작품의 배경 가운데 가장 많이 등장하는 곳이 아를이다. 아를에 해가 뉘엿뉘엿 지기 시작하면 노란 가로등이 켜진 골목을 따라 고흐의 걸작 '밤의 카페'를 찾아가보자. 고흐가 작품을 그린 당시 모습 그대로 유지되었기 때문에 그림 속의 풍경을 눈으로 직접 볼 수 있다. 고흐는 그가 사랑한 도시 아를에서 행복한 생활을 오래 누리지 못했다. 1888년 12월 23일 아를 사창가의 매춘부에게 자신의 왼쪽 귀 조각을 건넸다. 고흐는 매춘부의 신고를 받고 출동한 경찰에 의해 병원으로 이송되었다. 그 후 아를 사람들은 그를 '미친 네덜란드 사내'라고 손가락질 하며 마을을 떠나라고 강요했다. 결국 아를을 떠나 생 레미 정신병원에 갇힌 고흐는 고통의 나날을 보냈다. 1890년 7월 27일 파리 근교 오베르 쉬르 우아즈의 여인숙에서 자신의 가슴에 총을 쏘고, 이틀 뒤 고흐의 영원한 후원자였던 동생 테오가 바라보는 앞에서 37세의 나이로 숨을 거둔다.

여행지

프로방스는 남프랑스의 유명 휴양도시들이 몰려 있는 만큼 볼거리, 먹을거리, 유명 관광지가 즐비하다. 그 중 프로방스에서 가장 유명하고 화려한 도시 니스는 과거 유럽의 왕족과 귀족들이 휴가를 보내던 고급 사교장이었다. 니스의 해변에서 일광욕을 즐기고, 산책로를 걸으며 이국적인 풍경을 즐겨볼 수 있다. 프로방스 여행의 맛은 대도시에만 있는 것이 아니다. 지중해에 근접한 그라스Grasse, 에즈Èze 같은 소도시들은 눈에 들어오는 풍경 모두가 한 장의 엽서를 보는 것 것처럼 아름답다. 특히 리비에라 꼬뜨 다쥐르Riviera Côte d'Azur와 프로방스 알프스 꼬뜨 다쥐르Provence-Alpes-Côte d'Azur는 남프랑스에 대한 여행자들의 환상을 100% 충족시켜주는 곳이다. 아를은 '해바라기 화가' 고흐의 정신적 고향이다. 이밖에 니스 카니발, 칸 영화제, 모나코 포뮬러 원 그랑프리, 망통 레몬축제 등 매년 3,000여 개의 크고 작은 축제가 남프랑스의 매력을 한층 더 빛나게 한다.

요리

프로방스 요리는 프로방스 와인에 생명력을 불어넣는 결정적인 요소라 할 수 있다. 프랑스와 지중해 스타일이 어우러진 독특한 프로방스 요리는 미식가들을 설레게 만든다. 프로방스 요리는 알프스의 산과 지중해의 바다에서 유래한 2가지로 크게 구분한다. 산악지대에는 그라탕, 이탈리아식 만두 라비올리, 고기만두의 일종인 리솔 등 높은 열량으로 영양을 보충할 수 있는 음식이 발달했다. 해안가는 토마토 소스에 야채를 층층이 쌓은 오븐 요리 라따뚜이, 수제 마요네즈의 일종인 아이올리, 채소와 바질을 넣어 만든 수프 피스투, 풍부한 해산물이 잔뜩 들어간 부야베스, 화이트 와인을 넣어 풍미를 배가시킨 진한 생선 수프 부리드 등이 별미이다. 이밖에 디저트로는 꿀과 마름모꼴의 달콤한 과자 칼리송Calissons, 각종 너트를 올린 초콜릿 멍디엉Mendiants, 모과 젤리 등이 유명하다. 식전주인 아니스 향신료를 넣은 파스티Pastis도 마셔보기를 추천한다.

숙박

프로방스 와인 여행은 두 지역을 거점으로 삼을 수 있다. 자동차 여행자라면 고흐의 정신적 고향이었던 아를에 머물기를 추천한다. 아를 시내 중심부에서 외곽까지 2~3성급 호텔이 많아 선택이 다양하다. 대도시에서 머물면서 투어 프로그램을 신청해 와인 여행을 하고 싶다면 마르세이유나 엑상프로방스가 적합하다. 투어 프로그램 대부분이 이 두 도시에서 출발한다. 마르세이유와 엑상프로방스 모두 큰 도시라 숙박시설이 충분하다. 이외에도 세계적인 도시 니스와 칸에 머무는 것도 휴양을 하며 와인을 즐길 수 있는 좋은 방법이다.

PREVIEW

어떻게 갈까?

프로방스는 항공을 이용해 현지로 이동한 후 여행을 시작하는 것이 통상적인 방법이다. 프로방스에는 마르세이유, 몽펠리에, 아비뇽, 님까지 4곳에 공항이 있다. 기차를 이용하면 파리에서 아비뇽까지 간 뒤 지역 열차(TER)를 타고 소도시로 가는 루트를 만들 수 있다. 파리 리옹 역에서 아비뇽까지는 3시간 30분 걸린다. 아비뇽에서 TER를 타고 20분이면 아를에 도착한다.

어떻게 다닐까?

프로방스는 각 도시에서 얼마나 많은 시간을 보내느냐에 따라 일정이 달라진다. 보통 작은 도시는 한나절 정도면 충분히 돌아볼 수 있다. 와이너리 여행이 주목적이라면 마르세이유와 엑상프로방스에 머물며 투어 프로그램을 이용하는 것과, 아를에 머물며 렌터카를 이용해 자유여행을 하는 방법이 있다.

언제 갈까?

프로방스는 사계절 내내 좋은 여행지이지만 여름부터 가을 사이에 더욱 아름다운 프로방스를 만날 수 있다. 가을 수확기에는 황금빛 물결의 포도밭을 볼 수 있고, 햇살 가득한 프로방스의 매력을 온전히 느낄 수 있다. 프로방스에서 열리는 국제적인 축제에 맞춰 방문해도 좋다.

추천 일정

1박 2일

Day 1

09:30 파리 리옹 역 출발
12:20 님스 역 경유
13:00 아를 역 도착 후 렌터카 픽업
14:00 도멘 달메란 와이너리
15:00 도멘 드 트레발롱 와이너리
17:00 도멘 드 라 시타델르 와이너리
19:30 아를 숙소 도착
20:00 저녁 식사
22:00 숙소

Day 2

10:00 고흐의 발자취 아를 도시여행
13:30 점심 식사
17:30 아를 출발
17:30 님스 렌터카 반납
18:00 님스 역 출발
21:00 파리 리옹 역 도착

2박 3일

Day 1

1박 2일 Day1과 동일

Day 2

11:30 도멘 드 마리 와이너리
12:30 점심 식사
14:00 샤또 라 카노르그 와이너리
15:30 도멘 라 카발리 와이너리
17:30 샤또 뒤 쇠이 와이너리
19:30 아를 숙소 도착
20:00 저녁 식사
21:30 아를 밤의 카페
22:30 숙소

Day 3

1박 2일 Day2와 동일

프로방스 와인 이야기

Provence Wine Story

1 도멘 드 트레발롱의 올드 빈티지 와인들 **2** 트레발롱의 와인 저장고

프로방스 와인의 역사

지중해와 알프스 사이에 있는 프로방스의 와인 산지는 동서로 200km에 달하는 넓고 방대한 지역이다. 주요 와인 산지는 꼬뜨 드 프로방스, 꼬또 덱상 프로방스, 꼬또 바루와 엉 프로방스까지 크게 3곳으로 나눈다. 세부 산지로는 고급 와인을 생산하는 방돌, 카시스, 레 보 드 프로방스 등이 있다.

프로방스 와인은 2,600년에 달하는 오랜 역사를 가지고 있다. 기원전 고대 그리스 로마인들이 지금의 마르세이유에 정착하면서 포도나무를 심고 와인을 만들기 시작했다고 전해진다. 프로방스 와인의 주연 배우는 로제 와인이다. 국내에서는 로제 와인의 인기가 시들하지만 프로방스의 로제 와인은 세계적으로 가장 트렌디한 와인 중 하나다. 와인 소비의 트렌드가 오랜 기간 숙성시켜야 하는 어려운 와인 대신 가볍고 편하게 마실 수 있는 와인으로 고개를 돌리고 있다. 그에 대한 가장 적합한 해답이 바로 로제 와인인 것이다. 수치로 따져보면 로제 와인 소비량은 1990년에 비교해서 3배 가까이 증가했다. 프로방스는 루아르의 일부 지역, 론의 타벨과 더불어 프랑스에서 가장 유명한 로제 와인 생산지로 명성이 자자하다. 마르세이유, 방돌, 생 트로페즈 같은 지중해의 휴양도시를 찾은 세계의 관광객들은 부담 없고 편한 로제 와인을 마시며 '완벽한 휴식'을 즐긴다.

프로방스의 떼루아

프로방스는 토양이 척박해 작물이 제대로 자라기 어렵다. 하지만 포도나무와 올리브 나무만큼은 예외다. 프로방스는 전체 인구의 70~80%가 올리브 및 와인 산업에 종사하고 있다. 포도 재배면적은 2만 7,000ha에 이르며, 랑그독 루시옹과 더불어 프랑스에서 가장 많은 양의 와인을 생산한다.

프로방스의 떼루아는 포도 재배와 와인 생산에 최적화되어 있다고 해도 과언이 아니다. 연간 3,000시간의 일조량이 말해주듯이 프로방스의 여름은 40℃까지 육박하며, 삼복더위와 같이 무덥다. 프로방스에서 찬란한 햇빛을 맞아 보면 왜 예술가들이 프로방스를 사랑했는지 어렴풋이 알게 된다. 이처럼 뜨거운 햇살에서 포도나무를 해방시켜 주는 것은 북에서 불어오는 차가운 바람 미스트랄이다. 이 차가운 북서풍이 더위를 식혀주고 습기를 말려주어 포도나무에 발생할 수 있는 치명적인 곰팡이를 예방하게 한다. 반대로 북향의 포도밭은 미스트랄의 영향을 직접적으로 받아 포도나무가 손상을 입기도 한다. 이 때문에 최고의 포도밭은 대개 지중해를 바라보는 남향의 언덕에 위치해 있다. 봄과 가을에는 지중해에 접한 다른 지방과 마찬가지로 불규칙하게 비가 내리고, 때로는 강한 폭풍우를 동반하기도 한다.

1

2

프로방스의 포도 품종

오랜 포도재배 역사 덕분에 이곳에서 재배되는 품종도 매우 다양하다. 레드에는 시라, 그르나슈, 까리냥, 무르베드르, 쌩소 등이 있다. 화이트에는 그르나슈 블랑, 롤르, 위니 블랑, 부르블랑 등이 있다. 이처럼 품종이 다채로운 덕분에 생산되는 와인도 지역마다 뚜렷한 개성을 지니고 있다.

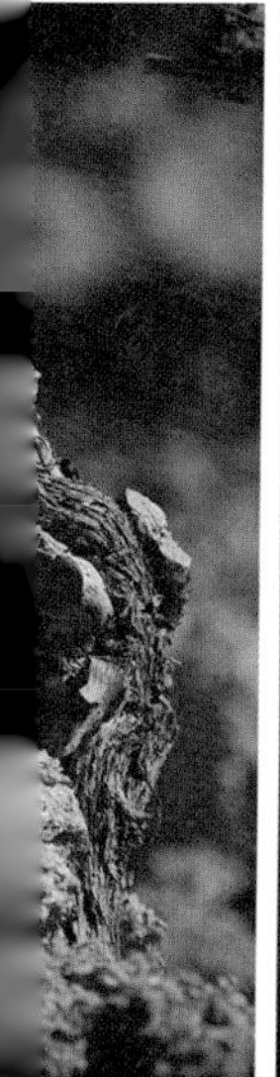

1 아침햇살을 받아 싱그럽게 빛나는 프로방스의 포도밭 **2** 포도나무와 올리브 재배가 유리한 척박한 토양 **3** 포도나무의 어린 새순

레드 품종

① 시라 Syrah

프로방스는 론에서 재배되는 대부분의 품종을 기르고 있다. 그 중 대표적인 것이 시라다. 시라는 알이 작고 오밀조밀한 모양이다. 이 포도로 만든 와인은 파워풀하고 집중도가 있으며 색이 진하다. 갓 만들어진 시라 100% 프로방스 와인은 탄닌감이 많고 거칠다. 그만큼 숙성 잠재력이 있다는 의미이기도 하다. 숙성 후에는 캐러멜처럼 부드러워지며, 바닐라와 담배, 붉은 과실 향이 매혹적이다.

② 그르나슈 Grenache

스페인이 원산지이지만 프랑스 론과 더불어 남프랑스 전역에서 활발하게 재배하고 있는 품종이다. 스페인에서는 가르나차라고 불린다. 프로방스에서는 꼬또 덱상 프로방스의 레드 와인에 주로 블렌딩되는데, 드물지만 그르나슈 단일 품종으로 레드 와인을 만들기도 한다. 영할 때는 붉은 과실 향이 압도적이고 시간이 지나면 스파이시한 풍미가 강해진다. 그르나슈는 와인에 바디감과 질감을 제공하는 데 큰 역할을 한다.

③ 쌩소 Cinsault

프로방스가 원산지로 고대부터 지금까지 식용으로 많이 소비되던 포도 품종이다. 프로방스 전역에서 광범위하게 재배되며, 특히 로제 와인을 만들 때는 거의 필수적으로 블렌딩되는 품종이다. 쌩소는 와인에 신선함과 과실의 풍미를 부여하며, 주요 품종의 매력을 더욱 돋보이게 하고 단점을 보완해준다.

④ 티부렁 Tibouren

잘 알려지지 않은 레드 품종이다. 로제 와인에 블렌딩이 되며 와인에 신선한 아로마와 풍부한 부케를 선사한다. 단일 품종으로 쓰이는 경우는 거의 없고 블렌딩 용으로 쓰인다.

1

⑤ **무르베드르** Mourvèdre

남부 론을 비롯해 남프랑스 전역에서 광범위하게 재배되는 레드 품종이다. 특히, 무르베드르는 무더운 기후와 석회질 토양에서 잘 자란다. 천천히 익어가는 만생종으로 프로방스 남부 지중해에서 불어오는 온화한 바람을 받으며 완벽하게 익어간다. 풀 바디하며 탄닌이 가득한 와인으로 탄생한다. 방돌은 무르베드르를 재배하기에 가장 이상적인 떼루아를 갖춘 곳으로 꼽힌다. 무르베드르는 어릴 때는 제비꽃과 블랙베리의 아로마가 강하고, 와인이 익어갈수록 시나몬, 후추와 같은 스파이시한 풍미가 돋보인다. 입안에서 느껴지는 부드럽고 오밀조밀한 질감이 일품이다.

⑥ **까리냥** Carignan

프로방스의 척박한 토양에 놀랍도록 잘 적응하는 품종이다. 프로방스 전역에서 광범위하게 재배된다. 고급 와인을 만드는 데 많이 쓰인다. 잘 만들어진 까리냥 와인은 대체로 풀 바디하고 부드러운 탄닌과 선명한 자주색을 띤다. 단일 품종으로 쓰는 경우는 드문 편이고 대부분 블렌딩 된다.

⑦ **까베르네 소비뇽** Cabernet Sauvignon

전 세계적으로 가장 유명한 레드 포도 품종이지만, 프로방스에서는 많이 재배하지는 않는다. 껍질이 두꺼워 탄닌감과 파워풀한 텍스처를 부여한다. 특히 장기 숙성용 와인을 만들 때 블렌딩한다. 매력적인 후추, 블랙커런트의 풍미가 느껴진다.

1 도멘 피바르농의 포도 수확 **2** 포도 선별 작업 **3** 착색이 되고 있는 포도 **4** 까리냥

화이트 품종

① 롤르 Rolle

이탈리아에서는 베르멘티노Vermentino라고 부른다. 본래 이탈리아의 리구리아 주가 고향이지만, 고대 그리스 로마 시대부터 프로방스에서 재배된 유서 깊은 품종이다. 잘 만들어진 롤르 와인은 시트러스하고 서양배의 아로마가 풍부하다.

② 세미용 Sémillon

보르도에서는 귀부 와인이나 화이트 와인을 만드는 데 중요한 품종이다. 하지만 프로방스에서는 아주 소량만 블렌딩 용으로 쓴다. 와인에 바디감을 부여하고 화려한 부케와 입안에서 유질감이 느껴진다. 잘 만들어진 세미용 와인은 흰 꽃의 아로마와 꿀의 뉘앙스를 느낄 수 있다.

③ 위니 블랑 Ugni Blanc

롤르와 마찬가지로 이탈리아가 고향이다. 과일향이 강한 품종으로 맑고 프루티하며 우아한 와인을 만든다. 프랑스에서는 와인 이외에도 브랜디를 만드는 데 많이 쓰인다.

④ 클래레트 Clairette

프로방스에서는 고대부터 오랜 시간 재배해 온 유서 깊은 품종이다. 수확량 자체가 많지 않으며, 아로마틱한 화이트 와인을 만들 때 쓰인다.

⑤ 부르불랑 Bourboulenc

늦게 수확하는 전형적인 만생종이다. 프로방스에서도 보기 드문 품종으로 다른 품종과 블렌딩 되어서 우아함을 더한다.

프로방스의 대표 와인 산지

방돌 Bandol

프로방스에서 가장 유명한 와인 산지다. 로제 와인은 물론, 훌륭한 레드와 화이트 와인도 생산한다. 방돌은 마르세이유 동쪽 해변에 있는 해변 마을의 이름이기도 하고, 이 근방의 와인을 통칭하는 말이기도 하다. 이 지역의 떼루아는 무르베드르 품종에 최적화되어 있다. 규암과 석회암이 주를 이루는 토양과 온화한 지중해성 기후는 무르베드르가 자라는 데 최적의 환경을 제공한다. 방돌은 척박한 떼루아를 가져 포도 수확량도 굉장히 낮은 편이다. 좋은 포도밭은 언덕에 위치하고, 포도 수확과 관리는 모두 사람의 손에 의해서 이루어진다.

방돌은 세부 지역에 따라 쓰는 포도 품종의 비율이 조금씩 달라진다. 대부분의 와인에 무르베드르가 블렌딩이 되고 나머지 중요한 품종으로 그르나슈와 쌩소가 뒤를 잇는다. 시라와 까리냥도 쓰기는 하지만 높은 비율은 아니다. 무르베드르는 법적으로 모든 레드 와인에 50% 이상 블렌딩 되도록 정해져 있다. 몇몇 생산자는 아예 무르베드르 100%를 사용해서 결이 벨벳처럼 곱고 입 안에서 폭발하는 듯한 파워풀한 레드 와인을 만들기도 한다.

좋은 무르베드르 와인의 특징은 깊이를 알 수 없는 검붉은 색에 검은 과실 향이다. 숙성이 잘 된 와인의 경우 바닐라, 시나몬, 가죽의 풍미가 풀풀 풍긴다. 이런 와인들은 적어도 10년은 숙성시켜야 훌륭한 풍미의 레드 와인으로 변모한다. 많은 생산자들이 와인을 출시하기 전에 적어도 오크에서 18개월 간의 숙성을 거친다. 방돌의 로제 와인에도 무르베드르가 블렌딩 된 경우가 많아 향신료 향이 강하고 구조감이 좋다. 화이트 와인의 경우 생산량 자체가 많지 않으며 클레레트와 부르불랑, 위니 블랑으로 만든다.

꼬또 덱상 프로방스 Coteaux d'Aix-en-Provence

프로방스 북서쪽에 위치한 이곳은 길이 닿는 곳 어디서나 포도밭을 볼 수 있는, 포도나무의 낙원이다. 꼬또 덱상 프로방스의 토양은 대부분 석회질로 이루어졌다. 이곳에서 생산되는 와인 가운데 로제 와인 비중은 82.5%다. 그 다음이 레드, 화이트 순이다. 주요 품종은 그르나슈와 쌩소, 무르베드르, 그리고 1960년대 프로방스에 들어온 이후 인기를 누리고 있는 까베르네 소비뇽이 뒤를 잇는다. 이 지역의 까베르네 소비뇽 묘목은 보르도의 유명 그랑 크뤼 클라세 샤또 '라

1 방돌 와인 산지
2 피바르농의 포도밭

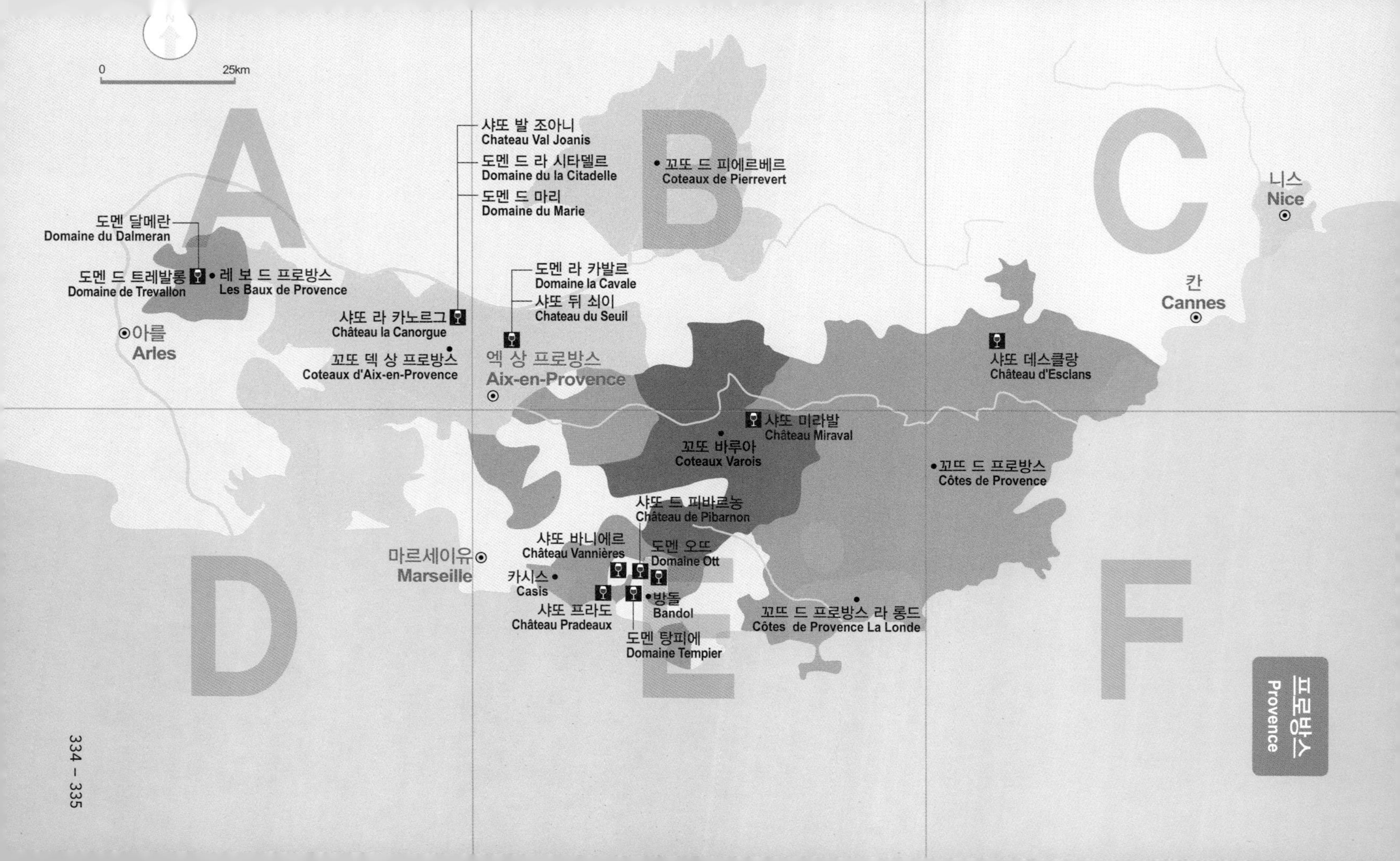

프로방스
Provence

0 25km

도멘 달메란
Domaine du Dalmeran

도멘 드 트레발롱
Domaine de Trevallon

레 보 드 프로방스
Les Baux de Provence

아를
Arles

샤또 발 조아니
Chateau Val Joanis

도멘 드 라 시타델르
Domaine du la Citadelle

도멘 드 마리
Domaine du Marie

샤또 라 카노르그
Château la Canorgue

꼬또 덱 상 프로방스
Coteaux d'Aix-en-Provence

도멘 라 카발르
Domaine la Cavale

샤또 뒤 쇠이
Chateau du Seuil

엑 상 프로방스
Aix-en-Provence

꼬또 드 피에르베르
Coteaux de Pierrevert

니스
Nice

칸
Cannes

샤또 데스클랑
Château d'Esclans

샤또 미라발
Château Miraval

꼬또 바루아
Coteaux Varois

꼬뜨 드 프로방스
Côtes de Provence

샤또 드 피바르농
Château de Pibarnon

샤또 바니에르
Château Vannières

도멘 오뜨
Domaine Ott

마르세이유
Marseille

카시스
Casis

방돌
Bandol

샤또 프라도
Château Pradeaux

도멘 탕피에
Domaine Tempier

꼬뜨 드 프로방스 라 롱드
Côtes de Provence La Londe

A B C D E F

방돌의 계단식 포도밭

라귄'의 전 소유주가 들여온 것으로 알려져 있다. 메인 화이트 품종은 부르불랑과 클래레트, 그르나슈 블랑이다. 프로방스에서는 이 세 가지 품종들로 훌륭한 화이트 와인을 만들어내고 있다. 이외에도 샤르도네와 소비뇽 블랑, 세미용이 재배된다.

레 보 드 프로방스 Les Baux de Provence

방돌, 카시스와 더불어 프로방스에서 가장 유명한 와인 산지 중 하나다. 1995년 프랑스 정부가 꼬또 덱상 프로방스의 하위 고급 와인 산지로 지정했다. 이곳은 '지옥의 계곡'이라는 뜻의 발 당페르에 둘러싸여 있는 건조하고 뜨거운 지역이다. 거친 떼루아 때문에 뜨거운 지중해의 햇살을 가득 담은 훌륭한 레드 와인이 생산된다. 주품종은 까리냥과 쌩소. 이름이 생소한 레드 품종 쿠누아즈Counois가 30% 미만으로 블렌딩 되기도 한다. 까베르네 소비뇽도 소량 쓰이는데, 비율을 20% 이하로 써야 한다. 레 보 드 프로방스는 친환경 와인을 만드는 곳으로도 유명하다. 특히 이 지역은 많은 포도밭이 공식적으로 바이오다이나믹 농법을 통해 포도를 재배한다.

꼬뜨 드 프로방스 Côtes de Provence

약 2만ha에 달하는 꼬뜨 드 프로방스는 프로방스의 가장 많은 부분을 차지하는 광범위한 와인 산지다. 프로방스 동쪽 대부분의 와인 산지를 아우르며 85개 와인 마을이 이곳에 속한다. 프로방스에서 로제 와인이 유명하고 많이 생산된다는 것은 바로 꼬뜨 드 프로방스를 두고 하는 말이다. 이곳에서 생산되는 와인의 80%가 로제 와인이다. 나머지 15%가 레드 와인이고, 화이트는 소량 생산된다. 주요 품종은 까리냥과 쌩소, 그르나슈, 무르베드르, 티부렁이며, 최근 들어 까베르네 소비뇽과 시라의 재배 비율이 점차 높아지고 있다.

과거 프로방스 로제 와인은 관광객의 가벼운 입맛에 맞춘 질 낮은 것이었다. 그러나 지금은 와인의 퀄리티를 높이기 위해 노력하고 있다. 재배면적당 생산량을 줄이고, 까리냥의 블렌딩 비율을 낮추는 대신 그르나슈와 쌩소, 무르베드르 등을 높은 비율로 쓰면서 파워풀하고 풍미가 좋은 로제 와인을 만들어낸다. 신세대 와인메이커들은 과거 선배들이 로제 와인을 발효하고 숙성시킬 때 쓰던 오크를 과감히 배제하고 자동으로 온도 조절이 가능한 스테인리스 스틸 탱크를 적극 활용하면서 다시 한 번 프로방스 로제 와인의 부흥을 노리고 있다.

카시스 Cassis

마르세이유와 방돌의 사이에 자리한 작은 어촌의 이름이자 프로방스의 고급 와인 생산지이다. 카시스는 프로방스에서 유일하게 화이트 와인을 주력으로 생산한다. 이 지역의 떼루아가 화이트 품종인 클래레트, 마르산느, 위니 블랑, 그리고 소비뇽 블랑의 재배에 최적이기 때문이다. 잘 만들어진 카시스의 드라이한 화이트 와인의 경우 입안을 가득 채우는 풀 바디한 질감이 일품이다. 높지 않은 산도와 허브의 아로마는 이 지역에서 갓 잡아 올린 생선 요리와 환상적으로 매칭 된다. 지역 주민들은 프랑스의 전통 해산물 수프인 부야베스에 카시스의 화이트 와인을 함께 한다.

프로방스 추천! 와이너리

Recommended Wineries

도멘 드 트레발롱 Domaine de Trevallon

로버트 파커, 커밋 린치, 오베르 드 빌렌 등 세계 와인업계를 쥐고 흔드는 명사들이 감탄한 프로방스의 전설적인 와이너리다. 현 오너이자 도멘 드 트레발롱이라는 이름으로 첫 와인을 선보였던 엘루아 뒤르바흐는 1973년 이곳에 처음 포도밭을 조성한 후 3년 뒤인 1975년에 첫 빈티지를 선보였다. 시작은 미약하였다는 말처럼 처음 몇 년은 소득이 거의 없었다고 한다. 그러다 로마네 꽁띠의 오너 오베르 드 빌렌이 이곳을 방문한 후 트레발롱 와인에 감탄해 와인 저술가 커밋 린치에게 소개했고, 커밋 린치는 다시 로버트 파커에게 이곳을 소개한다. 로버트 파커는 이 와인을 처음 마시고는 '인생 최대의 발견'이라고 극찬을 아끼지 않았다. 현재 도멘 드 트레발롱의 와인은 현재 세계 와인 애호가들의 소장 대상 목록에 당당히 자리하고 있다.

위치 아를 시내에서 차로 30분
주소 Domaine de Trevallon, 13103 Saint-Étienne-du-Grès
전화 04-90-49-06-00
오픈 월-토 사전 예약에 한해 오픈
투어 이메일(info@domainedetrevallon.com)을 통한 사전 예약 필수
홈페이지 www.domainedetrevallon.com

★ 추천 와인 ★

도멘 드 트레발롱 와인이 일약 스타 와이너리로 등극하게 된 것은 와인 명사들의 사랑을 받은 이유도 있지만, 기본적으로 와인의 품질이 우수하기 때문이다. 이곳은 포도밭을 친환경적으로 관리하고, 와인 제조에 있어서도 인위적인 개입을 최소화한다. 트레발롱의 독특한 레이블은 오너의 아버지가 직접 그린 그림으로 해마다 바뀌어 수집의 대상이 되고 있다. 가격은 빈티지에 따라 다르지만 90유로 내외다.

샤또 라 카노르그 Château la Canorgue

헐리우드의 대표 배우 러셀 크로우와 프랑스의 가장 매력적인 여배우 마리옹 코티아르가 주연한 영화 〈어느 멋진 순간A Good Year〉의 배경이 된 와이너리다. 이 영화는 런던의 잘 나가는 펀드매니저(러셀 크로우)가 프로방스에서 와이너리를 운영하던 삼촌의 부음을 듣고 왔다가 어린 시절 함께 했던 여인(마리옹 코티아르)을 만나 삶의 진정한 행복과 사랑을 찾게 된다는 낭만적인 이야기다. 아비뇽과 엑상프로방스 사이에 있는 와인 산지 루베롱Luberon에 자리하여 200년 이상 5대에 걸쳐 가족경영으로 이어져 오고 있다. 아름다운 와이너리 풍경과 더불어 와인의 품질도 높아 와인 애호가들의 발걸음을 붙잡기에 충분히 매력적인 곳이다. 현재는 장 피에르 마르강과 그의 딸 나탈리가 운영하고 있으며, 100% 유기농법으로 관리하고 있다. 와이너리 건물은 로마시대 지어졌던 오래된 빌라를 약간 개조한 것이라 마치 고대 로마의 유적지에 와 있는 듯한 착각이 든다.

위치 아를 시내에서 차로 1시간 25분
주소 Route du Pont Julien, 84480 Bonnieux
전화 04-90-75-81-01
오픈 월-토 09:00~12:00, 14:00~18:00
투어 셀러 도어 방문 가능, 투어 시 사전 전화 예약 필수
홈페이지 chateaulacanorgue.com

★ 추천 와인 ★

와이너리에 방문자를 위한 시음실이 있어 무료로 와인 테이스팅을 해 볼 수 있다. 영화에 등장한 와인 코앵 페르뒤Coin Perdu는 반드시 테이스팅 해보자. 부드러운 질감과 길게 이어지는 여운이 만족스럽다. 와인은 10~40유로까지 가격대가 다양하다.

샤또 바니에르 Château Vannières

샤또 프라도와 더불어 방돌을 대표하는 유명 생산자다. 샤또 바니에르는 1957년 프랑스 귀족 가문의 후예인 루시엥 부도가 지금의 샤또를 매입하면서 시작되었다. 루시엥은 샤또 바니에르를 시작하기 전부터 론에서 와인을 만들어 왔고, 그의 아버지 역시 1980년대까지 부르고뉴에서 와인을 만들어 온 와인 가문이었다. 그들이 각각의 지역에서 방돌로 온 이유는 남프랑스의 놀라운 자연환경과 방돌에서 완벽하게 만들어낼 가능성이 있는 무르베드르에 대한 기대감 때문이었다. 현재는 루시엥의 손자 에릭 브와쏘가 와이너리를 이어받아 운영하고 있다. 총 32ha의 포도밭에서 레드 와인 50%, 로제 40%, 화이트 10%의 비율로 한 해 17만 병의 와인을 생산한다. 아직까지 방돌 지역 와인들은 대부분 프랑스를 포함한 유럽과 미국에서 소비되고 있는데, 전체 생산량의 60%는 프랑스 내에서 나머지 40%는 유럽 국가들과 북미, 남미, 일본, 그리고 한국으로 소량 수출되고 있다.

위치 아를 시내에서 차로 1시간 50분
주소 1440 Ch. de St Antoine, 83740 La Cadière d'Azur
전화 04-94-90-08-08
오픈 사전 예약에서 한해 오픈
투어 홈페이지를 통해 사전 예약 필수
홈페이지 www.chateauvannieres.com

★ 추천 와인 ★

샤또 바니에르는 무르베드르 분야에서 단연 탑이라 할 수 있다. 이곳의 레드 와인은 매년 무르베드르 95%, 그르나슈 5%의 동일한 비율로 와인을 생산하고 있다. 로제 와인은 무르베드르, 그르나슈, 생소가 블렌딩 되며, 향긋한 흰 꽃 향과 감귤류 향, 신선하고 깔끔한 산도와 미네랄, 구운 아몬드, 약간의 향신료 향이 느껴지는 조화로운 와인이다. 레드는 35유로, 로제는 25유로 선이다.

도멘 오뜨 Domaine Ott

도멘 오뜨의 별칭은 '프로방스의 롤스로이스'다. 별칭처럼 프로방스에서 독보적인 명성을 지닌 명품 와인이다. 도멘 오뜨를 지금의 자리에 오르게 한 것은 레드도, 화이트도 아닌 로제 와인이다. 그만큼 로제 와인에 있어서만큼은 세계 최고의 품질을 자랑한다. 도멘 오뜨는 프로방스 전역에 포도밭을 가지고 있고, 프로방스 주요 산지에만 3곳의 와이너리를 소유하고 있다. 방돌의 샤또 로마상Château Romassan, 꼬뜨 드 프로방스의 샤또 드 셀르Château de Selle와 클로 미레유Clos Mireille가 바로 그 주인공이다. 도멘 오뜨를 설립한 마르셀 오뜨는 본래 알자스 출신으로 1896년에 프로방스에 내려와 와인 생산을 시작했다. 처음에 설립한 곳이 샤또 드 셀르였고, 이후 계속해서 와이너리를 확장해 나가면서 성공가도를 달렸다. 2004년 마르셀 오뜨의 후손인 장 프랑수아 오뜨가 샴페인의 명가 루이 로드레와 손을 잡아 와이너리 성장에 더욱 박차를 가하고 있다.

위치 아를 시내에서 차로 1시간 30분
주소 601 Route des Mourvedres, 83330 Le Castellet
전화 04-94-98-71-91
오픈 월-금 09:00~12:00, 14:00~18:00
투어 홈페이지를 통한 사전 예약 필수
홈페이지 www.domaines-ott.com

★ 추천 와인 ★

도멘 오뜨 소유 와이너리는 3곳이지만 아무 곳이나 방문해도 상관없다. 레드 와인과 로제 와인을 생산하며, 3곳의 와이너리에서 생산하는 와인은 모두 볼링핀 모양의 전통적인 프로방스 와인 병에 담긴다. 지역마다 맛이 조금씩 차이가 있으므로 비교 테이스팅 해보는 것도 흥미롭다. 이곳의 와인들은 복합적이고 풍부한 과일 향을 느낄 수 있다. 가격은 로제의 경우 40유로 선.

샤또 미라발 Château Miraval

영화배우 브래드 피트와 안젤리나 졸리가 프로방스에 소유하고 있는 와이너리다. 2008년 두 사람이 와이너리를 사들이면서 샤또 미라발은 세계에서 가장 유명한 헐리우드 배우를 오너로 맞이하게 되었다. 샤또 미라발은 평균 수령 30년 이상의 그르나슈, 시라, 쌩소를 유기농법으로 재배하며 세계 최고의 로제 와인을 만들기 위해 노력하고 있다. 가장 인상적인 행보는 론 지방 최고의 와인 명가라고 할 수 있는 샤또 드 보카스텔의 페랭 가문과 손을 잡았다는 것이다. 샤또 미라발이 소유한 천혜의 포도밭에서 나는 포도를 와인 제조에 잔뼈가 굵은 와인 메이커 페랭이 더욱 우수한 와인으로 탄생시키고 있다. 와인 스펙테이터에서 선정한 100대 와인에 샤또 미라발 로제 2012년 빈티지가 84위에 등극하는 영예를 안기도 했다.

위치 아를 시내에서 차로 1시간
주소 Miraval, 83570 Correns.
전화 없음
오픈 홈페이지를 통한 문의
홈페이지 www.miraval.com

★ 추천 와인 ★

이곳에서 생산하는 와인은 로제 와인 1종과 화이트 와인 2종이 전부다. 로제 와인은 드라이한 스타일로 복합적인 풍미와 긴 여운, 음식과의 매칭이 훌륭하다. 그르나슈, 쌩소, 시라, 롤로 와인을 만들어 낸다. 로제 와인을 추천하며 가격은 20유로 내외이다.

샤또 프라도 Château Pradeaux

샤또 프라도는 '무르베드르 제국'이라 불리는 방돌을 대표하는 프리미엄 와이너리 중 하나이다. 1752년 나폴레옹 통치 시절 장관직을 역임했던 장 마리 에티엔 포르탈리스가 설립했으며, 그때부터 지금까지 포르탈리스 가문이 소유하고 있는 유서 깊은 곳이다. 샤또 프라도는 1789년 프랑스 혁명 당시 상당 부분이 파손이 되었음에도 불구하고 포르탈리스 가문은 대를 이어 포도밭을 지켜왔다. 2차 세계대전 종전 후 또 한 번의 위기가 찾아왔을 때도 당시 가문의 수장이었던 아를레트 포르탈리스가 와이너리를 복구해 지금의 샤또 프라도를 재건했다. 이들 가문이 주력하는 것은 무르베드르를 이용한 최고의 와인을 만드는 것이다. 당시 INAO 창시자였던 바롱 르루아도 이들의 도전을 도왔다. 현재는 방돌 지역을 대표하는 와이너리로 성장했고, 무르베드르 와인의 최고봉이라는 평가를 듣는다.

위치 아를 시내에서 차로 1시간 30분
주소 676 Chemin des Pradeaux, 83270 Saint-Cyr-sur-Mer
전화 04-94-32-10-21
오픈 월-토 09:00~12:30, 15:00~18:30
투어 홈페이지를 통해 사전 예약 필수
홈페이지 www.chateau-pradeaux.com

★ 추천 와인 ★

샤또 프라도의 무르베드르 와인은 놀라울 정도로 부드러우면서도 파워풀한 질감이 일품이다. 방돌에서 재배한 포도로 레드와 로제, 단 두 종의 와인을 생산하는데, 이 두 가지만으로도 그들의 와인을 설명하기에 충분하다. 레드 와인은 무르베드르 90%에 그르나슈 10%를 블렌딩하고, 로제 와인은 무르베드르를 주 품종으로 여러 레드 품종을 블렌딩한다. 품질에 비해 가격도 합리적이다. 레드 와인은 25유로, 로제 와인은 14유로 선이다.

샤또 데스클랑 Château d'Esclans

세계 최고 품질의 로제 와인을 생산하는 샤또 데스클랑은 19세기 프랑스 랑크 가문이 와이너리를 설립하면서 그 역사가 시작되었다. 2차 세계대전 중에는 독일군에 와이너리를 빼앗기는 아픔을 겪기도 했으나, 보르도 그랑 크뤼 클라세 샤또 라스콩브를 비롯한 여러 와이너리를 소유한 사카 리쉰이 인수하면서 지금은 제2의 전성기를 구가하고 있다. 리쉰의 와이너리 경영 이념과 마케팅 노하우는 샤또 데스클랑이 세계 최고의 로제 와인으로 자리매김할 수 있도록 만들었다. 리쉰과 함께 합류한 세계적인 와인 메이커 패트릭 레온은 샤또 라스콩브 등에서 총괄 와인 메이커를 지냈던 경험을 바탕으로 샤또 데스클랑 와인을 세계 최고의 반열에 오르게 하는 데 큰 공을 세웠다. 저명한 와인 평론가 잰시스 로빈슨은 데스클랑을 두고 '세계 최고의 로제 와인'이라는 찬사를 보낸 바 있다. 샤또 데스클랑 와인은 대한항공 퍼스트와 프레스티지 클래스 와인으로 선정되기도 했다.

위치 아를 시내에서 차로 1시간 50분
주소 4005 Route de Callas, 83920 La Motte
전화 04-94-60-40-40
오픈 5-9월 10:00~19:00, 10-4월 10:00~18:00
투어 홈페이지를 통한 사전 예약 필수
홈페이지 esclans.com

★ 추천 와인 ★

샤또 데스클랑의 와인은 고급 로제 와인의 풍미를 느껴보고 싶은 이들에게 강력 추천한다. 이곳의 로제 와인은 드라이하며 집중력 있고, 풍부한 아로마와 부케가 매력적이다. 일반 레드와 화이트도 생산하고 있다. 로제의 경우 20유로부터 시작하며 최고급 로제인 가뤼Garrus는 110유로선.

도멘 탕피에 Domaine Tempier

방돌, 그리고 무르베드르라는 품종을 세계에 알린 전설적인 와이너리다. 와이너리 건물이 지어진 것은 1834년. 와인은 1885년부터 국제무대에 알려지기 시작했다. 그 후 필록세라와 경제공황을 겪으면서 침체기를 겪다가 가문의 일원인 루시 탕피에Lucie Tempier가 루시엉 페로Lucien Peyraud와 결혼하면서 변화가 시작됐다. 농학을 전공한 루시엉은 와인 생산자가 되기를 꿈꿔왔었는데, 1940년 2차 세계대전이 발발하자 이들 부부는 방돌로 돌아와 탕피에 가문이 해오던 와인 사업에 뛰어든다. 열악한 상황에서도 루시엉과 루시는 희망을 잃지 않고 방돌의 화려했던 와인 역사를 재건하기 위해 온 힘을 다했고, 방돌의 떼루아에 잘 적응하는 무르베드르와 쌩소, 그르나슈 같은 품종을 심기 시작했다. 1943년 이들 부부가 만든 첫 로제 와인이 탄생했다. 루시엉은 1945년 방돌 와인 생산자 연합의 회장직을 맡았으며, 1947년에는 INAO의 멤버로 추대되었다. 이후 계속된 그의 노력을 인정받아 현재 '무르베드르의 아버지'로 추앙받고 있다.

위치 아를 시내에서 차로 1시간 40분
주소 1082, Chemin des Fanges 83330 Le Plan du Castellet
전화 04-94-98-70-21
오픈 사전 예약에 한해 오픈
오픈 이메일(contact@domainetempier.com)을 통한 사전 예약
홈페이지 domainetempier.com

★ 추천 와인 ★

도멘 탕피에 추천 와인은 단연 무르베드르를 중심으로 블렌딩된 레드 와인이다. 포도밭의 각 구역과 미세 떼루아에 대해서 관심이 많은 루시엉은 개성이 각각 다르다고 생각되는 세 구역을 따로 정해 포도밭에 이름을 붙였다. 병마다 작은 글씨로 어떤 포도밭에서 수확되었는지가 적혀 있다. 세 곳의 포도밭은 퀴베 라 미구아Cuvée La Migoua, 퀴베 라 뚜르틴Cuvée La Tourtine, 퀴베 카바사우Cuvée Cabassaou이다. 또 각 포도밭의 우수한 포도만을 블렌딩해서 만든 프리미엄 와인 퀴베 클라시크Cuvée Classique가 있다. 이곳의 모든 와인을 추천하며 가격은 60유로 선이다.

샤또 드 피바르농 Château de Pibarnon

샤또 프라도, 샤또 바니에르와 더불어 방돌 지역의 와인을 책임지는 곳이다. 와이너리의 포도밭이 있는 지역은 마치 원형 경기장처럼 고립되어 있는 분지다. 방돌 안에서도 북쪽에 위치해 있으며 토양은 메마르고 척박하다. 이 포도밭의 역사는 13세기까지 거슬러 올라간다. 하지만 와인다운 와인을 만들기 시작한 것은 1977년 앙리 드 생-빅터가 이 와이너리를 소유하면서부터다. 이후, 프랑스는 물론 해외의 유명 품평회에서 각종 수상을 하면서 세계적으로 이름을 알리게 되었다. 피바르농의 포도밭은 방돌에서 자주 볼 수 있는 언덕을 따라 계단식으로 이루어져 있다. 이런 지형 탓에 포도밭은 오로지 사람의 손을 통해서만 관리하고 있다.

위치 아를 시내에서 차로 1시간 40분
주소 410, Chemin de la Croix des Signaux 83740, La Cadière d'Azur
전화 04-94-90-12-73
오픈 월-금 09:00~12:00, 14:30~18:00
투어 이메일(contact@pibarnon.fr)을 통한 사전 예약
홈페이지 www.pibarnon.com

★ 추천 와인 ★

샤또 피바르농은 한 마디로 방돌 레드 와인의 정수를 보여준다고 할 수 있다. 중생대부터 이어져 내려온 석회질 토양에서 친환경 포도 재배, 장기간의 양조과정, 오크통 숙성 등을 통해 최고의 와인을 만들기 위해 노력한다. 피바르농의 와인들은 어린 상태에서 이미 특별하고 독특한 과일 향을 뿜으며 자신들의 장점을 표현하지만 5~6년이 지나면 와인이 지닌 우아함이 섬세하게 드러난다. 가격은 40유로 내외.

도멘 달메란 Domaine Dalmeran

이탈리아에서 스페인으로 향하는 고대 로마인들의 길(via Domitia)에 위치한 와이너리다. 그런 연유로 와이너리 주변에는 고대의 크고 작은 폐허와 유물들이 산재해 있다. 또한 와이너리에서 생산하는 와인들의 레이블에는 빈티지를 숫자(ex; 2018)로 적는 대신 로마숫자(ex; MMXVIII)로 기입하고 있으니 참고하자. 도멘 달메란은 조이스Joyce 부부가 2006년 도멘 달메란의 땅과 포도밭을 구매한 뒤 아름답게 재탄생시켜 지금에 이르고 있다. 특히 2011년부터 포도밭 관리와 와인 제조를 완전히 친환경적인 방법으로 바꾼 후 자연에 가까운 건강한 와인을 생산하고 있다. 생산 와인은 레 보 드 프로방스Les Baux-de-Provence AOP의 레이블을 달고 출시된다. 프로방스의 많은 와이너리들이 아름다운 환경을 자랑하지만, 달메란의 아름다움에는 고대 역사의 흔적까지 덧씌워져 독특한 인상을 남긴다.

위치 아를 시내에서 차로 30분
주소 45, Avenue Notre-Dame-Du-Chateau, 13103 Saint-Etienne-du-Gres
전화 04-90-49-04-04
오픈 10:00~12:30, 14:00~18:00
투어 전화나 홈페이지를 통해 사전 협의
홈페이지 www.dalmeran.fr

★ 추천 와인 ★

단연 로제 와인을 추천한다. 달메란의 로제는 저렴하고 가볍게 소비되는 로제와 비교해 보다 강직하고 긴 여운을 남기는 근육질의 로제다. 레드 와인의 경우 24개월 동안 프렌치 오크통에서 숙성시킨 후 병에서 약 5년을 저장한 뒤에 출시해 공을 많이 들였다. 로제는 20유로 선, 레드는 35유로 선.

도멘 드 라 시타델르 Domaine de la Citadelle

영화, 연극 프로듀서로 오랜 시간 헌신해 온 이브 루쎄-루아흐Yves Rousset-Rouard가 1990년에 설립했다. 이 와이너리는 와인 뿐만 아니라 두 가지 면에서 매우 흥미롭다. 첫째는 오너가 직접 관리하고 기르는 허브 정원이다. 자르댕 보타니크 드 라 시타델르Jardin de la Citadelle라 불리는 허브 정원은 작은 언덕의 한 경사면을 모두 활용한 엄청난 크기로, 다양한 허브 및 약용 식물을 기르고 있다. 단순 관람에만 최소 한 시간이 소요된다. 간혹 독성이 있는 것들도 있어서 관람에 주의를 요한다. 다른 하나는 오너가 평생을 수집한 1,200점의 코르크 스크루를 관람할 수 있는 박물관이다. 뮤제 뒤 티흐-부숑Musee du Tire-Bouchon(와인 오프너 박물관)에서는 6가지의 카테고리로 나눈 코르크 스크루를 시대별, 종류별로 관람할 수 있다. 단언컨대 컬렉션은 세계적인 수준이다. 드메 드 라 시타델르의 포도밭은 약 40ha에 달한다. 토양의 성질에 따라 65개의 구획을 나누어서 개별 관리하고 있다. 2016년 AB씰을 획득한 친환경 와이너리다.

★ 추천 와인 ★

Les Artemes 화이트 와인과 Gouverneur를 추천한다. 특히 Gouverneur는 시라 70%, 그르나슈 20%, 무르베드르 10%가 블렌딩 된 와인으로 20% 비율의 뉴 프렌치 오크통에서 12개월을 숙성시켰다. 풍부한 맛과 입안에서 깔끔하게 마무리 되는 후미가 꽤 만족스럽다. Les Artemes는 14유로 선, Gouverneur는 25유로 선.

위치 아를 시내에서 차로 1시간 20분
주소 601 Route de Cavaillon, 84560 Menerbes
전화 04-90-72-41-58
오픈 09:00~12:30, 14:00~17:00
투어 시음과 허브 정원 입장은 무료, 박물관 입장은 1인당 5유로
홈페이지 www.domaine-citadelle.com

도멘 드 마리 Domaine de Marie

와이너리와 함께 게스트 하우스 바스티드 드 마리Bastide de Marie, 그리고 유기농 재료를 활용한 프렌치 레스토랑을 함께 운영하고 있는 복합문화공간이다. 도시의 복잡함을 잊고 프로방스가 자랑하는 아름다운 대자연과 와인을 즐기고자 하는 이들에게 완벽한 선택이 될 수 있다. 와이너리는 럭셔리한 호텔 여러 곳을 경영했던 시부에Sibuet 가문의 장 루이 시부에가 2000년 설립했다. 참고로 이들 가문이 자랑하는 호텔&스파인 레 페름 드 마리Les Fermes de Marie는 스키 관광지로 유명한 알프스 므제브Megeve에 위치한 5성급 호텔이다. 와이너리 역사는 짧지만, 시부에 가문이 오랜 시간 쌓아온 호텔 경영의 노하우를 적극적으로 응용해 감각적인 인테리어를 자랑한다. 트렌드에 맞춘 와인 메이킹 스타일을 도입해 세련되면서 깔끔한 맛의 와인을 즐길 수 있다.

위치 아를 시내에서 차로 1시간 20분
주소 400 chemin des Peirelles 84560 Menerbes
전화 04-90-72-54-23
오픈 시즌별로 오픈 시간 상이. 홈페이지 확인
투어 시음 무료, 와이너리 투어는 이메일(contact@domainedemarie.com) 별도 문의
홈페이지 www.domainedemarie.com

★ 추천 와인 ★

약 20ha의 포도밭에서 화이트, 로제, 레드 와인을 생산하고 있다. 이중 그르나슈 80%, 시라 10%, 무르베드르 10%가 블렌딩 된 아이콘 와인 'le'를 맛보기를 추천한다. 18개월의 장기간 오크 숙성을 거쳐 부드럽고 중후한 향과 맛을 느낄 수 있다. 가격은 26유로 선.

도멘 라 카발르 Domaine La Cavale

프로방스의 찬란한 자연환경에 녹아들 듯 건축된 아름다운 와이너리다. 세계적인 대형 호텔 체인인 아코르를 설립한 폴 뒤브륄르Paul Dubrule가 설립했다. 그가 현재 와이너리가 위치한 넓은 땅을 구입한 건 1973년. 당시에는 작은 포도밭과 양 목장이 전부였다. 그러다 1996년 폴 뒤브륄르가 사업 일선에서 은퇴를 준비하면서 와이너리에 투자가 시작됐다. 땅을 더 넓히는 한편, 와이너리를 리노베이션해서 지금의 현대적인 모습을 갖추게 되었다. 현재 그는 와이너리 운영도 세 딸에게 맡기고 유유자적한 노후를 보내고 있다. 와이너리는 마치 5성급 호텔을 방불케 하는 감각적인 인테리어를 자랑한다. 또한 체계적인 와인 시음 환경을 갖추었다. 환상적인 포도밭 전경이 조망되는 테라스에서 와인과 함께 하는 여유로운 시간을 보낼 수 있다.

위치 아를 시내에서 차로 1시간 10분
주소 3017 Route de Lourmarin 84160 Cucuron
전화 04-90-77-22-96
오픈 5~9월 10:00~19:00, 비수기 운영 시간은 홈페이지 확인
투어 시음 무료, 다채로운 투어가 준비되어 있으며, 가이드 투어는 12유로~
홈페이지 www.domaine-lacavale.com

★ 추천 와인 ★

AOP 루베롱의 와인을 생산하고 있다. 주력 레드 와인의 품질이 꽤 좋은 편이다. 가장 비싼 와인 그랑드 카발르Grande Cavale는 보르도 그랑 크뤼 클라세와 맞먹는 가격과 품질을 자랑한다. 지갑이 가벼운 소비자들에게는 프티트Petite 카발르를 추천한다. 그랑드 카발르는 41유로, 프티트 카발르는 11.5유로 선.

샤또 뒤 쇠이 Chateau du Seuil

프로방스의 한가로운 시골, 포도밭의 바다 속에 고즈넉하게 자리 잡은 와이너리다. 와이너리가 소유한 부지만 약 300ha에 이르며, 이중 62ha가 포도밭이다. 이름처럼 와이너리 바로 옆에 중세 고성(chateau)이 있어 와인 시음 후 천천히 주변을 둘러보는 재미가 있다. 이 성은 과거 프로방스의 귀족들이 휴양지로 이용했던 것으로, 귀족들의 삶을 엿볼 수 있는 중요한 건축물로 평가 받아 문화재로 등재되어 있다. 샤또 뒤 쇠이는 2014년 도쉰Daussun 부부에 의해 새롭게 태어났다. 성 내부도 현대적으로 리노베이션 되어 웨딩, 세미나, 행사 등의 용도로 활용되고 있다. 와이너리 주변 경관이 워낙 평화롭고 조용해 누구에게도 간섭 받지 않으면서 와인과 함께 힐링을 즐길 수 있다.

위치 아를 시내에서 차로 1시간 10분
주소 4690 Route du Seuil, 13540 Aix-en-Provence
전화 04-42-92-15-99
오픈 시즌별로 상이하니 방문 전 홈페이지 확인
투어 시음은 무료, 투어는 홈페이지에서 개별 문의
홈페이지 www.chateauduseuil.fr

★ 추천 와인 ★

로제 와인 생산량이 전체의 82.5%에 육박하는 꼬또 덱상 프로방스Coteaux d'Aix-en Provence AOP 와인을 선보이고 있다. 이 때문에 로제 와인의 퀄리티가 훌륭하다. 이외에도 르 그랑 쇠이Le Grand Seuil라 부르는 스파클링 와인도 추천한다. 르 그랑 쇠이는 병에서 2차 발효시키는 방식의 고급 스파클링 와인으로 가격 대비 퀄리티가 좋다. 가격은 로제 10유로, 스파클링 15유로 선.

샤또 발 조아니 Chateau Val Joanis

과거 나폴리 왕국의 통치자 루이 3세의 비서였던 장 드 조아니Jean de Joanis가 소유했던 샤또를 기반으로 한 와이너리다. 프로방스 뻬흐뛰Pertuis 마을 근처에 위치했다. 조아니의 땅은 17세기 아르노Arnaud 가문이 관리했으며, 19세기 이후 황무지가 되어버린 것을 1977년 현재 오너 장 루이 샹셀Jean-Louis Chancel이 구입했다. 그는 1979년부터 1999년까지 20년에 걸친 보수 공사를 통해 현대적인 모습의 와이너리로 탄생시켰다. 이때 조성된 정원은 남다른 아름다움으로 명성이 자자하다. 와이너리 뒤편에 조성된 이 정원은 프랑스 문화부가 2005년 〈Jardin Remarqueble〉의 하나로 선정했고, 2008년에는 올해의 가든에 꼽히기도 했다. 매년 이 정원을 보기 위해 수백 명의 관광객이 방문하며, 정원에서 기획되는 다채로운 행사 및 공연이 이들의 와인과 함께 많은 인기를 누리고 있다.

★ 추천 와인 ★

로제 와인이 주력이며, 이중 조세핀Josephin을 추천한다. 드라이한 맛과 혀에 남는 알싸한 여운 덕분에 음식에 매칭하기 매우 좋다. 레드 와인 생산량은 그리 많지 않지만, 품질이 좋은 편이다. 레 그리오뜨Les Griottes와 트라디션Tradition 둘 모두 가격 대비 퀄리티가 좋다. 와인 가격은 10유로부터 50유로까지 다양하다.

위치 아를 시내에서 차로 1시간 20분
주소 2404 Route de Villelaure, 84120 Pertuis
전화 04-90-79-20-77
오픈 10:00~13:00, 14:00~19:00
투어 시음 무료, 투어는 홈페이지 개별 문의
홈페이지 www.val-joanis.com/

음악과 축제로 물드는

프로방스의 도시들

칸 Cannes

베니스, 베를린과 더불어 세계 3대 영화제가 열리는 도시이자 휴양의 도시다. 칸은 겨울철 평균기온이 10℃ 내외의 온화한 기후를 보이며, 이웃한 니스와 함께 프랑스 최고의 휴양지로 각광을 받고 있다. 칸은 19세기부터 해수욕장이 들어서면서 대규모 호텔들이 세워지고 지금의 모습을 갖추었다. 칸의 서쪽 구릉 구시가지에는 16세기에 지어진 노트르담 드 레스페랑드 교회가 역사적인 장소로 남아 있다. 도시 동쪽 항구에는 수많은 요트가 줄 지어 정박해 여유로운 풍경을 만든다. 동쪽 해안을 따라 6km에 달하는 산책로에는 매일 아침 꽃시장이 열린다. 1946년부터 시작된 칸 영화제는 해마다 5월이면 이 도시를 영화를 사랑하는 사람들의 뜨거운 열기로 가득 채운다.

마르세이유 Marseille

프랑스에서 두번째로 큰 도시인 마르세이유는 프로방스 꼬뜨다쥐르 주와 부슈뒤론 데파르트망의 주도다. 지중해 항로를 여행하는 모든 선박의 통과지점인 이 도시는 BC 6세기부터 그리스의 식민지가 되어 갈리아 문화를 전파하는 중심지가 됐다. BC 2세기 포에니 전쟁 이후에는 로마의 속주가 되었고, 그 후 수세기 동안 지배와 약탈의 역사가 되풀이 됐다. 프랑스에 통합된 것은 1481년의 일이다. 마르세이유 북부에는 구 시가지가, 남쪽에는 노트르담 드 라 가르드 성당과 유명 건축가 르코르뷔지에가 설계한 주택단지가 들어서 있다. 마르세이유만의 작은 섬 이프 절벽에는 소설 〈몽테크리스토 백작〉의 배경이 된 이프 성이 있어 관광객이 많이 찾는다.

엑상프로방스 Aix-en-Provence

마르세이유에서 북쪽으로 28km 거리에 있는 도시다. 도피네 알프스 산맥 남쪽 구릉에 위치한 엑상프로방스는 12세기까지 프로방스 수도로 번영을 누렸다. 지금도 도시 곳곳에 사원과 궁전, 성당 등의 역사 유적지가 있어 그날의 영광을 확인할 수 있다. 엑상프로방스는 또 20세기 근대회화의 아버지로 불리는 폴 세잔이 태어나고 많은 작품을 남긴 도시이기도 하다. 매년 6월부터 7월까지 세계 3대 음악축제에 꼽히는 엑상프로방스 뮤직 페스티발이 열린다.

니스 Nice

칸과 더불어 지중해에 접한 휴양도시다. 니스는 프랑스와 이탈리아의 국경에 인접해 영유권 다툼이 많았던 곳이다. 1793년에 프랑스로 합병되었지만 나폴레옹 전쟁의 패배로 이탈리아의 영토가 되기도 했다. 그 후 1860년에 다시 프랑스로 편입됐다. 지금은 연평균 기온 15℃의 온화한 기후 덕에 남프랑스의 대표적인 휴양도시가 됐다. 니스 바닷가에 3.5km에 달하는 산책로는 이 도시의 또 다른 매력이다. 매년 2월 중순부터 사순절까지 2주간 니스 카니발이 열려 화려한 퍼레이드와 꽃으로 도시를 물들인다.

[아를 Arles]

프로방스에는 매력적인 도시가 많다. 그 중 와인과 예술을 함께 느낄 수 있는 여행의 거점으로 아를을 추천한다. '갈리아의 작은 로마'로 불렸던 아를에는 유네스코 세계문화유산에 등재된 고대 로마의 문화유산이 잘 보존되어 있다. 또 세기의 화가 빈센트 반 고흐가 머물며 300여 점의 작품을 남긴 곳으로도 유명하다. 도시 곳곳에서 프로방스 와인과 예술의 향기에 취할 수 있다.

아를 원형 경기장

아를 원형 경기장 Arles Amphitheatre

로마시대 원형극장으로 서기 90년에 건립된 것으로 추정된다. 5세기 로마제국의 몰락과 함께 도시의 쉼터 역할을 했다. 유네스코 세계문화유산에도 등재된 이 원형 경기장은 길이 136m, 폭 109m, 높이 21m의 웅장한 건축물이다. 내부에는 2만5천 명의 관중이 입장할 수 있다. 고흐가 1888년 그린 '투우를 보는 군중들'이란 그림이 남아 있다. 지금도 시즌 마다 투우 경기가 열린다. 시내 중심에 위치해 접근성이 좋고, 원형 경기장 주변으로 작고 아름다운 상점과 레스토랑, 산책로가 있어 관광객 발길이 끊이지 않는다.

위치 레퓌블리크 광장에서 도보 4분
주소 1 Rond-Point des Arènes13200 Arles
홈페이지 www.arenes-arles.com

아를 고고학 박물관 Museum of Ancient Arles

아를 시내 중심에서 도보 20분 거리의 시르크 로맹 거리에 있다. 외관을 푸른색으로 치장한 독특한 현대식 건축물로 '블루박물관'으로도 불린다. 1995년 그리스도교와 이교도 미술관 소장품을 전시하기 위해 처음 문을 열었다. 선사시대의 유물과 기원 후 6세기까지 고대 유물을 전시하고 있다. 4세기 후반에 만들어진 2층 규모의 석관이 유명하다. 이밖에 5세기의 청동반지 고대 조각상, 그리스 로마 신화를 묘사한 2~3세기의 모자이크를 감상할 수 있다.

위치 레퓌블리크 광장에서 도보 18분
주소 Presquile du Cirque Romain, 13635 Arles
홈페이지 www.arlestourisme.com/en/mdaa.html

생 트로핌 대성당 Paroisse Saint Trophime

레퓌블리크 광장에 위치한 가톨릭 성당이다. 12세기부터 건축이 시작되어 17세기까지 추가적으로 건축이 계속됐다. 도시의 번영과 역사를 담은 웅장함이 느껴지는 로마네스크 양식 건축물이다. 1974년 조각가 세자르 전시를 시작으로 국제적인 미술전시를 꾸준히 진행하고 있다. 1981년부터는 세계문화유산에 지정되어 보존되고 있다.

위치 레퓌블리크 광장에 위치
주소 Place de la République, 13200 Arles

레아투 박물관 Musée Réattu

아를 시내에 위치한 미술 전시 박물관이다. 입구의 빨간 대문을 들어가면 도시에서 멀리 벗어난 기분이 들게 하는 조용한 전시실이 나온다. 이곳은 17세기에 활동한 프랑스 미술가 자크 레아투 이름을 따서 개관했다. 12개의 전시실에는 자크 레아투의 작품 800점을 비롯해 피카소 등 유명 작가들의 미술작품과 사진, 조각품을 전시 중이다.

위치 레퓌블리크 광장에서 도보 5분
주소 10 Rue du Grand-Prieure, Arles
홈페이지 www.museereattu.arles.fr

아를 재래시장 Le Marché d'Arles

프로방스에서 가장 아름다운 재래시장으로 꼽힌다. 매월 첫째 주 수요일과 매주 토요일에 문을 열며, 2.5km에 달하는 거리에 300~450개의 노점이 들어선다. 꽃과 향신료, 올리브 등 지역 특산품과 공예품을 판매한다. 요일별로 시장이 열리는 장소가 달라지는데, 수요일은 에밀 꼼브, 토요일은 조르쥬 클레망소 거리에서 시작된다.

위치 레퓌블리크 광장에서 도보 8분
주소 Boulevard Emile Combes, 13200 Arles
홈페이지 www.ville-arles.fr/economie/foire-marche

몽마주르 수도원 Abbey of Montmajour

11세기 성베드로 성당 건축을 시작으로 만들어진 베네딕토회 수도원. 아를의 동쪽 교외에 있으며 십자형의 크리프타가 있다. 내부에 14세기 완공된 회랑이 있으며, 로마네스크 건축양식의 웅장함을 볼 수 있다. 수도원은 1786년에 문을 닫았다. 현재는 국가에 귀속되어 보존되고 있다.

위치 아를 시내에서 차로 15분
주소 Route de Fontvieille, 13200 Arles
홈페이지 montmajour.monuments-nationaux.fr

반 고흐 길 Van Gogh Walk

아를은 분명 반 고흐의 도시이다. 도시 전체에 반 고흐의 숨결이 흐른다는 표현이 알맞다. 아를 시가지를 걷다보면 거리 곳곳에 고흐의 작품을 찾아가는 이정표를 만나게 된다. 이 표시를 따라 가면 노란 집 The Yellow House, 반 고흐 카페 Café Van Gogh, 에스파스 반 고흐 L'Espace Van Gogh, 랑글루아 다리 The Langlois Bridge 등 고흐 그림의 무대간 된 곳들과 연결된다. 표시를 놓쳐 방향을 잃어도 상관없다. 아를에 사는 사람들이라면 누구나 친절히 방향을 알려준다.

몽마주르 수도원

레아투 박물관

아를 시내 반 고흐의 작품들

아틀리에 장 뤽 라바넬

L'Atelier de Jean-Luc Rabanel ★★★★

예술작품 같은 요리를 선보이는 장 뤽 셰프가 있는 레스토랑. 건강한 식재료를 활용한 요리가 주 테마다. 또한 음식과 와인의 매칭을 고려한 훌륭한 와인리스트를 보유하고 있다. 호텔을 함께 운영 중이며, 신청에 따라 요리 강좌를 진행한다.

위치 레퓌블리크 광장에서 도보 3분
주소 7 Rue des Carmes, 13200 Arles
홈페이지 www.rabanel.com

우스타우 드 보마니에르

L'Oustaù de Baumanière ★★★★

프로방스에서 가장 아름다운 호텔로 손꼽히는 곳이다. 미슐랭 2스타 레스토랑과 호텔을 함께 운영한다. 9만병에 달하는 와인이 보관된 와인 셀러를 가지고 있다. 아름답고 환상적인 식사를 원한다면 단연 이곳을 추천한다.

위치 아를 시내에서 차로 30분
주소 D27, 13250 Les Baux-de-Provence
홈페이지 www.oustaudebaumaniere.com

라 샤사그네트 La Chassagnette ★★★

작은 호텔을 함께 운영하는 미슐랭 1스타 레스토랑이다. 레스토랑에서 직접 재배하는 신선한 허브와 식재료로 요리한다. 야외 정원에서는 음악공연이 진행되기도 한다. 생선요리가 유명하고, 친절한 직원 서비스가 만족을 더한다.

위치 아를 시내에서 차로 20분
주소 Mas de la Chassagnette, Chemin du Sambuc, 13200 Arles **홈페이지** www.chassagnette.fr

그랑 카페 말라르트 Grand Café Malarte ★

식사시간이 넉넉하지 않은 여행자에게 추천하는 레스토랑이다. 커피에 샌드위치를 곁들여 가볍게 식사를 할 수도 있고, 단품요리를 주문할 수도 있다. 전체적으로 음식이 푸짐하면서 깔끔하다. 남프랑스 해산물 스튜와 커틀릿 요리를 추천한다.

위치 레퓌블리크 광장에서 도보 2분
주소 2 Boulevard des Lices, 13200 Arles
홈페이지 www.grand-cafe-malarte-restaurant-arles.com/

르 크리케트 Le Criquet ★

신선한 생선요리를 주재료로 전통적인 프로방스 요리를 선보인다. 생선 찜 요리와 해산물 스튜가 대표 메뉴. 직원이 친절하고 합리적인 음식 가격이 매력이다. 공간이 아담해 사전에 예약을 하고 가는 게 좋다.

위치 레퓌블리크 광장에서 도보 5분
주소 21 Rue Porte de Laure, 13200 Arles

아틀리에 장 뤽 라바넬

그랑 카페 말라르트

그랑 카페 말라르트

호텔 드 랑피테아트르

호텔 드 랑피테아트르

호텔 드 랑피테아트르 Hôtel de l'Amphithéâtre ★★

아를 원형 경기장 부근에 위치한 3성급 호텔이다. 아를 주요 관광지를 도보로 돌아볼 수 있다. 고풍스런 실내 인테리어와 깨끗한 룸이 만족스럽다. 아침식사가 가능하다.

위치 레퓌블리크 광장에서 도보 3분
주소 5 Rue Diderot, 13200 Arles
홈페이지 www.hotelamphitheatre.fr

르 마달레노 Le Madaleno ★★

아를 외곽에 위치한 2성급 호텔. 레 보 드 프로방스로 가는 길에 있다. 호텔은 오래되었지만 정돈이 잘 되어 있다. 고즈넉한 주변 경관과도 잘 어울린다. 야외 수영장과 지역 요리를 적당한 가격에 맛볼 수 있는 레스토랑을 함께 운영한다.

위치 아를 시내에서 차로 23분
주소 Route des Baux de Provence, 13990 Fontvieille
홈페이지 www.lemadaleno.com

호텔 뒤 포럼 Hôtel du Forum ★★

클래식한 분위기를 즐길 수 있는 3성급 호텔이다. 객실은 넓고 쾌적하다. 정원에는 수영장이 있어 여유로운 휴식을 취할 수 있다. 시내 중심에 있는데도 주차공간이 있어 자동차 여행자에게 편리하다.

위치 아레퓌블리크 광장에서 도보 2분
주소 10, Place du Forum, 13200 Arles
홈페이지 www.hotelduforum.com

호텔 뒤 클루아트르 Hôtel du Cloître ★★★

아를 중심에 위치한 부티크 호텔. 감각적인 내부 인테리어가 인상적이다. 예술의 도시 아를의 매력을 충분히 담아냈다. 옥상 테라스도 아름답다.

위치 레퓌블리크 광장에서 도보 2분
주소 18 Rue du Cloître, 13200 Arles
홈페이지 www.hotelducloitre.com

호텔 르 로댕 Hôtel le Rodin ★★

아를 외곽에 있는 조용하고 전망이 아름다운 리조트 형 호텔이다. 대형 야외 수영장과 테라스 룸, 넓은 주차공간이 있어 여행자의 편의를 돕는다. 뷔페식 조식을 제공하며, 호텔 내 레스토랑까지 모두 만족스럽다.

위치 아를 기차역에서 도보 18분
주소 20 Rue Auguste Rodin, 13200 Arles
홈페이지 www.hotel-lerodin.fr

호텔 스파 르 칼랑달 Hôtel Spa Le Calendal ★★

아를 원형 경기장 맞은편에 위치한 3성급 호텔. 아를 도시를 여행하기에 최적의 장소다. 여행자의 편의를 위한 스파와 레스토랑도 함께 운영한다. 호텔 직원들도 친절하다.

위치 레퓌블리크 광장에서 도보 3분
주소 5 Rue Porte de Laure, 13200 Arles
홈페이지 www.lecalendal.com

쥐라
Jura

쥐라는 청정한 자연을 만날 수 있는 프랑스의 오지다. '쥐라'라는 명칭은 고대 이곳에 살았던 켈트족 언어 숲Juria에서 유래되었다. 쥐라는 쥐라 산맥이 일군 협곡과 그 사이를 흐르는 두 강, 그리고 자연이 아름다운 고장이다. 또한, 미생물학의 아버지라 불리는 루이 파스퇴르가 이 지역의 와인을 이용해 다양한 실험을 했던 곳이기도 하다. 와인 애호가들에게는 독특한 양조 방법으로 빚어지는 매력 있는 와인의 고향으로 알려져 있다. 쥐라를 방문한다는 것은 곧 세계 어디서도 찾아볼 수 없는 독특한 와인을 맛보겠다는 것과 일맥상통한다. 이곳에서 생산되는 와인들은 그 자체로 훌륭한 식재료가 된다. 쥐라 지역의 와인을 넣어 만든 특산 요리들은 여행자들을 특별한 미식의 세계로 안내한다.

Domaine
Philippe VANDELLE
CÔTES du JURA
APPELLATION CÔTES DU JURA CONTRÔLÉE
TROUSSEAU
2013
파리
쥐라

PREVIEW

와인

쥐라는 프랑스에서 가장 작은 와인 생산지인 동시에 가장 강렬한 인상을 주는 와인 산지다. 쥐라는 지역적 특징으로 긴 세월 동안 고립되어 왔으며 문화나 와인에 있어서도 독특한 전통을 지니게 되었다. 쥐라 와인의 특징을 빠르게 이해하기 위해서 세 와인은 반드시 마셔봐야 한다. 프랑스의 셰리라고 일컫는 뱅 존Vin Jaune과 잘 익은 포도를 3개월 정도 말려서 만드는 천연감미와인 뱅 드 파이유Vin de Paille, 포도즙과 포도를 압착한 뒤 남은 찌꺼기를 증류한 브랜디를 섞어서 만든 막뱅 뒤 쥐라Macvin du Jura가 그것이다. 특히 뱅 존은 프랑스 어느 지역에서도 찾아볼 수 없는 독특한 양조법과 풍미로 인해 와인 애호가라면 누구나 한번쯤은 마셔보길 원하는 귀한 와인이다.

와이너리 & 투어

쥐라에는 북쪽의 살렝 레 뱅에서 남쪽의 생 따무르에 이르는 80km에 달하는 와인 루트가 형성되어 있다. 이 루트는 2008년 에덴(EDEN ; EU 국가 대상으로 방문할 만한 가치가 있는 뛰어난 자연경관과 문화를 지닌 관광 루트에 수여하는 상)상을 수상한 바 있고, 2009년 프랑스 정부에서 수여하는 와인 국가상을 수상하기도 했다. 쥐라의 와이너리를 대중교통으로 돌아보는 것은 불편하다. 렌터카를 이용해 와인 가도를 따라가며 주요 와이너리를 방문해 볼 것을 추천한다. 만약 파리에서 당일치기 여행을 왔다면 아르부아 마을을 중심으로 여행하는 게 좋다. 쥐라 와인 산지를 가장 쉽게 경험하는 방법은 쥐라 관광청 홈페이지를 통해 신청하는 와인 패키지 투어이다. 예를 들어 '3박 4일 쥐라-부르고뉴 와인 투어'는 우아한 중세 도시 돌르에서 시작해 쥐라 와인의 정수 샤또 샬롱에서 전통 와인을 경험한 후, 미슐랭 2스타 레스토랑 식사와 3스타급 게스트하우스 숙박이 패키지로 묶여 있다. 이 패키지는 쥐라에서 출발해 부르고뉴의 본까지 여행이 가능하기 때문에 인기가 많다. 이외에도 다채로운 투어 패키지가 준비되어 있다. 가격은 패키지에 따라 몇십 유로에서 수백 유로까지 다양하다. 더 자세한 정보는 쥐라의 공식 관광청 사이트에서 확인할 수 있다.

쥐라 관광청 www.jura-tourism.com
쥐라 와이너리 투어 www.jura-vins.com

여행지

쥐라는 스위스와 국경을 마주한 지역적 특성에 따라 역사적인 요새와 문화 유적지를 곳곳에서 만나볼 수 있다. 쥐라의 명품 와인을 만드는 샤또 샬롱, 프랑스 소금 역사의 상징이자 유네스코 문화유적으로 지정된 살린 레 뱅, 두 강에 자리한 아름다운 브장송 요새, 프랑스 군인들의 용맹성을 기리는 벨포르의 사자상, 현대 미생물학의 아버지라 불리는 루이 파스퇴르의 생가, 프랑스 어디에서도 찾아보기 힘들 정도로 모던한 조형미를 뽐내는 성당 노트르담 뒤 오 등이 와인 여행을 풍요롭게 해준다.

요리

쥐라가 위치한 프랑슈 콩테 지방은 산악 지형이라 추운 겨울을 견딜 수 있는 저장 식품들이 자연스럽게 발달됐다. 대표적인 것이 바로 콩테 치즈다. 쥐라에서 반드시 경험해 봐야할 요리는 꼬꼬 뱅 존Coq au Vin Jaune이다. 꼬꼬 뱅은 육질이 질긴 수탉에 와인을 넣고 오랜 시간 졸여 만드는 요리다. 쥐라의 꼬꼬 뱅 존은 수탉을 조리할 때 뱅 존 와인과 화이트 크림소스, 버섯을 넣는다. 물론 뱅 존과 환상적인 궁합을 보인다. 이외에도 콩테 치즈가 듬뿍 들어간 양파 스프와 치즈 퐁듀도 놓치지 말아야할 요리이다.

숙박

쥐라에는 자연과 어우러져 진정한 휴식을 즐길 수 있는 소박하고 아름다운 숙소들이 곳곳에 있다. 도시를 중심으로 여행한다면 쥐라의 와인 수도라 할 수 있는 아르부아에 머물기를 추천한다. 쥐라의 와인 산지는 아르부아, 샤또 샬롱, 꼬뜨 뒤 쥐라, 레투왈까지 4곳이다. 그 중 아르부아는 쥐라에서 생산되는 레드 와인의 70%, 화이트 와인의 30%를 차지하는 중요 산지이자 와인 여행을 위한 교통의 중심지다.

어떻게 갈까?

파리에서 아르부아까지는 자동차로 4시간이 소요된다. 파리 리옹 역에서 TGV를 타고 부흐겅 브레스Bourg-en-Bresse에 도착해 지역 열차로 아르부아로 가거나 파리 리옹 역에서 디종과 브장송을 경유해 아르부아로 갈 수도 있다. 파리에서 기차 이용 시 3시간 30분에서 4시간 30분이 걸린다.

PREVIEW

어떻게 다닐까?

쥐라는 와인 투어 라벨 인증 제도를 시행하고 있다. 관광청을 통해 패키지 투어를 신청하면 와이너리, 레스토랑, 역사 유적지, 관광 안내소 등 프로그램과 연계된 100여 곳의 회원사를 방문할 수 있다. 도보 여행자라면 아르부아 마을에서 도보로 방문이 가능한 몇 곳의 와이너리를 다녀올 수 있다. 물론 광범위한 쥐라 와인 산지를 여행하는 가장 좋은 방법은 렌터카를 이용하는 것이다. 마을의 관광안내센터에서 쥐라 관광청에서 제작한 쥐라 와인 지도를 받아 방문이 가능한 와이너리들을 체크해 여행루트를 만들 수 있다.

언제 갈까?

쥐라는 사계절 내내 매력적인 곳이지만, 와인과 함께 하는 잊지 못할 경험을 하고 싶다면 2월을 추천한다. 매년 2월 첫째 주말에는 뱅 존 술통 깨기 축제인 라 페르세 뒤 뱅 존La Percée du Vin Jaune이 열린다. 'Percée'는 프랑스 숙어로 '술통에 구멍을 내다'라는 표현이다. 이 축제는 6년 3개월 동안 오크통에서 잘 숙성시킨 새 빈티지의 뱅 존을 처음으로 세상에 공개하는 매우 특별한 자리다. 약 60여 곳의 쥐라 와인 생산자들이 축제에 참가해 그들의 와인을 소개하며, 해마다 5만 여명의 와인 애호가들이 이 축제를 즐기기 위해 모여든다.

추천 일정

당일치기

07:40 파리 리옹 역 출발
09:50 부흐겅 브레스 역 경유
11:30 아르부아 도착
12:00 점심 식사
14:00 파스퇴르 박물관
16:00 와인 박물관
17:30 아르부아 출발
18:50 부흐겅 브레스 역 경유
20:50 파리 리옹 역 도착

1박 2일

Day 1
09:00 렌터카 픽업 후 파리 출발
13:00 아르부아 도착
13:30 점심 식사
15:00 도멘 쿠르베 와이너리
17:00 도멘 필립 방델 와이너리
18:30 샤또 살롱 언덕의 포도밭
20:00 저녁 식사
22:00 숙소

Day 2
09:00 아침 식사
11:00 와인 박물관
12:00 점심 식사
14:00 아르부아 출발
15:00 브장송 요새
16:00 브장송 출발
20:00 파리 도착

쥐라 와인 이야기

Jura Wine Story

쥐라 와인의 역사

쥐라는 스위스와 국경을 마주하고 있다. 쥐라가 속한 프랑슈 콩테는 역사적으로 부르고뉴 공국의 자치 지역이었다. 1790년 대혁명 이후 프랑스령이 되었다가 1815년 빈 회의 후 잠시 스위스령이 되는 등 영토분쟁이 끊이질 않았다. 1978년 국민투표에 의해 프랑스 주로 편입되어 지금에 이르게 된다. 이처럼 프랑슈 콩테는 자신만의 역사와 문화를 가졌으며, 와인도 그들만의 독특한 방식으로 제조한다.

쥐라는 19세기 필록세라가 유럽의 포도밭을 휩쓸기 전까지만 해도 2만ha에 이르는 포도밭이 있었다. 그러나 현재는 포도밭 면적이 1,780ha에 불과하다. 그러나 이 포도밭에서 프랑스 어디서도 찾아볼 수 없는 특별한 와인이 만들어지고 있어 프랑스 와인 여행에서 결코 빼놓을 수 없는 매력적인 와인 산지임은 분명하다.

쥐라의 떼루아

쥐라만의 특별한 와인을 만들 수 있는 것은 독특한 양조방식과 더불어 이 지역의 떼루아를 빼놓을 수 없다. 쥐라의 포도밭은 250~500m 고도의 햇볕이 잘 드는 남향이나 남동향의 가파른 언덕에 자리하고 있다. 기후는 부르고뉴와 비슷하지만, 겨울의 추위가 좀 더 매섭다. 늦여름은 맑은 날씨가 많고 가을이 천천히 온다. 이 때문에 쥐라에서는 포도가 숙성될 때를 기다려 10월 말 혹은 11월까지도 수확을 한다. 토양도 부르고뉴와 비슷해 석회석과 진흙 섞인 화강암 토양이 주를 이룬다.

1 필립 방델의 올드 빈티지 쥐라 와인 **2** 도멘 쿠르베의 시음실

쥐라의 포도 품종

쥐라는 국제 품종인 샤르도네를 비롯해 이 지역에서만 재배하는 토착품종들로 와인을 만들어낸다. 화이트 품종인 사바냉, 그리고 레드 품종인 풀사르, 트루소는 오직 쥐라에서만 찾아볼 수 있는 전통 품종이다. 특히 사바냉은 이곳에서는 나튀레라고 불리기도 하며, 뱅 존을 양조하는 유일한 품종이다.

사바냉 Savagnin

오직 쥐라에서만 재배되는 화이트 품종. 사바냉의 원조는 이탈리아의 남부 티롤에서 재배되었던 게뷔르츠라는 설이 있다. 사바냉은 충분히 익기까지는 오랜 시간이 필요한 만생종이다. 쥐라의 특산 와인인 뱅 존을 만들 수 있는 유일한 품종이다. 드라이한 화이트 와인을 만들 때 샤르도네와 블렌딩하며, 뱅 드 파이유, 막뱅 드 쥐라, 크레망 드 쥐라까지 광범위하게 쓰인다.

샤르도네 Chardonnay

세계적으로 널리 재배되는 화이트 품종으로 쥐라에서는 10세기 중반부터 재배되었다는 기록이 남아 있다. 쥐라에서는 '믈롱 드 아르부아'로 불리기도 한다. 뱅 존을 제외한 쥐라의 다채로운 드라이 화이트 와인과 스파클링 와인에 널리 쓰인다. 과일 맛이 풍부한 화이트 와인에 척추 역할을 하며 튼튼한 구조감을 만들어낸다.

풀사르 Poulsard

사바냉과 더불어 쥐라 지역에서만 볼 수 있는 레드 품종이다. 풀사르의 껍질은 피노 누아처럼 굉장히 얇기 때문에 와인으로 만들어지면 피노 누아처럼 옅은 색을 띠는 것이 특징이다. 레드는 물론 로제, 스파클링까지 광범위하게 블렌딩 된다.

트루소 Trousseau

바스타르도Bastardo라는 이름으로도 알려져 있는 레드 품종이다. 트루소는 서유럽의 다양한 지역에서 소량씩 재배가 되는데, 가장 많이 재배되는 곳은 포르투갈이다. 포르투갈의 포트 와인에 주로 쓰이며 와인에 체리 아로마, 높은 알코올, 그리고 레드 베리의 풍미를 더한다. 무덥고 건조한 곳에서 잘 자라며 쥐라의 경우 블렌딩에 쓰여 와인에 색과 구조감을 더한다.

피노 누아 Pinot Noir

부르고뉴와 가까이 위치한 쥐라의 서늘한 기후에 잘 적응한 포도 품종이다. 때때로 최적으로 익지 않아 난감할 때도 있지만, 좋은 해에는 레드 베리의 풍부한 아로마가 층층이 쌓인 와인으로 탄생한다. 스파클링 와인인 크레망 드 쥐라에도 블렌딩 된다.

1. 2 뱅 드 파이유를 만들기 위해 말리고 있는 포도

'쥐라의 황금'이라 불리는 뱅 존 와인

쥐라 지역의 AOC(P)

레드·화이트·로제 와인을 만드는 4개의 AOC

꼬뜨 뒤 쥐라 Côtes du Jura

아르부아 Arbois

레투왈 L'Étoile

샤또 샬롱 Château Chalon

스파클링·뱅 드 리퀴르(VdL)를 만드는 3개의 AOC

크레망 뒤 쥐라 Crémant du Jura

막뱅 뒤 쥐라 Macvin du Jura

마르 뒤 쥐라 Marc du Jura

쥐라의 대표 와인

뱅 존 Vin Jaune

뱅 존은 독특한 양조 과정과 개성 있는 풍미를 지닌 이 지역 최고급 와인이다. 최종적으로 얻게 되는 와인의 색이 아름다운 황금빛을 띠어 '쥐라의 황금'으로 불리기도 한다.

뱅 존은 숙성기간 동안 일부러 산소에 노출시키는 티페type라는 전통적인 방식으로 양조하는데, 이때 포도 품종은 100% 사바냉만을 사용한다. 10월 말 혹은 11월까지 포도가 숙성되기를 기다려 수확한다. 이후, 발효과정을 거친 뒤 오래된 부르고뉴 배럴에 옮겨 담는다. 이때부터 완벽한 뱅 존을 만들기 위한 와인 메이커들의 사투가 시작된다. 발효된 와인을 오크통에 옮겨 담을 때 보통의 와인처럼 가득 채우지 않고, 오크통에 공기가 들어설 공간을 남겨둔다. 여기서 와인이 증발이 되더라도 우이야주(Ouillage ; 줄어든 만큼의 와인을 채워주는 작업)를 하지 않는 것이 뱅 존 숙성의 핵심이다. 와인을 숙성시키는 까브는 자연 그대로의 시설이지만, 통풍이 잘되고 온도 변화를 잘 받아들일 수 있는 곳이어야 한다.

뱅 존은 시간이 지나면 와인의 표면에 얇은 효모막이 생긴다. 이것을 부알르voile, 혹은 베이veil라고 부른다. 이 효모막이 와인의 산화를 방지하는 중요한 역할을 한다. 뱅 존 오크통을 저장한 셀러는 계절에 따라 온도변화가 심하다. 때문에 추운 겨울에는 와인 표면에 생긴 효모막이 활동을 정지하고 날이 따뜻해지면 다시 활동을 시작한다. 이 같은 활동이 반복되면서 옐로우 테이스트yellow taste라고 불리는 특유의 풍미가 만들어진다. 이러한 효모막이 완전히 들어서기까지는 약 2~3년 정도의 시간이 필요하다. 뱅 존 와인은 6년 3개월을 숙성시키도록 법적으로 의무화되어 있다. 숙성을 마친 와인은 클라블랭이라 불리는 620ml 용량의 독특한 병에 담겨 세상에 나온다.

뱅 존은 신선한 호두 향과 계피, 바닐라, 아몬드, 토스트 향이 특징이고, 잘 만들어진 뱅 존은 수십 년 동안 장기보관이 가능하다. 약 40ha의 포도밭이 있는 샤또 샬롱은 프랑스에서 가장 우수한 품질의 뱅 존 생산지역으로 알려져 있다. 이곳의 양조자들은 포도가 만족할만한 수준의 숙성도에 이르지 않으면 그 해에는 스스로 양조를 포기하기도 한다. 실제로 샤또 살롱 지역의 뱅 존 생산자들은 1974년, 1980년, 1984년에는 뱅 존을 생산하지 않았다. 뱅 존은 마시기 한참 전에 오픈해 두는 게 좋다.

뱅 드 파이유 Vin de Paille

뱅 드 파이유는 포도를 짚 위에서 건조시켜 당분을 농축해 만든 스위트 와인이다. '파이유'는 프랑스 어로 '짚'을 뜻한다. 많은 나라에서 뱅 드 파이유와 같은 방법으로 천연 감미 와인을 생산하면서 저마다 고유의 이름으로 부르고 있다. 또 짚이 아니더라도 지붕에 널거나 현대적인 건조대를 이용해서 말리는 등 다양한 방법을 이용하고 있다. 이렇게 포도를 말려서 와인을 만드는 양조 기술은 고대 로마시대부터 이어져 온 것으로 그 역사가 매우 깊다.

쥐라에서는 샤르도네와 사바냉, 레드 품종인 풀사르를 블렌딩해서 뱅 드 파이유를 만든다. 풀사르는 레

쥐라의 다양한 와인 스타일

드 품종이지만 껍질이 얇은 편이라 쥐라 지역 특산 와인과 스파클링을 만드는 데 주재료로 쓰인다. 이는 샹파뉴 지역에서 샴페인의 구조감을 더하기 위해 대표적인 레드 품종인 피노 누아를 블렌딩하는 것과 같은 의미라 할 수 있다.

쥐라에서는 포도가 최대한 익기를 기다려 늦게 수확을 한 뒤 최소 6주부터 최대 3개월 동안 통풍이 잘 되고 습도와 온도가 천연적으로 조절이 되는 실내 저장고에서 포도를 말린다. 이렇게 얻어낸 포도는 워낙 당도가 높기 때문에 수개월 혹은 년 단위에 걸쳐서 발효가 일어난다. 최종 발효 후에도 와인은 15% 내외의 높은 알코올과 더불어 10~20% 정도의 높은 천연 당도와 산도를 보유하고 있다. 이러한 와인은 입안에서는 굉장히 달콤하지만, 산도가 적절히 받쳐주어 균형감 있고 장기 숙성이 가능한 와인이 된다. 뱅 드 파이유는 수년 간 오크 숙성 후 365ml의 병에 담겨 출시된다.

막뱅 뒤 쥐라 Macvin du Jura

막뱅 뒤 쥐라는 포도 찌꺼기를 증류해 만든 순수한 브랜디를 섞은 주정강화와인이다. 막뱅 뒤 쥐라를 만드는 방법은 포르투갈 포트 와인 제조방법과 비슷하다. 먼저 포도의 당도가 최고로 오를 때까지 기다려 수확한다. 압착한 포도를 오크통에 담아 발효와 숙성과정을 거치는데, 이때 포도의 당분이 발효되어 알코올로 모두 전환되기 전에 오 드 비 드 마르(포도찌꺼기를 증류해서 얻은 브랜디)를 첨가한다. 이렇게 하면 와인에 당분이 남은 채로 발효가 멈추고, 그대로 스위트한 디저트 와인이 된다. 양조장에 따라 증

필립 방델 와이너리의 뱅 드 파이유

류주를 숙성시켜 첨가하기도 하고 증류주를 만든 포도껍질을 숙성해 과즙과 접촉시키기도 한다.

막뱅 뒤 쥐라 AOP를 받으려면 오크통에서 12개월 이상 숙성시켜야 하며, 알코올 도수는 16~22도 사이를 유지해야 한다. 막뱅 뒤 쥐라는 풀사르, 트루소, 피노 누아, 샤르도네, 사바냉 품종으로만 만들 수 있다. 대부분의 와이너리에서 화이트 막뱅 뒤 쥐라를 생산하고, 몇몇은 레드 막뱅 뒤 쥐라를 만들기도 한다. 레드의 경우 오크 배럴에서 최소 18개월 이상을 숙성시켜야 하기 때문에 조금 더 고급이라 할 수 있다.

쥐라 와인의 서빙과 보관

쥐라를 대표하는 뱅 존의 경우 마시기 2시간에서 반나절 전에 오픈해 디캔팅 하는 것을 권한다. 이는 뱅 존이 6년 3개월이라는 오랜 시간 동안 오크숙성을 거친 뒤 병입이 되기 때문에 뱅 존이 온전히 자신의 특징을 드러내려면 시간이 필요하다는 생각에서다. 날 것 그대로의 뱅 존을 느끼고 싶다면 별도의 디캔팅 없이 즐겨도 무방하다. 서빙 온도는 15도 내외에서 시음하는 것을 권장하지만, 이 또한 개인의 취향에 따라서 달라진다. 실온 그대로의 온도에서 서빙해 뱅 존이 지닌 강렬하고 풍부한 향을 그대로 즐기기를 추천하는 이들도 있다. 와인은 철저히 개인의 취향에 따라 즐기는 것임을 기억하자. 음식 매칭으로는 뱅 존을 넣은 꼬꼬 뱅 존이나 콩테 치즈와 훌륭한 매칭을 보인다. 뱅 드 파이유의 경우 8~13도 사이의 온도를 유지해 서빙한다. 와인 자체로도 훌륭한 디저트이기 때문에 단독으로 마셔도 좋고, 음식과 매칭 시 현지에서는 푸아그라와 함께 마시는 것을 추천한다. 막뱅 뒤 쥐라는 6~8도 사이의 칠링된 온도에서 서빙하며 향긋한 풍미를 살릴 수 있는 부드러운 질감의 블루 치즈나 너트류와 좋은 매칭을 보인다.

와인과 산소의 관계를 처음 규명한 파스퇴르

쥐라는 미생물학의 아버지라 불리는 루이 파스퇴르의 고향이다. 파스퇴르는 와인과 산소의 관계를 처음 규명해 현대 와인의 발전에 지대한 공을 세운 인물이다. 파스퇴르는 1863년 나폴레옹 3세의 명을 받아 와인이 상하는 원인을 연구하기 시작했고, 본래 세균학에 조예가 깊었던 그는 와인이 공기에 노출되면 박테리아가 번식하면서 와인이 변질된다는 것을 밝혀냈다. 이 사실을 밝혀내기까지 파스퇴르는 자신의 포도밭에서 수확하고 직접 양조한 와인으로 수많은 실험을 했다. 그는 시험관에 와인을 가득 채운 후 공기가 유입되지 않도록 밀폐했고, 다른 시험관에는 와인을 반만 채운 뒤 밀폐했다. 실험 결과 와인을 가득 채운 시험관은 몇 주가 지나도 색깔이 변하지 않았으나 그렇지 않은 시험관의 와인은 오래된 와인에서 특징적으로 나타나는 갈색을 띠며 심하게 변질되었다. 지금 생각하면 매우 단순하고 당연한 결과라 여겨졌을 이 실험을 통해 파스퇴르는 산소가 와인의 색깔과 변질, 그리고 숙성 속도에도 영향을 미친다는 것을 알아냈다. 당시 파스퇴르가 소유했던 포도밭은 현재에도 이어져 오고 있는데, 아르부아의 앙리 메르Henri-Maire가 그 곳이다.

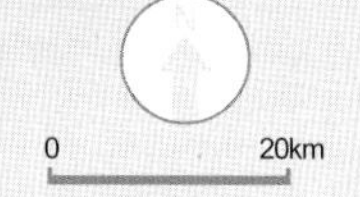

A

B

C

D

E

F

도멘 자크 퓌프네
Domaine Jacques Puffeney

살랭 레 뱅
Salins les Bains

폴리니
Poligny

셀리에르
Sellières

샤또 살롱
Château Chalon

도멘 쿠르베
Domaine Courbet

도멘 필립 방델
Domaine Philippe Vandelle

레투알
L'Étoile

롱 르 소니에
Lons-le-Saunier

보포르
Beaufort

생타무르
St-Amour

쥐라 추천! 와이너리

Recommended Wineries

도멘 쿠르베 Domaine Courbet

뱅 존을 만드는 곳 중 가장 완벽한 떼루아를 지녔다고 평가되는 샤또 샬롱에 자리한 와이너리다. 장 마리 쿠르베의 가업을 이어 현재 그의 아들 다미앙 쿠르베가 운영하고 있다. 2004년부터는 바이오다이나믹 농법으로 포도를 재배해오고 있다. 포도나무 사이에 풀을 심어 포도나무 자체의 자생력을 높이고, 화학적 제초제를 사용하지 않는다. 모든 포도는 100% 손 수확을 한다. 이렇게 도멘 쿠르베는 자연에 순응하며 그 안에서 내추럴 와인을 만드는 것을 목표로 하고 있다. 특히 다미앙은 떠오르는 젊은 뱅 존 생산자로 명성이 자자하다. 뉴욕 타임즈, 프랑스의 르 뽀앙 등 많은 저널에 소개된 그의 뱅 존은 우아하면서도 동시에 파워풀한 와인으로 좋은 평가를 얻고 있다. 쿠르베는 단 1ha의 포도밭에서 뱅 존을 만들기 때문에 생산량이 적어 맛보기가 굉장히 어렵다.

위치 아르부아에서 자동차로 35분
주소 1130 Route de la Vallée, 39210 Nevy-sur-Seille
전화 03-84-85-28-70
오픈 월-토 08:30~12:00, 14:00~19:00
투어 이메일(dcourbet@hotmail.com)로 사전 방문 예약 필수.
홈페이지 없음

★ 추천 와인 ★

세계 3대 명품 화이트 와인에 속하는 뱅 존은 최소 50년에서 100년까지 보관할 수 있다. 초록빛 뉘앙스의 밝은 노란색 와인으로 커리, 호두, 아몬드, 말린 과일, 가벼운 가죽 향, 그리고 하얀 꽃 향까지 다채로운 향기를 선사한다. 입 안에서의 깊은 풍부함과 함께 긴 피니쉬를 준다. 뱅 존은 150유로 내외.

도멘 자크 퓌프네 Domaine Jacques Puffeney

프랑스 3대 뱅 존 와이너리 중 하나이다. 17세부터 셀러에서 일을 시작한 퓌프네 가문의 자크 퓌프네는 해가 가면서 뛰어난 양조실력을 인정받아 '아르부아의 교황'이라 불릴 정도로 현지에서 존경받는 양조자다. 포도밭에 어떠한 화학적 제초제도 사용하지 않는 유기농법으로 포도를 재배하고, 마지막 병에 담는 순간까지 정제나 필터를 사용하지 않는다. 3ha에서 생산한 사바냉 품종으로 만든 화이트 와인을 총 2회에 걸쳐 테이스팅 한 후, 가장 상급으로 평가 받는 3분의 1의 양만 뱅 존으로 만든다. 자크 퓌프네는 52년째 와인을 양조해 온 현재 나이 지긋한 노인으로 2014년 마지막 와인을 만들고 은퇴했다.

위치 아르부아에서 차로 10분
주소 11 Rue du Quartier Saint-Laurent, 39600 Montigny-les-Arsures
전화 03-84-66-10-89
오픈 사전예약에 한해 오픈
투어 전화로 사전예약 필수
홈페이지 없음

★ 추천 와인 ★

자크 퓌프니의 뱅 존은 6년 3개월 동안 푸드르라는 오크통에서 숙성된다. 구운 아몬드, 헤이즐넛, 호두 등의 견과류 향과 훈제 향, 빵, 커피, 정향 등의 복합적인 향이 느껴진다. 뱅 존은 160유로 내외이나 빈티지와 현재 남은 수량에 따라 가격이 달라진다.

도멘 필립 방델 Domaine Philippe Vandelle

방델 가문은 1883년 레투왈에 자리를 잡은 후 지금까지 5대에 걸쳐 와인 양조를 해온 유서 깊은 와인 가문이다. 포도밭 경작에서 발효, 숙성 등 와인 제조 전 과정에 그들 가문만의 노하우를 견고하게 축적해 왔다. 가문에서 독립해 자신만의 새로운 철학을 담아 와인을 만들고 싶었던 필립 방델은 2001년부터는 13ha의 경작지에서 도멘 필립 방델이라는 이름으로 와인을 생산하기 시작해 지금의 와이너리를 일구어냈다. 도멘 필립 방델도 친환경으로 포도밭을 관리하는데, 최소한의 이산화황 사용을 원칙으로 하며 때로는 빈티지에 따라 전혀 사용하지 않기도 한다. 자연을 거스르지 않고 가장 내추럴한 와인을 만드는 것이 도멘 필립 방델의 목표다. 뱅 존 이외에도 크레망 드 쥐라, 막뱅, 뱅 드 파이유, 섬세한 레드 와인까지 쥐라 지역의 전통 와인을 모두 선보이고 있다.

위치 아르부아에서 차로 30분
주소 186 Rue Bouillod, 39570 L'Étoile
전화 03-84-86-49-57
오픈 월-토 09:00~12:00, 14:00~19:00
투어 홈페이지를 통한 사전 예약 필수
홈페이지 www.vinsphilippevandelle.com

★ 추천 와인 ★

필립 방델은 2001년부터 와인을 생산하고 있는 신생 와이너리이지만 와인을 병입하기도 전에 전량 예약되는 등 지금까지 성공 가도를 걷고 있다. 이 지역의 떼루아와 토착 품종의 개성을 느낄 수 있는 다양한 와인을 생산하고 있으며 가격이 합리적이다. 반드시 방문해 보기를 추천한다. 뱅 존 30유로 내외, 나머지 와인들은 10유로 내외.

[아르부아 Arbois]

쥐라 와인 여행의 중심 아르부아는 작은 도시다. 도보로 몇 시간이면 골목골목을 다 돌아볼 수 있다. 하지만 중앙 광장을 중심으로 주변에는 온통 와인 숍과 수준 높은 레스토랑이 즐비하다. 쥐라 관광에서 빠질 수 없는 파스퇴르 박물관과 와인 박물관도 아르부아 마을에 있다. 쥐라에는 이곳만의 독특한 문화와 역사를 가진 문화유산이 많다. 또한 쥐라 산맥을 정점으로 아름다운 자연환경을 만날 수 있는 곳이다.

아르부아 마을 중심가

메종 드 루이 파스퇴르 Maison de Louis Pasteur

프랑스 미생물학의 아버지라 불리는 루이 파스퇴르의 작업실과 자료들을 보관하는 박물관이다. 포도밭을 소유하고 있던 그는 미생물에 의한 발효의 원리와 저온 살균법을 발견하는 등 와인에 관련된 많은 업적을 남겼다. 와인 침전물인 주석산의 성질을 발견한 것도 그다.

위치 리베테 광장에서 도보 8분
주소 83 Rue de Courcelles, 39600 Arbois
홈페이지 www.terredelouispasteur.fr

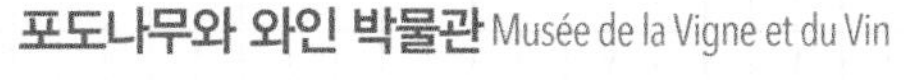

포도나무와 와인 박물관 Musée de la Vigne et du Vin

아르부아 시내 중심에 위치한 와인 관련 박물관. 쥐라 특산 와인의 양조 방법을 볼 수 있어서 와인 여행자들의 필수 관광 코스다. 가이드 투어도 있어 쥐라의 특수 와인 이야기와 쥐라 고유의 포도품종에 대한 세세한 설명을 들을 수 있다.

위치 리베테 광장에서 도보 3분
주소 Rue du Château Pecauld, 39600 Arbois

루이 파스퇴르

포도나무 와인 박물관

푸조 자동차 박물관 Musée de l'Aventure Peugeot

프랑스 대표 자동차 회사 푸조의 자동차 박물관. 자동차에 관심 있다면 이곳을 놓칠 수 없다. 박물관과 공장을 연계한 투어를 신청해 2시간 정도 여유를 두고 천천히 다녀도 좋다. 점심 식사를 할 수 있는 레스토랑도 운영한다.

위치 아르부아에서 차로 1시간 30분 거리
주소 Carrefour de l'Europe, 25600 Sochaux

라 그랑드 살린-뮤제 뒤 셀 La Grande Saline-Musée du Sel

유네스코 문화유산에 등재된 살린 레 뱅 염전의 역사를 들여다 볼 수 있는 소금박물관이다. 1984년에 개관했으며, 지역의 주요 산업이었던 소금이 만들어지는 과정을 소개한다. 쥐라 지역에서 가장 유명한 볼거리 중 하나다.

위치 아르부아에서 차로 17분 거리
주소 Place des Salines, 39110 Salins-les-Bains
홈페이지 www.salinesdesalins.com

와인 여행 플러스+ 레스토랑

★ ~20유로, ★★ 20~30유로, ★★★ 30~50유로, ★★★★ 50유로~ (점심 코스 기준)

장 폴 죄네 Jean-Paul Jeunet ★★★★

장 폴 오너 셰프와 그의 아내 죄네가 운영하는 미슐랭 2스타 레스토랑이다. 훌륭한 현지 전통 음식을 제공한다. 부부를 포함한 25명의 스태프들이 활기차게 움직인다. 오너의 친구가 운영하는 와이너리 방문을 연계한 프로그램도 제공한다. 흥미로운 와인 리스트를 가지고 있다.

위치 리베테 광장에서 도보 3분
주소 9 Rue de l'Hôtel de ville, 39600 Arbois
홈페이지 www.maison-jeunet.com

샤또 드 제르미녜 Château De Germigney ★★★

아르부아 마을에 위치한 고즈넉한 레스토랑이다. 고성을 레스토랑과 호텔로 개조해 고풍스러운 아름다움을 느낄 수 있다. 이곳의 훌륭한 꼬꼬 뱅 존을 쥐라 전통 와인과 함께 즐겨보기를 추천한다. 전식에 서브되는 체리주도 훌륭하다. 카페 르 비스트로 퐁탈리에도 함께 운영한다.

위치 아르부아 시내에서 차로 12분
주소 31 Rue Edgar Faure, 39600 Port-Lesney
홈페이지 www.chateaudegermigney.com

르 비스트로노미 Le Bistronôme ★★

작은 마을 아르부아에서 성업 중인 레스토랑. 테라스 뷰가 좋고, 훌륭한 음식 퀄리티와 친절한 서비스로, 현지인들은 물론 관광객들에게도 인기만점이다. 신선한 현지 재료를 활용해 감각적이고 합리적인 가격의 음식을 제공한다.

위치 리베테 광장에서 도보 15분
주소 62 Rue de Faramand, 39600 Arbois
홈페이지 le-bistronome-arbois.com

라 피네트 La Finette ★

소박하지만 푸짐한 가정식 요리를 선보이는 레스토랑이다. 부담스럽지 않은 가격의 코스 메뉴와 다양한 단품 메뉴가 있다. 주머니가 가벼운 여행자도 부담 없이 이용할 수 있다. 양파 스프와, 꼬꼬 뱅 존, 퐁듀를 추천한다.

위치 리베테 광장에서 도보 8분
주소 22 Avenue Pasteur, 39600 Arbois
홈페이지 www.finette.fr

라 피네트

라 피네트

라 피네트

호텔 데 메사제리

호텔 데 메사제리 Hôtel des Messageries ★

아르부아 마을에 위치한 3성급 호텔이다. 22개의 깔끔한 객실을 보유하고 있고, 숙박요금이 저렴하다. 무료 와이파이를 제공하며, 바와 라운지가 있어 투숙객의 편의를 돕는다.

위치 리베테 광장에서 도보 4분
주소 2 Rue de Courcelles, 39600 Arbois
홈페이지 www.hotel-arbois.com

호텔 레스토랑 장 폴 죄네 Hôtel Restaurant Jean Paul Jeunet ★★★

아르부아 중심가에 위치한 3성급 호텔로 고급스러운 내부 인테리어에 바, 라운지 등의 편의 시설이 있다. 쥐라 지역을 대표하는 장 폴 제넷 미슐랭 2스타 레스토랑을 함께 운영하고 있어 미식과 휴식을 취하기에 좋다.

위치 리베테 광장에서 도보 3분
주소 9 Rue de l'Hôtel de ville, 39600 Arbois
홈페이지 www.jeanpauljeunet.com

호텔 데 세파쥬 Hôtel des Cépages ★★

아르부아 마을에 위치한 3성급 호텔이다. 33개의 객실이 있으며, 전용 욕실, TV, 객실 전화, 미니 바, 에어컨 등을 갖추고 있다. 호텔 전용 주차장이 있어 합리적인 가격대의 숙소를 찾는 자동차 여행자에게 추천한다.

위치 리베테 광장에서 도보 15분
주소 D53 5 Route De Villette Les Arbois, 39600 Arbois
홈페이지 www.hotel-des-cepages.com

클로즈리 레 카푸생 Closerie Les Capucines ★★★

아르부아 마을 중심가에 위치한 부티크 호텔이다. 17세기 수녀원을 호텔로 개조한 고풍적인 인테리어가 인상적이다. 2개의 스위트룸과 3개의 객실이 있다. 객실 창 너머로 바라보는 정원이 아름답다. 호텔 내에서 조식과 저녁 식사가 가능하다.

위치 리베테 광장에서 도보 3분
주소 7 Rue de Bourgogne, 39600 Arbois
홈페이지 www.closerielescapucines.com

호텔 데 메사제리

클로세리 레 카푸생

클로세리 레 카푸생